Adobe Animate 2024
经典教程

[美] 拉塞尔·陈（Russell Chun）◎ 著
武传海 ◎ 译

人 民 邮 电 出 版 社
北 京

图书在版编目（CIP）数据

Adobe Animate 2024经典教程 / （美）拉塞尔·陈 (Russell Chun）著 ; 武传海译. -- 北京 : 人民邮电出版社, 2025. -- ISBN 978-7-115-65420-5

Ⅰ. TP391.414

中国国家版本馆CIP数据核字第202448MS17号

版 权 声 明

◆ 著　　　　[美]拉塞尔·陈（Russell Chun）
译　　　　武传海
责任编辑　王 冉
责任印制　陈 犇

◆ 人民邮电出版社出版发行　　北京市丰台区成寿寺路11号
邮编　100164　　电子邮件　315@ptpress.com.cn
网址　https://www.ptpress.com.cn
涿州市京南印刷厂印刷

◆ 开本：787×1092　1/16
印张：18.25　　　　2025年4月第1版
字数：487千字　　　　2025年4月河北第1次印刷

著作权合同登记号　图字：01-2024-3189号

定价：99.00元

读者服务热线：(010)81055410　印装质量热线：(010)81055316
反盗版热线：(010)81055315

内容提要

本书由 Adobe 产品专家编写，是 Adobe Animate 2024 的经典学习用书。

全书共 9 课，每一课先介绍重要的知识点，然后借助具体的示例进行讲解，步骤详细，重点明确，能帮助读者尽快学会如何进行实际操作。本书主要包含认识 Animate、创建图形与文本、使用传统补间制作元件动画、父子图层与角色动画、使用现代绑定制作动画、制作摄像机动画、制作形状动画与使用遮罩、制作 IK 骨骼动画、制作交互式广告等内容。

本书语言通俗易懂，配有大量的图示，特别适合新手学习，有一定使用经验的读者也可从本书中学到大量高级功能和 Adobe Animate 2024 新增的功能。本书适合作为各类院校相关专业的教材，还可作为相关培训班学员及自学人员的参考书。

前 言

Adobe Animate（简称 Animate）为创建复杂动画和交互式富媒体应用程序提供了一个完善的环境，同时支持以多种格式导出作品并发布到多个平台上。Animate 在创意领域得到了广泛应用，常用来创建融合了声音、图形和动画的项目。用户既可以在 Animate 中从零开始创作内容，也可以从 Photoshop、Illustrator 等其他 Adobe 应用程序导入资源快速制作动画和多媒体项目，以及使用代码添加复杂的交互效果。

借助 Animate，用户可以轻松创建各种图形和动画资源、发布拥有广播级质量的动画、制作全新的沉浸式网站、创建独立的桌面应用程序和运行在移动设备（包括 Android 和 iOS 设备）上的移动应用程序。

Animate 是一个强大的多媒体创作环境，它提供了丰富的动画控制选项、直观且灵活的绘图工具，以及大量用于创建 HD 视频（高清视频）、HTML5 页面、WebGL、SVG、移动应用程序、桌面应用程序的输出选项。

关于本书

本书是 Adobe 图形图像与排版软件官方培训教程之一，Animate 初学者可以从本书中学到各种基础知识、概念、技巧，为掌握这款软件打下坚实的基础。此外，读者还可以在本书中学到 Animate 的许多高级功能，包括新版本软件的使用提示与技巧。

本书每一课在讲解相关项目时，都给出了详细的操作步骤，同时也留出了一些空间，供读者自己去探索、尝试。读者学习本书时，既可以从头学到尾，也可以只学习自己感兴趣的部分，请根据自身情况灵活安排。本书每一课都设有复习题，方便读者回顾前面学习的内容，巩固所学知识。

新增内容

Animate 2024 不仅有全新的用户界面，还实现了与 Adobe Creative Cloud 的无缝对接，可为用户提供流畅、一致的操作体验。此外，它还支持 Apple Silicon M1 与 M2 芯片，运行性能得到了显著提升。Animate 2024 进一步增强了动画控制功能，新增了重置变形资源功能，方便用户一键重置所有变形控制点，随心所欲地创建各种姿势。同时，还对【帧选择器】面板进行了升级，以进一步提高动画制作效率。

本书会介绍 Animate 2024 的一些改进和增强的功能，包括如下内容。

- 全新的用户界面。
- 只需单击即可重置所有变形控制点的状态。

此外，本书示例项目中还新增了一些图形资源，这些资源既增添了新鲜感，又为大家提供了更多学习和实践的机会，有助于大家更全面地掌握动画制作技术的要领。

学前准备

学习本书之前，请确保计算机系统设置正确，并且安装了所需要的软件。读者应该对自己的计算机和操作系统有一定的了解，会用鼠标、标准菜单与命令，知道如何打开、保存、关闭文件。如果还没掌握这些知识，请阅读相关的帮助文档。

Animate 安装要求

Animate 是 Adobe Creative Cloud 家族的一员，安装之前，必须单独购买 Animate 应用程序。Animate 的具体安装要求如下。

macOS

- 支持 64 位操作系统的多核英特尔处理器与基于 ARM 的 Apple Silicon 芯片。
- macOS Monterey 12、macOS Ventura 13。
- 8GB 内存（推荐 16GB）。
- 1024×900 的分辨率（推荐 1280×1024）。
- 推荐使用 QuickTime 10.x 软件。
- 至少 6GB 磁盘空间，安装期间需要更多的空闲磁盘空间（无法安装在区分大小写的文件系统磁盘和可移动存储设备上）。
- OpenGL 3.3 或更高版本（推荐使用 Metal）。
- 互联网连接和注册信息，用于软件激活、订阅验证、访问在线服务等。

Windows 系统

- Intel Pentium® 4、Intel Centrino®、Intel Xeon® 或 Intel Core™ Duo（或兼容）处理器（2GHz 或更快）。
- Windows 10 v22H2，Windows 11 v21H2、v22H2。
- 8GB 内存（推荐 16GB）。
- 1024×900 的分辨率（推荐 1280×1024）。
- 至少 4GB 磁盘空间，安装期间需要更多的空闲磁盘空间（无法安装在可移动存储设备上）。
- OpenGL 3.3 或更高版本（推荐使用 DirectX 12 Feature Level 12_0）。
- 互联网连接和注册信息，用于软件激活、订阅验证、访问在线服务等。

有关安装 Animate 的系统需求与操作说明，请阅读 Adobe 官方帮助文档。

若从 Adobe Creative Cloud 安装 Animate，请确保拥有合法的账户和密码。

如何学习本书课程

本书每一课都提供了详细的操作步骤，分别用来创建项目中的一个或多个特定元素。这些课程在概念和技巧上是相辅相成的，所以学习本书最好的方式是按顺序学习。请注意，书中有些技术和方法只在第一次遇到时做详细介绍，后面再次遇到会简要带过。

学习本书课程的过程中，会创建与发布多种项目文件，如 GIF 动画、HTML 文件、视频。读者可以在每一课的 Lesson 文件下的 End 子文件夹（如 01End、02End 等）中找到最终完成的项目。可以参考这些项目，对比自己制作好的项目，找一找差别，从而获得进步。

请注意，本书课程的组织安排是紧紧围绕着项目（而非软件工具）展开的。因此，有些项目可能需要跨越多个课程才能制作完成，换言之，并非所有项目都能在一课中完成。

更多学习资源

本书不是要取代软件的说明文档，因此不会完整地介绍软件的每项功能。本书只介绍课程中用到的命令和选项。有关 Animate 功能与教程的更多信息，请在【帮助】菜单中选择相应命令，或者单击【主页】界面中的相关链接，访问以下资源。

Adobe Animate 学习和支持页面：在 Adobe 官方的 Animate 帮助页面中查找和浏览各种帮助与支持内容。在 Animate 菜单栏中选择【帮助】>【Animate 帮助】，或者直接按 F1 键，即可进入 Animate 帮助页面。在【Adobe Animate 学习和支持】页面中，单击【用户指南】，即可进入 Animate 用户指南页面。

Animate 内置教程：在【主页】界面中，单击【学习】选项卡，或者从菜单栏中选择【帮助】>【实际操作教程】，即可打开一系列交互式课程。跟着这些简短的教程一步步操作，可以快速学会如何使用现成的图形制作动画。

Animate 在线教程：在【主页】界面中，单击【学习】选项卡，其中列出了大量在线视频教程。这些视频教程显示在 Animate 内置教程的下方。从菜单栏中选择【帮助】>【在线教程】，也可以在网页浏览器中打开它们。这些在线教程有的面向初学者，有的面向有经验的用户，而且每个教程都配套提供了相应的示例文件。

Adobe Creative Cloud 教程：在 Adobe Creative Cloud 教程页面中，可以找到一些与 Animate 相关的技术教程、跨产品工作流程、功能更新信息，还可以从中获得一些灵感与启发。这些教程向所有人免费开放。

【资源】面板：【资源】面板中包含使用各种技术（如逐帧动画、补间动画、逆向运动学）制作的动画。

使用时，只需要简单地把它们从【资源】面板拖入舞台中即可。建议读者花些时间了解一下这些动画是如何制作的，以及如何把它们巧妙地应用到自己的项目中。分析、研究其他艺术家的作品是学习和获取灵感的好办法。【资源】面板中的资源一直在更新，单击【资源】面板底部的【下载资源】图标，可以获取更新的资源。

Adobe 论坛：在 Adobe 论坛中，可与其他人就 Adobe 产品展开讨论、提出问题和回答问题。从菜单栏中选择【帮助】>【Animate 社区论坛】，即可进入 Adobe 论坛。

Adobe Create 在线杂志：Adobe Create 在线杂志中有许多讲解设计及与设计有关的问题的深度好文，同时还可以在其中看到大量顶尖设计师的优秀作品、各种教程等。

教育资源：这里为 Adobe 软件课程讲师提供了一个信息宝库。在其中，你可以找到各种水平等级的培训方案，包括采用综合教学法的免费 Adobe 软件培训课程，这些课程可以用作 Adobe Certified Professional 认证考试的培训课程。

此外，还可参考以下资源。

- Adobe Extensions：在这里可以找到各种工具、服务、扩展、代码示例等，用以扩展与增强 Adobe 系列软件功能。
- Animate 产品主页。

Adobe 授权培训中心

Adobe 授权培训中心提供有关 Adobe 产品的教师辅导课程和培训。

目 录

第 4 课　父子图层与角色动画....... 104

第 5 课　使用现代绑定制作动画... 126

第 6 课　制作摄像机动画............. 166

第 7 课　制作形状动画与使用遮罩............................... 191

第 1 课

认识 Animate

课程概览

本课主要讲解以下内容。

- 在 Animate 中新建文档
- Animate 中的文档类型
- 调整舞台属性、文档属性与定制工作区
- 在【工具】面板中选择与使用工具
- 在【时间轴】面板中组织图层
- 认识与管理时间轴上的关键帧
- 向关键帧添加图层效果
- 使用【库】面板中的资源
- 调整对象在舞台中的位置
- 预览与发布动画
- 保存动画

学习本课大约需要  小时

在 Animate 中，用户可以轻松地在【舞台】中安排各种视觉元素，在【时间轴】面板中组织帧和图层，以及在其他面板中编辑与控制创建的内容。

1.1 启动 Animate 并打开一个文件

启动 Animate 后，首先显示的是【主页】界面，如图 1-1 所示，在其中不仅可以新建项目，还可以打开以前创建的项目。此外，【主页】界面中显示了用户可以创建哪些类型的项目，以及最近打开过的项目。

图 1-1

本课将制作一个简单的幻灯片播放动画，用于展示度假时拍摄的一些照片。在制作过程中，我们会在项目中添加背景、照片以及一些装饰元素，从而学习如何在舞台上安排各个元素，如何沿着动画时间轴放置各个元素，以确保它们按顺序逐个显现。

❶ 启动 Animate。在 macOS 中，在【应用程序】文件夹的 Adobe Animate 2024 文件夹下双击 Adobe Animate 2024。在 Windows 系统中，选择【开始】>【所有应用】>【Adobe Animate 2024】。

> 提示 双击某个 Animate 文件（*.fla 或 *.xfl），如 01End.fla 文件（该文件位于本课的课程文件夹中），也可以启动 Animate。

❷ 在【主页】界面中单击【打开】按钮，或者从菜单栏中选择【文件】>【打开】[快捷键为 Command+O（macOS）/Ctrl+O（Windows）]。在【打开】对话框中，转到 Lessons\01\01End 文件夹下，选择 01End.fla 文件，单击【打开】按钮，打开制作好的项目。

❸ 用户界面右上方有一个【测试影片】按钮，如图 1-2 所示，单击该按钮，或者从菜单栏中选择【控制】>【测试】。

图 1-2

此时，Animate 会导出项目，并在一个新的窗口（预览窗口）中打开它，如图 1-3 所示。

同时，动画开始播放。在动画播放过程中，几张照片按照指定顺序依次显现，最后画面中出现一些五角星。而且，每当新照片显现时，前一张照片会变模糊，消失在背景中。

❹ 预览结束后，依次关闭预览窗口与项目文件（01End.fla 文件）。

图 1-3

1.2 文档类型与新建文档

Animate 是一个动画与多媒体创作工具，用于制作适用于多个平台、兼容不同播放技术的动态内容。Animate 支持多种文档类型，只有明确了最终制作好的动画要用在什么样的环境中，新建文档时才知道应该选择哪种文档类型。

1.2.1 播放环境

播放环境（又称运行环境）是播放成品动画的地方，本质上是一系列技术的集合。最终制作好的动画有可能在某个支持 HTML5 和 JavaScript 的浏览器中播放；也有可能被导出为视频上传到视频网站，或者被导出为 GIF 动画上传到社交平台，供人们观看；还有可能在移动设备或虚拟现实设备中播放。因此，创建文档之前，一定要确定好动画的播放环境，然后再选择相应的文档类型。

注意 不同类型的文档所支持的功能并不完全一样。例如，HTML5 Canvas 类型的文档就不支持 3D 旋转工具与 3D 平移功能。在 Animate 用户界面中，当前类型的文档不支持的工具呈灰色，表示不可用。

1.2.2 文档类型

Animate 支持 9 种文档类型，但其中常用的只有 2~3 种。9 种文档类型分别针对不同的播放环境，每种播放环境所支持的动画类型和交互功能各不相同。下面列出了一些较为常用的 Animate 文档类型。

- ActionScript 3.0 文档类型用于把创建好的动画导出成视频、图形或动画资源，比如 Sprite 表、PNG 序列等。ActionScript 是 Animate 的原生脚本语言，其语法类似于 JavaScript。不过，选择 ActionScript 3.0 文档类型并不意味着一定要使用 ActionScript 代码。

注意 ActionScript 3.0 文档还支持把内容发布成 Mac 放映文件或 Windows 放映文件。这些放映文件类似于独立的桌面应用程序，其播放不依赖浏览器。

- HTML5 Canvas 文档类型用于创建能够在支持 HTML5 或 JavaScript 的浏览器中播放的项目。在 Animate 中插入 JavaScript 代码，或者将 JavaScript 代码添加到最终发布的文件中，可以使动画具有交互功能。
- WebGL glTF Extended 和 WebGL glTF Standard 文档类型可用于创建交互式动画资源（可获得硬件加速支持）或某些受支持的 3D 图形。
- 使用 AIR for Desktop 文档类型创建的动画在 Windows 或 macOS 中可作为独立的桌面应用程序播放，完全不需要浏览器。用户可以使用 ActionScript 3.0 代码为 AIR 文档添加交互功能。
- AIR for Android 和 AIR for iOS 文档类型用于为 Android 或 iOS 移动设备制作 App。用户可以使用 ActionScript 3.0 代码为 App 添加交互功能。
- VR Panorama 和 VR 360 文档类型用于制作依托于浏览器的虚拟现实项目（支持访客全方位观看）。用户还可以向沉浸式环境中添加动画或交互功能。

提示 在 Animate 中，用户可以轻松地将一种文档类型转换成另外一种文档类型。例如，如果想更新一个旧的 Flash 横幅广告动画，那么可以将其从 ActionScript 3.0 文档类型转换成 HTML5 Canvas 文档类型。方法很简单，只需要从【文件】>【转换为】菜单中选择相应的文档类型。但是在转换过程中，有些功能和特性可能会丢失。例如，在转换成 HTML5 Canvas 文档类型后，ActionScript 代码会被注释掉。

不论播放环境和文档类型如何，所有文档都应该以 FLA 格式或未压缩的 XFL 格式保存。选择不同的文档类型，最终得到的发布文件会不一样。

1.2.3 新建文档

下面制作一个简单动画，成品前面已经浏览过了。第一步是新建一个文档。

❶ 启动 Animate 后，首先看到的是【主页】界面。此外，在 Animate 用户界面的左上角单击小房子图标，如图 1-4 所示，也可以打开【主页】界面。

【主页】界面中有一些预设，它们对应不同的播放环境和布局尺寸，如图 1-5 所示。

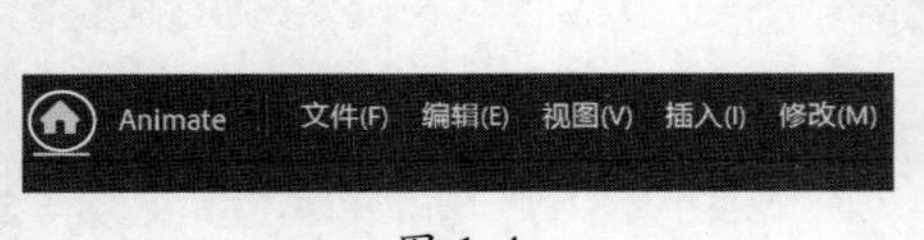

图 1-4

图 1-5

选择【更多预设】，在【新建文档】对话框中选择【角色动画】类别下的【全高清】预设，Animate 会新建一个 ActionScript 3.0 文档，最终导出的视频尺寸将是 1920 像素 ×1080 像素。在【广告】类别下选择【方形】预设，Animate 会新建一个 HTML5 Canvas 文档，其在浏览器中播放时的尺寸是 250 像素 ×250 像素。

❷ 选择【更多预设】，或者从菜单栏中选择【文件】>【新建】。

此时，打开【新建文档】对话框，如图 1-6 所示。【新建文档】对话框顶部列出了 7 个类别，它们有不同用途；单击各个类别，对话框中间会显示该类别下有哪些可用的预设。选择某个预设后，对话框右侧的【详细信息】区域会列出该预设的详细设置，可以以此为基础，结合自身需要，进一步调整这些设置。

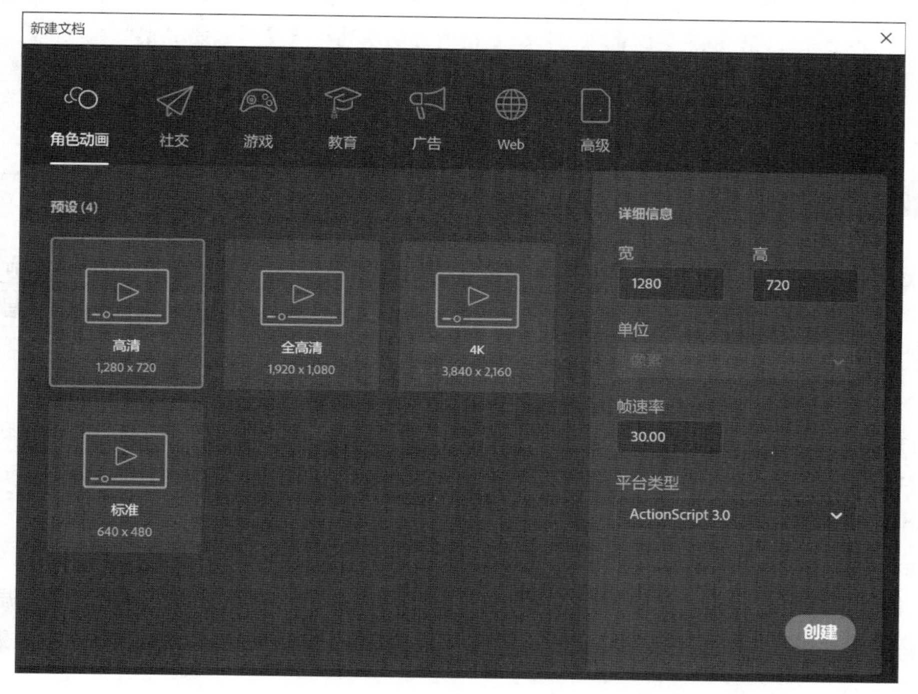

图 1-6

❸ 选择最右侧的【高级】类别，如图 1-7 所示。

图 1-7

此时，对话框中间会显示对应的所有可用预设。

❹ 在对话框中间的【平台】区域中选择【ActionScript 3.0】。在对话框右侧的【详细信息】区域中，分别在【宽】与【高】输入框中输入 800 与 600，确定舞台尺寸。在【帧速率】输入框中输入 30。

❺ 单击【创建】按钮。

此时，Animate 会新建一个包含指定尺寸舞台的 ActionScript 3.0 文档。

❻ 从菜单栏中选择【文件】>【保存】，弹出【另存为】对话框，输入文件名 01_workingcopy.fla，在【保存类型】下拉列表中选择【Animate 文档 (*.fla)】。尽管软件名为 Animate，但是文档的扩展名是 .fla 或 .xfl，这两个扩展名暗示了 Animate 的前身是 Flash。转到 01Start 文件夹下，单击【保存】按钮。

随时保存文档是一个好习惯，养成这个习惯，即使 Animate 或计算机突然崩溃，也不会有太大损失。保存 Animate 文档时，建议选择 FLA 格式（若希望把文档保存成 Animate 未压缩文档，请选择 XFL 格式），以表明它是一个 Animate 源文件。

> 注意 保存 Animate 文档时，若在【保存类型】下拉列表中选择了【Animate 未压缩文档(*.xfl)】，则 Animate 会把文档保存成多个文件（组织在多个文件夹中），而不是单个文档。这样，文档内容对所有人都是公开的，方便交换资源。XFL 格式是一种更加高级的文档存储格式，本书不会用到这种格式。

1.3 认识工作区

首次运行 Animate 时，它会询问你是哪类用户（初学者或专家）。你的回答决定着 Animate 用户界面的布局。根据自己的实际情况选一个就好，也不用担心选错，因为后面可以随时根据自己的使用习惯调整工作区。本课会介绍配置工作区的方法，以确保读者实际操作时的界面和书中截图是一致的。

Animate 的工作区由菜单栏（位于软件界面顶部）、各种编辑与添加元素的工具和面板组成。在 Animate 中制作动画时，既可以从零开始手动创建各种动画元素，也可以直接导入用其他 Adobe 软件（如 Adobe Illustrator、Adobe Photoshop、Adobe After Effects 等）制作好的动画元素。

Animate 提供了多种工作区，【基本功能】工作区下有菜单栏、【时间轴】面板、舞台、【工具】面板、【属性】面板、编辑栏，以及一些其他面板，如图 1-8 所示。使用 Animate 时，用户可以根据自己的工作习惯和屏幕分辨率自由地打开、关闭面板，为面板编组或取消面板编组，停放或取消停放面板，以及移动面板。

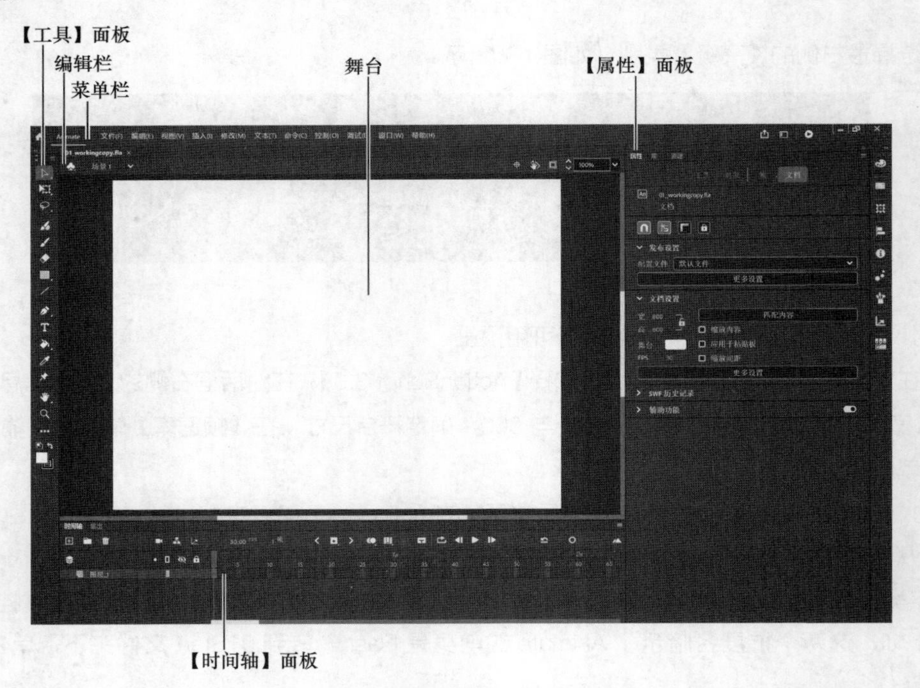

图 1-8

1.3.1 切换工作区

Animate 内置了一些工作区，这些工作区能够很好地满足用户的需要。选择【窗口】>【工作区】，或者单击用户界面右上方的工作区切换图标，然后在弹出的菜单中选择要切换的目标工作区，或者保存当前工作区。

❶ 在用户界面右上方单击工作区切换图标，如图 1-9 所示，从弹出的菜单中选择另外一个工作区。

图 1-9

不同工作区下，Animate 会根据各个面板的重要程度在用户界面中安排它们的位置和大小。例如，在【动画】和【设计人员】工作区下，Animate 会把【时间轴】面板放在工作区顶部，以便用户快速、频繁地使用它。

❷ 选择【基本功能】工作区。

本书各课讲解具体操作步骤时使用的就是【基本功能】工作区。在【基本功能】工作区下，用户能够高效地使用舞台与最常用的面板。

❸ 在某个工作区下调整了某些面板后，如果想恢复当前工作区的原始布局，可从菜单栏中选择【窗口】>【工作区】>【重置 ×××】（××× 是当前工作区的名称），然后在弹出的重置确认对话框中单击【是】按钮。此外，还可以单击工作区切换图标，再单击工作区名称右侧的重置图标来重置当前工作区，如图 1-10 所示。

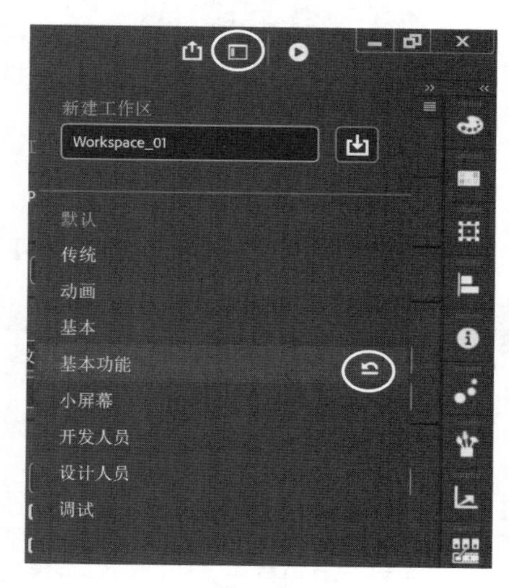

图 1-10

> 注意 如果告诉 Animate 你是新用户，Animate 会把默认工作区设置成【基本】工作区。否则，Animate 会把默认工作区设置成【基本功能】工作区。

1.3.2 保存工作区

经过不断尝试、探索，找到适合自己工作习惯的工作区布局后，可以将其保存成自定义工作区，以备日后使用。

❶ 单击工作区切换图标，在【新建工作区】输入框中输入新工作区的名称，如图 1-11 所示。

❷ 单击新工作区名称右侧的图标，保存新工作区，如图 1-12 所示。

图 1-11

图 1-12

此时，Animate 会把当前工作区的布局保存成一个新工作区，并把新工作区添加到工作区菜单中，如图 1-13 所示。

❸ 在默认设置下，Animate 的用户界面是深灰色的。当然，也可以把它修改成其他颜色。选择【Animate】>【首选参数】>【编辑首选参数】（macOS），或者选择【编辑】>【首选参数】>【编辑首选参数】（Windows），然后在【接口】选项卡的【颜色主题】列表中选择一种颜色，如图 1-14 所示。

图 1-13

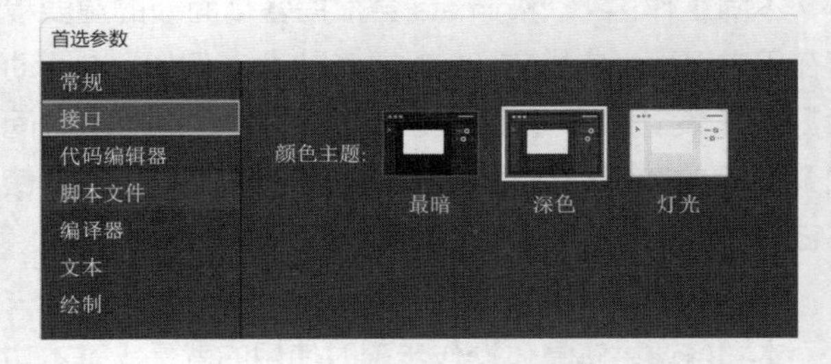

图 1-14

本书的软件界面截图都是在【深色】主题下截取的。

> 提示 如果想保存和分享自己的首选参数，那么可以把它们导出到一个 ANP 文件中。从菜单栏中选择【编辑】>【首选参数】>【导出首选参数】进行导出，即可得到一个 ANP 文件，其他用户可以导入这个 ANP 文件使用。

1.3.3 舞台

用户界面中间有一大块白色矩形区域，叫作“舞台”。与剧院舞台一样，Animate 中的舞台也是各种视觉元素“演出”的场所，同时也是观众眼睛所关注的地方。这些视觉元素包括文本、图像、视频等。把视觉元素放入舞台中，播放动画时我们就能看见它们；相反，把视觉元素移出舞台，我们就看不见它们了。在舞台中摆放视觉元素时，可以使用标尺（从菜单栏中选择【视图】>【标尺】）或网格（从菜单栏中选择【视图】>【网格】>【显示网格】）来辅助确定视觉元素的位置。

此外，Animate 还提供了一些其他定位辅助工具，如辅助线（创建辅助线时，可直接从标尺上拖出，也可从菜单栏中选择【视图】>【辅助线】）、【对齐】面板等。有关这些工具的内容，本课后面会讲解。

默认设置下，舞台外部有一些灰色区域，放入灰色区域的视觉元素对观众是不可见的。这些灰色区域叫作“粘贴板”。从菜单栏中选择【视图】>【缩放比率】>【剪切到舞台】，可以在文档窗口中只显示舞台。当前，请不要选择【剪切到舞台】，即允许粘贴板出现在文档窗口中。

此外，还可以单击【剪切掉舞台范围以外的内容】按钮，如图 1-15 所示，把舞台区域之外的图形元素剪切掉，这样可从观众视角观看项目最终的效果。

图 1-15

> 提示 从菜单栏中选择【视图】>【屏幕模式】>【全屏模式】，全屏模式下只显示舞台，其他面板都会隐藏起来。按 F4 键，可重新显示各个面板；按 Esc 键（或 F11 键），可返回到标准屏幕模式。

从菜单栏中选择【视图】>【缩放比率】>【符合窗口大小】，可以把舞台缩放到文档窗口大小。此外，还可以从文档窗口右上角的缩放比率下拉列表中选择不同的缩放选项来缩放舞台，如图 1-16 所示。

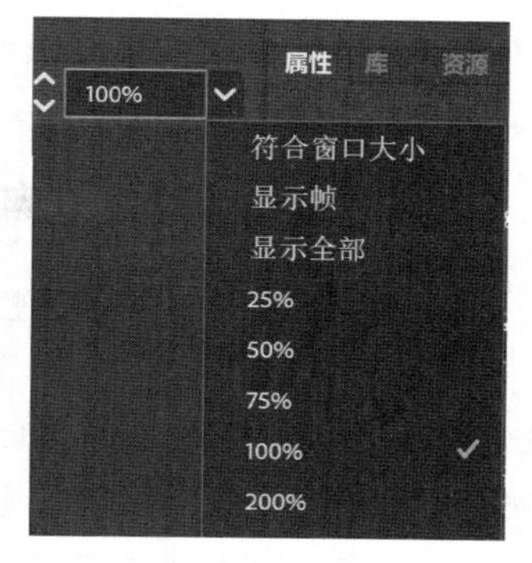

图 1-16

1.3.4 更改舞台属性

下面修改一下舞台颜色。在【属性】面板（位于舞台右侧）中可以更改舞台颜色、舞台大小，以及帧速率等属性。

❶【属性】面板的【文档设置】区域中显示舞台的当前尺寸为 800 像素 ×600 像素，这是新建文档时设定的，如图 1-17 所示。

❷ 在【属性】面板中，单击【舞台】右侧的颜色框，然后从色板中选择深灰色（#333333），如图 1-18 所示。

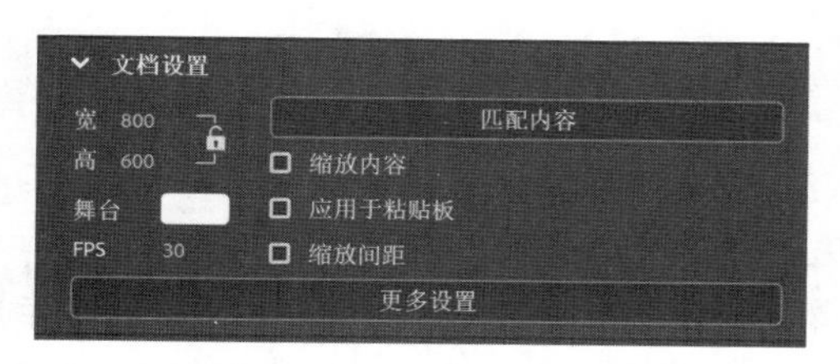

图 1-17

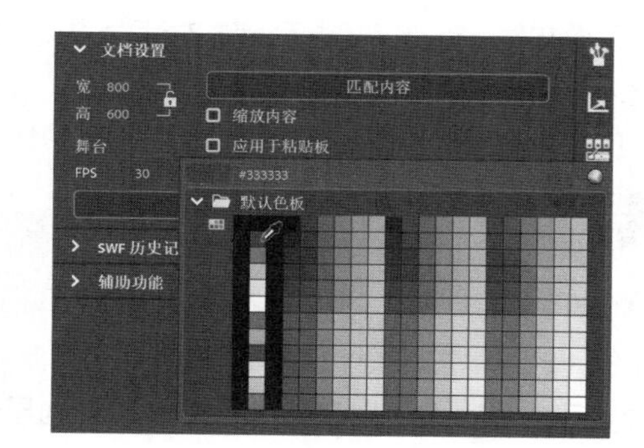

图 1-18

此时，整个舞台区域就被填充成深灰色。

1.4 使用【库】面板

【库】面板与【属性】面板位于同一个面板组中，单击【库】，即可打开【库】面板。【库】面板中显示的是文档库中的内容，用于存储和组织元件（在 Animate 中创建）、变形资源，以及导入的文件（如位图文件、音频文件、视频文件等）。元件与变形资源指的是动画制作过程中使用的图形。

注意 有关元件的内容，将在第 2 课“创建图形与文本”中详细讲解。

1.4.1 关于【库】面板

在【库】面板中，可以组织文件夹中的库资源，可以查看某个资源在文档中被使用的次数，以及按类型对资源进行排序整理。此外，还可以在【库】面板中创建文件夹来对各种资源进行分类整理。向 Animate 中导入资源时，既可以把它们直接导入舞台中，也可以导入库中。不过，所有导入舞台的资源都会被添加到库中，这与创建元件是一样的。我们可以轻松访问库中的资源，把它们添加到舞台中，以编辑资源或查看资源属性。

提示 还可以把资源保存到【资源】面板（【窗口】>【资源】）中，或者使用【CC Libraries】面板（【窗口】>【CC Libraries】）把资源保存至云端，以便在不同 Adobe 应用程序之间共享。

从菜单栏中选择【窗口】>【库】，或者按 Command+L（macOS）/Ctrl+L（Windows）组合键，即可打开【库】面板。

1.4.2 把资源导入【库】面板中

在 Animate 中，可以直接使用绘图工具创建图形，然后把它们保存成元件存储到【库】面板中。有时，还会使用【资源变形工具】在图形内创建素具，然后存储到【库】面板中。导入 JPEG 图像、MP3 音频等素材时，Animate 也会把它们存储到【库】面板中。下面向【库】面板中导入几幅图像，用来制作动画。

❶ 在菜单栏中选择【文件】>【导入】>【导入到库】。在【导入到库】对话框中，转到 Lessons\01\01Start 文件夹下，选择 background.png 文件，单击【打开】按钮。若 01Start 文件夹下未显示出图像文件，请在【导入到库】对话框的文件类型下拉列表中选择【所有文件 (*.*)】，把图像文件显示出来。

此时，Animate 会导入选中的 PNG 图像，并将其放入【库】面板中。

提示 在 macOS 中，单击【选项】按钮，才能在文件类型下拉列表中选择【所有文件 (*.*)】。

❷ 使用相同方法从 01Start 文件夹中导入 3 幅图像，分别是 photo1.jpg、photo2.jpg、photo3.jpg。

当然，还可以按住 Shift 键同时选中 3 幅图像，再单击【打开】按钮，把它们一次性导入。

导入完成后，就可以在【库】面板中看到导入的 4 幅图像了。单击某幅图像，还可以在【库】面板顶部看到它的缩览图，如图 1-19 所示。到这里，我们就准备好要在 Animate 文档中使用的图像了。

图 1-19

1.4.3　从【库】面板把资源添加到舞台中

要使用导入的图像资源，只需将其从【库】面板拖入舞台即可。

提示　从菜单栏中选择【文件】>【导入】>【导入到舞台】，或者按 Command+R（macOS）/ Ctrl+R（Windows）组合键，可把一幅图像导入【库】面板并同时添加到舞台中。

若当前【库】面板未打开，请从菜单栏中选择【窗口】>【库】，将其打开。把 background.png 图像拖到舞台上，如图 1-20 所示，并放置于舞台正中央。

图 1-20

1.5　认识【时间轴】面板

在【基本功能】工作区下，【时间轴】面板位于舞台区域下方。【时间轴】面板中包含动画播放控件与时间轴，时间轴上从左到右依次显示动画中的一系列事件。与电影胶片类似，在 Animate 中，用帧来度量动画的时间。播放动画时，播放滑块（蓝色竖线）会依次经过时间轴上的各帧。借助舞台，我们可以更改各帧的内容。沿着时间轴把播放滑块拖动到某一帧上，在舞台中就可以看到这一帧的内容。

【时间轴】面板顶部显示着当前帧的编号和动画的帧速率（每秒播放多少帧），如图 1-21 所示。

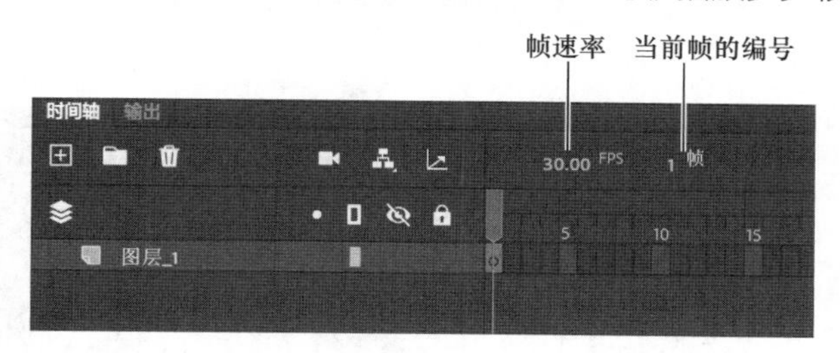

图 1-21

【时间轴】面板左侧区域中显示的是图层，图层用于组织画面中的各个元素。目前，项目中只有一个图层，名称为“图层 _1”。我们可以把多个图层想象成叠在一起的电影胶片，每个图层都包含画面中的一个或几个元素，用户可以自由地在一个图层中绘制与编辑组成画面的元素，而且完全不用担心改动会影响到其他图层中的画面组成元素。图层在【时间轴】面板中的堆叠顺序决定着图层中各元素在舞台中的前后顺序，即图层的堆叠顺序越靠下，其元素在舞台中的位置越靠后。图层区域顶部有圆点、方框、眼睛、锁头几个图标，分别单击这些图标，可突出显示图层、以轮廓形式显示图层内容、隐藏 / 显示图层、锁定 / 解除锁定图层。

当有多个图层时，单击时间轴上方的【仅查看现用图层】图标，可只显示当前选中的图层。

定制【时间轴】面板

Animate 允许用户根据自身需要定制【时间轴】面板。例如，若希望在【时间轴】面板中看到更多图层，则可在【时间轴】面板右上角打开面板菜单，然后选择【较短】，如图 1-22 所示。选择【较短】后，Animate 会降低各个图层帧单元格的高度。选择【预览】或【关联预览】，Animate 会在时间轴上以缩览图的形式显示关键帧的内容。

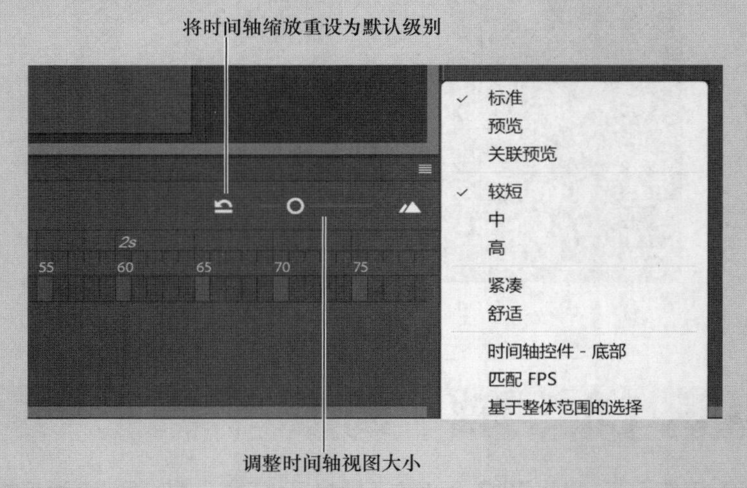

图 1-22

【时间轴】面板右上方有一个【调整时间轴视图大小】滑块，拖动该滑块可放大或缩小时间轴视图。时间轴视图越大，其显示的帧数越少；时间轴视图越小，其显示的帧数越多。单击滑动条左侧的【将时间轴缩放重设为默认级别】图标，可把时间轴视图恢复成正常大小。

打开【时间轴】面板右上角的面板菜单，选择【自定义时间轴工具】，打开【自定义时间轴】面板，使用它可以把常用的动画制作工具添加到【时间轴】面板中。【自定义时间轴】面板中包含各种动画制作工具，那些处于高亮状态的图标所对应的工具已经显示在了【时间轴】面板中，如图 1-23 所示。

单击某个工具图标，可将其添加到【时间轴】面板中或从【时间轴】面板中移除。单击【重置时间轴控件】图标，可以把【时间轴】面板恢复成原来的样子。

图 1-23

1.5.1　重命名图层

制作动画时，最好把不同内容放到不同的图层上，同时为每个图层起一个合适的名字，这个名字应与图层内容相关联，以便日后快速查找所需图层。

❶ 双击图层名称“图层_1”，然后在名称输入框中输入 background。

❷ 在名称输入框之外单击，使新名称生效，如图 1-24 所示。

❸ 把 backgound.png 图像从【库】面板拖入舞台中，移动鼠标指针至 background 图层上，此时浮现出灰色锁头图标，单击锁头图标，把图层锁定，如图 1-25 所示。

把一个图层锁定之后，图层右侧会显示一个锁头图标，此时无法移动这个图层，也无法更改图层中的内容，这样可以避免误编辑的情况。

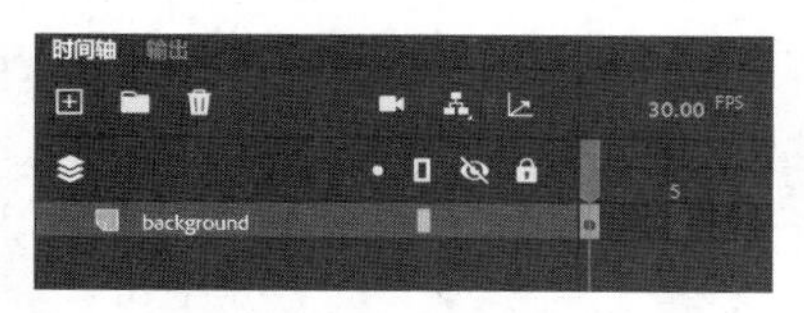

图 1-24

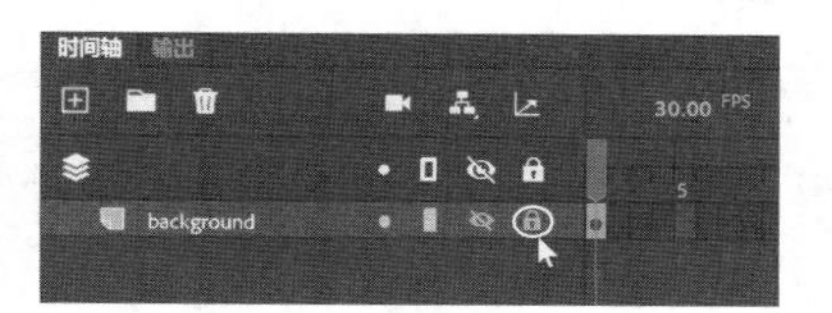

图 1-25

1.5.2　添加图层

当前 Animate 文档只包含一个图层，用户可以根据需要向文档中添加任意多个图层。一般来说，上一个图层中的内容会盖住下一个图层中的内容，但如果在【图层深度】面板中改变图层深度，覆盖关系就会发生变化。有关这方面的内容将在第 6 课“制作摄像机动画”中讲解。

❶ 在【时间轴】面板中选择 background 图层。

❷ 从菜单栏中选择【插入】>【时间轴】>【图层】。或者单击【时间轴】面板左上角的【新建图层】图标，如图 1-26 所示。

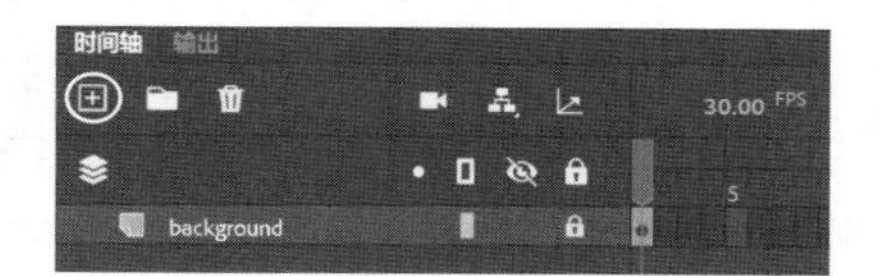

图 1-26

此时，Animate 会在 background 图层上方添加一个新图层。

❸ 双击新图层的名称“图层_2”，在名称输入框中输入 photo1。在名称输入框之外单击，使新名称生效。

此时，【时间轴】面板中有两个图层。background 图层用来放置背景图像，而新创建的 photo1 图层当前是空的。

❹ 选择 photo1 图层。

❺ 若当前【库】面板未打开，请从菜单栏中选择【窗口】>【库】，将其打开。

❻ 从【库】面板中把 photo1.jpg 图像拖到舞台中。

提示 随着添加的图层越来越多，各图层内容之间的叠加关系变得越来越复杂。单击图层右侧的眼睛图标（带斜线），会把该图层内容隐藏起来。按住 Shift 键，将鼠标指针移动至某个图层上，单击图层右侧浮现出的眼睛图标，可使该图层变得半透明，其下方图层的内容会透显出来。在 Animate 中，隐藏图层或使图层半透明只会影响我们观看项目的方式，而不会对最终输出效果产生影响。双击图层图标（位于图层名称左侧），在弹出的【图层属性】对话框中可调整图层的透明度级别（即可见性）。

此时，Animate 会把 photo1.jpg 图像放到舞台中，并使其叠加在 background.png 图像之上，如图 1-27 所示。

❼ 从菜单栏中选择【插入】>【时间轴】>【图层】，或者单击【时间轴】面板左上角的【新建图层】图标，添加第 3 个图层。

❽ 把第 3 个图层重命名为 photo2。

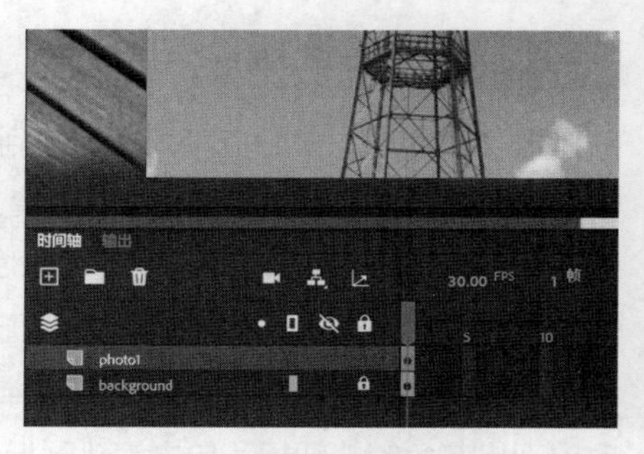

图 1-27

使用图层

当不再需要某个图层时，先选中它，然后在【时间轴】面板中单击【删除】图标，如图 1-28 所示，即可轻松将其删除。

若想更改图层的堆叠顺序以改变图层内容之间的遮挡关系，只需在图层堆叠区域上下拖动相应图层即可。

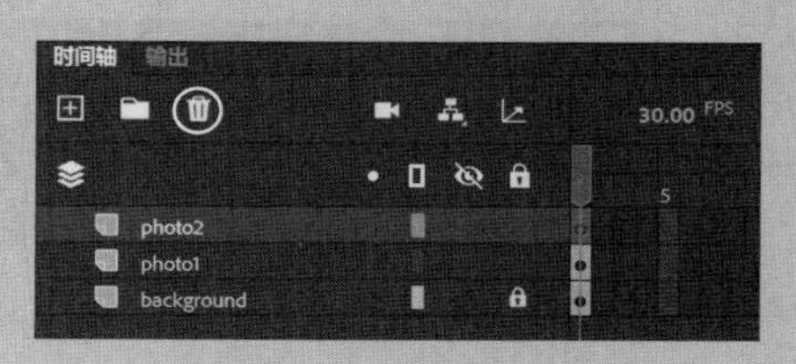

图 1-28

1.5.3 插入帧

目前，舞台上有两幅图像，一幅是背景图像（background.png），另一幅是叠加在背景图像之上的铁塔图像。整个动画只有 1 帧，总时长只有 1/30 秒。要增加动画时长，就必须在动画中添加更多帧。

❶ 选择 background 图层，单击第 48 帧。向右拖动【时间轴】面板右上角的【调整时间轴视图大小】滑块，把时间轴中的帧放大一些，以便快速找到第 48 帧，如图 1-29 所示。

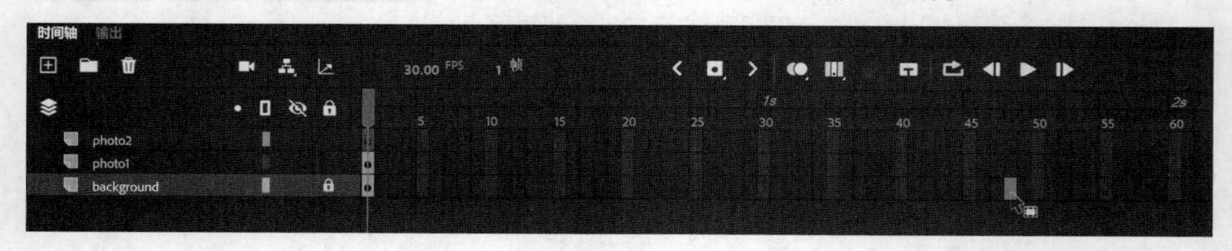

图 1-29

❷ 从菜单栏中选择【插入】>【时间轴】>【帧】（或按 F5 键）；或者单击【时间轴】面板中的【插入帧】图标，在弹出的菜单中选择【帧】，如图 1-30 所示；或者使用鼠标右键单击第 48 帧，在弹出的快捷菜单中选择【插入帧】。

图 1-30

此时，Animate 会在 background 图层中从头开始插入帧，一直插到选择的那一帧（即第 48 帧），如图 1-31 所示。

❸ 选择 photo1 图层，单击第 48 帧。

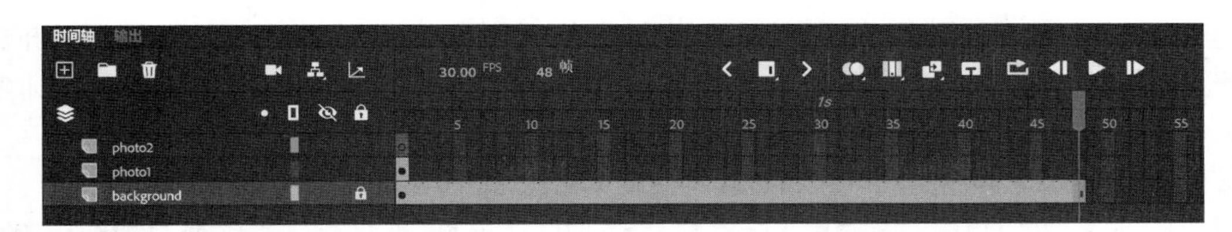

图 1-31

❹ 从菜单栏中选择【插入】>【时间轴】>【帧】(或按 F5 键);或者单击【时间轴】面板中的【插入帧】图标,在弹出的菜单中选择【帧】;或者使用鼠标右键单击第 48 帧,在弹出的快捷菜单中选择【插入帧】,在 photo1 图层中从头插入帧,一直插到第 48 帧。

❺ 选择 photo2 图层,单击第 48 帧,执行【插入帧】命令,在这个图层中插入帧。

当前,动画中有 3 个图层,每个图层都有 48 帧。当前 Animate 文档的帧速率为 30 帧 / 秒,所以当前动画的总时长不到 2 秒。

选择多个帧

在计算机桌面上按住 Shift 键可同时选择多个文件。类似地,在 Animate 的【时间轴】面板中,按住 Shift 键可同时选择多个帧。如果希望同时向多个图层插入帧,可以先选择第一个图层的一个帧,然后按住 Shift 键,单击最后一个图层中的同一帧,把两个图层之间的所有图层的同一帧选中;或者框选多个图层,然后从菜单栏中选择【插入】>【时间轴】>【帧】(或按 F5 键)。

1.5.4 创建关键帧

关键帧代表舞台上的内容有了某些变化。在时间轴上,关键帧上会显示一个圆。空心圆表示某个图层在某个时间点上不包含任何内容,而实心圆则表示某个图层在某个时间点上含有一些内容。例如,background 图层的第 1 帧上有一个实心圆,表示它是一个关键帧,photo1 图层的第 1 帧也是一个关键帧,这两个关键帧中都包含图像;photo2 图层的第 1 帧上有一个空心圆,代表它是一个空白关键帧,不包含任何内容,如图 1-32 所示。

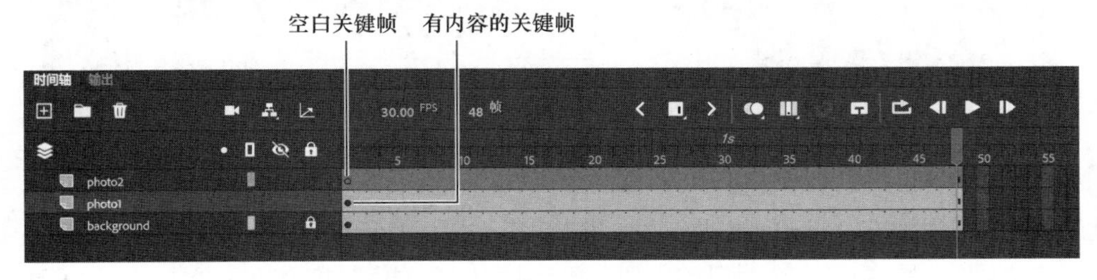

图 1-32

1.5.5 自动关键帧

图 1-33

除了手动插入关键帧,Animate 还提供了【自动关键帧】功能。【自动关键帧】功能位于【时间轴】面板顶部,如图 1-33 所示。

当【自动关键帧】功能处于开启状态(图标上有一个字母 A)时,在舞台中添加或修改内容,Animate 会在相应的时间点自动插入一个关键帧。当【自动关键帧】功能处于关闭状态时，关键帧必须手动插入。跟做本书项目时，建议关闭【自动关键帧】功能。关闭【自动关键帧】功能后，可以手动控制插入关键帧的时机，避免意外创建关键帧。

下面在 photo2 图层中插入一个关键帧，插入时间点就是下一幅图像出现的时间点。

打开【时间轴】面板的面板菜单，选择【自定义时间轴工具】，在打开的【自定义时间轴】面板中单击相关图标，可把相应工具添加至【时间轴】面板中（有关内容请阅读“定制【时间轴】面板”）。在【自定义时间轴】面板中单击【自动关键帧】图标，如图 1-34 所示，将其添加至【时间轴】面板中；再次单击【自动关键帧】图标，可将其从【时间轴】面板中移除。

图 1-34

学习本书内容时，大多数时候【自动关键帧】功能是关闭的，需要开启时会明确指出。在【自定义时间轴】面板中单击【插入帧组】图标，将其添加到【时间轴】面板中。

❶ 确保【自动关键帧】功能处于关闭状态。选择 photo2 图层的第 24 帧。所选帧的编号会显示在时间轴的左上方（帧速率右侧），如图 1-35 所示。

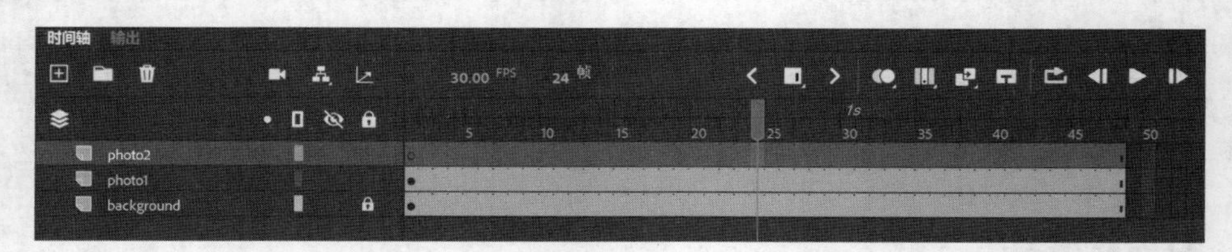

图 1-35

❷ 从菜单栏中选择【插入】>【时间轴】>【关键帧】（或按 F6 键），或者单击时间轴上方的【插入关键帧】图标。

此时，photo2 图层的第 24 帧上出现了一个空白关键帧（空心圆），如图 1-36 所示。

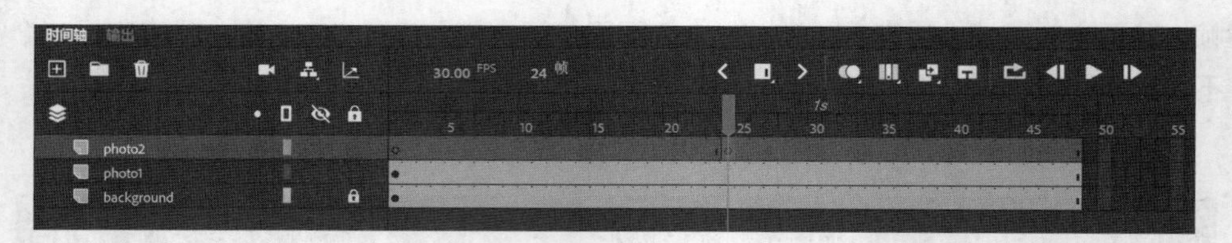

图 1-36

❸ 从【库】面板中把 photo2.jpg 拖到舞台上。

此时，photo2 图层的第 24 帧上的空心圆变成了实心圆，表示当前 photo2 图层的第 24 帧中有了内容。播放动画时，图像从第 24 帧开始出现在舞台上。沿着时间轴拖动播放滑块，一边拖动一边观看舞台中的内容；也可以直接把播放滑块拖动到某个特定的时间点，查看该时间点舞台中的内容。整个播放时间内，background.png 图像和 photo1.jpg 图像一直出现在舞台上，而 photo2.jpg 图像仅在第 24 帧时才出现在舞台上，如图 1-37 所示。

理解帧和关键帧对于掌握 Animate 至关重要。一定要搞明白 photo2 图层中是怎么有 48 帧的，其中包含两个关键帧，一个是空白的关键帧（第 1 帧），另一个是有内容的关键帧（第 24 帧），如图 1-38 所示。

图 1-37

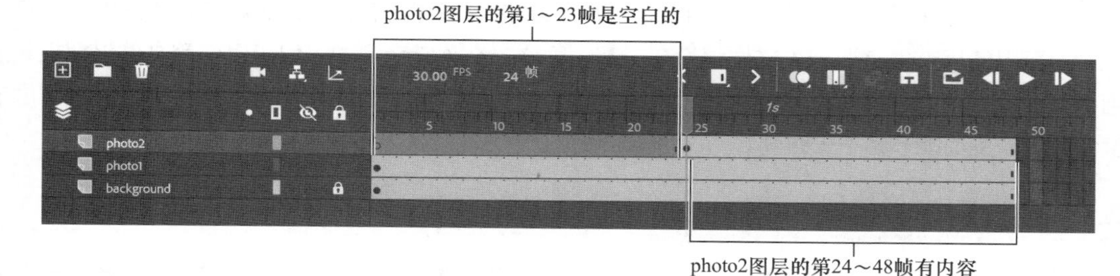

图 1-38

1.5.6 移动关键帧

如果希望 photo2.jpg 图像早一点或晚一点出现在舞台上，就需要往前或往后移动包含该图像的关键帧。在 Animate 中移动关键帧很简单，直接把关键帧拖动到新位置即可。

❶ 选中 photo2 图层的第 24 帧（该帧为关键帧）。

❷ 把选中的关键帧向左拖动到第 12 帧。拖动关键帧时，鼠标指针右下角会出现一个虚线方框，表示当前正在调整关键帧的位置，如图 1-39 所示。拖动完成，如图 1-40 所示。

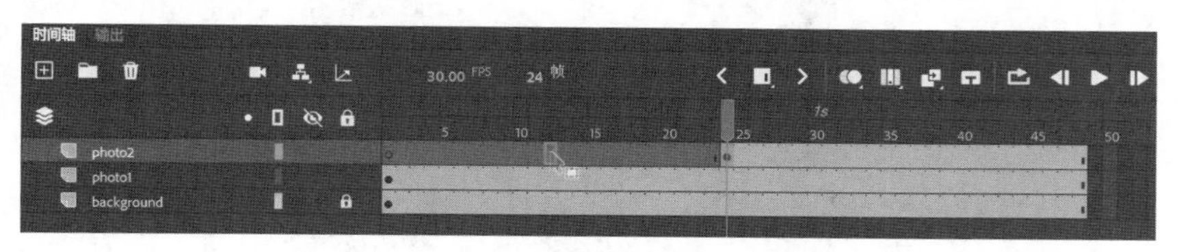

图 1-39

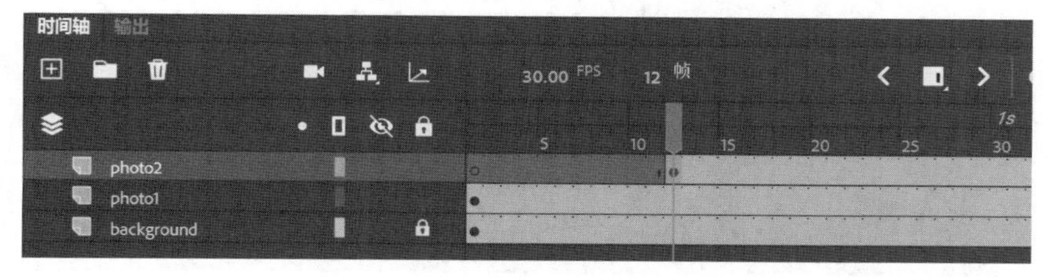

图 1-40

此时播放动画，photo2.jpg 图像会比之前更早出现在舞台上。

1.5.7 删除关键帧

删除关键帧时，请不要直接按 Delete 键（macOS）或 Backspace 键（Windows）。按这两个键只会删除关键帧的内容，删除后空白关键帧仍然存在。

正确的做法是：先选择关键帧，然后从菜单栏中选择【修改】>【时间轴】>【清除关键帧】（快捷键为 Shift+F6）。

此时，Animate 会把选择的关键帧及其内容一同从时间轴上删除。

1.6 在【时间轴】面板中组织图层

目前，整个动画项目只包含 3 个图层：background 图层、photo1 图层、photo2 图层。本节将向动画项目中添加更多图层，当动画项目中图层的数目越来越多时，就需要组织和管理这些图层。在计算机中，可以使用文件夹把相关文件组织在一起。同样，在 Animate 中，也可以使用文件夹把相关图层组织在一起，使图层有序且易于管理。尽管创建文件夹要花一点时间，但有了文件夹，查找图层的速度会更快，反而能节省不少时间。

1.6.1 创建图层文件夹

下面在动画项目中添加更多图层以添加其他图像。为了便于组织这些图层，先把它们放入一个文件夹中。

❶ 选择 photo2 图层，单击【时间轴】面板左上角的【新建图层】图标。

❷ 把新图层的名称修改为 photo3。

❸ 在第 24 帧处插入一个关键帧。

❹ 从【库】面板中把 photo3.jpg 图像拖到舞台中。

此时，整个动画项目中共有 4 个图层，如图 1-41 所示。上面 3 个图层中包含的都是康尼岛的图像，但它们位于不同的关键帧上。

图 1-41

❺ 选择 photo3 图层，单击【时间轴】面板左上角的【新建文件夹】图标，如图 1-42 所示。

此时，photo3 图层上方会出现一个文件夹——文件夹 1。

❻ 把文件夹的名称修改为 photos，如图 1-43 所示。

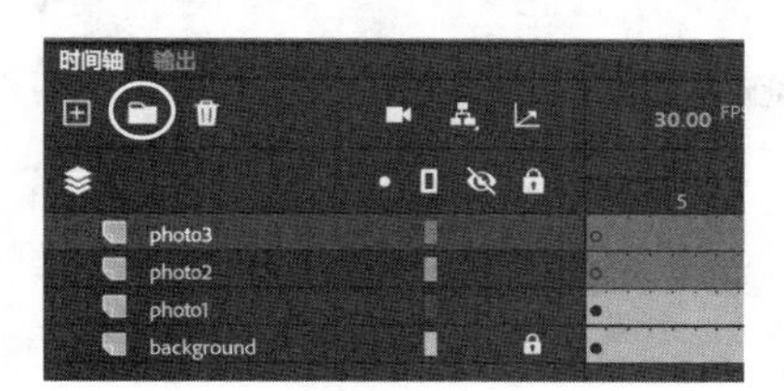

图 1-42

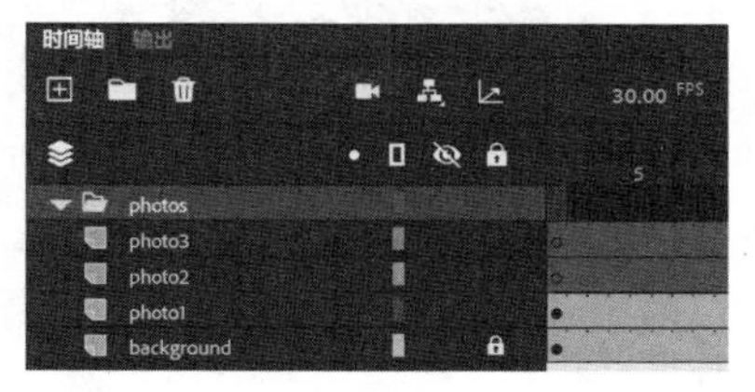

图 1-43

1.6.2 把图层添加到文件夹中

下面把 3 个图层（即 photo1、photo2、photo3）添加到 photos 文件夹中。调整图层时，一定要注意图层的堆叠顺序，Animate 会根据【时间轴】面板中图层的堆叠顺序在舞台中显示各图层中的内容，上层图层中的内容在前，下层图层中的内容在后，而且上层图层中的内容会盖住下层图层中的内容。

❶ 把 photo1 图层拖入 photos 文件夹中。

拖动时会出现一条黑线，表示拖放的目的地，如图 1-44 所示。当把图层放入文件夹中后，Animate 会把图层名称向右缩进。

❷ 使用同样的方法把 photo2、photo3 两个图层拖入 photos 文件夹中。

此时，3 个图层都在 photos 文件夹中，而且堆叠顺序保持不变，如图 1-45 所示。

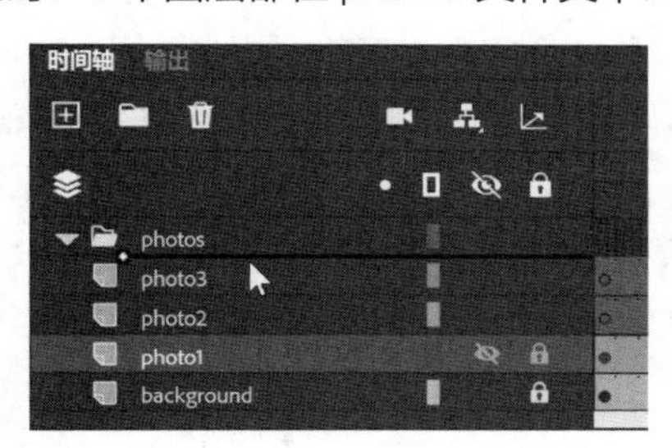

图 1-44

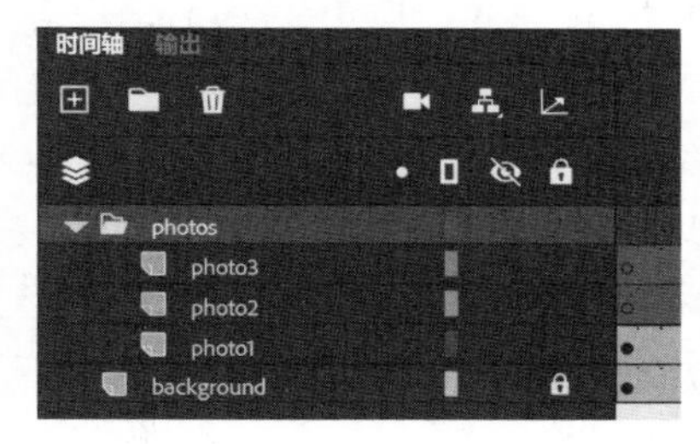

图 1-45

单击文件夹图标左侧的箭头（向下箭头），可把文件夹折叠起来。再次单击文件夹图标左侧的箭头（向右箭头），可展开文件夹。请注意，在删除包含图层的文件夹时，文件夹中的所有图层会被一起删除。

1.6.3 突出显示图层

在制作动画的过程中，有时需要使某个图层突出显示，表示这个图层包含重要内容。为此，Animate 专门提供了【突出显示图层】功能。

当把鼠标指针移动到某个图层上时，相应图层右侧会显示一个带颜色的小圆点，如图 1-46 所示，单击小圆点，即可使该图层突出显示。

当突出显示某个图层时，该图层下方会出现一条线，同时图层名称的背景也会被填充上相应颜色（当前选中图层除外），填充颜色与【将所有图层显示为轮廓】功能使用的颜色一样，如图 1-47 所示。

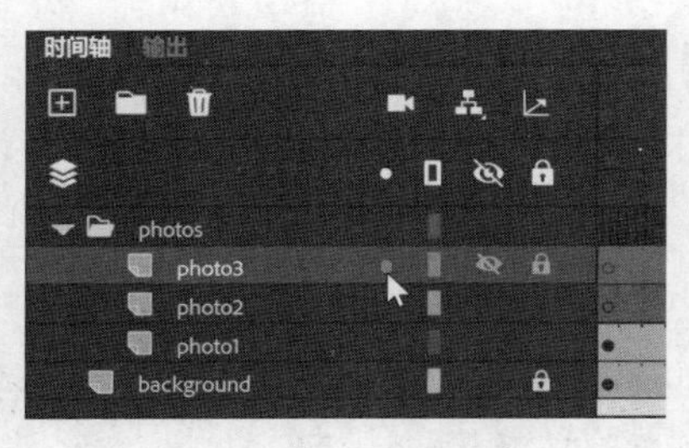

图 1-46

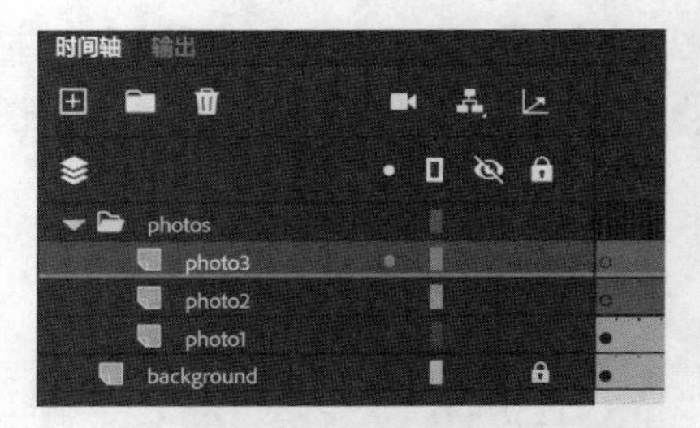

图 1-47

再次单击小圆点，取消突出显示图层。接下来的制作中，不需要突出显示图层。

剪切、复制、粘贴、直接复制图层

管理多个图层和图层文件夹时，使用剪切、复制、粘贴、直接复制命令可以大大简化操作，提高工作效率。使用复制、粘贴命令时，所选图层的所有属性都会被复制、粘贴，包括图层中的帧、关键帧、动画，以及图层名称与类型。使用复制、粘贴命令，还可以轻松复制与粘贴图层文件夹及其内部图层。

剪切或复制一个图层（或图层文件夹）时，需要先选择图层，在图层名称上单击鼠标右键，然后从弹出的快捷菜单中选择【剪切图层】或【拷贝图层】，如图 1-48 所示。在某个图层名称上再次单击鼠标右键，从弹出的快捷菜单中选择【粘贴图层】，剪切或复制的图层就会出现在刚刚右击的图层的上方。从弹出的快捷菜单中选择【复制图层】（直接复制图层），可一次性完成复制与粘贴图层两个操作。

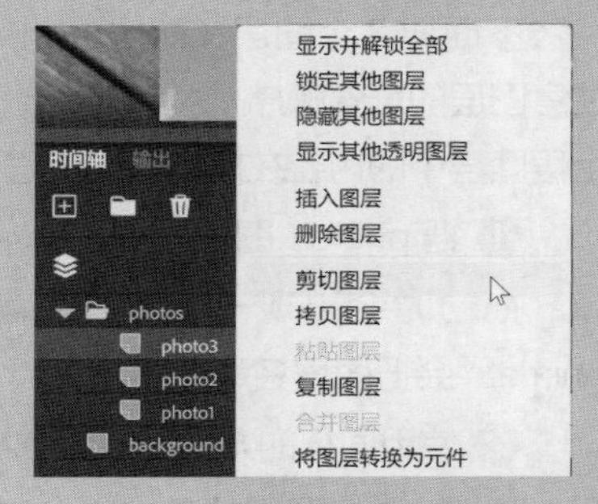

图 1-48

此外，还可以使用菜单栏中的剪切、复制、粘贴、直接复制命令来完成相同的操作。从菜单栏中选择【编辑】>【时间轴】，再选择【剪切图层】【拷贝图层】【粘贴图层】【直接复制图层】即可执行相应操作。

1.7 使用【属性】面板

制作动画时，在【属性】面板中可以快速找到那些经常需要调整的属性。选择的对象不同,【属性】面板中显示的属性也会有所不同。例如，未选择任何内容时，【属性】面板中显示的是 Animate 文档的相关属性，如舞台颜色、文档大小等；选择了舞台中的某个对象时，【属性】面板中显示的是该对象的相关属性，如位置、大小、填充颜色等。若选择的是时间轴上的某一帧（或关键帧），则【属性】面板中显示的是该帧的相关属性，如标签、有无声音等。不同属性划分在不同区域中，各个区域可以单独展开或折叠，如图 1-49 所示。

此外，在【属性】面板中还可以把选择焦点从关键帧快速切换成舞台中的对象。例如，单击【属性】面板顶部的【对象】选项卡，面板中显示的内容就从关键帧的相关属性变成了舞台中所选对象的相关属性，如图 1-50 所示。

接下来使用【属性】面板调整一下舞台中的图像对象。

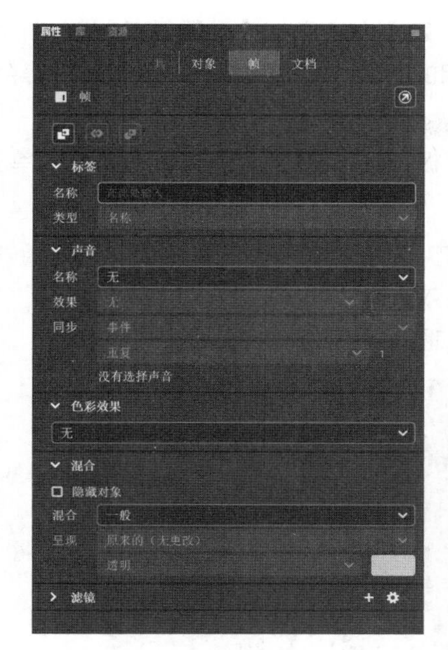

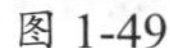

图 1-49

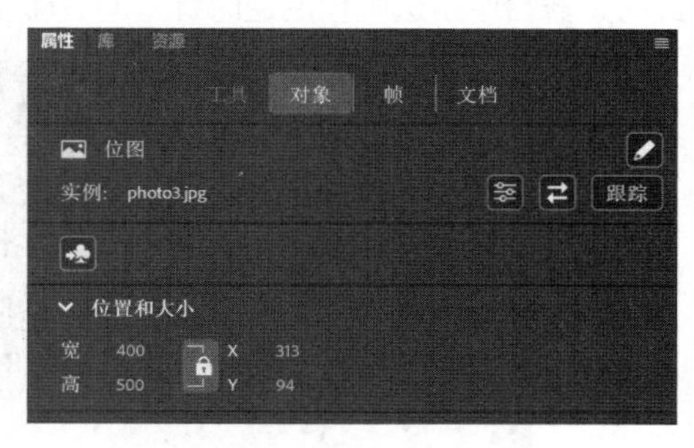

图 1-50

调整舞台中的对象

下面先使用【属性】面板移动图像的位置，然后再使用【变形】面板旋转图像。

> **提示** 若当前【属性】面板未打开，请从菜单栏中选择【窗口】>【属性】，或者直接按 Command + F3（macOS）/Ctrl+F3（Windows）组合键，将其打开。

❶ 把播放滑块拖动到时间轴的第 1 帧，选择舞台中的 photo1.jpg 图像（该图像位于 photo1 图层中）。此时，photo1.jpg 图像周围出现细细的蓝色框线，表示其处于选中状态。

❷ 在【属性】面板中，在【对象】选项卡的【位置和大小】区域中，将【X】和【Y】均设为 50，如图 1-51 所示。按 Return 键（macOS）/Enter 键（Windows），使修改生效。此外，还可以把鼠标指针放在数值上，通过拖动数值来调整【X】与【Y】的值。此时，photo1.jpg 图像移动到了舞台的左侧。

图 1-51

舞台左上角是坐标原点（0,0），沿水平方向向右，【X】值不断增大；沿垂直方向向下，【Y】值不断增大。对导入的图像进行定位时，Animate 使用的参考点（即测量基准点）就是舞台左上角的坐标原点。

❸ 从菜单栏中选择【窗口】>【变形】，打开【变形】面板。在【属性】面板右侧的图标栏中单击【变形】图标，也可以打开【变形】面板。

❹ 在【变形】面板中选择【旋转】，设置旋转角度为 -12°，拖动角度值可直接修改旋转角度。按 Return 键（macOS）/Enter 键（Windows），使修改生效。

此时，舞台中所选图像沿逆时针方向旋转了 12°，如图 1-52 所示。

图 1-52

❺ 选择 photo2 图层的第 12 帧。单击舞台中的 photo2.jpg 图像，将其选中。

❻ 使用【属性】面板和【变形】面板把第 2 幅图像的位置和旋转角度调整一下。这里，把位置设置为 x=200、y=40，把旋转角度设置为 6°，使其与第 1 幅图像形成一定的对比，如图 1-53 所示。

❼ 选择 photo3 图层的第 24 帧。单击舞台中的 photo3.jpg 图像，将其选中。

❽ 使用【属性】面板和【变形】面板把第 3 幅图像的位置和旋转角度调整一下。这里，把位置设置为 x=360、y=65，把旋转角度设置为 -2°，使每幅图像有不同的视觉变化，如图 1-54 所示。

图 1-53

图 1-54

提示 在 Animate 中缩放或旋转图像时，图像边缘可能会出现锯齿。此时，可以使用【位图属性】对话框对每幅图像做平滑处理。双击位图图标或者【库】面板中的缩览图，打开【位图属性】对话框，勾选【允许平滑】，可在一定程度上消除锯齿。

了解面板

在 Animate 中，几乎所有操作都会涉及面板。本课用到的面板有【库】面板、【工具】面板、【属性】面板、【变形】面板、【历史】面板和【时间轴】面板。后续课程中还会用到其他面板，届时将详细讲解如何使用它们来控制项目的各个方面。在 Animate 中，面板是工作区不可或缺的组成部分，因此了解如何管理各个面板是很有必要的。

在 Animate 中，从【窗口】菜单中选择某个面板名称，即可打开相应面板。【属性】面板如图 1-55 所示。

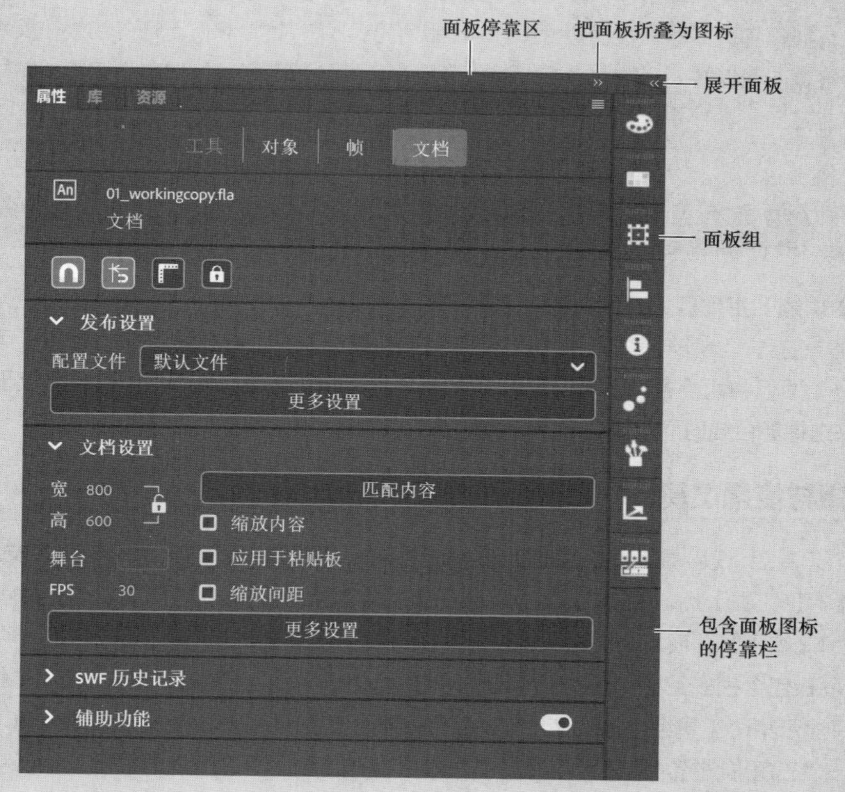

图 1-55

在 Animate 中，各个面板既可以自由浮动，也可以存在于停靠栏、面板组或堆叠面板组中。

- 停靠栏由一系列面板或面板组竖向排列组成，一般位于用户界面的最左侧或最右侧。
- 面板组是一系列面板的集合，既可以放在停靠栏中，也可以自由浮动。
- 堆叠面板组类似于停靠栏，只是它可以放置在用户界面的任意位置。

在【基本功能】工作区中，大多数面板位于用户界面右侧的停靠栏中。【时间轴】面板与【输出】面板在同一个面板组中，位于用户界面底部。但其实，可以把一个面板轻松移动到任意指定的位置。

- 拖动面板选项卡，可以把面板移动到新位置。
- 拖动面板选项卡附近的空白区域，可以移动面板组或堆叠面板组。

拖动一个面板、面板组或堆叠面板组经过其他面板、面板组、停靠栏或堆叠面板组时，会出现一个蓝色高亮显示的投放区域。此时，释放鼠标左键，所拖动的面板、面板组或堆叠面板组就会被添加到那个面板、面板组、停靠栏或堆叠面板组中。

- 将某个面板选项卡拖动至靠近用户界面左边缘或右边缘时，可进行面板停靠。把一个面板拖动到某个停靠栏的顶部或底部时，会出现一个水平投放区域，这就是面板的新位置；若出现的是垂直投放区域，则在投放面板后会产生一个新的停靠栏。
- 将某个面板选项卡拖动到另外一个面板的选项卡或现有面板组顶部的投放区域上，即可把面板放入相应的面板组中。
- 把一个面板组从一个停靠栏或堆叠面板组中拖出来，可以使其自由浮动，成为堆叠面板组。把一个自由浮动的面板拖动到另一个浮动面板的选项卡上，可以形成自由浮动的面板组。

此外，还可以把大多数面板折叠为图标，这样不仅可以节省空间，而且还能快速展开它们。单击停靠栏或堆叠面板组右上角的双箭头图标，可把它们折叠为图标。再次单击双箭头图标，可以把图标展开为面板。

1.8 使用【工具】面板

在【基本功能】工作区下，【工具】面板（又称工具箱）位于用户界面最左侧，包含选择工具、绘图工具、文字工具、绘画与编辑工具、导航工具与工具选项等。在动画制作过程中，可以根据需要不断在【工具】面板中切换各种工具。在众多工具中，最常用的是【选择工具】，它位于【工具】面板顶部，用来选择舞台或时间轴中的对象。

1.8.1 选择与使用工具

选择某个工具后，【工具】面板底部的可用选项和【属性】面板中显示的内容会发生相应变化。例如，选择【矩形工具】后，【工具】面板底部会出现【对象绘制模式】选项；选择【缩放工具】后，会出现【放大】【缩小】选项。

【工具】面板包含很多工具，这些工具无法同时显示出来。有些工具属于同一个工具组，但在【工具】面板中只显示某个工具组中最近使用过的工具，同组的其他工具都隐藏在这个工具之下。若工具的右下角有一个三角形图标，则表示这是一个工具组，在这个工具之下还隐藏着其他工具。把鼠标指针移动到这个工具上，按住鼠标左键，可打开一个工具列表，里面列出了该工具组的所有工具，单击某个工具，即可选择该工具。

1.8.2 自定义【工具】面板

在 Animate 中，可以自定义【工具】面板，使其只显示那些最常用的工具。当然，也可以根据自己的喜好自由安排【工具】面板中的工具。

❶ 在【工具】面板底部单击【编辑工具栏】图标，如图 1-56 所示。

❷ 打开的【拖放工具】面板显示了还有哪些工具可用。找到需要的工具，将其拖入【工具】面板中。

注意 在【拖放工具】面板中单击某个工具，并不能将其添加到【工具】面板中。必须把需要的工具从【拖放工具】面板拖动到【工具】面板中，才能将其添加到【工具】面板中。

此外，还可以在【工具】面板中添加间隔条（水平分隔条），创建工具组，然后把它从【工具】面板分离出去，成为浮动工具组，如图 1-57 所示。

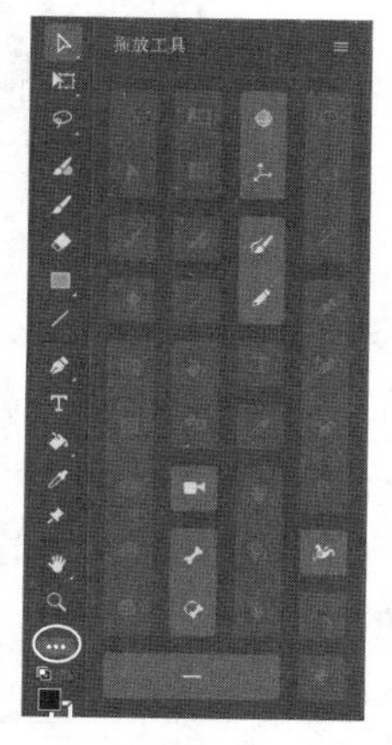

图 1-56

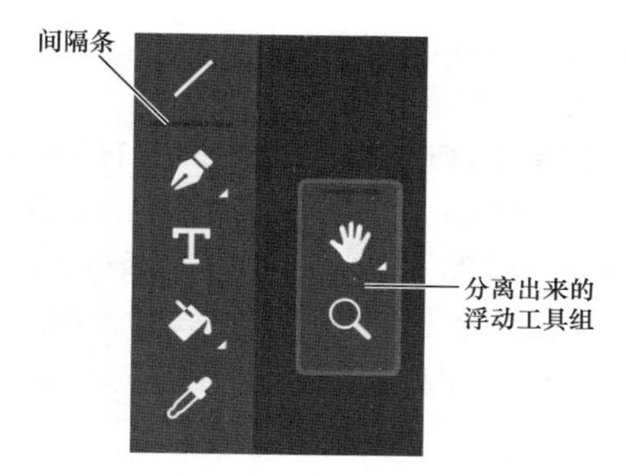

图 1-57

❸ 单击【拖放工具】面板右上角的按钮，从弹出的面板菜单（见图 1-58）中选择【重置】，可将【工具】面板恢复成默认状态；选择【舒适】或【紧凑】，可改变【工具】面板中工具图标的布局；选择【关闭】，可把【拖放工具】面板折叠起来。

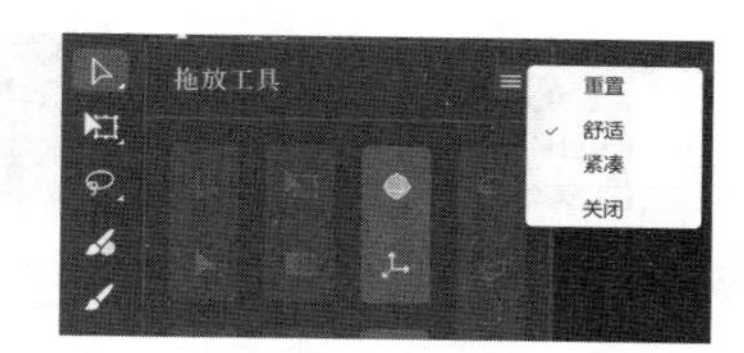

图 1-58

提示 使用小屏显示器时，【工具】面板底部可能会被裁掉，导致其中包含的工具和按钮无法被看到。对于这个问题，有一个简单的解决办法：向右拖动【工具】面板的右边缘，把面板加宽。此时【工具】面板会变成多列显示形式，这样所有的工具和按钮都能正常显示出来。

1.8.3 添加图形

下面使用【多角星形工具】在动画中添加一些装饰元素。

❶ 在【时间轴】面板中选择 photos 文件夹，然后单击【新建图层】图标。

❷ 把新建的图层命名为 stars。

❸ 锁定 stars 图层下的其他所有图层，防止误编辑。

❹ 在【时间轴】面板中，把播放滑块拖动到第 36 帧，单击 stars 图层的第 36 帧，将其选中。

❺ 在【时间轴】面板顶部单击【插入关键帧】图标，或者从菜单栏中选择【插入】>【时间轴】>【关键帧】（或按 F6 键），在 stars 图层的第 36 帧处插入一个关键帧，如图 1-59 所示。

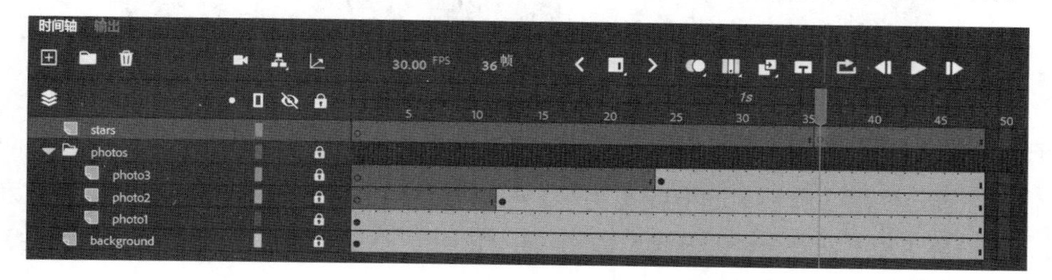

图 1-59

接下来在 stars 图层的第 36 帧中创建星形。

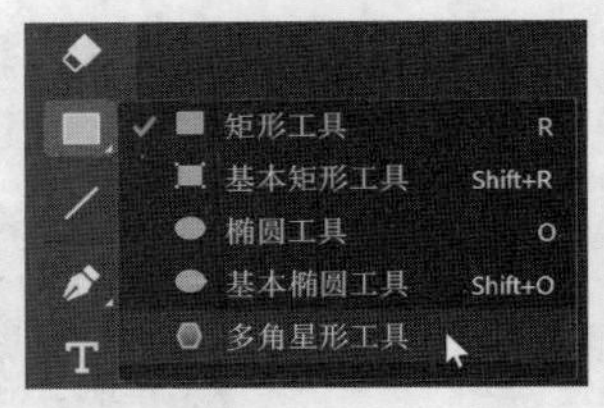

图 1-60

⑥ 在【工具】面板中选择【多角星形工具】，该工具隐藏在【矩形工具】之下，图标是一个正六边形，如图 1-60 所示。

⑦ 在【属性】面板中单击【笔触】左侧的颜色框，在色板中选择红色对角线，取消轮廓的颜色。

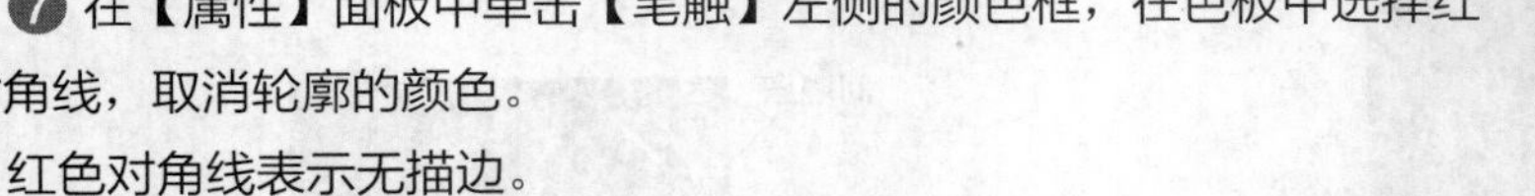

红色对角线表示无描边。

⑧ 单击【填充】左侧的颜色框，在色板中选择一种明亮、欢快的颜色（如黄色），用于填充形状内部，如图 1-61 所示。选择颜色时，可以单击色板右上角的色轮，从弹出的【颜色选择器】对话框中选择一种颜色。此外，还可以在色板右上角修改 Alpha 值来控制所选颜色的不透明度。

⑨ 在【属性】面板的【工具选项】区域中，从【样式】下拉列表中选择【星形】，设置【边数】为 5、【星形顶点大小】为 0.5，如图 1-62 所示。这些属性用于控制星星的形状。

图 1-61

图 1-62

⑩ 选中 stars 图层的第 36 帧，它是一个空白关键帧。在舞台中合适的位置拖动，向外拖动可放大五角星，向内拖动可缩小五角星，绕着中心转动可旋转五角星。使用同样的方法再绘制几个大小不同、旋转角度不一样的五角星，如图 1-63 所示。

图 1-63

⑪ 在【工具】面板中选择【选择工具】，退出【多角星形工具】。

⑫ 根据需要，使用【属性】面板或【变形】面板调整舞台中选中的五角星的位置或旋转角度。或者，使用【选择工具】把舞台中的五角星拖动到新的位置。在舞台中拖动五角星时，【属性】面板中的【X】值与【Y】值会相应地发生变化。

1.9 添加图层效果

在 Animate 中，可以轻松地为某个图层中的对象添加有趣的视觉效果（图层效果），以改变对象的外观。Animate 支持的图层效果有色彩效果、滤镜，选中一个关键帧后，即可在【属性】面板中应用它们。

【色彩效果】区域中的【颜色样式】下拉列表中有【亮度】【色调】【 Alpha】【高级】等选项。

- 【亮度】控制着图层的相对明暗程度。
- 【色调】控制着向图层中添加多少颜色。
- 【Alpha】控制着图层的不透明度。
- 【高级】用于同时控制图层的亮度、色调、Alpha 值。

滤镜是一些特殊效果，它们通过一些独特的方式来改变对象的外观，例如添加投影、模糊对象等。

向关键帧添加图层效果

图层效果要应用在关键帧上。也就是说，可以向一个包含多个关键帧的图层应用不同的图层效果，只要把它们应用到不同的关键帧上即可。下面向图层的各个关键帧分别应用滤镜和色彩效果，以增强画面的空间感，同时让画面中的图像更加醒目、突出。

❶ 沿着时间轴把播放滑块拖动到第 12 帧，按住 Shift 键，分别单击 photo1 图层、background 图层的第 12 帧，把它们同时选中。播放幻灯片动画时，photo2 图层中的内容从第 12 帧开始出现。

❷ 在时间轴上方单击【插入关键帧】图标（或按 F6 键）。

此时，Animate 会在 photo1、background 两个图层的第 12 帧分别添加一个关键帧，如图 1-64 所示。

❸ 在两个关键帧仍处于选中状态时，在【属性】面板中单击【添加滤镜】图标，从弹出的菜单中选择【模糊】，向两个关键帧添加模糊滤镜，如图 1-65 所示。

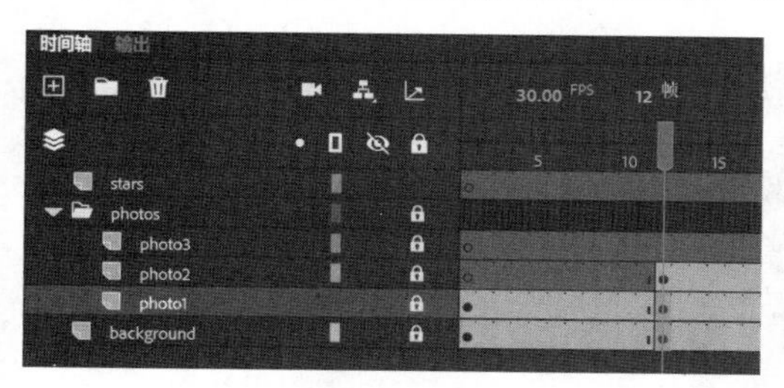

图 1-64

图 1-65

❹ 在【模糊】区域中，把【模糊 X】与【模糊 Y】都设置为 8。

此时，背景图像（background.png）和第 1 幅图像（photo1.jpg）都变模糊了，这样当 photo2 图层中的图像显现时可以起到很好的强调作用，如图 1-66 所示。

同时，在时间轴中，关键帧上的实心圆也变成了白色，代表应用了图层效果。

❺ 选中 photo2 图层的第 24 帧，从该帧开始显现 photo3 图层的内容。

❻ 在时间轴上方单击【插入关键帧】图标（或按 F6 键），插入一个关键帧，如图 1-67 所示。接下来向该关键帧添加一个滤镜，以改变图像外观。

图 1-66

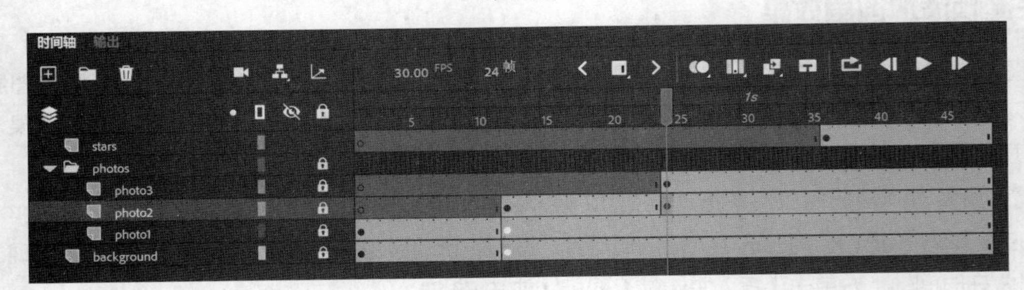

图 1-67

❼ 在【属性】面板中单击【添加滤镜】图标，从弹出的菜单中选择【模糊】。在【模糊】区域把【模糊 X】与【模糊 Y】都设置为 8。

此时，photo2 图层中的图像变模糊了，这有助于把观众的视线引导至 photo3 图层中的图像上，如图 1-68 所示。

图 1-68

⑧ 选择 photo1、photo2、photo3、background 图层的第 36 帧，分别插入一个关键帧，如图 1-69 所示。

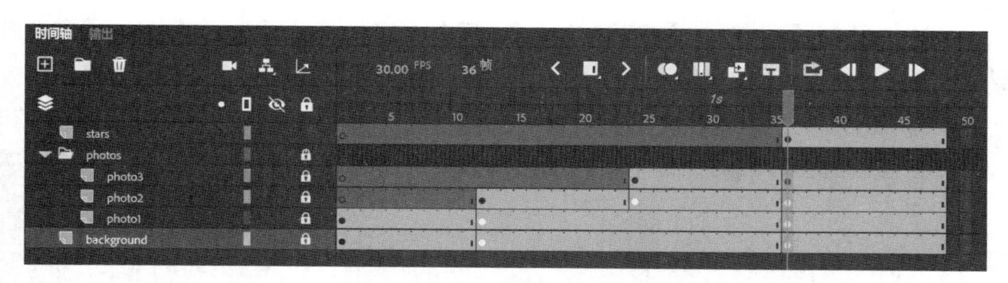

图 1-69

⑨ 在【属性】面板的【色彩效果】区域中，从【颜色样式】下拉列表中选择【亮度】，拖动滑块，把亮度值设置为 -30%。

此时，所选图层中的内容变暗了一些，stars 图层中的黄色五角星显得更明亮，如图 1-70 所示。

图 1-70

注意 此外，还可以向舞台中的单个元件实例应用色彩效果和滤镜，这些内容将在后面的课程中讲解。

1.10 撤销操作

在 Animate 中制作动画时，若某些操作达不到预期，就希望撤销这些操作，从头再来。在 Animate 中，可以使用撤销命令或者【历史记录】面板来撤销历史操作。

从菜单栏中选择【编辑】>【撤销 ×××】(其中 ××× 是某一步操作)，或者按 Command + Z（macOS）/Ctrl+Z（Windows）组合键，可撤销最近一次操作。从菜单栏中选择【编辑】>【重复 ×××】，可重新执行撤销的那一步操作。

在 Animate 中，撤销多步操作最简单的办法是使用【历史记录】面板，其中记录着最近执行的 100 步操作。关闭文档后，【历史记录】面板中的所有操作记录都会被清空。从菜单栏中选择【窗口】>【历史记录】，可打开【历史记录】面板。

例如，如果对刚刚添加的五角星不满意，就可以使用上面的方法撤销操作，把 Animate 文档恢复到操作之前的状态。

❶ 从菜单栏中选择【编辑】>【撤销 ×××】（其中 ××× 是最近一步操作），可撤销最近一步操作。反复执行【编辑】>【撤销 ×××】命令，可撤销多步操作，直至把【历史记录】面板中的所有操作全部撤销。从菜单栏中选择【Animate】>【首选参数】（macOS）或者【编辑】>【首选参数】（Windows），在【首选参数】对话框中可修改撤销命令的最大撤销层级。

注意 在【历史记录】面板中撤销某些操作后，又执行了新操作，则这些被撤销的操作将无法恢复。

❷ 从菜单栏中选择【窗口】>【历史记录】，打开【历史记录】面板。

❸ 在【历史记录】面板中，向上拖动左侧滑块，将其移动到错误操作之前的那一步。此时，滑块所指步骤下方的所有步骤都变成灰色，如图 1-71 所示，它们对项目的影响也会消失。

若想找回某个操作，只需向下拖动滑块。

❹ 在【历史记录】面板中，把滑块拖动到原来的位置，即面板中的最后一步。

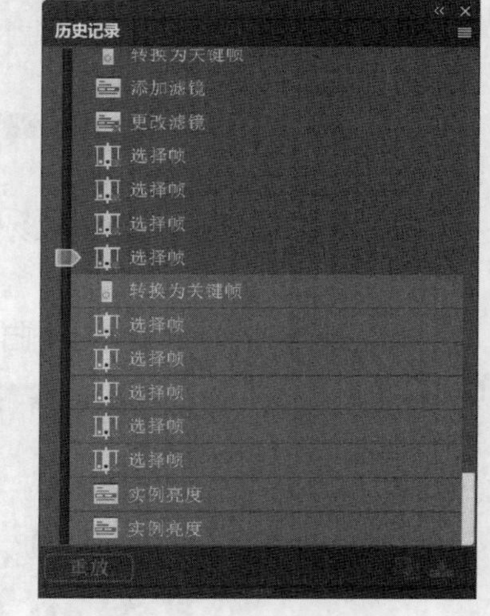

图 1-71

1.11 预览动画

制作动画的过程中，需要不断预览动画，以便随时检查所制作的动画是否实现了预期效果。

测试影片

从菜单栏中选择【控制】>【播放】，或者直接按 Return 键（macOS）/Enter 键（Windows），即可播放动画。

若想看一看动画或影片最终的效果，请单击工作区右上方的【测试影片】按钮，或者从菜单栏中选择【控制】>【测试】。此外，还可按 Command+Return（macOS）/Ctrl+Enter（Windows）组合键来预览影片。

❶ 从菜单栏中选择【控制】>【测试】，或者单击工作区右上方的【测试影片】按钮。

Animate 会在一个新窗口中打开并播放影片，如图 1-72 所示。

在预览模式下，Animate 会在新窗口中自动循环播放影片。

❷ 关闭播放窗口。

图 1-72

1.12 修改舞台尺寸

本课刚开始创建了一个舞台大小为 800 像素 ×600 像素的文档。有时需要修改舞台尺寸。例如，客户要求把动画做成多种尺寸，以便在不同场合中使用。客户可能会把动画用在网页的横幅广告中，这时他们需要的是一个拥有不同长宽比的小尺寸动画。如果动画要在移动设备上播放，就需要根据目标设备的尺寸来调整动画尺寸。

在 Animate 中，即使舞台中的所有内容都安排好了，用户依然可以灵活地调整舞台尺寸。Animate 提供了一个功能，启用该功能后，当改变舞台尺寸时，其中所有内容会自动等比例放大或缩小。

修改舞台尺寸与缩放舞台内容

接下来修改一下舞台尺寸，制作另外一个版本的动画。从菜单栏中选择【文件】>【保存】，保存当前项目。

❶ 在【属性】面板的【文档设置】区域中，可以看到当前舞台尺寸是 800 像素 ×600 像素。单击【更多设置】按钮，打开【文档设置】对话框，如图 1-73 所示。

❷ 在【宽】与【高】输入框中输入新值，这里分别输入 400 与 300。

【宽】与【高】之间有一个锁链图标，单击它，可以锁定舞台的宽高比。锁定宽高比之后，修改【宽】与【高】中的任意一个值，另一个值会随之发生相应的变化，以确保它们之间的比例始终保持不变。

❸ 勾选【缩放内容】，保持【锚记】的设置不变，如图 1-74 所示。

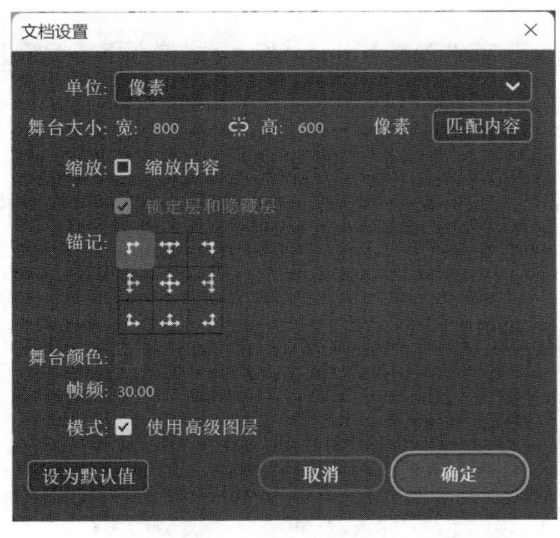

图 1-73

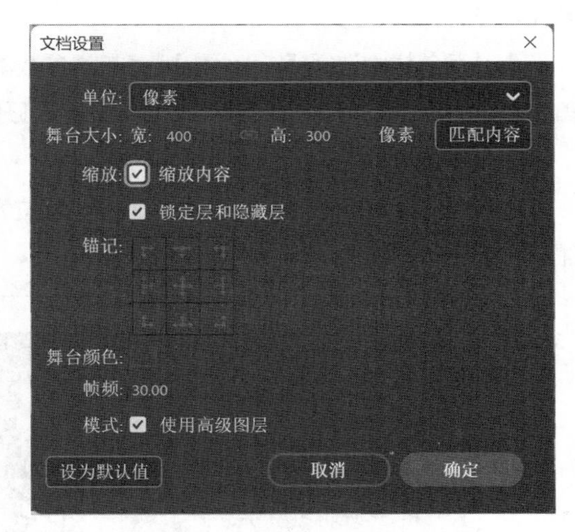

图 1-74

当舞台宽高比发生变化后，可以在【锚记】中指定一个参考点（原点），所有舞台内容的尺寸调整都将基于该参考点。

❹ 单击【确定】按钮。

此时，Animate 会调整舞台尺寸，并同时调整舞台中所有内容的尺寸。当舞台的宽高比与原来不一样时，Animate 会调整舞台中所有内容的尺寸，确保它们拥有最大尺寸。当新舞台比原舞台宽时，新舞台右侧会多出一些空间。当新舞台比原舞台高时，新舞台的底部会多出一些空间。

❺ 从菜单栏中选择【文件】>【保存】。

❻ 在【另存为】对话框中，从【保存类型】下拉列表中选择【Animate 文档 (*.fla)】，在【文件名】输入框中输入 01_workingcopy_resized.fla，单击【保存】按钮。

现在就有了两个 Animate 文档，它们的内容一样，但是舞台尺寸不同。关闭 01_workingcopy_resized.fla 文件，然后重新打开 01_workingcopy.fla 文件，继续往下学习。

1.13 保存动画

多媒体制作行业有句口头禅“早保存，常保存”。应用程序、操作系统、硬件有时会崩溃，而且常常让人猝不及防。为了应对这些意外情况，应该养成“早保存，常保存”的习惯。

> 注意 若当前文档中的更改未保存，则 Animate 会在文档名称（位于文档窗口顶部）的右上角显示一个星号，提醒你保存当前文档。

同时，Animate 提供了【自动恢复】功能，帮助我们进一步减少这方面的担忧。启用【自动恢复】功能后，Animate 会创建一个备份文件，以应对可能发生的崩溃问题。

使用【自动恢复】功能创建备份

要使用【自动恢复】功能，需要先在【首选参数】对话框中启用它。一旦启用，该功能将对所有 Animate 文档生效。启用【自动恢复】功能后，Animate 会创建一个备份文件。发生崩溃后，Animate 会使用备份文件恢复文档。

❶ 从菜单栏中选择【Animate】>【首选参数】>【编辑首选参数】（macOS），或者选择【编辑】>【首选参数】>【编辑首选参数】（Windows），打开【首选参数】对话框。

❷ 在左侧列表中单击【常规】选项卡。

❸ 勾选【自动恢复】，设置间隔时间（单位为分钟），Animate 会按照该间隔时间创建备份文件，如图 1-75 所示。

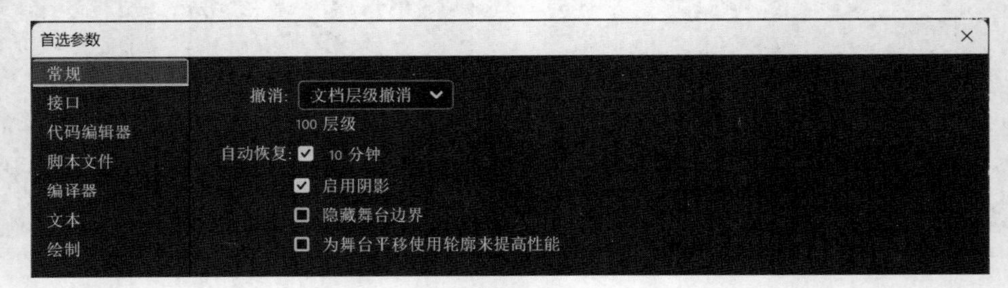

图 1-75

❹ 单击【确定】按钮。

当项目文件在自动恢复设定的间隔时间内发生改动但未保存时，Animate 就会在同一文件夹下创建一个新文件，并在原始项目文件名之前加上前缀“恢复 _”作为新文件的名称。只要项目文件处于打开状态，备份文件就会一直存在。当关闭项目文件，或者正常退出 Animate 时，备份文件才会被删除。

1.14 复习题

❶ 什么是舞台？

❷ 帧与关键帧有什么区别？

❸ 如何访问隐藏的工具？

❹ 请列出两种撤销操作的方法并加以说明。

❺ 哪种文档类型适合用来制作在浏览器中播放的动画？

❻ 什么是图层效果？如何添加图层效果？

1.15 复习题答案

❶ 舞台是一个矩形区域，也是影片播放时观众看到的画面。舞台中包含文本、图像、视频等可在屏幕上呈现的视觉元素。那些放置在舞台外面的对象（位于粘贴板上）不会出现在影片中。

❷ 帧是动画中的一个静态画面，一段动画往往由多个帧组成。在时间轴中，帧也用来描述动画时长。关键帧是一类比较重要的帧，往往表示舞台内容有了某些变化，其中保存了一些重要信息，供 Animate 自动生成动画的其他帧。在时间轴上，含有内容的关键帧是实心圆，空白关键帧为空心圆。

❸ Animate 有很多工具，这些工具无法同时在【工具】面板中显示出来，于是开发人员就把功能类似的工具编在一起，形成工具组，同一个工具组只有一个工具（通常是最近使用的那个工具）会在【工具】面板中显示出来。在【工具】面板中，若某个工具的右下角有一个三角形图标，则表示它是一个工具组，其下还隐藏着其他工具。把鼠标指针移动到某个工具图标（右下角带三角形）上，按住鼠标左键，然后从弹出的工具列表中选择某个隐藏的工具即可。另外，还有一些工具位于【拖放工具】面板中，从【拖放工具】面板把某个工具拖入【工具】面板，该工具就会在【工具】面板中显示出来。

❹ 在 Animate 中，可以使用撤销命令或【历史记录】面板撤销之前的操作。从菜单栏中选择【编辑】>【撤销 ×××】，可以撤销上一步操作。在【历史记录】面板中向上拖动滑块，可同时撤销多步操作。

❺ 如果制作的动画或交互内容要在浏览器中呈现，那么在 Animate 中创建项目时最好选择 HTML5 Canvas 类型文档。这样在导出 HTML5 Canvas 文档时，Animate 会同时导出浏览器播放所需的 HTML、JavaScript 等资源。

❻ 图层效果指滤镜和色彩效果，可以把它们添加到某个关键帧上，以改变关键帧内容的外观。添加图层效果时，先选择目标关键帧，然后从【属性】面板的【色彩效果】或【滤镜】区域中选择一种效果或滤镜应用即可。

第 2 课

创建图形与文本

课程概览

本课主要讲解以下内容。

- 创建与编辑形状
- 描边与填充
- 创建与编辑可变宽度线条、曲线
- 应用渐变填充与透明度
- 使用不同的画笔绘画
- 创建、编辑文本与使用网络字体
- 在舞台中对齐与分布对象
- 创建与编辑元件

学习本课大约需要 3 小时

在 Animate 中，可以使用矩形、椭圆、线条、自定义画笔轻松创建出有趣、复杂的图形，并把它们保存为元件，放入【库】面板中，以便随时取用。此外，通过配合使用渐变填充、透明度、文本、滤镜等，还能创造出表现力更强的效果。

2.1 课前准备

首先浏览一下最终成品，了解本课要做什么。

❶ 进入 Lessons\02\02End 文件夹，双击 02End.gif 文件，将其打开，如图 2-1 所示。

图 2-1

这是一个简单的插画，由一只章鱼和两句幽默的英文文本组成。本课将讲解如何绘制形状、修改形状，以及组合简单元素来创建复杂的对象。本课制作的项目不是一个动画，而是一个静态画面。有句话说得好：先学会走路，再学习跑。在学习使用 Animate 制作动画之前，很重要的一步是学习如何创建与修改图形。

❷ 启动 Animate，在【主页】界面中选择【更多预设】，或者单击【新建】按钮，打开【新建文档】对话框。

❸ 在对话框顶部选择【高级】类别；在【平台】区域下选择【HTML5 Canvas】；在【详细信息】区域中，把舞台的【宽】【高】分别设置为 1200、800，单击【创建】按钮，如图 2-2 所示。

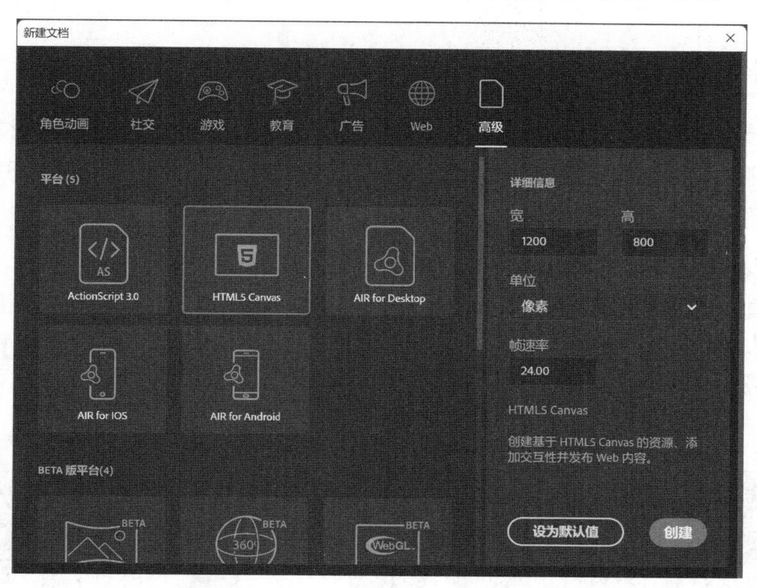

图 2-2

❹ 从菜单栏中选择【文件】>【保存】，在【另存为】对话框中转到 Lessons\02\02Start 文件夹下，输入文件名 02_workingcopy.fla，单击【保存】按钮。

不管是否开启【自动恢复】功能，都要养成随时保存文件的好习惯。有了这样的好习惯，即使应用程序和计算机崩溃，也不会造成太大损失。

2.2 描边与填充

在 Animate 中，每个图形都是基于形状创建的。每个形状由两部分组成：填充（形状内部）和描边（形状轮廓）。

填充与描边相互独立，单独修改或删除其中一个不会影响到另外一个。例如，创建一个带有蓝色填充和红色描边的矩形，然后把填充颜色修改成紫色，删除红色描边，此时会得到一个无描边的紫色矩形。此外，填充和描边可以单独移动。如果要移动整个形状，请确保同时选中了形状的填充和描边。

2.3 创建形状

Animate 提供了多种绘图工具，它们工作在不同的绘图模式下。不管图形多么复杂，都是从基本形状（如矩形、椭圆）一点点创建出来的。因此，熟练掌握绘制形状、更改形状外观，以及应用填充和描边等操作是非常有必要的。

接下来，我们使用 Animate 提供的绘制工具绘制一只章鱼。

> **注意** 在 Animate 文档、HTML 文档，以及网页设计与开发中，颜色一般是用十六进制数指定的。十六进制数由一个 # 和 6 个字符（数字或字母）组成，其中前两个代表红色，中间两个代表绿色，最后两个代表蓝色。

2.3.1 使用【椭圆工具】

章鱼眼睛由多个椭圆相互叠加而成。为了表达愤怒的情绪，我们还要在充当眼睛的椭圆上画一条斜线。绘制章鱼眼睛，先从绘制基本椭圆开始。绘制复杂图形时，一般先把复杂图形分解成若干个容易绘制的基本图形，再通过编辑、组合这些基本图形得到复杂图形。

❶ 在【时间轴】面板中，把“图层 _1”重命名为 octopus，如图 2-3 所示。

❷ 在【工具】面板中选择【椭圆工具】，该工具隐藏在【矩形工具】之下。在【矩形工具】图标上按住鼠标左键，从弹出的工具列表中选择【椭圆工具】，如图 2-4 所示。在【工具】面板底部或【属性】面板中，请确保【对象绘制模式】处于非选中状态。

图 2-3

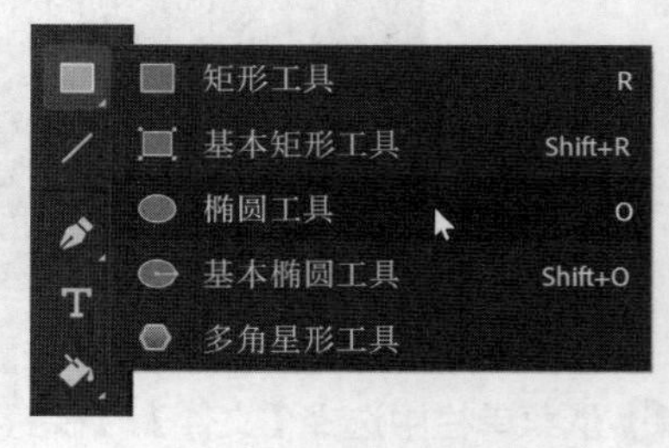

图 2-4

❸ 在【属性】面板中单击【工具】选项卡，在【颜色和样式】区域中找到【填充】和【笔触】，把填充颜色设置为淡灰色（#CCCCCC），笔触颜色（即描边颜色）设置为黑色（#000000），如图 2-5 所示。

图 2-5

❹ 在舞台中绘制一个椭圆，使其高度略大于宽度，如图 2-6 所示。

❺ 在【工具】面板中选择【选择工具】。

❻ 从椭圆左上方向右下方按住并拖动鼠标左键，框选整个椭圆，同时选中椭圆的描边和填充。当一个形状处于选中状态时，该形状会以白点显示，如图 2-7 所示。此外，双击形状，也可以同时选中形状的填充和描边。

❼ 在【属性】面板的【位置和大小】区域中，设置【宽】为 40、【高】为 55，如图 2-8 所示。按 Return 键（macOS）/Enter 键（Windows），使修改生效。

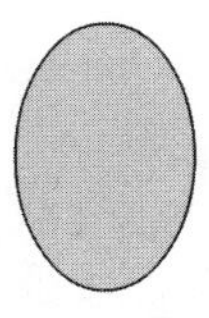

图 2-6

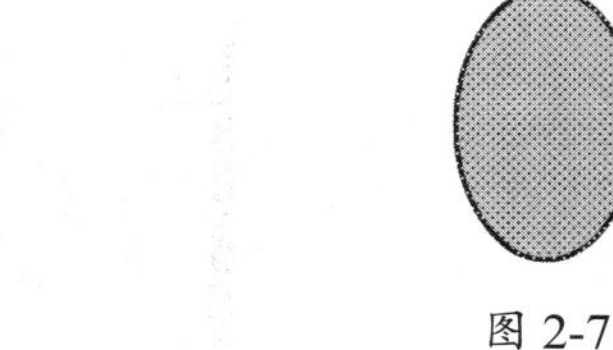

图 2-7

图 2-8

2.3.2 添加瞳孔与高光

接下来在眼睛内部添加瞳孔和高光。

❶ 在【工具】面板中选择【椭圆工具】。

❷ 在【工具】面板底部分别单击【填充颜色】和【笔触颜色】图标，把填充颜色和笔触颜色均设置为黑色（#000000）。

> **注意** 绘制形状时，若不主动修改绘制工具的填充和描边，则 Animate 会自动把上一次用过的填充与描边应用到新绘制的形状上。

❸ 在舞台上，在大椭圆内部绘制一个黑色小椭圆，如图 2-9 所示。

> **提示** 绘制形状时，同时按住 Shift 键，可绘制出标准形状（如圆形、正方形）。例如，使用【椭圆工具】绘制时按住 Shift 键，会绘制出圆形；使用【矩形工具】绘制时按住 Shift 键，会绘制出一个正方形。

❹ 把【椭圆工具】的填充颜色修改为白色（#FFFFFF）。

❺ 在黑色小椭圆顶部左侧绘制一个白色小椭圆，充当眼睛的高光，如图 2-10 所示。

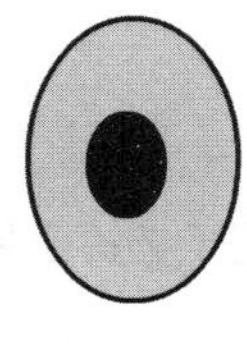

图 2-9

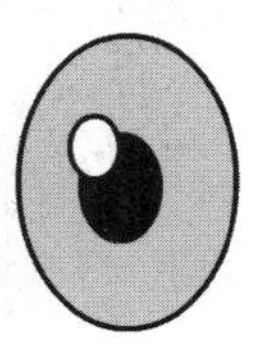

图 2-10

绘制模式

Animate 提供了 3 种绘制模式，这些绘制模式控制着舞台中对象之间的交互方式，以及对象的编辑方式。默认设置下，Animate 使用合并绘制模式，但也可以切换成对象绘制模式，或者使用【基本矩形工具】或【基本椭圆工具】以启用图元对象绘制模式。

合并绘制模式（见图 2–11）

在合并绘制模式下，Animate 会把绘制的不同形状（如矩形和椭圆）合并在一起，因此多个形状看起来就是一个形状（合并形状）。若多个形状重叠在一起，当从合并形状中移动或删除其中一个形状时，重叠部分会被永久删除。

对象绘制模式（见图 2–12）

图 2-11　　图 2-12

在对象绘制模式下，绘制的多个形状是相互独立的，即使存在重叠，Animate 也不会把它们合并在一起。选择某个绘图工具，在【工具】面板底部单击【对象绘制模式】按钮，即可进入对象绘制模式。

选择某个对象，从菜单栏中选择【修改】>【分离】［快捷键为 Command+B（macOS）/ Ctrl+B（Windows）］，可把所选对象转换成形状。选择某个形状，从菜单栏中选择【修改】>【合并对象】>【联合】，可把形状转换成对象（对象绘制模式）。把一个形状转换成对象后，虽然可以把对象转换成形状，但无法恢复成最初绘制的形状。这一点请牢记于心。

图元对象绘制模式（见图 2–13）

使用【基本矩形工具】或【基本椭圆工具】绘制矩形或椭圆时，Animate 会把它们视作单独的对象，它们拥有一些可编辑属性。这些形状与普通形状不一样，在【属性】面板中可以修改基本矩形的圆角半径、起始角度、结束角度，以及基本椭圆的内径。

图 2-13

2.4　选择对象

修改对象前，必须学会如何选择对象的不同部分。在 Animate 中，可以使用【选择工具】【部分选取工具】【套索工具】进行选择。使用【选择工具】可选择整个对象或对象的一部分，使用【部分选取工具】可选择对象上特定的点或线，使用【套索工具】可选择任意形状。

选择描边与填充

下面进一步调整椭圆，增强眼睛的真实感。在调整过程中，需要使用【选择工具】删除不需要的描边和填充。

❶ 在【工具】面板中选择【选择工具】。

❷ 双击白色椭圆的描边。

此时，白色椭圆和黑色椭圆的描边同时被选中，如图 2-14 所示。

❸ 按 Delete 键或 Backspace 键。

此时，Animate 删除黑白两个椭圆的轮廓，如图 2-15 所示。

❹ 在【工具】面板中选择【线条工具】，把描边颜色设置为黑色（#000000）。

❺ 在眼睛上半部分画一条斜线（贯穿眼球上方区域），如图 2-16 所示。

斜线把眼睛分成上下两部分，可以分别选择它们。

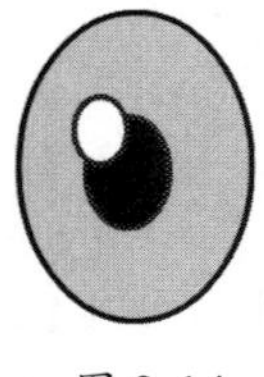

图 2-14

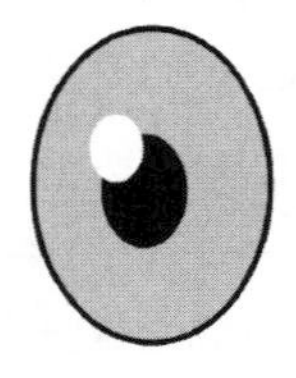

图 2-15

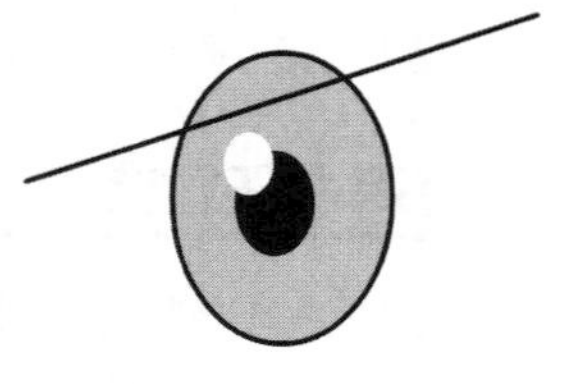

图 2-16

❻ 在【工具】面板中选择【选择工具】，单击眼睛被斜线分割后的上半部分，如图 2-17 所示。

❼ 按 Delete 键或 Backspace 键。

Animate 删除灰色填充区域，如图 2-18 所示。

❽ 斜线把大椭圆轮廓分成上下两部分，选择斜线上方的轮廓（黑色上弧线），将其删除。

至此，一只眼睛就制作完成了，如图 2-19 所示。

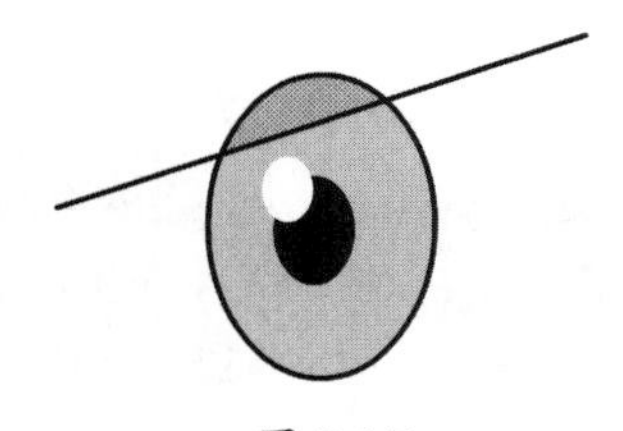

图 2-17

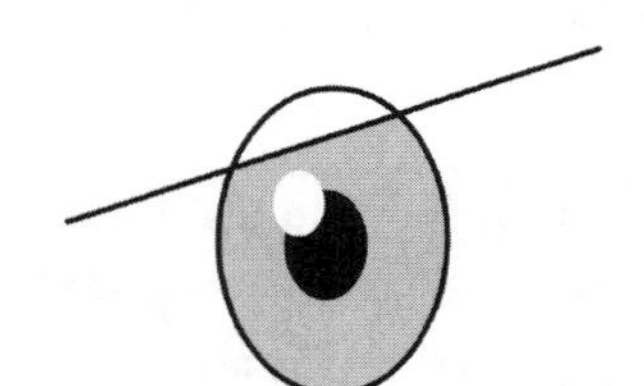

图 2-18

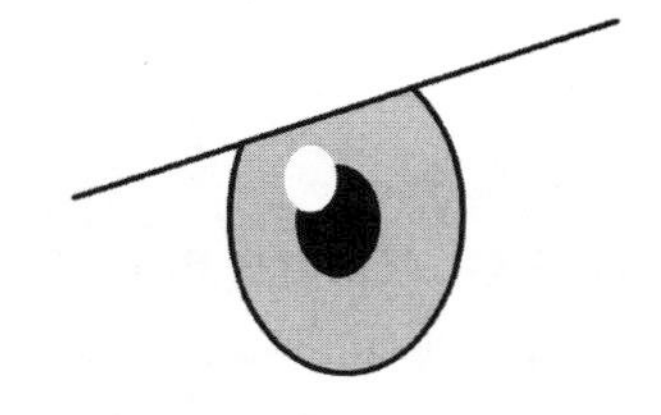

图 2-19

2.5 编辑形状

在 Animate 中创建图形时，往往先从最简单的基本形状开始，比如矩形、椭圆、直线，再配合使用其他工具，调整这些基本形状，最终创建出更复杂的图形。这个过程中，配合使用复制 / 粘贴命令、【任意变形工具】、【选择工具】能够大大提高工作效率。

2.5.1 使用复制 / 粘贴命令

使用复制 / 粘贴命令可快速复制舞台中已有的形状。章鱼有两只眼睛，前面已经制作好了一只眼睛，另一只眼睛可以使用复制 / 粘贴命令得到。

❶ 选择【选择工具】，按住鼠标左键拖动鼠标，框选整只眼睛。

❷ 从菜单栏中选择【编辑】>【复制】[快捷键为 Command+C（macOS）/Ctrl+C（Windows）]，复制眼睛。

③ 从菜单栏中选择【编辑】>【粘贴到中心位置】[快捷键为 Command+V（macOS）/Ctrl+V（Windows）]。

此时，复制的另一只眼睛出现在舞台中，且处于选中状态，如图 2-20 所示。

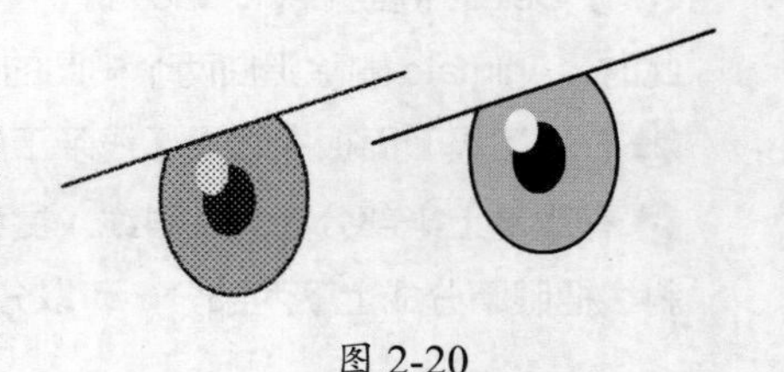

图 2-20

> 提示 使用【编辑】>【粘贴到当前位置】[键盘快捷键为 Shift+Command+V（macOS）/Shift + Ctrl+V（Windows）]，可原位粘贴复制的眼睛。

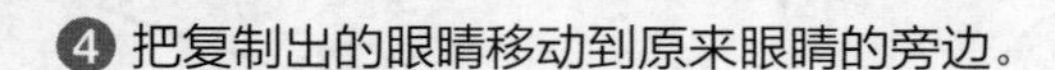

④ 把复制出的眼睛移动到原来眼睛的旁边。

2.5.2 使用【任意变形工具】

接下来把复制出的眼睛水平翻转一下，使其成为章鱼的右眼。从菜单栏中选择【修改】>【变形】>【水平翻转】命令，可轻松实现水平翻转。选择【任意变形工具】，然后拖动变形控制框上的变形控制点，可对对象进行缩放、旋转、倾斜、扭曲等操作。

① 从菜单栏中选择【修改】>【变形】>【水平翻转】。

此时，选中的眼睛就水平翻转了，章鱼有了左右两只眼睛，如图 2-21 所示。

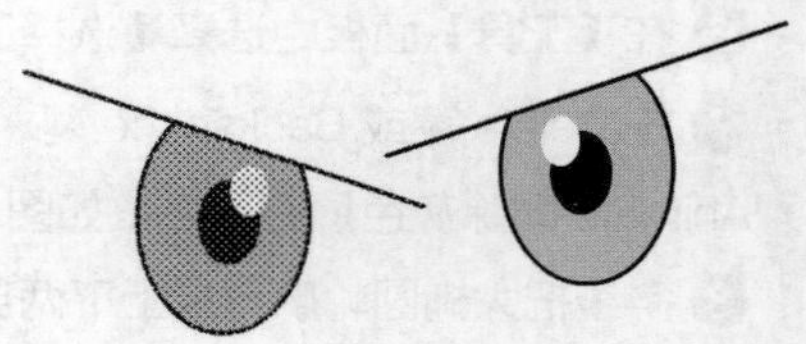

图 2-21

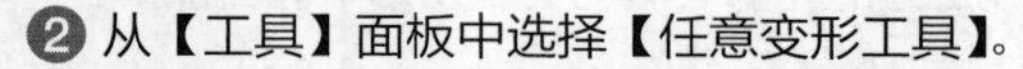

② 从【工具】面板中选择【任意变形工具】。

此时，章鱼的右眼上出现了变形控制框，上面有多个变形控制点。

> 提示 拖动某个变形控制点，同时按住 Option 键（macOS）/Alt 键（Windows），Animate 会围绕着对面另一侧的变形参考点进行缩放变形。默认设置下，变形参考点位于变形控制框的中心，但可以把它移动到其他位置，甚至是对象的外部。变形时，同时按住 Shift 键，可保证变形按比例进行。按住 Command 键（macOS）/Ctrl 键（Windows），可基于单个变形控制点扭曲对象。

③ 把鼠标指针移动到一个角的变形控制点上，按住鼠标左键向内拖动，使章鱼的右眼变小一些，如图 2-22 所示。拖动时，请按住 Shift 键，保证眼睛等比例缩放，使其始终保持相同的宽高比。

④ 可以随意发挥，对章鱼的右眼做一些夸张、有趣的变形。比如，拖动某一个角的变形控制点对章鱼的右眼进行挤压、拉伸或者旋转。或者，拖动变形控制框的某条边，使眼睛略微倾斜，如图 2-23 所示。

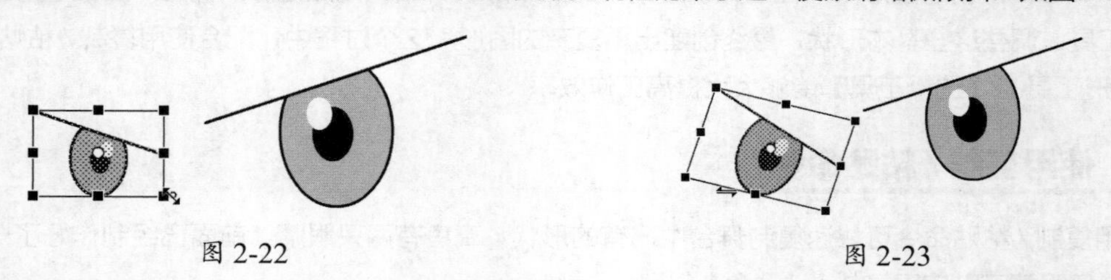

图 2-22　　图 2-23

> 提示 按住 Command 键（macOS）/Ctrl 键（Windows），拖动单个变形控制点，可扭曲章鱼的眼球。拖动变形控制框上某个角的变形控制点，同时按住 Shift+Command（macOS）/Shift+Ctrl（Windows）组合键，可等距离移动两个角并更改形状轮廓。

2.5.3 更改形状轮廓

在 Animate 中，使用【选择工具】推拉某个形状的线条与边角，可改变形状的整体轮廓。无论什么形状，都可以使用这种方法快速、直观地操作。接下来使用这种方法制作章鱼的头部和身体。

❶ 在【时间轴】面板中新建一个图层，命名为 body。向下拖动 body 图层，使其位于 octopus 图层（该图层包含眼睛）之下，如图 2-24 所示。

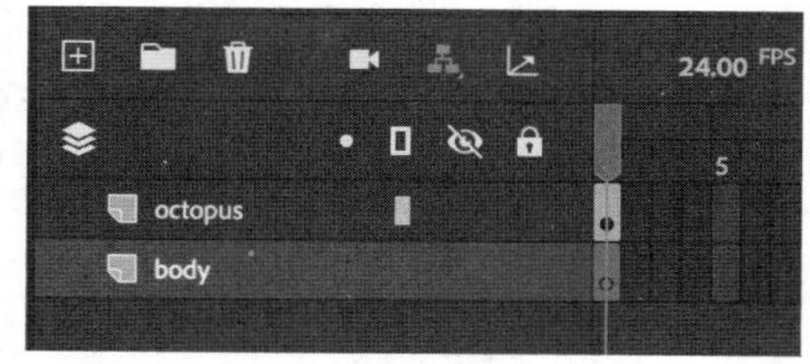

图 2-24

❷ 在【工具】面板中选择【椭圆工具】。把填充颜色设置为绿色（#33CCCC），把描边颜色设置为黑色。

❸ 在眼睛的一侧绘制 3 个椭圆，它们之间有部分重叠，如图 2-25 所示。不必画得和这里完全一样，稍后还会修改它们。

❹ 双击黑色外轮廓，按 Delete 键。

此时，3 个椭圆的黑色描边都被删除，如图 2-26 所示。

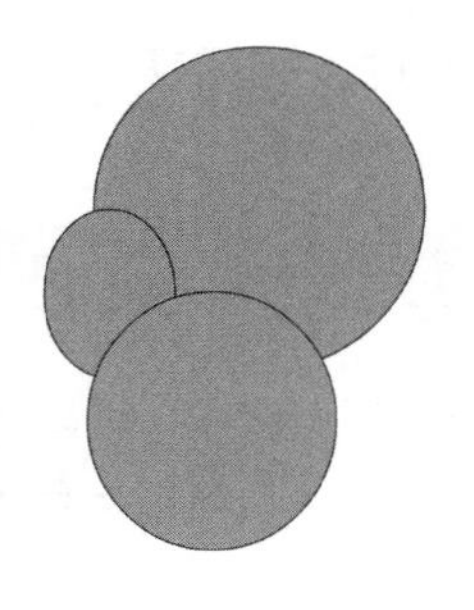
图 2-25

图 2-26

❺ 移动鼠标指针至大椭圆的右上边缘附近。

当鼠标指针靠近椭圆边缘时，鼠标指针的右下角会出现一条弧线，表示可以更改椭圆边缘的曲率。

❻ 向外拖动鼠标。

此时，椭圆边缘弯曲，使章鱼头部略微凸起。使用同样的方法继续推拉椭圆边缘，塑造出章鱼圆鼓鼓的头部和自然的眉骨，如图 2-27 所示。

按住 Option 键（macOS）/Alt 键（Windows），拖动椭圆边缘，可创建新的角点，以便改变曲线的方向，如图 2-28 所示。

图 2-27

图 2-28

2.5.4 更改描边与填充

对于已经绘制好的形状，可使用【工具】面板中的【墨水瓶工具】或【颜料桶工具】（见图 2-29）来更改形状的描边或填充颜色。其中，【墨水瓶工具】用来更改描边颜色，【颜料桶工具】用来更改填充颜色。

图 2-29

- 选择【颜料桶工具】，在【属性】面板中选择一种填充颜色。单击填充区域，即可更改填充颜色。

> 提示 使用【颜料桶工具】时，目标区域周围的填充颜色可能会被意外改变，这可能是因为形状轮廓中存在小间隙，导致填充颜色溢出。为了解决这个问题，我们可以手动封闭间隙，或者让 Animate 自动封闭间隙。从【工具】面板底部的【间隔大小】菜单中选择要封闭的间隙，Animate 就会自动封闭间隙。

- 选择【墨水瓶工具】（隐藏在【颜料桶工具】之下），在【属性】面板中选择一种描边颜色。此外，还可以设置描边的粗细与样式。设置好【墨水瓶工具】后，单击描边，即可更改描边属性。
- 在舞台中单击某个描边或填充，将其选中，然后在【属性】面板中修改其属性。

2.6 使用可变宽度线条

在 Animate 中，可以为描边选择不同样式的线条，如实线、虚线、点状线、锯齿线等，甚至可以自定义描边样式。此外，还可以指定描边宽度，如均匀宽度、可变宽度，也可以使用【宽度工具】修改线条宽度。

2.6.1 添加可变宽度描边

使用可变宽度描边有助于增强绘画作品的表现力。

❶ 在【工具】面板中选择【墨水瓶工具】，然后在【属性】面板中把【笔触大小】设置为 6，在【宽】下拉列表中选择【宽度配置文件 1】，如图 2-30 所示。

❷ 单击绿色的章鱼头部。

此时，Animate 会沿着绿色填充区域的边缘应用带粗细变化的描边，如图 2-31 所示。

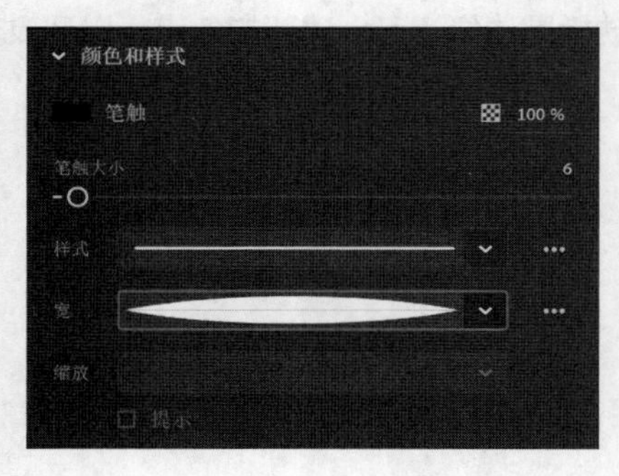

图 2-30

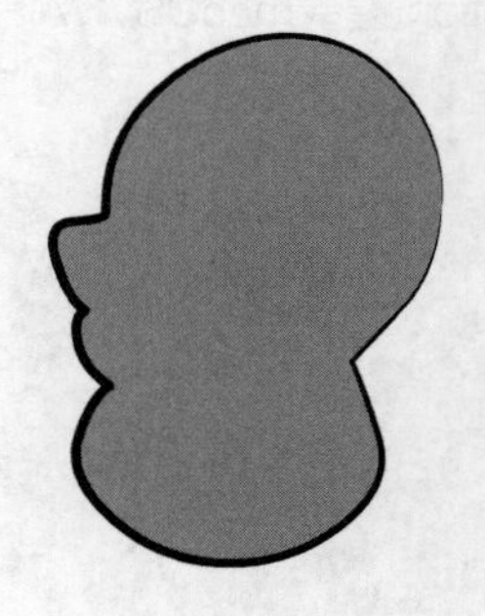
图 2-31

❸ 使用【选择工具】选择章鱼头部左下方的一段描边，在【属性】面板中，把【笔触大小】设

置为 4。

当前章鱼形状就有了两种不同宽度的描边，如图 2-32 所示。

❹ 删除底部形状的描边，如图 2-33 所示。底部形状要添加章鱼腕足，所以不需要黑色描边。

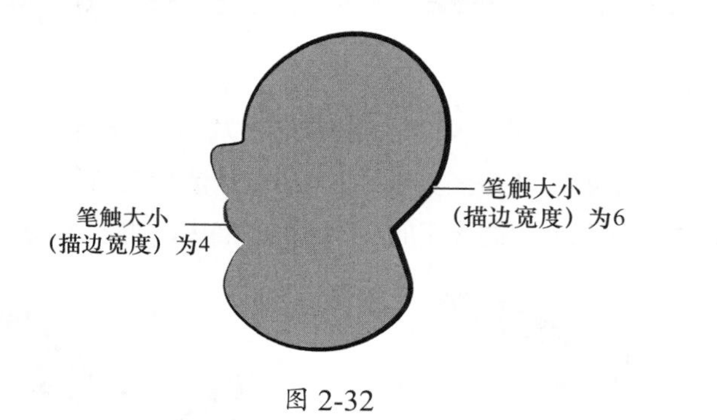

图 2-32

图 2-33

2.6.2 编辑可变宽度线条

除了可以向描边应用不同宽度，还可以自定义凸起的位置和宽度（使用【宽度工具】）。

❶ 按住 Shift 键，单击组成左眼眉毛的 3 条线段，把它们同时选中。

❷ 在【属性】面板中，把【笔触大小】设置为 10。

❸ 在【宽】下拉列表中选择【宽度配置文件 1】，如图 2-34 所示。

> 提示 与编辑其他描边一样，编辑可变宽度线条时，使用【选择工具】或【部分选取工具】可以使曲线弯曲或改变锚点的位置。

此时，眉毛变粗了一些，而且中间粗，两端细，个性十足，如图 2-35 所示。

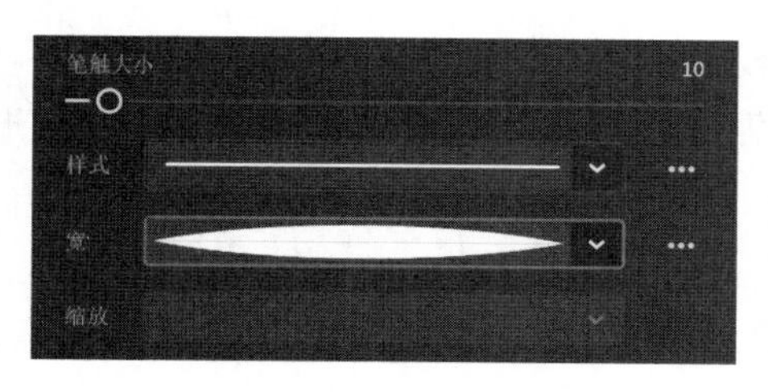

图 2-34

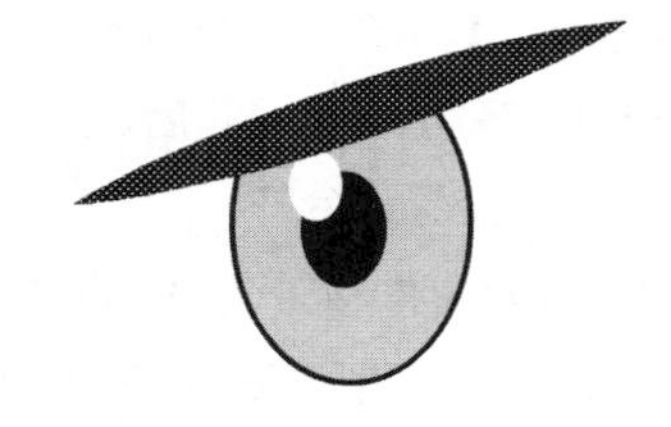

图 2-35

❹ 在【工具】面板底部单击【编辑工具栏】图标，打开【拖放工具】面板。

❺ 在【拖放工具】面板中找到【宽度工具】，如图 2-36 所示。把【宽度工具】从【拖放工具】面板拖入【工具】面板中，这样就可以正常使用它了。在【拖放工具】面板之外单击，或者按 Esc 键，将【拖放工具】面板折叠起来。

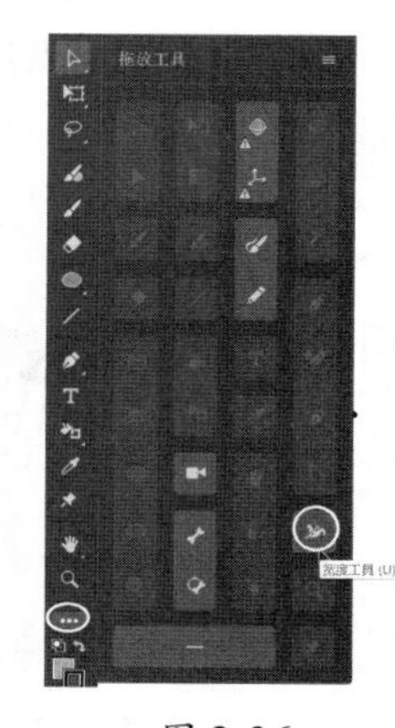

图 2-36

> 提示 单击一个锚点，将其选中，然后按 Delete 键（macOS）/Backspace 键（Windows），可把所选锚点从可变宽度线条上删除。

❻ 移动鼠标指针至章鱼右眼的眉毛（可变宽度描边）上。

眉毛上出现锚点，用来指示线条粗细部分所在的位置，如图 2-37 所示。

❼ 拖动锚点上的手柄，改变线条宽度，如图 2-38 所示。把某些凸起与凹陷的部分调得稍微夸张一点。

> 提示 按住 Option 键（macOS）/Alt 键（Windows），可只调整可变宽度线条的一侧（非双侧）。

❽ 沿着描边拖动锚点，可改变锚点的位置。

❾ 在描边的某个位置拖动鼠标，可新增一个锚点，同时改变其所在位置的线条宽度。沿着描边移动鼠标指针，当鼠标指针右下角出现一个小加号时，表示可以在当前位置添加锚点。

❿ 根据需要调整章鱼的两个眉毛，并在两只眼睛边缘添加不同宽度的描边，如图 2-39 所示。

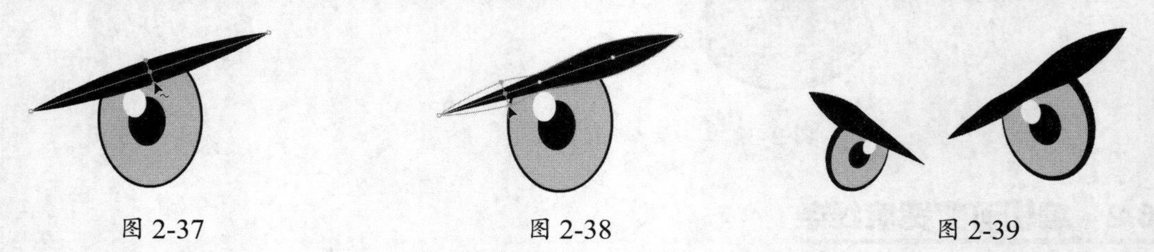

图 2-37　　图 2-38　　图 2-39

2.7 把不同形状组织在一起

前面已经制作好了章鱼的眼睛、头部和眉毛，接下来把它们组织在一起。之前组织不同形状时，我们把不同形状放在了不同图层上。使用【组合】命令也可以把不同形状组织在一起，同时保持各个形状的独立性。

组合对象

执行【组合】命令时，Animate 会把多个形状或图形组合在一起，以保持它们的完整性。当把眼睛的各个组成部分组合在一起后，就可以把它们作为整体进行移动了，而不用担心会与底层形状（同一个图层）发生交叉或合并。

❶ 在【工具】面板中选择【选择工具】。

❷ 选择组成一只眼睛的所有形状和眉毛，如图 2-40 所示。

❸ 从菜单栏中选择【修改】>【组合】。

此时，眼睛就变成了一个组合对象。选择组合对象时，其外部会出现一个蓝绿色的控制框，如图 2-41 所示。

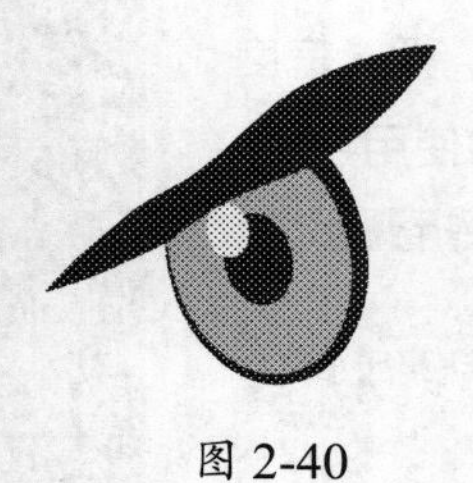

图 2-40

图 2-41

❹ 当想修改眼睛的某个组成部分时，只需要双击组合对象进入编辑模式，然后进行修改即可。

进入编辑模式后，舞台中的其他元素会变暗，舞台上方的编辑栏中显示【场景 1】>【组】，如

图 2-42 所示。这表示当前处在一个组中，可以编辑其中的内容。

❺ 在舞台上方的编辑栏中单击【场景 1】，或者双击舞台中的空白区域，可返回主场景。

❻ 再次执行【组合】命令，把另一只眼睛也变成组合对象。然后把两只眼睛移动到章鱼头部。根据需要，使用【任意变形工具】调整章鱼头部与眼睛的大小，并移动到合适的位置，如图 2-43 所示。

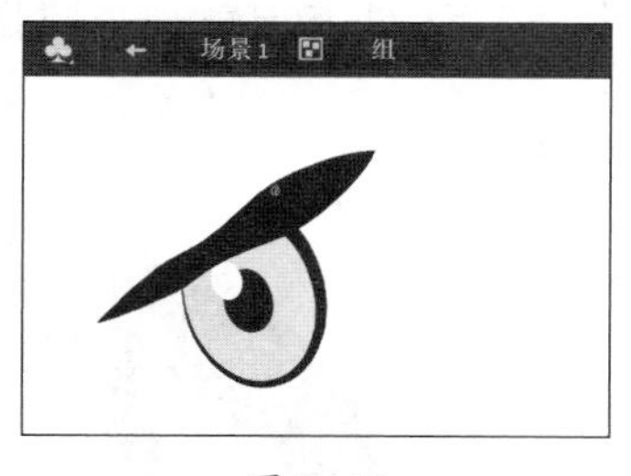

图 2-42

图 2-43

提示 从菜单栏中选择【修改】>【取消组合】[快捷键为 Shift+Command+G（macOS）/Shift+Ctrl+G（Windows）]，可把组合对象恢复到组合前的状态。

2.8 使用画笔工具

基于基本形状构建复杂形状时，【椭圆工具】【线条工具】【矩形工具】等工具非常有用，但在创建自由奔放、表现力更强的图形时，这些工具就不太好用了。

要使绘制的图形更具绘画感，还是得用画笔工具。Animate 提供了 3 种画笔工具，分别是【流畅画笔工具】【传统画笔工具】【画笔工具】，如图 2-44 所示。

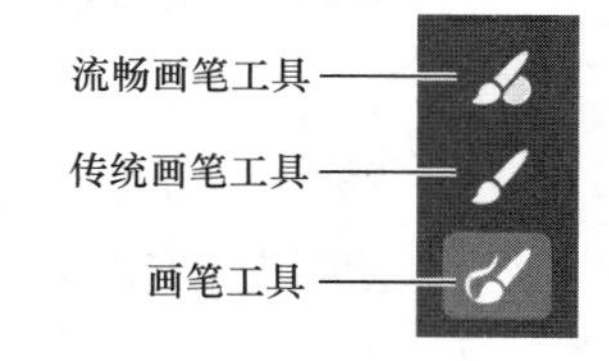

图 2-44

- 【流畅画笔工具】要配合绘图板使用，它能够对画笔压力和绘画速度做出响应。绘画过程中，画笔大小能够变化，因此可以很轻松地绘制出粗细不同的线条。
- 选择【画笔工具】后，可以使用可拉伸或周期性重复的画笔形状来绘制边框和装饰。Animate 提供了几十种画笔形状，如果里面没有想用的，那么可以根据自身需要修改画笔，或者自己创建一个。
- 在 3 种画笔中，【传统画笔工具】是最基本的，我们对其大小和形状的控制能力有限。

注意 使用【流畅画笔工具】和【传统画笔工具】绘制形状时，绘制出的形状只有填充，没有描边。默认设置下，使用【画笔工具】绘制的形状只有描边。但在【属性】面板中开启【绘制为填充色】后，绘制的形状将有填充。

2.8.1 使用【流畅画笔工具】

下面使用【流畅画笔工具】制作章鱼面部的各种沟槽和褶皱。

❶ 在【工具】面板中选择【流畅画笔工具】。

❷ 在【属性】面板的【工具】选项卡下，选择【根据指针速度更改画笔大小】，把【填充】设置为黑色，再根据要绘制的形状和大小设置其他参数，如图 2-45 所示。

开启【根据指针速度更改画笔大小】后，在舞台中拖动画笔时，Animate 会根据拖动的速度自动调整画笔大小（笔触大小）。若开启【使用压力】，在使用绘图板时，Animate 会根据压感笔的压力大小自动调整画笔大小。

在舞台上试着画几笔，如图 2-46 所示，测试一下，然后根据实际情况和自身需要，调整【速度】或其他参数，直到画出满意的笔触。

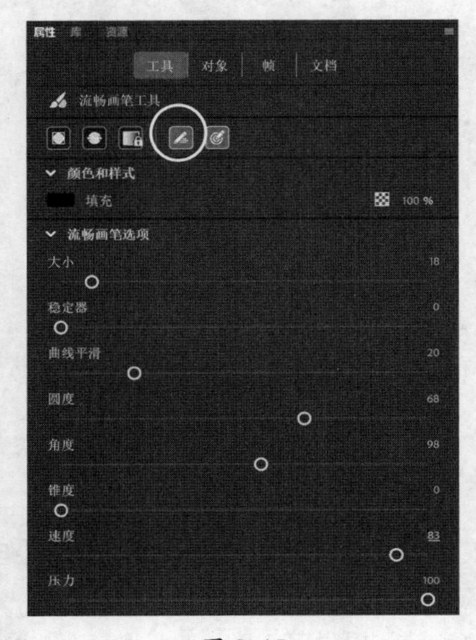

图 2-45

图 2-46

❸ 选择 octopus 图层。

❹ 使用【流畅画笔工具】在章鱼头上根据褶皱走势简单画几笔。画的时候，大胆一点！根据个人喜好，画一些能够表现愤怒情绪的线条。绘制时，可以参考图 2-47，但也没必要和它完全一样。画章鱼面部时，怎么合适就怎么画，越有个性越好。

图 2-47

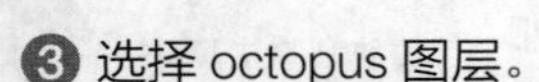
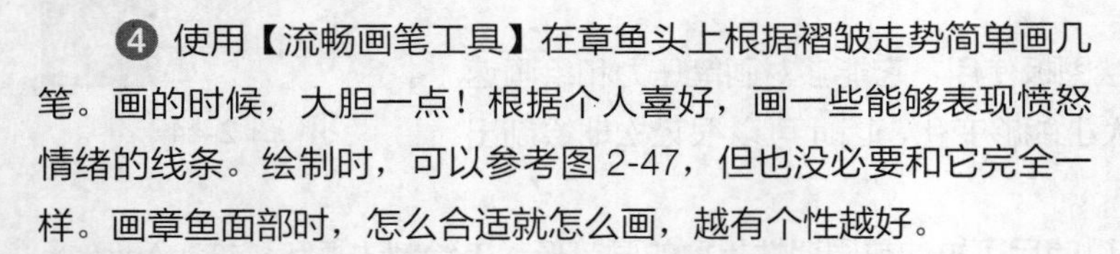

注意 有了绘图板的配合，【流畅画笔工具】用起来其乐无穷，它能够同时响应压感笔的压力和移动速度，我们能以多种方式定制它。

2.8.2 平滑线条

在章鱼面部绘画时，有些线条画得很粗糙，不够光滑、流畅。Animate 提供了【平滑】功能，使用该功能可快速、轻松地使线条变平滑。

❶ 选择所有使用【流畅画笔工具】绘制的线条，如图 2-48 所示。

❷ 在【工具】面板底部单击【平滑】按钮，如图 2-49 所示。

此时，Animate 会简化所选线条，使其看起来更加平滑，如图 2-50 所示。

图 2-48

图 2-49

图 2-50

③ 可以多次单击【平滑】按钮，反复进行平滑处理，直到获得满意的平滑效果。

> 提示 从菜单栏中选择【修改】>【形状】>【高级平滑】或者选择【修改】>【形状】>【优化】，可更精细地控制曲线的平滑过程。通过这些菜单命令提供的高级选项，我们可以进一步控制组成形状的曲线和点的数目。

2.9 创建曲线

前面学习了如何使用【选择工具】通过推拉基本形状的边缘来创建曲线。除此之外，使用【钢笔工具】也可以创建曲线，并且能够实现更精确的控制。

2.9.1 使用【钢笔工具】

下面使用【钢笔工具】为章鱼创建弯曲、有力的腕足。

① 新建一个名为 tentacles 的图层。

② 在【工具】面板中选择【钢笔工具】。若【工具】面板中找不到【钢笔工具】，请单击【工具】面板底部的【编辑工具栏】图标，然后把【钢笔工具】从【拖放工具】面板拖入【工具】面板中。

③ 在【属性】面板中，把描边颜色（笔触颜色）设置为黑色。从【样式】菜单中选择【极细线】，从【宽】下拉列表中选择【均匀】。

④ 在舞台中（在章鱼头部之外的地方）单击，创建第 1 个锚点。

⑤ 把鼠标指针移动到另外一个地方，按住鼠标左键创建第 2 个锚点（此过程中不要松开鼠标左键）。一直按着鼠标左键，同时朝着曲线延伸方向拖动。此时，第 2 个锚点上出现方向控制手柄，如图 2-51 所示。释放鼠标左键，两个锚点之间出现一条平滑的曲线。

有关如何使用【钢笔工具】绘制曲线，请阅读“使用【钢笔工具】创建路径”中的内容。

⑥ 添加锚点，加长曲线，形成类似于字母 J 的形状。这个过程中，按住鼠标左键，拖动方向控制手柄，创建章鱼腕足轮廓，如图 2-52 所示。

不用担心创建的曲线不够平滑，因为以后可以随时调整它们。

⑦ 到达腕足末端时，单击末端锚点，如图 2-53 所示。

此时，末端锚点上的方向控制手柄有一半不见了，平滑点变成转折点，以改变曲线的方向。

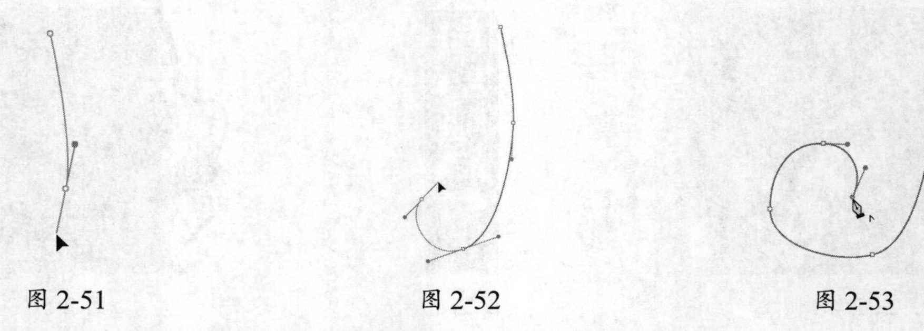

图 2-51　　图 2-52　　图 2-53

❽ 使用相同的方法绘制章鱼腕足另一侧的轮廓，如图 2-54 所示。

❾ 单击第 1 个锚点，封闭曲线，如图 2-55 所示。

❿ 在【工具】面板中选择【颜料桶工具】。

⓫ 使用吸管工具吸取章鱼头的填充颜色，将其设置成颜料桶的填充颜色。

⓬ 在刚刚创建好的腕足轮廓内部单击，填充颜色。

⓭ 选择【选择工具】，双击腕足轮廓，选中整个轮廓。然后，按 Delete 键删除轮廓线，如图 2-56 所示。

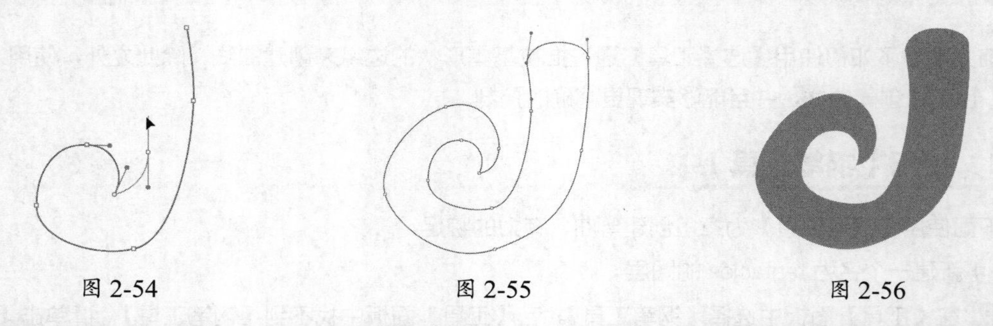

图 2-54　　图 2-55　　图 2-56

> 注意　不要指望使用【钢笔工具】一下就能绘制出满意的曲线。【钢笔工具】不太好掌握，需要多花时间练习才能得心应手。即使绘制的曲线不理想，也不必担心，再调整就是了。

2.9.2　使用【选择工具】和【部分选取工具】调整曲线

第一次绘制平滑曲线，结果很可能不理想。不要沮丧，在 Animate 中，可以使用【选择工具】和【部分选取工具】调整曲线，使其满足需要。

❶ 在【工具】面板中选择【选择工具】。

❷ 移动鼠标指针，使其靠近章鱼腕足边缘，直到鼠标指针右下角出现一条弧线，如图 2-57 所示，这表示可以编辑曲线了。

若鼠标指针右下角出现的是一个直角，则表示当前鼠标指针所指的是一个转折点，仍然可以编辑它。

❸ 拖动曲线，调整其形状。

❹ 在【工具】面板中选择【部分选取工具】（该工具隐藏在【选择工具】之下）。

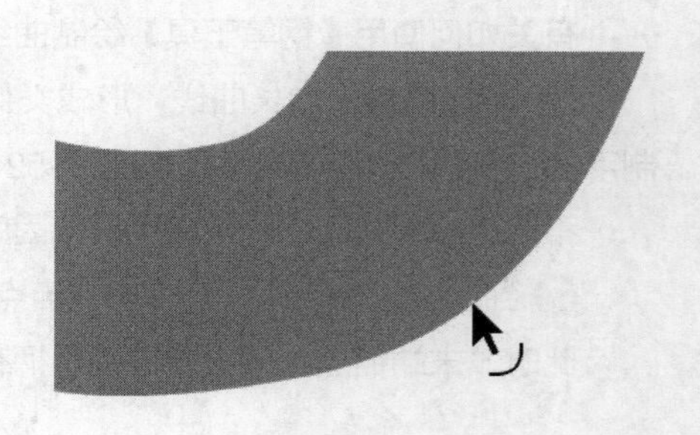

图 2-57

❺ 单击腕足轮廓。

❻ 拖动锚点到新位置，或者拖动方向控制手柄，调整腕足整体形状，如图 2-58 所示。把方向控制手柄拉长，可使曲线更平滑。改变方向控制手柄的倾斜度，曲线的方向也随着发生变化。

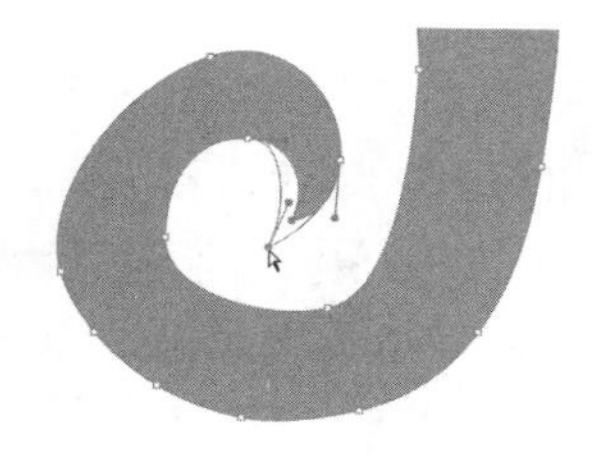

图 2-58

2.9.3 删除或添加锚点

使用【添加锚点工具】和【删除锚点工具】（这两个工具隐藏在【钢笔工具】下）可根据需要在曲线上添加锚点和删除锚点。

- 在【工具】面板中，长按【钢笔工具】，可显示出其下隐藏的工具，如图 2-59 所示。
- 使用【删除锚点工具】可删除现有锚点。
- 使用【添加锚点工具】可向曲线添加锚点。
- 使用【转换锚点工具】可转换锚点类型。

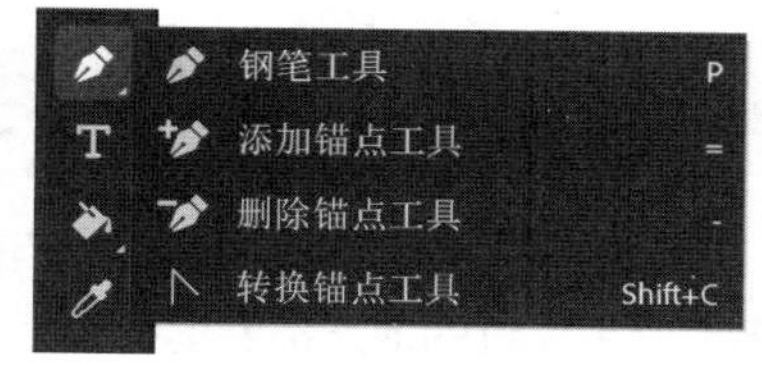

图 2-59

使用【钢笔工具】创建路径

在 Animate 中，使用【钢笔工具】可轻松创建直的、弯的、开放的或闭合的路径。不熟悉【钢笔工具】的人刚开始可能会感到无所适从、不知所措。了解了路径由哪些元素组成，掌握了使用【钢笔工具】绘制它们的方法，才能在创建路径时游刃有余。

创建直线路径时，第一次单击创建的是路径的起点。之后每次单击，Animate 都会在前一个锚点和当前锚点之间绘制一条直线路径，如图 2-60 所示。使用【钢笔工具】创建由多个直线段组成的复杂路径时，只需不断添加锚点。

使用【钢笔工具】创建曲线路径时，先在当前位置按下鼠标左键创建一个锚点，此时一直按着鼠标左键，然后拖动鼠标，当锚点上出现方向控制手柄后，释放鼠标左键。接着，把鼠标指针移动到下一个位置，设置锚点并拖出方向控制手柄。每个方向控制手柄末端都有一个方向点，方向控制手柄和方向点的位置共同控制着曲线段的大小和形状。移动方向控制手柄和方向点会改变曲线路径的形状，如图 2-61 所示（A 为曲线段，B 为方向点，C 为方向控制手柄，D 为处于选中状态的锚点，E 为处于未选中状态的锚点）。

图 2-60

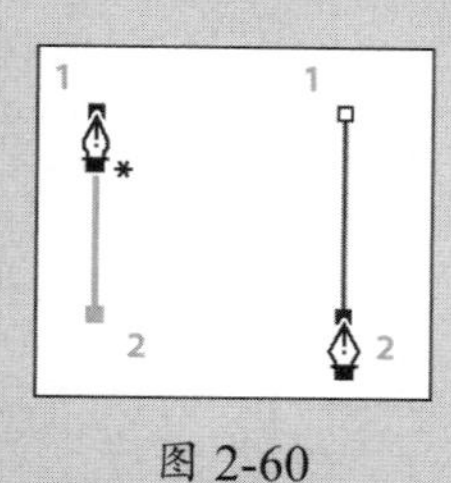

图 2-61

平滑曲线由名为“平滑点”的锚点连接。在转折曲线路径中，转折处的锚点是“角点”（又叫转折点）。移动平滑点上的方向控制手柄时，平滑点两侧的曲线段会同时被调整。但是，移动角点上的方向控制手柄时，只有与方向控制手柄位于同一侧的曲线段才会被调整。

路径和锚点创建后可以单独或作为一个整体移动。若一条路径包含多个曲线段，可以拖动各个锚点分别调整路径的各个曲线段，或者选择路径上的所有锚点来编辑整条路径。使用【部分选取工具】可选择与调整单个锚点、路径曲线段或整条路径。

闭合路径和开放路径的结束方式不同。使用【钢笔工具】绘制路径的过程中，单击【选择工具】或者按 Esc 键，可结束绘制，得到的就是一条开放路径。使用【钢笔工具】绘制路径的过程中，把鼠标指针移动到路径起点，当鼠标指针右下角出现小圆圈时，单击路径起点，也可以结束路径，这样得到的是一条闭合路径，如图 2-62 所示。闭合路径后，会自动退出路径绘制模式。当路径闭合后，鼠标指针右下角会出现一个星号，表示下次单击会新建一条路径。

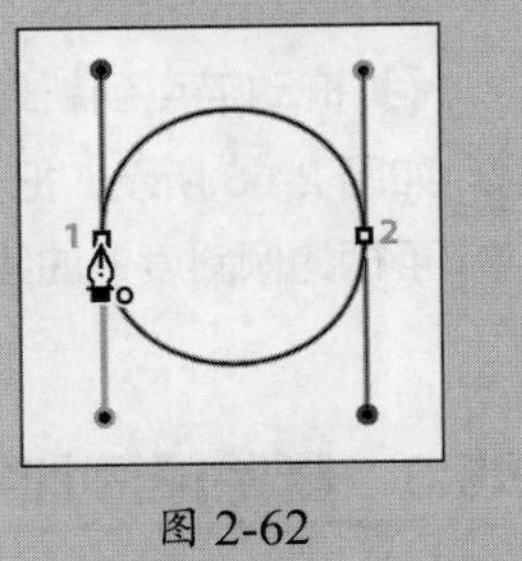

图 2-62

2.10 使用画笔模式选项

在 Animate 中，为画笔工具选择合适的画笔模式，能大大地提高绘画效率。在【标准绘画】模式下，画笔刷过的地方都会留下颜色，但可以改变画笔模式。接下来给章鱼的腕足添加吸盘，这个过程中会用到一种画笔模式——仅绘制填充。

仅绘制填充

在【仅绘制填充】模式下，画笔只影响舞台中已有的填充区域。

❶ 在【工具】面板中选择【传统画笔工具】。

❷ 在【属性】面板中，把填充颜色设置为橙色。在【传统画笔选项】区域中，把【大小】设置为 20 左右（请根据绘制的腕足大小设置合适的数值）。

❸ 在【属性】面板顶部，把【画笔模式】设置成【仅绘制填充】，如图 2-63 所示。

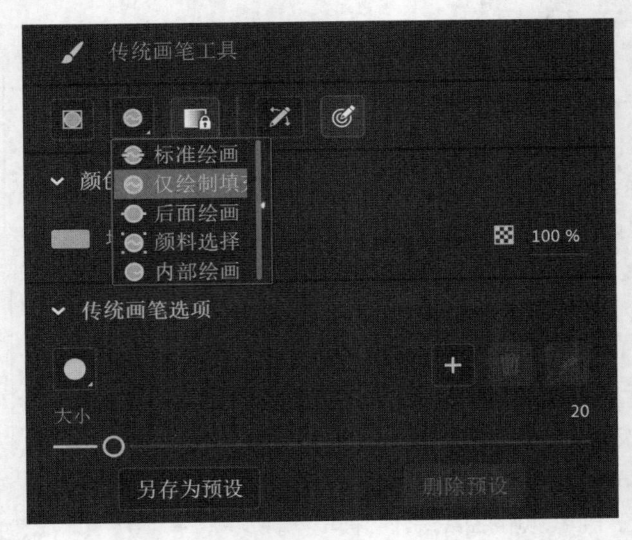

图 2-63

❹ 在腕足底部边缘画一个小圆形，代表一个吸盘，如图 2-64 所示。绘制时，不用担心画到腕足外面，因为 Animate 会自动把腕足外面的部分清除掉。画好后，释放鼠标左键。

此时，只在腕足内部出现橙色，腕足之外的橙色被清除，如图 2-65 所示。

❺ 沿着腕足底部边缘继续添加吸盘，如图 2-66 所示。

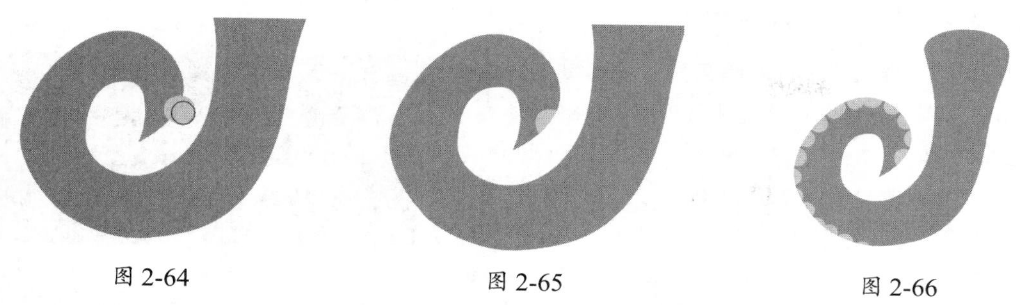

图 2-64　　图 2-65　　图 2-66

到这里，一只腕足就绘制完成了。

画笔模式

在 Animate 中，画笔工具有 5 种绘画模式，分别是【标准绘画】【仅绘制填充】【后面绘画】【颜料选择】【内部绘画】，如图 2-67 所示。在不同模式下，画笔有不同的表现。灵活使用这些模式，有助于提高绘画效率。

标准绘画：画笔会把颜色应用到舞台中的所有对象上，包括描边和填充。

仅绘制填充：仅向填充区域应用颜色。

后面绘画：只影响舞台中的空白区域，保留活动图层中的现有描边和填充。

颜料选择：只把颜色应用到所选填充或描边上。

内部绘画：从起笔开始，仅向形状的填充应用颜色。

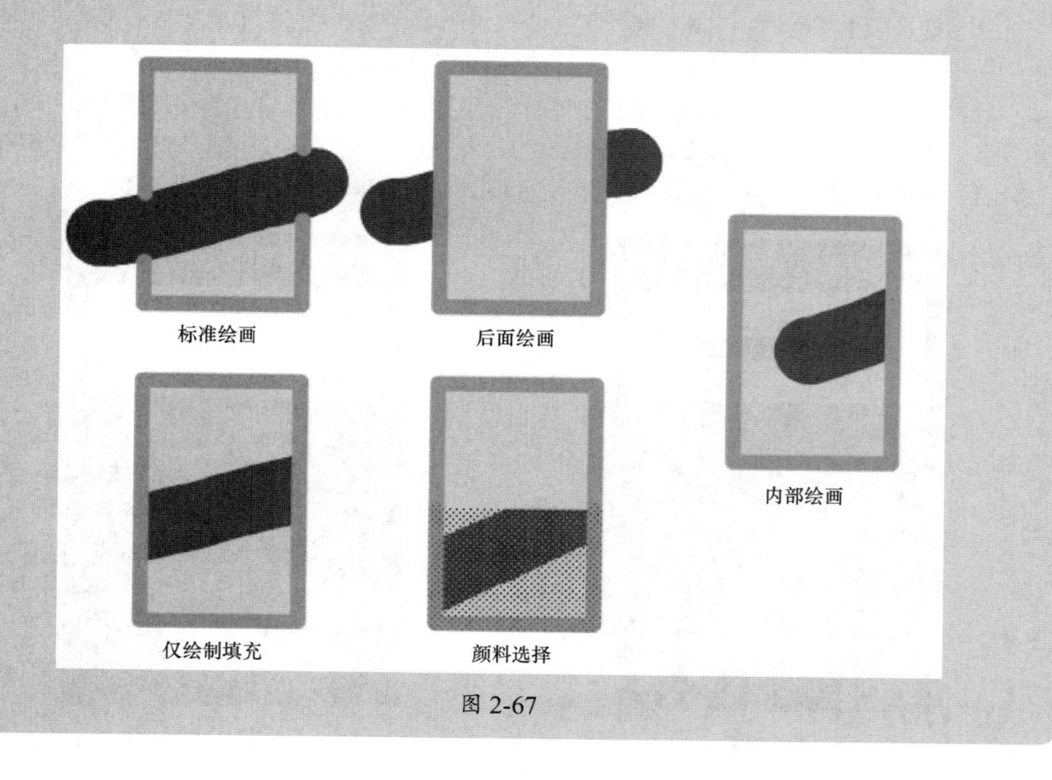

图 2-67

画笔工具和自定义画笔

Animate 提供了 3 种画笔工具，分别是【流畅画笔工具】（用于创建有粗细变化且表现力强的线条）、【传统画笔工具】（这是一种基本、无装饰的画笔）、【画笔工具】（需要先将其从【拖放工具】面板拖入【工具】面板中才能使用）。

图 2-68

【画笔工具】有很多种笔触样式，都存放在【画笔库】中，单击【属性】面板中【样式】右侧的【样式选项】按钮，如图 2-68 所示，从弹出的菜单中选择【画笔库】，可打开【画笔库】。

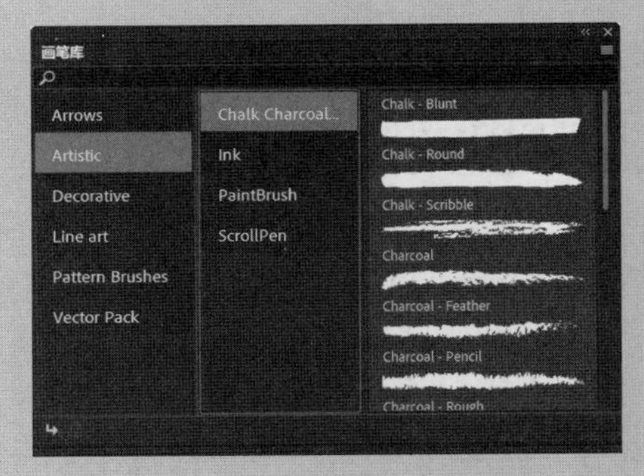

图 2-69

【画笔库】中存放着多种笔触样式，有各种箭头、装饰边框、书法和艺术笔刷，如图 2-69 所示。

有时在【画笔库】中找不到想用的笔刷，或者需要使用一些非常特殊的笔刷。不论是哪种情况，要么改造现有画笔得到所需画笔，要么新建一支全新画笔。

【图案画笔】会在整个笔触内重复基本形状，而【艺术画笔】则会在整个笔触内拉伸基本形状。

自定义画笔时，在【属性】面板中单击【样式】右侧的【样式选项】按钮，从弹出的菜单中选择【编辑笔触样式】，打开【画笔选项】对话框，如图 2-70 所示。

【画笔选项】对话框中显示了画笔的各个控制选项，当前选择的画笔类型不同，这些选项会有所不同，如图 2-71 所示。

比如，【艺术画笔】和【图案画笔】就有不同的控制选项。可以尝试设置不同的间距、形状重复或拉伸适应的方式，以及角部与重叠的处理方式来得到不同的笔触效果。在得到满意的画笔后，单击【添加】按钮，即可把定制好的画笔添加到【样式】下拉列表中。

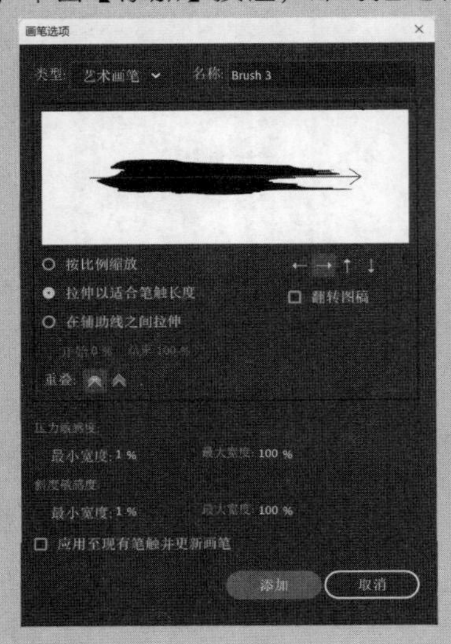

图 2-70

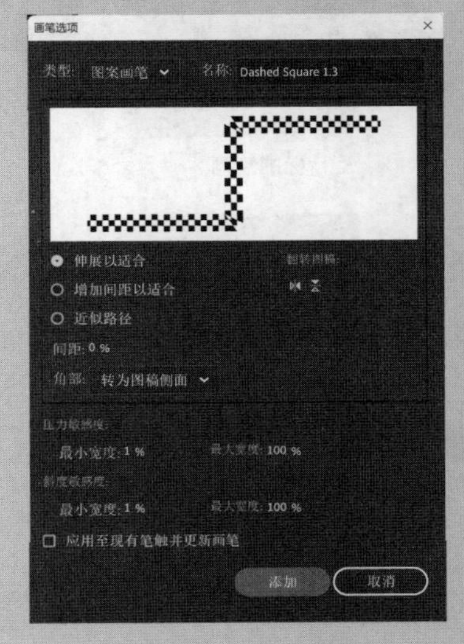

图 2-71

图 2-72

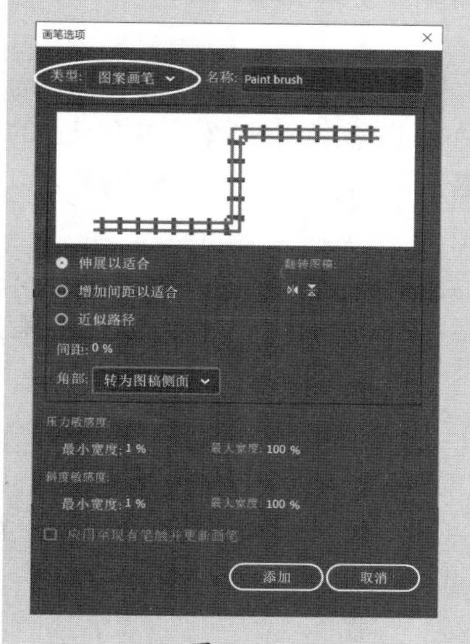

图 2-73

新建一支全新的画笔时，需要先在舞台中创建一些基本形状，作为新画笔的重复元素。比如，为了绘制铁轨，可以创建一支专门的图案画笔，为此需要先制作组成铁轨的基本形状。

然后，选择创建好的基本形状，在【属性】面板中单击【创建新画笔】图标，如图 2-72 所示。

此时，弹出【画笔选项】对话框。在【类型】下拉列表中选择【艺术画笔】或【图案画笔】，调整其他控制选项。预览窗口中会显示调整后的结果，如图 2-73 所示。

在【名称】输入框中给新画笔输入一个名字，单击【添加】按钮。此时，Animate 会把刚刚创建好的新画笔添加到【样式】下拉列表中，以便需要时使用。使用新画笔绘制的效果如图 2-74 所示。

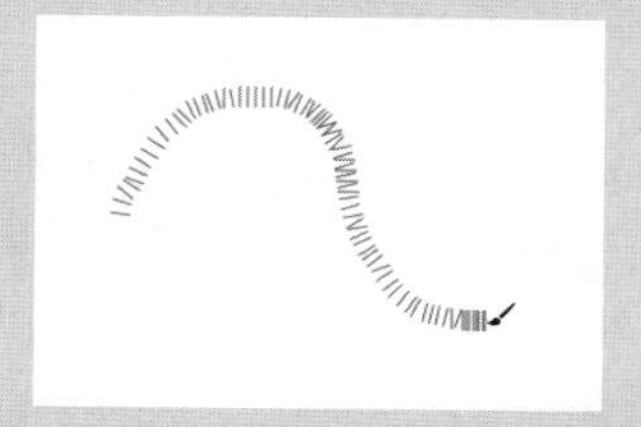

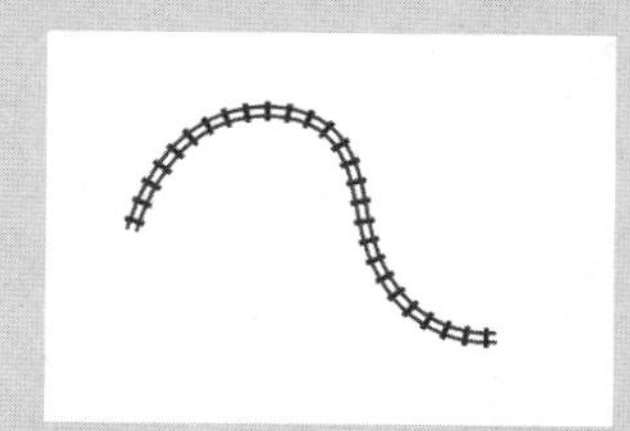

图 2-74

旋转舞台轻松绘画

在普通纸张上绘画时，旋转纸张往往能够获得更好的绘画角度。在 Animate 中，我们可以使用【旋转工具】旋转舞台来实现类似的效果。

在【工具】面板中，【旋转工具】隐藏在【手形工具】之下，如图 2-75 所示。另外，还可以在舞台右上方找到它。

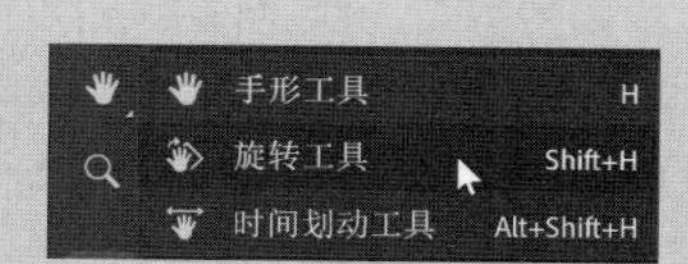

图 2-75

选择【旋转工具】，单击舞台，可设置旋转中心点（带十字线的圆形）。设置好旋转中心点后，拖动舞台，可把舞台旋转至任意角度，如图 2-76 所示。

单击舞台上方的【舞台居中】按钮，可将舞台恢复成原样。

图 2-76

2.11 元件

章鱼一般有 8 只腕足，但目前我们只制作好了 1 只，其他腕足怎么办？一只一只地制作吗？

不用，有一种更简单的方法，那就是使用元件。元件就是一些可重复使用的资源，一般存放在【库】面板中。

元件广泛应用于特效、动画、交互界面的制作。Animate 支持 3 种类型的元件：图形元件、按钮元件、影片剪辑元件。在一个项目中，同一个元件的使用次数不限，但其实 Animate 只保留一份数据。使用元件可使修改工作更轻松。当章鱼的 8 只腕足全都源自同一个元件时，我们只需编辑一次该元件，所有腕足都会得到更新。

把一个元件拖入舞台时，Animate 会为该元件创建一个实例，并把创建好的实例放入舞台中，而元件本体仍然保留在【库】面板中。也就是说，我们最终放入舞台中的其实是元件实例，它是元件的一个副本。元件相当于照片底片，而放在舞台中的实例则相当于基于底片洗出的照片。一张底片可以洗出很多张照片，同样，一个元件也能创建出许多实例。

当然，还可以把元件看成一个盛东西的容器，里面可以装 JPEG 图像、AI 线稿，以及在 Animate 中绘制的图形。用户可以随时进入元件中，编辑或替换其中的内容。当元件内容发生变化时，其所有实例都会随之发生改变。

3 类元件

Animate 有 3 类元件（图形元件、按钮元件、影片剪辑元件），它们有不同的用途。在【库】面板中，各类元件的图标不同。通过这些图标，可以判断某个元件是哪种类型。本书中，这 3 类元件都会用到。

影片剪辑元件

影片剪辑元件是最常用的一类元件。制作动画时，一般都会使用影片剪辑元件。在 Animate 中，可以轻松地给影片剪辑元件的实例应用滤镜、色彩效果、混合模式来制作特殊效果，以优化实例的外观。

影片剪辑元件拥有独立的时间轴。用户可以轻松地在影片剪辑元件中添加动画，就跟在主时间轴上添加动画一样简单。借助元件，可以制作出非常复杂的动画，比如一只蝴蝶从左到右飞过舞台，穿过舞台的同时又有扇动翅膀的动作，而且这两个动作是相互独立的。

影片剪辑元件支持代码控制。用户可以使用代码控制影片剪辑元件，使其响应交互者的动作。例如，可以通过控制影片剪辑元件的位置、旋转角度来制作具有街机风格的游戏。或者，通过代码让影片剪辑元件支持用户的拖放动作，这在制作拼图游戏时很有用。

注意 影片剪辑元件不一定都是动态的。

按钮元件

按钮元件是用来实现交互的，它包含 4 个不同的关键帧，分别用来描述在与鼠标交互时的呈现方式。但是，按钮元件需要代码驱动才能执行某些操作。

按钮元件支持应用滤镜、混合模式、色彩效果。第 9 课会制作一个支持交互的横幅广告，用户可以自己选择动态显示的内容，届时会讲解更多有关按钮元件的内容。

图形元件

制作复杂的影片剪辑元件时，经常用到图形元件。图形元件不支持交互，也无法应用滤镜或混合模式。

当需要在同一个图形的不同版本之间切换时，使用图形元件会非常方便。例如，在同步嘴唇形状与声音时，把所有嘴唇形状放置在图形元件的各个关键帧中会使同步过程变得简单。当需要将元件内的动画与主时间轴同步时，也会使用图形元件。

2.12 创建元件

Animate 中有下面两种创建元件的方法。这两种方法无优劣之分，具体选用哪一种取决于个人的习惯和工作方式。

方法一：先取消全选，然后从菜单栏中选择【插入】>【新建元件】，在【创建新元件】对话框中，输入元件名称，选择元件类型，单击【确定】按钮，进入元件编辑模式，就可以为元件绘制或导入图形了。

方法二：先选择舞台中的某个对象，然后将其转换成元件，Animate 会自动把选择的对象放入新元件中。

注意　使用【转换为元件】命令时，Animate 其实并没有做转换操作，它只是把选择的所有对象放到了一个元件中。许多设计师喜欢使用方法二。因为使用方法二可以直接在舞台中创建所有图形，而且允许用户在将各个组成部分转换成元件前，把它们放在一起查看。

把舞台中的对象转换成元件

接下来选择制作好的章鱼腕足，将其转换成影片剪辑元件。

1. 在舞台中，仅选择章鱼腕足。
2. 从菜单栏中选择【修改】>【转换为元件】（或按 F8 键）。

此时，弹出【转换为元件】对话框。

3. 在【名称】输入框中输入 tentacle，从【类型】下拉列表中选择【影片剪辑】，如图 2-77 所示。
4. 其他设置保持不变。对齐网格上的黑色方块表示元件对齐的基准点（x=0、y=0），所有变换（如旋转、缩放）都基于这个基准点进行。同时，Animate 也使用它确定元件在舞台中的位置。请把对齐基准点设置在网格的左上角。
5. 单击【确定】按钮。此时，tentacle 元件就会出现在【库】面板中，如图 2-78 所示。

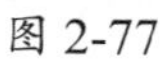
图 2-77

图 2-78

这样，【库】面板中就有了一个元件，舞台中的腕足变成了这个元件的一个实例。

2.13 管理元件实例

把元件保存到【库】面板后，可以在项目中多次使用它，每次把元件拖入舞台，Animate 都会创建该元件的一个实例（或副本），并添加到舞台中，添加多个实例不会增大文件。最重要的是，Animate 允许实例与原始元件之间略有不同，而且同一个元件的多个实例也可以不完全一样，如在舞台中的位置、尺寸、旋转角度、颜色、透明度、应用的滤镜等。

接下来给章鱼加上另外 7 只腕足（这些腕足都是 tentacle 元件的实例），然后根据它们在章鱼身体上的位置，分别做一些调整、修改。

2.13.1 添加多只腕足

从【库】面板将 tentacle 元件多次拖入舞台，可向舞台中添加多个实例。

❶ 选择 tentacles 图层。

❷ 从【库】面板中把 tentacle 元件（影片剪辑元件）拖入舞台。

此时，舞台中又出现了一只腕足。当前舞台中共有两个 tentacle 元件实例，如图 2-79 所示。

图 2-79

❸ 使用同样的方法再向舞台中添加 6 只腕足。

2.13.2 调整每个实例的尺寸、位置、重叠关系

下面使用【任意变形工具】调整各只腕足，使它们略有不同。

❶ 从 8 只腕足中选择 4 只，把它们移动到章鱼身体的一侧。

❷ 在【工具】面板中选择【任意变形工具】，根据章鱼身体形态调整 4 只腕足，使它们略有不同，如图 2-80 所示。

❸ 把其余 4 只腕足水平翻转一下，放到章鱼身体的另一侧，如图 2-81 所示。

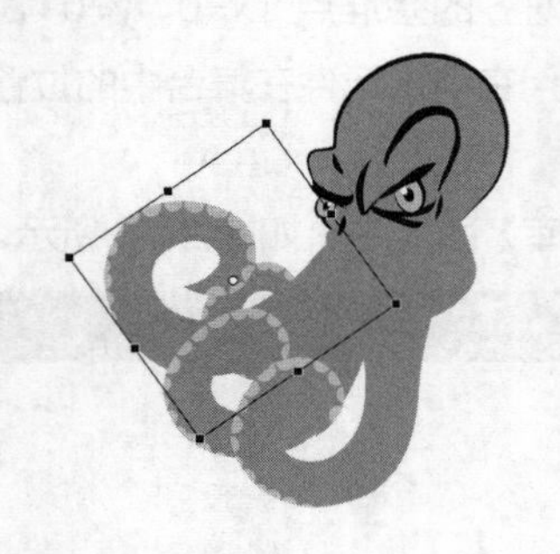

图 2-80

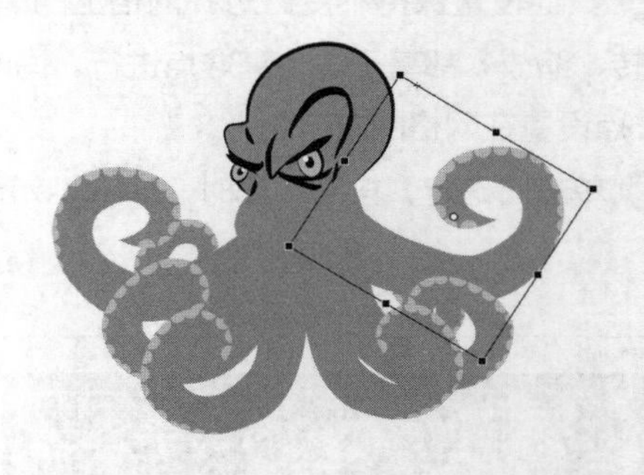

图 2-81

❹ 调整章鱼各只腕足的堆叠顺序（相互重叠方式）：使用鼠标右键单击一只腕足，从弹出的快捷菜单中选择【排列】>【移至顶层】，将腕足移动到其他所有腕足上方；或者选择【上移一层】，把腕足往上移一层；或者选择【移至底层】，把腕足移动到底部，使其位于其他所有腕足之下；或者选择【下移一层】，把腕足往下移一层，如图 2-82 所示。

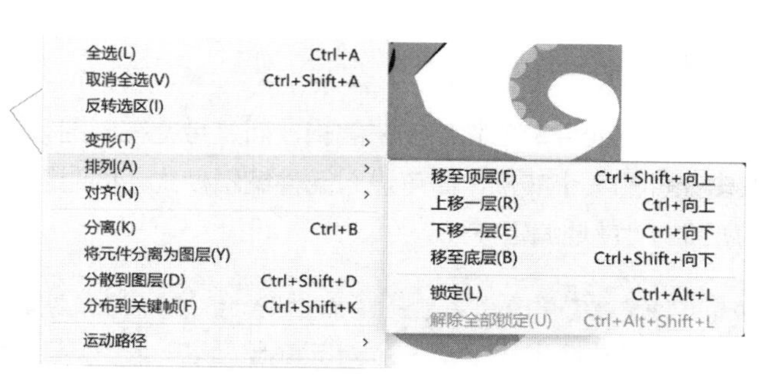

图 2-82

> **注意** 使用【任意变形工具】调整元件实例时，无法通过按住 Command 键（macOS）/Ctrl 键（Windows）拖动变形控制框上的某个角的变形控制点来实现自由变形。

2.13.3 编辑【库】面板中的元件

在 Animate 中，可以随时编辑【库】面板中的元件。例如，若打算修改一下腕足形状，只需进入元件编辑模式修改即可。无论元件是否被使用，都可以直接在【库】面板中双击元件，然后编辑它们。

有一点需要牢记：当对一个元件做出修改之后，这些修改会在该元件的所有实例中体现出来。

❶ 在【库】面板中双击 tentacle 元件（影片剪辑元件）的图标。

此时，Animate 进入元件编辑模式。在元件编辑模式下，元件内容一览无余，这里是章鱼的一只腕足，如图 2-83 所示。舞台顶部有一个编辑栏，从编辑栏可知，当前不在【场景 1】中，而在 tentacle 元件中。

❷ 在【工具】面板中选择【选择工具】或【部分选取工具】，使每个吸盘往外凸一些，如图 2-84 所示。前面已经讲过如何使用【选择工具】（靠近并拖动）或【部分选取工具】（移动锚点与拖动方向控制手柄）改变线条的曲率。如果回忆不起来，请阅读前面的相关内容。

❸ 单击编辑栏（位于舞台上方）中的回退箭头，退出元件编辑模式，返回主场景。

此时，在【库】面板中，tentacle 元件的预览图中已经显示出所做的修改。同时，舞台中的所有腕足也体现出所做的修改，如图 2-85 所示。也就是说，修改某个元件后，这些修改会在该元件的所有实例上体现出来。

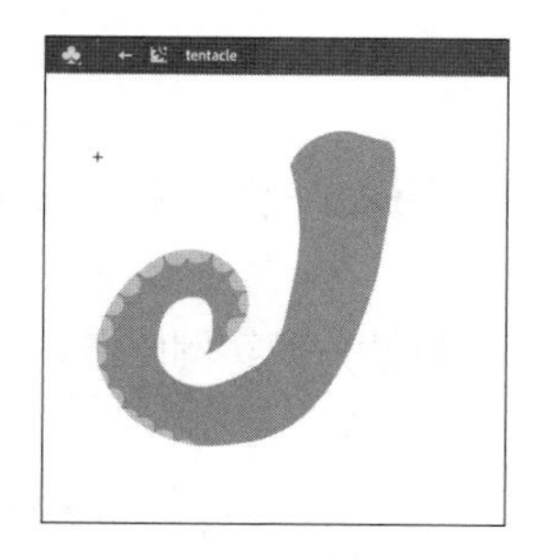

图 2-83

图 2-84

图 2-85

> **提示** 在【库】面板中，可以轻松、快速地复制元件。具体操作如下：选择要复制的元件，单击鼠标右键，然后从弹出的快捷菜单中选择【直接复制】；或者，从【库】面板菜单中选择【直接复制】。Animate 打开【直接复制元件】对话框，单击【确定】按钮，可创建一个与所选元件完全一样的副本。

2.13.4　就地编辑元件

编辑元件时，有时不希望把元件单独隔离出来编辑，而是希望在周围有其他对象的情况下编辑。为此，只需在舞台中双击元件的某个实例，即可进入元件编辑模式，同时还能看到周围的其他对象。这种元件编辑模式就是所谓的“就地编辑模式”。

> 注意　使用【流畅画笔工具】或【传统画笔工具】就地编辑元件时，【属性】面板中有一个【使用元件实例缩放大小】选项。启用该选项后，Animate 会自动调整画笔的大小，确保编辑内容和元件实例等比例放大或缩小。

❶ 使用【选择工具】在舞台中双击 tentacle 元件（影片剪辑元件）的某个实例。

此时，进入元件编辑模式，同时舞台中的其他对象处于灰白状态，如图 2-86 所示。从舞台上方的编辑栏可知，当前处在 tentacle 元件中，而非【场景 1】中。

❷ 使用【墨水瓶工具】在腕足和吸盘边缘应用粗细不均的描边（可变宽度描边），如图 2-87 所示。

编辑元件时，所有改动都会在该元件的实例上体现出来。

❸ 编辑完成后，单击编辑栏中的【场景 1】，返回正常舞台，如图 2-88 所示。在舞台中，使用【选择工具】双击图形外部的灰白区域，可返回上一级。

图 2-86

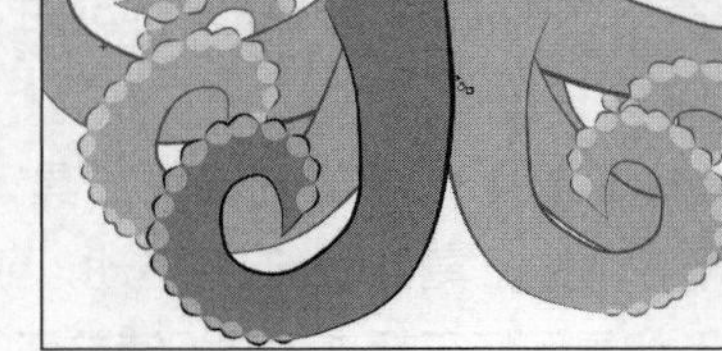

图 2-87

图 2-88

2.13.5　分离元件实例

若不希望舞台中的某个实例与元件链接在一起，可使用【分离】命令断开它们之间的链接，使实例成为独立的对象。

选择某个元件实例，从菜单栏中选择【修改】>【分离】。

此时，Animate 会断开所选实例与元件本体的链接。分离完成后，该实例变成普通形状，这些形状就是元件中包含的内容。

这里并不需要分离元件实例。从菜单栏中选择【编辑】>【撤销分离】，取消分离实例操作。

2.14　使用渐变填充

前面填充形状时用的都是纯色填充，除了纯色填充，还可以使用渐变填充，以获得更有趣的效果。

所谓渐变，是指从一种颜色逐渐过渡到另外一种颜色。Animate 支持两种渐变，分别是线性渐变

（沿水平、垂直、对角线方向改变颜色）和径向渐变（从中心点向外改变颜色）。

接下来使用线性渐变填充在舞台中添加海洋背景。

2.14.1 创建渐变过渡

创建渐变时，可在【颜色】面板中指定渐变中使用的颜色。一般来说，线性渐变指的是从一种颜色变成另外一种颜色，但在 Animate 中，创建渐变时，允许添加的颜色可达 15 种。色标指定了某种颜色在渐变条中的位置，两个色标之间是两种颜色的过渡区域。在【颜色】面板中，在渐变条下方单击，可添加一个色标，单击多次，可添加多个色标，渐变条中的颜色随之丰富起来。

这里，需要创建一个从浅蓝色到深蓝色的渐变，然后填充到背景中，充当海洋。

❶ 新建一个图层，命名为 background。把 background 图层移动到其他所有图层之下，如图 2-89 所示。

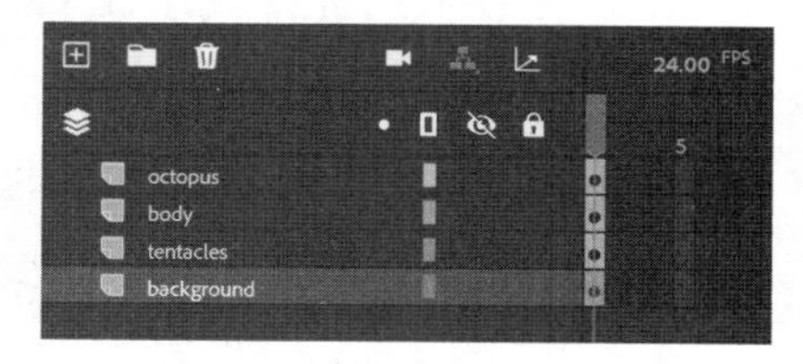

图 2-89

❷ 从菜单栏中选择【窗口】>【颜色】，打开【颜色】面板。在【颜色】面板中单击【填充颜色】图标，从【颜色类型】下拉列表中选择【线性渐变】，如图 2-90 所示。

❸ 单击渐变条左端的色标，将其选中（此时色标顶端的三角形变为黑色），然后在渐变条上方的十六进制值输入框中输入 66CCFF（浅蓝色）。按 Return 键（macOS）/Enter 键（Windows），使修改生效。指定颜色时，既可以从面板中间的颜色区域中选，也可以双击色标，从打开的色板中选。

❹ 选择渐变条右端的色标，然后在渐变条上方的十六进制值输入框中输入 000066（深蓝色），如图 2-91 所示。按 Return 键（macOS）/Enter 键（Windows），使修改生效。

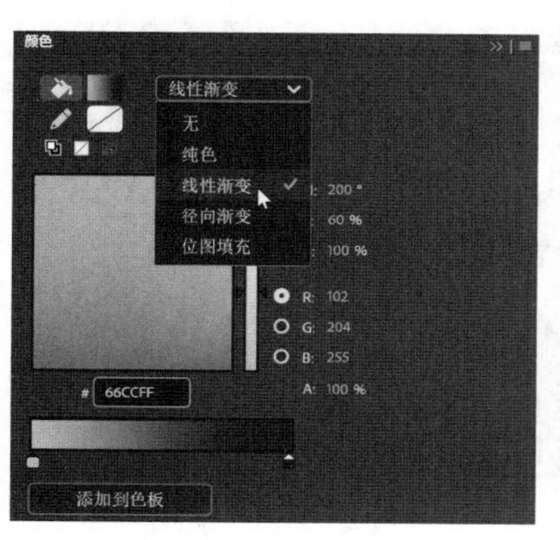

图 2-90

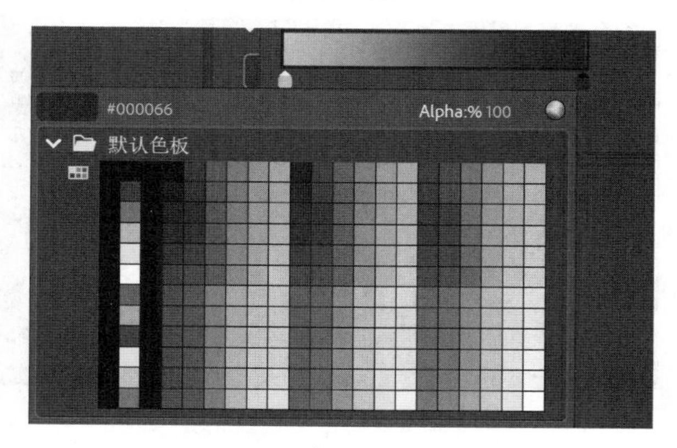

图 2-91

> 提示 把某个色标拖离渐变条，即可将其删除。

❺ 在【工具】面板中选择【矩形工具】。

❻ 在【属性】面板中，确保【填充颜色】是我们刚刚在【颜色】面板中创建的渐变。把【笔触颜色】设置为【无】（带有红色斜线的白色矩形），如图 2-92 所示。

❼ 绘制一个大大的矩形，覆盖住整个舞台。

此时，整个舞台背景就变成了一个从浅蓝色渐变到深蓝色的大矩形，如图 2-93 所示。

图 2-92

图 2-93

2.14.2 使用【渐变变形工具】

编辑渐变填充时，除了改变颜色类型和位置，还可以调整渐变填充的大小、方向、中心。下面使用【渐变变形工具】调整海洋背景中渐变颜色发生变化的位置。

❶ 在【工具】面板中选择【渐变变形工具】（该工具隐藏在【任意变形工具】之下）。

❷ 单击 background 图层中的大矩形。此时，大矩形上出现变形控制点，如图 2-94 所示。

> 提示 移动中心圆点，可改变渐变填充的中心位置；拖动圆形控制点，可旋转渐变填充；拖动方形控制点，可拉伸或压缩渐变填充。

❸ 向内拖动变形控制框右侧的方形控制点，挤压两种颜色之间的过渡区域。拖动变形控制框右上角的圆形控制点，旋转渐变填充，使浅蓝色出现在左上角，深蓝色出现在右下角，如图 2-95 所示。

图 2-94

图 2-95

2.15 使用透明度营造画面空间感

透明度数值是百分数，又叫 Alpha 值。Alpha 值为 100%，代表完全不透明；Alpha 值为 0%，代表完全透明。

修改填充的 Alpha 值

接下来在场景中添加一些小的透明泡泡，给画面增加一些有趣的细节。

提示 Animate 允许用户创建具有不同 Alpha 值的渐变。

❶ 新建一个图层，命名为 bubbles，将其移动到其他所有图层之上。

❷ 在【工具】面板中选择【椭圆工具】。

❸ 在【属性】面板中，把填充颜色设置为白色、笔触颜色设置为【无】。

❹ 把【填充】的 Alpha 值设置为 60%，如图 2-96 所示。

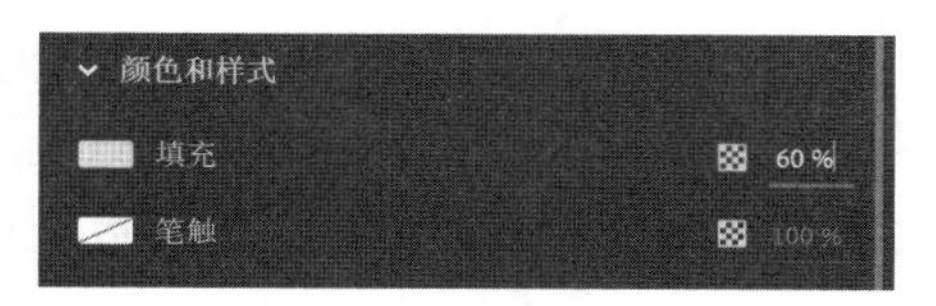

图 2-96

提示 在【属性】面板中单击【填充颜色】图标，在弹出的色板中修改右上角的 Alpha 值，也可以更改形状的透明度。

在【属性】面板中，通过色板可预览新选择的颜色。透明度用灰色格线表示，其可以通过透明度色板看到。

❺ 按住 Shift 键，在章鱼附近绘制一些大小不等的圆形泡泡，如图 2-97 所示。

图 2-97

这些圆形泡泡是半透明的，透过它们可以隐约看到后面的图形。

使用色标和带标记的色板

色板是预先定义好的颜色样本，存在于【样本】面板［从菜单栏中选择【窗口】>【样本】，或者按 Command+F9（macOS）/Ctrl+F9（Windows）组合键］中。我们可以把常用的颜色保存成色板，以便使用时能立马找到它们。

带标记的色板是一类特殊的色板，Animate 会把它们与舞台中那些使用它们的图形链接在一起。在【样本】面板底部单击【转换为带标记的色板】图标，可创建带标记的色板，并且还可以给它们改名。凡是右下角带白色三角形的色板都是带标记的色板，如图 2-98 所示。

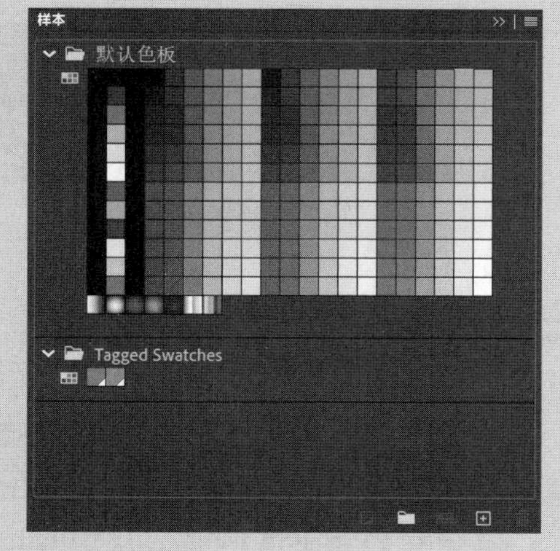

图 2-98

更新项目时，带标记的色板的优势才能真正展现出来。比如，当艺术总监或客户不喜欢白色透明泡泡时，就要改颜色。制作气泡时，如果用的是带标记的色板，那改起来就简单多了。只需修改带标记的色板的颜色，其他所有使用该色板的图形颜色都会同步变化。

2.16 应用滤镜和色彩效果

上一课中，我们学习过如何向时间轴上的关键帧应用滤镜和色彩效果。其实，我们还可以向舞台中的各个元件实例应用滤镜和色彩效果。使用滤镜可以创建一些特殊效果，如模糊、发光和投影。使用色彩效果可对透明度做提亮、压暗、着色等一系列处理。

2.16.1 更改某个实例的色彩效果

每个实例可以拥有不同的透明度、色调或亮度。这些设置位于【属性】面板的【色彩效果】区域。

❶ 使用【选择工具】选择最后面的两只腕足。

❷ 在【属性】面板的【色彩效果】区域中，从【颜色样式】下拉列表中选择【亮度】。

> 提示 从【颜色样式】下拉列表中选择【高级】，通过调整红色、绿色、蓝色和 Alpha 值可同时调整实例的色调、透明度和亮度。
>
> 从【颜色样式】下拉列表中选择【无】，可重置实例的色彩效果。

❸ 拖动滑块，把亮度值设置为 -20%，如图 2-99 所示。

此时，两只选中的腕足变暗了一些，而且看起来往后退了一些，如图 2-100 所示。

图 2-99

图 2-100

2.16.2 应用模糊滤镜

接下来向最远的腕足应用模糊滤镜，增强画面的空间感。

❶ 选择章鱼最远处的两只腕足（即最后面的两只腕足）。

❷ 在【属性】面板中展开【滤镜】区域。

❸ 单击【添加滤镜】图标，从弹出的菜单中选择【模糊】。

此时，【属性】面板中会显示出【模糊】滤镜的各个属性和值。

❹ 若【模糊 X】和【模糊 Y】之间的链接功能（锁头图标）未开启（开锁状态），请单击锁头图标将其开启（闭锁状态）。这样，当改变其中一个值时，另一个值也会跟着变化，且同时在两个方向上约束模糊效果。

❺ 保持【模糊 X】和【模糊 Y】的默认值不变，如图 2-101 所示。

此时，章鱼最后面的两只腕足变模糊，整个画面的空间感得到增强，如图 2-102 所示。

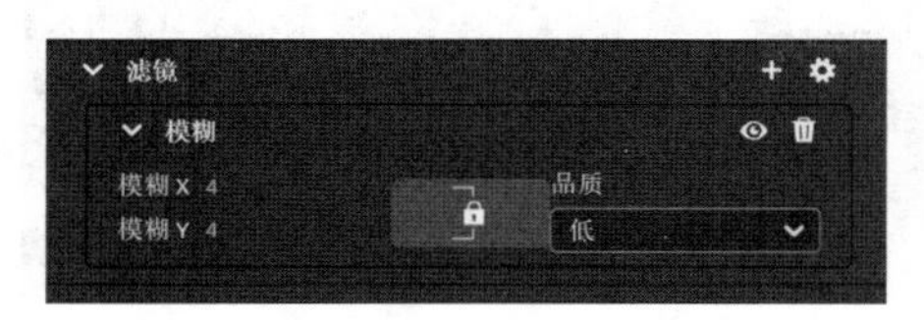

图 2-101

图 2-102

其他滤镜选项

【滤镜】区域右上角有一个齿轮图标，单击该图标会打开一个菜单，里面包含一些管理与应用滤镜的命令和按钮。

- 【另存为预设】：用来保存特定滤镜和设置，以便将其应用到其他元件的实例上。
- 【复制选定的滤镜】和【复制所有滤镜】：用来复制一个或多个滤镜。
- 【粘贴滤镜】：用来把选定的滤镜粘贴到其他元件的实例上。
- 【重置滤镜】：用来把所选滤镜的属性值恢复成默认值。
- 【启用滤镜】或【禁用滤镜】按钮：用来开启或关闭某个已经被应用的滤镜。

2.17 创建与编辑文本

接下来在画面中添加文本。文本有多个控制选项，不同的文档类型显示的控制选项也不一样。HTML5 Canvas 文档支持静态文本和动态文本。

静态文本用来呈现简单的文字内容，它用的是安装在计算机系统中的字体。在舞台中创建静态文本并发布为 HTML5 项目时，Animate 会自动把文本转换成轮廓。这样就不用担心观众看不到项目所用的字体了。但这样的缺点是，文本太多会增大文件。

使用动态文本显示文本内容时，用的是 Adobe Fonts 或 Google Fonts 上的网络字体。通过 Adobe Creative Cloud 订阅计划，可以使用 Adobe 提供的数千种高质量字体，而且可以直接在 Animate 的【属性】面板中访问它们。Google Fonts 上有许多高质量的开源字体，这些开源字体托管在 Google 服务器上。

接下来给章鱼插图配上两句幽默的话。添加文本时注意要选用合适的网络字体。

2.17.1 使用【文本工具】添加动态文本

下面使用【文本工具】在画面中添加动态文本。

❶ 在【时间轴】面板中选择最上方的图层。

❷ 从菜单栏中选择【插入】>【时间轴】>【图层】，把新图层命名为 text，如图 2-103 所示。

❸ 在【工具】面板中选择【文本工具】。

❹ 在【属性】面板中，从【文本类型】下拉列表中选择【动态文本】，如图 2-104 所示。

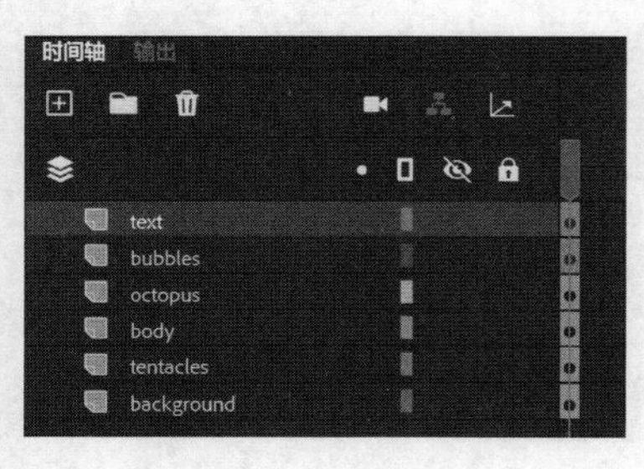

图 2-103

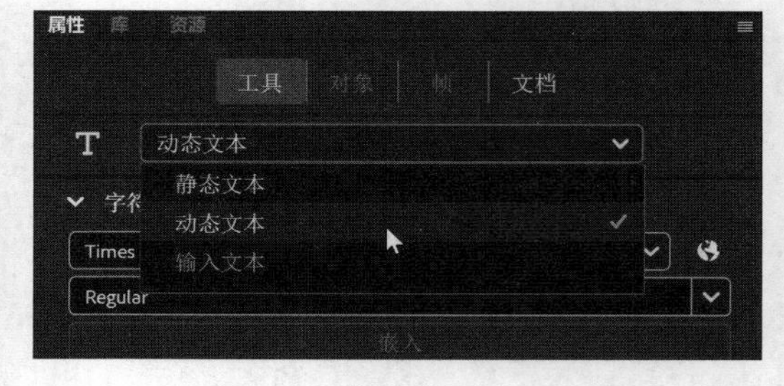

图 2-104

❺ 在【字符】区域中任选一种字体，后面我们会用一种 Adobe 网络字体代替它。这里选择 Times New Roman 字体，当然，也可以选择别的字体。

❻ 在【段落】区域中选择【居中对齐】。

❼ 在章鱼旁边拖出一个文本框。

❽ 在文本框中输入“Why do octopuses make the best criminals?”，如图 2-105 所示。

❾ 在【工具】面板中选择【选择工具】，退出【文本工具】。

❿ 在刚才添加的文本下方添加一句略带幽默感的回答“Because we're well armed.”（两句话在同一个图层上），如图 2-106 所示。

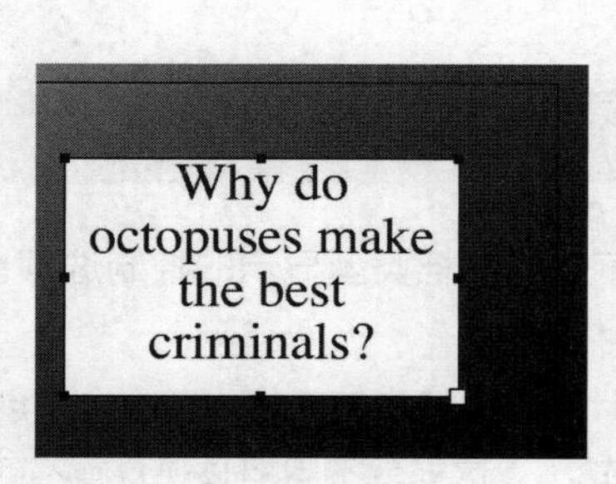

图 2-105

图 2-106

2.17.2 添加网络字体

接下来把一种网络字体链接到项目中。首先，请确保计算机能正常连接至互联网，Animate 会从网络上获取可用字体列表。添加 Adobe 字体的方法与添加 Google 字体的方法类似。这里只讲如何添加 Adobe 字体。

❶ 选择第一句话，在【属性】面板的【字符】区域中单击【添加 Web 字体】按钮，从弹出的菜单中选择【Adobe Fonts】，如图 2-107 所示。

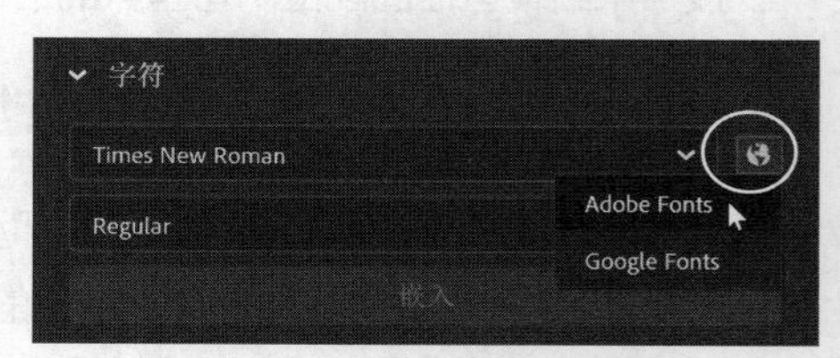

图 2-107

打开【添加 Adobe Fonts】对话框，如图 2-108 所示。字体列表的加载过程可能有些慢，请耐心等待。

❷ 从【排序依据】菜单中选择【名称】，如图 2-109 所示。

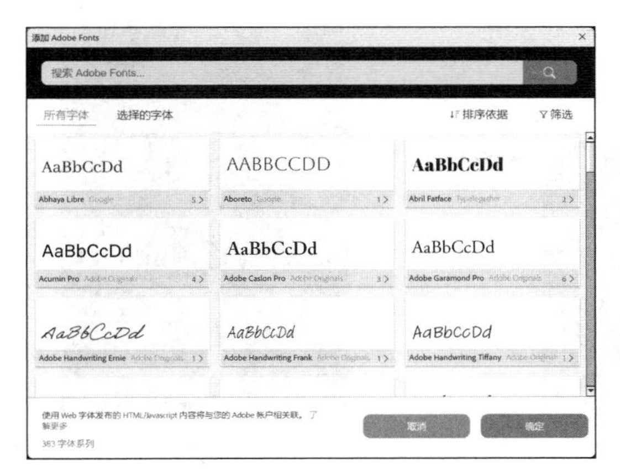

图 2-108

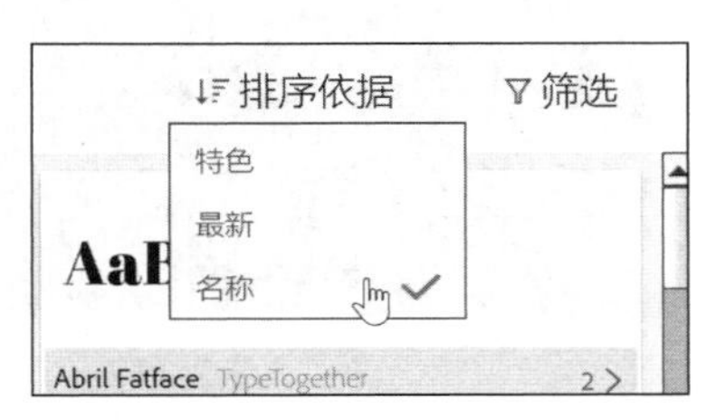

图 2-109

此时，所有Adobe字体会按照字母顺序显示。根据需要，也可以选择其他排序依据，比如【特色】【最新】，或者使用【筛选】功能列出符合指定条件的字体。

Adobe 的每种字体都使用 AaBbCcDd 作为示例文本展示字体效果。拖动对话框右侧的滚动条，可以快速浏览各种字体的效果。借助对话框顶部的搜索栏，可以搜索指定字体；也可以使用【筛选】功能缩小字体的搜索范围。

图 2-110

❸ 浏览各种字体，从中挑选一种符合需要的字体。单击字体周围的方框将其选中，如图 2-110 所示，然后单击【确定】按钮。

提示 若希望了解相关字体的更多细节，请单击字体样例下方的字体名称，Adobe Fonts 将显示所选字体的各种风格样式，如图 2–111 所示。

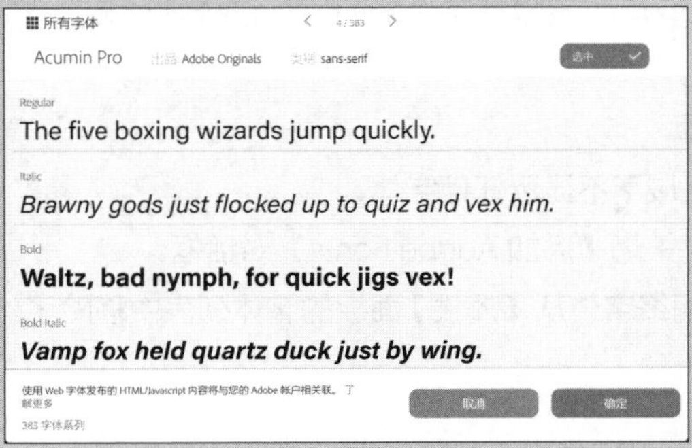

图 2-111

此时，Animate 会把选择的网络字体添加到可用字体列表中，并显示在列表顶部，如图 2-112 所示。

❹ 选择舞台中的文本，为其应用网络字体 CoconPro Regular，在【属性】面板中，把文本颜色设置为黑色，同时调整文本大小和行距（文本行之间的距离，位于【段落】区域中），使文本自然地融入画面中。

❺ 选择另外一个文本，为其应用同一种网络字体，如图 2-113 所示。

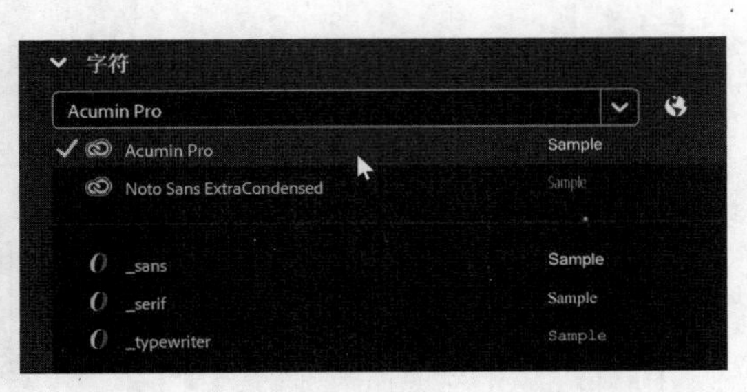

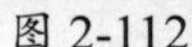

图 2-112

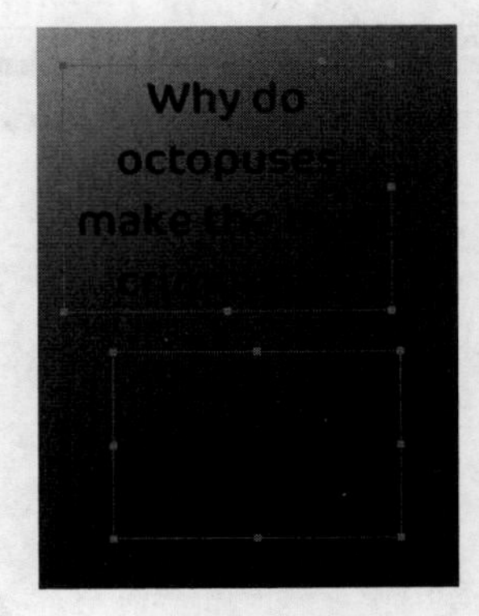

图 2-113

如果得到的字体效果和这里不一样，没关系，请根据自己的实际情况选择合适的字体。

2.17.3 移除网络字体

当不再喜欢某个网络字体时，可以很轻松地将其从 Animate 中移除。

❶ 在舞台中选择应用了该网络字体的所有文本。

❷ 把所选文本的字体换成另外一种字体，取消对该网络字体的引用。

❸ 单击【添加 Web 字体】按钮，从弹出的菜单中选择【Adobe Fonts】，打开【添加 Adobe Fonts】对话框。

❹ 单击【选择的字体】选项卡。

此时，Animate 会把当前项目中用到的所有网络字体列出来，而且每种网络字体右上角有一个蓝色对钩，如图 2-114 所示。

图 2-114

若某种字体上显示的是灰色对钩，则表示舞台中的某些文本仍在使用该字体。请一定要先取消对该网络字体的引用，这样才能顺利将其移除。

❺ 单击字体，取消选择。

此时，【选择的字体】区域下不显示任何字体。

❻ 单击【确定】按钮，关闭【添加 Adobe Fonts】对话框。

此时，Animate 就把该网络字体从【属性】面板的字体列表中移除了。

2.17.4 添加对话气泡

下面添加对话气泡，把文本放入其中。

❶ 选择【椭圆工具】，把填充颜色设置为白色、笔触颜色设置为黑色。

❷ 在【属性】面板中，设置笔触样式为【实线】、宽度为【均匀】。

❸ 在两个文本后面分别绘制一个椭圆，如图 2-115 所示。

❹ 选择【选择工具】，按住 Option 键（macOS）/Alt 键（Windows），分别拖动两个椭圆的边缘，拉出一条指向章鱼的“小尾巴”，如图 2-116 所示。

拖动椭圆边缘时，同时按住 Option 键（macOS）/Alt 键（Windows），Animate 会在椭圆上新建锚点。

图 2-115

图 2-116

❺ 根据对话气泡分别调整两个文本，然后将每个文本与其下方的对话气泡组合在一起，形成一个整体，方便整体移动。

2.18 对齐与分布对象

接下来需要对齐文本，使画面布局显得更有条理。在舞台中放置对象时，除了使用标尺（从菜单栏中选择【视图】>【标尺】）、网格（从菜单栏中选择【视图】>【网格】>【显示网格】），还可以使用【对齐】面板，对齐多个对象时使用【对齐】面板更高效。此外，还有智能参考线，在舞台中移动对象时，智能参考线会自动出现。

对齐对象

【对齐】面板不仅可以用来沿水平或垂直方向对齐所选对象，还可以用来均匀分布对象。

❶ 在【工具】面板中选择【选择工具】。

❷ 按住 Shift 键单击两个文本，把它们同时选中。

❸ 从菜单栏中选择【窗口】>【对齐】，打开【对齐】面板。

❹ 在【对齐】面板中取消勾选【与舞台对齐】，单击【左对齐】按钮，如图 2-117 所示。

Animate 会沿着变形控制框左边缘对齐两个对话气泡，如图 2-118 所示。当然，如果需要，也可以沿着中心线对齐两个对话气泡。

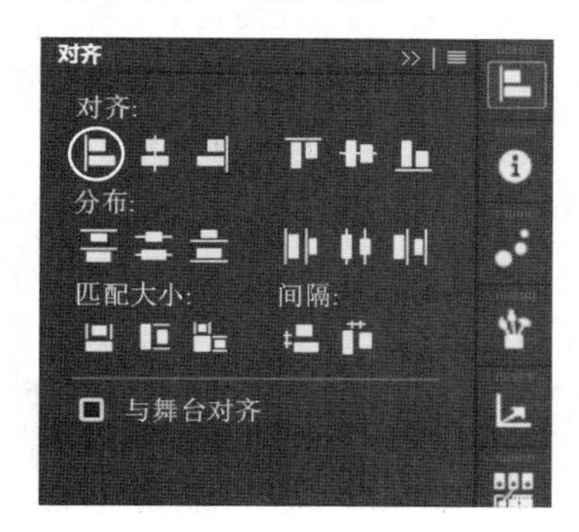

图 2-117

图 2-118

注意 对齐文本之前，最好先把其他图层锁定，以防止误操作。

使用标尺与辅助线

使用 Animate 制作动画的过程中，有时需要在场景中精确放置某些对象。在第 1 课中，我们学习了如何使用【属性】面板中的【X】与【Y】选项来设置各个对象的位置。本课中，我们又学习了使用【对齐】面板来对齐多个对象。

在舞台中放置对象的另外一个方法是使用标尺与辅助线。标尺显示在文档窗口的顶部与左侧，在水平方向和垂直方向上都有度量刻度。辅助线是沿水平方向或垂直方向贯穿整个舞台的直线，最终发布影片时辅助线会被忽略。

从菜单栏中选择【视图】>【标尺】[快捷键为 Option+Shift+Command+R（macOS）/Alt+Shift+Ctrl+R（Windows）]，标尺位于文档窗口顶部与左侧，由水平标尺和垂直标尺组成，度量单位为像素。在舞台中移动对象时，Animate 使用刻度线来指示对象边界框在标尺上的位置。舞台左上角的坐标是（0,0），沿水平方向向右，*x* 坐标逐渐增大；沿垂直方向向下，*y* 坐标逐渐增大。把鼠标指针放到水平标尺（顶部）或垂直标尺（左侧）上，按住鼠标左键，向舞台拖动标尺，Animate 会生成一条带颜色的辅助线，对齐对象时辅助线用作参考线。

使用【选择工具】双击任意一条辅助线，在弹出的【移动辅助线】对话框中输入位置值，可以把辅助线准确移动到指定位置。

从菜单栏中选择【视图】>【贴紧】>【贴紧至辅助线】，这样当把对象移动到辅助线附近时，对象会被自动吸附到辅助线上。

从菜单栏中选择【视图】>【辅助线】>【锁定辅助线】，可以防止意外移动辅助线；从菜单栏中选择【视图】>【辅助线】>【清除辅助线】，可删除舞台上的所有辅助线；从菜单栏中选择【视图】>【辅助线】>【编辑辅助线】，打开【辅助线】对话框，在其中可以更改辅助线的颜色、设置对齐精确度等。

2.19 分享作品

制作好作品后，就该分享作品了。分享作品的方法有很多。在 Animate 中，我们可以轻松地以不同格式导出作品，并发布到多个平台上。除了第 1 课中提到的【快速共享和发布】功能，Animate 还支持几乎所有图形文件格式。

2.19.1 导出为 PNG、JPEG、GIF 图像

若希望最终作品是一幅简单的图像（如 PNG、JPEG、GIF 图像），则在【导出图像】对话框中选择合适的导出格式，设置压缩级别，以确保其拥有良好的下载性能。

❶ 从菜单栏中选择【文件】>【导出】>【导出图像】，打开【导出图像】对话框，如图 2-119 所示。

图 2-119

【优化的文件格式】下拉列表中列出了可选择的图像格式。选择不同的图像格式（如 JPEG、PNG），对话框中显示的格式控制选项也不一样。

❷ 选择合适的文件格式、压缩级别、颜色表，并且尝试不同的设置，比较这些设置对图像质量和文件大小的影响，最后在图像质量与文件大小之间做出合理的取舍。此外，在【导出图像】对话框中，还可以重新调整图像尺寸。

提示 渲染矢量图形（尤其是那些包含复杂曲线、大量形状、多种线条的矢量图形）会给处理器带来很大负担。这在移动设备上是个大问题，因为移动设备的处理器本身不够强大，渲染复杂的矢量图形会相当吃力。使用【修改】>【转换为位图】命令把舞台中选中的矢量图形转换成位图，能够大大减轻处理器的负担。把对象转换成位图后，就可以轻松移动它，不用担心它会与底层形状合并在一起。但一旦转换完成，我们将无法再使用 Animate 中的编辑工具对它进行编辑。

2.19.2 导出为 HTML Canvas

由于最终导出的是一幅静态图像，所以选择某种图像格式（如 JPEG、GIF、PNG、SVG）导出会比较好。但是，也可以把它导出为 HTML Canvas 文档。

从菜单栏中选择【文件】>【发布】，或者选择【控制】>【测试影片】>【在浏览器中】，或者单击用户界面右上角的【测试影片】按钮。

注意 如果项目中包含多个帧并希望保留动态效果，建议将其导出为 GIF 动画。

此时，Animate 会发布所需文件，并在浏览器中显示作品。最后得到的发布文件由 HTML、JavaScript、资源文件组成。

若选择【测试影片】选项，浏览器会自动打开最终作品，如图 2-120 所示。

注意 打开 Animate 用户指南，展开【工作区和工作流】，单击【图像和 GIF 动画的优化选项】，其中有更多关于不同图像格式优化选项的说明。关于如何打开 Animate 用户指南，请阅读本书“前言”中的相关内容。

图 2-120

2.20 使用【资源】面板

制作大型项目时，往往需要与其他设计师、动画师合作，而且合作过程中，通常需要在多个人之间共享图形等设计资源。为此，Animate 专门提供了【资源】面板。有了【资源】面板的帮助，共享资源就变得轻松多了。在【资源】面板中，我们可以保存静态资源或动态资源，也可以使用关键字高效搜索资源，还可以把资源导出为 ANA 文件供他人使用。

2.20.1 把图形保存到【资源】面板中

【资源】面板有两个选项卡：一个是【默认】选项卡，里面存放着 Adobe 提供的静态资源和动态资源，可以浏览资源并把它们应用到自己的项目中；另一个是【自定义】选项卡，可以把自己的资源保存在里面。

❶ 在【库】面板中，使用鼠标右键单击 tentacle 元件，从弹出的快捷菜单中选择【另存为资源】，如图 2-121 所示。

此时，弹出【另存为】对话框。

❷ 在【名称】输入框中为资源输入一个名称。默认设置下，【名称】输入框中显示的是元件名称——tentacle。

❸ 在【标记】输入框中输入与资源相关的关键字，多个关键字之间用逗号分隔，如图 2-122 所示。关键字用来帮助我们在【资源】面板中快速找到某个资源。输入关键字时，可以使用描述性词汇、项目名称、作者名称等。

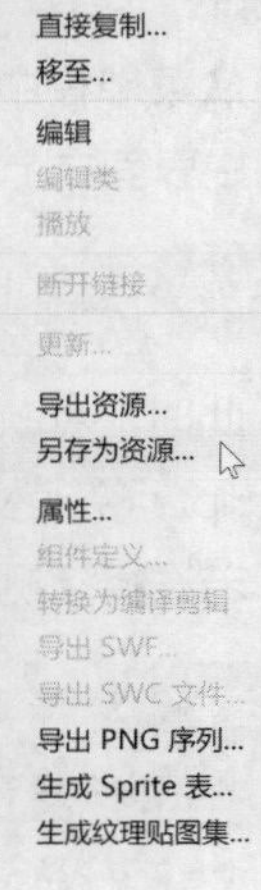

图 2-121

图 2-122

❹ 单击【保存】按钮。

Animate 会把资源保存到【资源】面板的【自定义】选项卡下。在【自定义】选项卡下，单击【静态】左侧的箭头，即可看到刚刚保存的资源，如图 2-123 所示。随后，我们就可以在不同的 Animate 项目中使用它了。

图 2-123

2.20.2 导出与导入资源

与其他人分享资源时，首先要把资源导出为 ANA 文件。

❶ 在【库】面板中使用鼠标右键单击 tentacle 元件，从弹出的快捷菜单中选择【导出资源】，如图 2-124 所示。

此时，弹出【导出资源】对话框。

❷ 在【标记】输入框中输入与资源相关的关键字，多个关键字之间用逗号分隔，如图 2-125 所示。（该步骤可省略。）

图 2-124

图 2-125

❸ 单击【导出】按钮。在新打开的【导出资源】对话框中输入资源名称，指定导出位置，单击【保存】按钮，把资源导出到指定位置。

❹ 导入资源时，请单击【资源】面板右上角的图标，然后从弹出的面板菜单中选择【导入】。

❺ 在【导入资源】对话框中，找到想要导入的资源（ANA 文件），单击【打开】按钮。

Animate 会导入资源，并将其保存到【资源】面板的【自定义】选项卡下。在 Animate 项目中使用导入的资源时，只需从【资源】面板将其拖入舞台，Animate 会把它作为一个元件添加到【库】面板中。

2.21 复习题

❶ Animate 中有哪 3 种绘制模式？它们有何不同？

❷ Animate 中有几种选择工具，分别用来做什么？

❸【宽度工具】有什么用？

❹【流畅画笔工具】与【传统画笔工具】有何不同？

❺ 什么是网络字体？ Animate 为 HTML5 Canvas 文档提供了哪些网络字体？

❻ 什么是元件？它与实例有什么不同？

❼ 编辑元件有哪两种方式？

❽ 在 Animate 中，如何更改一个实例的透明度？

2.22 复习题答案

❶ Animate 有 3 种绘制模式，分别是【合并绘制模式】【对象绘制模式】【图元对象绘制模式】。

- 在【合并绘制模式】下，在舞台中绘制的形状会合并在一起，变成一个形状。
- 在【对象绘制模式】下，每个对象都是不同的，即使与另外一个对象重叠，也各自保持独立。
- 在【图元对象绘制模式】下，可以调整对象的角度、半径、圆角半径。

❷ Animate 中有 3 种选择工具，分别是【选择工具】【部分选取工具】【套索工具】。

- 【选择工具】用来选择整个形状或对象。
- 【部分选择工具】用来选择组成对象的某个点或线。
- 【套索工具】用来绘制自由选区。

❸【宽度工具】用来改变笔触的宽度（即描边粗细）。使用【宽度工具】拖动锚点上的控制手柄，可以增大或减小笔触（描边）的宽度，笔触上的锚点可删除、可添加、可移动。

❹【流畅画笔工具】一般配合绘图板使用，能够响应压感笔的压力和移动速度。【传统画笔工具】是一种基本画笔，其控制选项有限。

❺ 网络字体是专门为在线浏览而创建的字体，这些字体一般托管在某台服务器上。Animate 为 HTML5 Canvas 文档提供了两种网络字体：Adobe 字体、Goolge 字体。

❻ 元件分为图形元件、按钮元件、影片剪辑元件，在 Animate 中只要创建一次，就可以在整个文档或其他文档中重用它。所有元件都存放在【库】面板中。实例是元件的副本，存在于舞台中。

❼ 编辑元件有两种方式：一种是在【库】面板中双击元件，进入元件编辑模式；另一种是双击舞台中的实例，就地编辑。就地编辑元件时，周围的其他对象都在，可用作参考。

❽ 在 Animate 中，实例的透明度由其 Alpha 值决定。在【属性】面板的【色彩效果】区域中，从【颜色样式】下拉列表中选择【Alpha】，然后更改 Alpha 值，即可更改实例的透明度。

第 3 课

使用传统补间制作元件动画

课程概览

本课主要讲解以下内容。

- 使用传统补间为对象的位置、缩放、旋转等属性制作动画
- 调整动画的节奏和时间安排
- 为透明度和滤镜制作动画
- 制作嵌套动画
- 为路径上的对象设置动画
- 更换舞台上的元件实例
- 给对象的运动添加缓动
- 在 3D 动画中放置对象

学习本课大约需要 2 小时

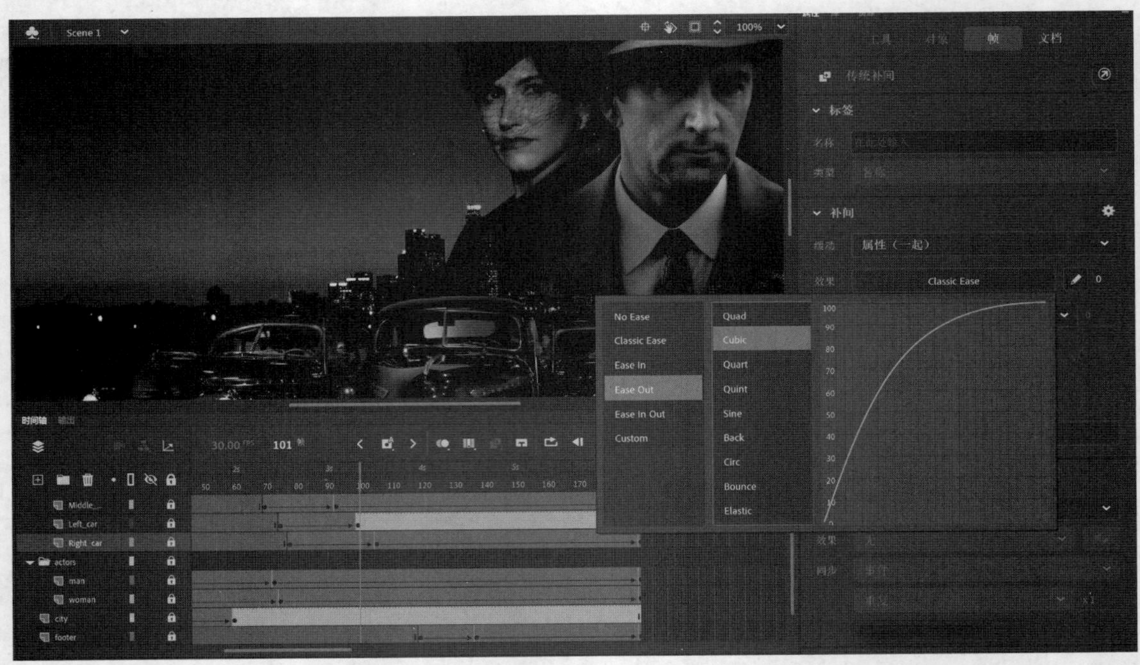

在 Animate 中，几乎可以为对象的每一个属性（如位置、颜色、透明度、尺寸、旋转等）制作动画。使用元件实例制作动画时，传统补间是最基本、最常用的技术。

3.1 课前准备

首先浏览一下最终成品，了解本课要做什么。

❶ 进入 Lessons\03\03End 文件夹，双击 03End.mp4 文件，播放成品动画（高清视频），如图 3-1 所示。

图 3-1

这个动画是一个动态的电影海报，用来放在网站上为即将上映的电影做宣传。本课将使用传统补间技术为海报的各个组成元素制作动画，使城市、演员、老式汽车、文字产生动画效果。

❷ 关闭 03End.mp4 文件。

❸ 进入 Lessons\03\03Start 文件夹，双击 03Start.fla 文件，在 Animate 中打开初始项目文件。该初始项目文件是一个 ActionScript 3.0 文档。整个项目只完成了一部分，文档中已经添加了许多图形元素，可以在【库】面板中找到这些导入的图形。制作过程中，我们会用到 ActionScript 3.0 文档所支持的各种动画功能，然后把动画导出为 MP4 视频。

❹ 从舞台上方的【缩放比率】下拉列表中选择【符合窗口大小】，或者从菜单栏中选择【视图】>【缩放比率】>【符合窗口大小】，这样就能在当前窗口中看到整个画面了。

❺ 在菜单栏中选择【文件】>【另保存】。在【另存为】对话框中转到 03Start 文件夹下，输入文件名 03_workingcopy.fla，单击【保存】按钮。在学习过程中，最好不要直接使用初始项目文件，而是使用它的副本，以避免发生意外情况。

3.2 关于动画

本质上，动画就是对象的某个（或某些）属性随时间发生变化。这种变化可以很简单，例如，一个球从舞台一侧移动到另一侧（球的位置不断发生变化），也可以很复杂。在 Animate 中，对象的很多属性都可以用来制作动画，不仅包括对象的位置，还包括对象的颜色、透明度、大小、旋转角度，以及应用的滤镜等。此外，还可以控制对象的运动路径，甚至可以控制运动的缓入或缓出（加速运动或减速运动）。

使用传统补间技术制作动画时，可选属性有位置、旋转、大小、颜色、透明度、滤镜。传统补间技术应用的目标是元件实例，向所选对象应用传统补间时，若该对象不是某个元件的实例，则 Animate 会要求把该对象转换成元件。

注意 “补间”这个术语来自传统动画的制作过程。制作传统动画时，高级动画师会为动画角色绘制初始姿势和结束姿势，它们是动画的关键帧。初级动画师会在两个关键帧之间绘制过渡帧，即做一些补间工作。因此，补间工作的目标是实现关键帧之间的平滑过渡。

在 Animate 中，使用传统补间技术制作动画的基本流程如下：先选择舞台中的某个元件实例，在时间轴上创建初始关键帧和结束关键帧，在其中一个关键帧中更改元件实例的某个（或某些）属性。在初始关键帧和结束关键帧之间选择一帧，然后选择【创建传统补间】。Animate 会自动在两个关键帧之间插入过渡帧，以确保属性的变化是平滑的。

但 Animate 要求用户遵循如下规则：每个图层上只能有一个补间，并且只能有元件实例，不能有其他元素。

3.3 了解项目文件

03Start.fla 文件中包含一些动画元素，这些元素的动画有些已经制作好，有些则只制作了一点点。这个文件有 6 个图层，分别为 man、woman、Middle_car、Right_car、footer、ground，每个图层都包含一个动画。其中，man 和 woman 图层位于 actors 文件夹中，Middle_car 和 Right_car 图层位于 cars 文件夹中，如图 3-2 所示。

图 3-2

接下来在项目中添加更多图层，创建动态城市夜景，对其中一位演员的动画进行调整，以及向场景中添加一辆汽车和一个 3D 标题。制作过程中需要的所有图形素材都已经导入【库】面板中。舞台尺寸是标准的 HD 尺寸（1280 像素 ×720 像素），舞台背景颜色为黑色。在此之前，可能需要设置一下缩放比率，才能看到整个舞台。

3.4 制作位置动画

为了增强画面动感，我们先制作城市夜景动画。刚开始，城市夜景图像的上边缘低于舞台上边缘，然后城市夜景图像慢慢上升，直到两个边缘重叠在一起。

❶ 在【时间轴】面板中锁定所有图层，防止意外更改。在 footer 图层上方新建一个图层，命名为 city，如图 3-3 所示。拖动播放滑块，使其位于第 1 帧处。

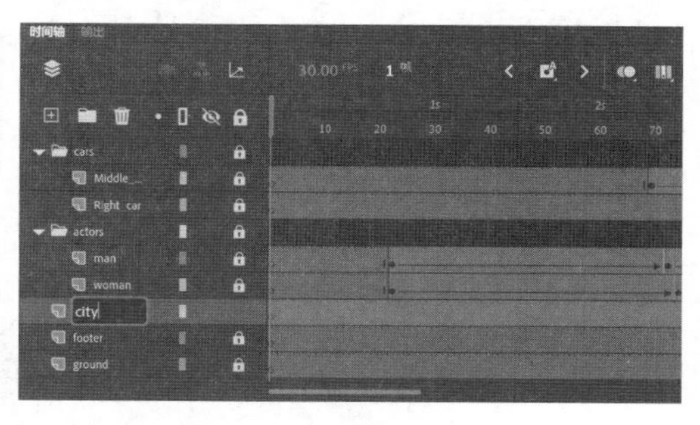

图 3-3

❷ 从【库】面板中，把 cityBG.jpg 图像从 bitmaps 文件夹拖到舞台上，如图 3-4 所示。

❸ 在【属性】面板中，把【X】与【Y】的值分别设置为 0 和 90。

此时，城市夜景图像的上边缘略低于舞台的上边缘，如图 3-5 所示。

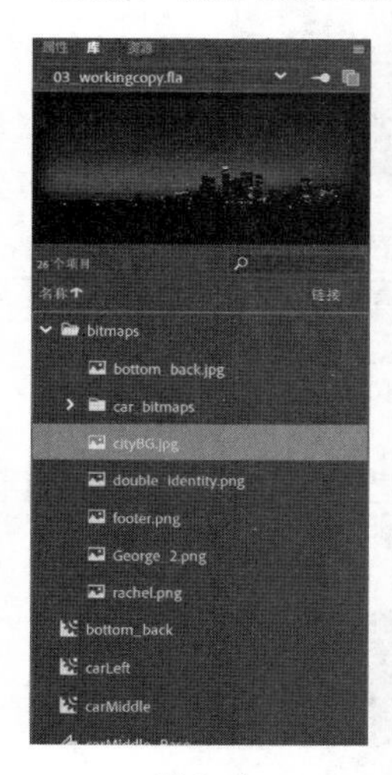

图 3-4

图 3-5

❹ 选中城市夜景图像，从菜单栏中选择【修改】>【转换为元件】（或按 F8 键），或者使用鼠标右键单击城市夜景图像，从弹出的快捷菜单中选择【转换为元件】。

❺ 在【转换为元件】对话框的【名称】输入框中输入 city，设置【类型】为【影片剪辑】，如图 3-6 所示，单击【确定】按钮。

此时，Animate 创建了一个影片剪辑元件，其中包含城市夜景图像。同时，舞台中的城市夜景变成了元件的一个实例。

❻ 把播放滑块拖动到第 191 帧，该帧是夜景动画的最后一帧。

❼ 按 F6 键，在第 191 帧处插入关键帧，如图 3-7 所示。第 1 课中提到过【自动关键帧】功能，做这步操作前，请记得先关掉这个功能。

当前 city 图层上有两个关键帧，其中初始关键帧在第 1 帧处，结束关键帧在第 191 帧处。

❽ 选择舞台中的城市夜景，按住 Shift 键，将其向上拖动，使图像的上边缘与舞台的上边缘重叠在一起，如图 3-8 所示。

图 3-6

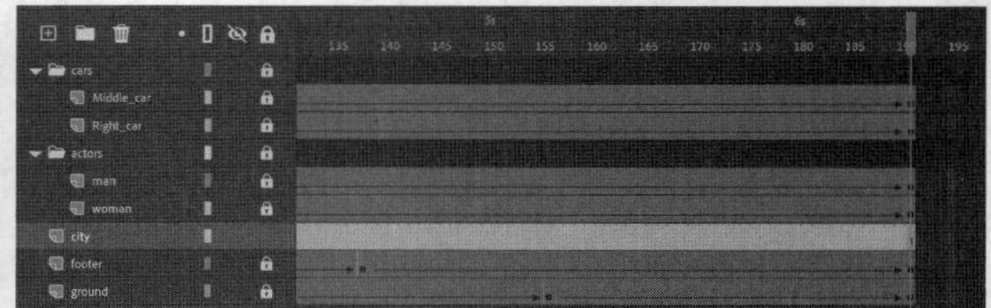

图 3-7

图 3-8

拖动时按住 Shift 键，可确保拖动沿着水平方向或垂直方向进行。为了精确起见，可直接在【属性】面板中把【Y】值设置为 0。

两个关键帧中包含的元件实例虽然是同一个，但在舞台中的位置不一样。

❾ 在两个关键帧之间任选一帧，然后在【时间轴】面板顶部单击【创建补间】按钮，选择【创建传统补间】，如图 3-9 所示。

图 3-9

此时，Animate 会在两个关键帧之间创建传统补间，用紫色背景上的黑色箭头表示，如图 3-10 所示。

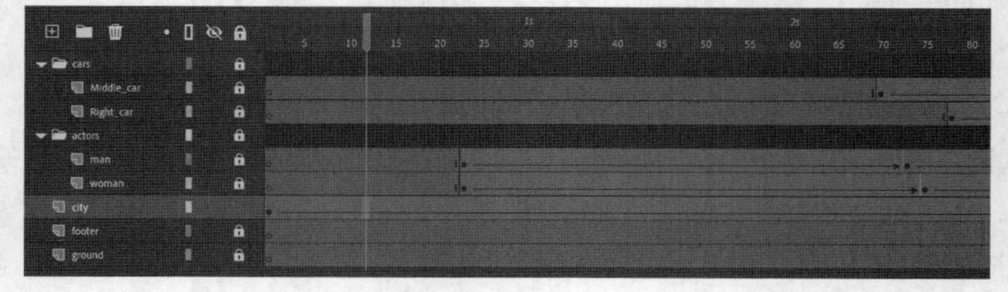

图 3-10

Animate 会在第 1 帧与第 191 帧之间插入过渡帧，确保城市夜景自下而上平滑移动。此时，补间满足成功必备的所有条件：补间使用的是元件实例，补间位于独立图层上，补间处于两个关键帧之间。

⑩ 沿着时间轴来回拖动播放滑块，检查城市夜景的移动是否平滑。此外，还可以从菜单栏中选择【控制】>【播放】，或者按 Return 键（macOS）/Enter 键（Windows），让 Animate 播放动画。

> 提示 暂时隐藏其他所有图层，仅显示城市夜景图层，以便更好地观看传统补间动画效果。

> 提示 选中创建好的传统补间，然后在【属性】面板的【帧】选项卡中单击【删除补间】按钮，可删除补间。此外，在传统补间上单击鼠标右键，从弹出的快捷菜单中选择【删除经典补间动画】，也可以删除补间。

预览动画

【时间轴】面板中集成了一系列播放控件。借助这些播放控件，我们能够以自己期望的方式来预览动画，如正放、倒放、后退一帧、前进一帧等。当然，也可以使用【控制】菜单下的各种播放命令来预览动画。

① 在【时间轴】面板中，根据需要单击【播放 / 暂停】【后退一帧】【前进一帧】按钮，以自己期望的方式预览动画，如图 3-11 所示。按住【后退一帧】或【前进一帧】按钮，可将播放滑块快速移动到第一帧或最后一帧。

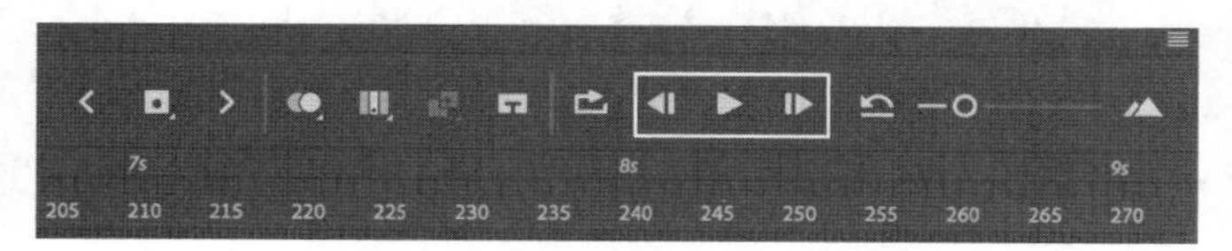

图 3-11

② 开启【循环】功能（位于播放控件左侧），如图 3-12 所示，然后单击【播放】按钮。

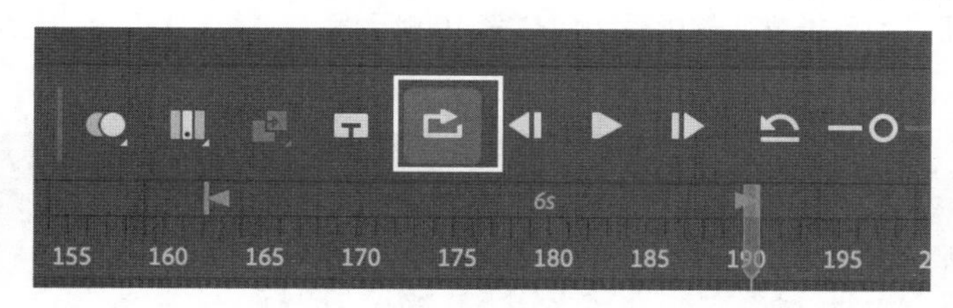

图 3-12

开启【循环】功能后，Animate 会循环播放动画，有助于我们分析动画。

> 提示 此外，还可以使用【时间划动工具】（隐藏在【手形工具】下）在时间轴上向左或向右滑动来预览动画，也可以直接在舞台中左右拖动来预览动画。

③ 开启【循环】功能后，时间轴上会显示循环播放范围。移动起始标记和结束标记，指定循环播放范围。

设定好循环播放范围后，Animate 就会在这个范围内循环播放动画。再次单击【循环】按钮，可关闭【循环】功能。

3.5 调整动画节奏和时间安排

拖动时间轴上的关键帧，可改变整个补间的持续时间或者动画的时间安排。

改变动画持续时间

如果希望动画节奏放慢一些（持续时间变长），就需要加长初始关键帧与结束关键帧之间的补间。如果希望缩短动画，就需要减少关键帧之间的帧数。

❶ 把结束关键帧（第 191 帧）拖动至第 60 帧，如图 3-13 所示。

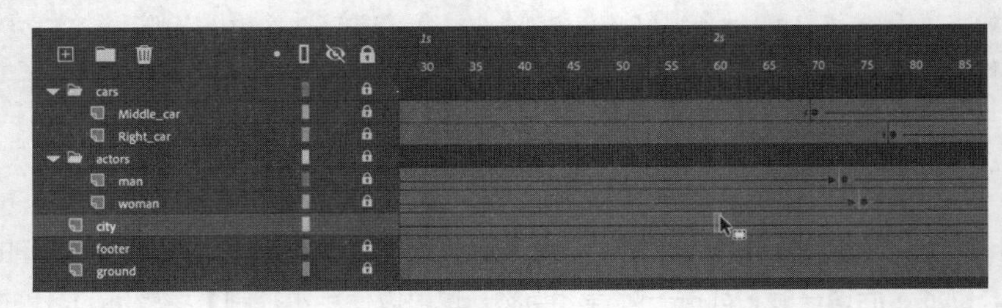

图 3-13

此时，补间长度变为 60 帧，如图 3-14 所示，移动时间短了，移动速度变快。

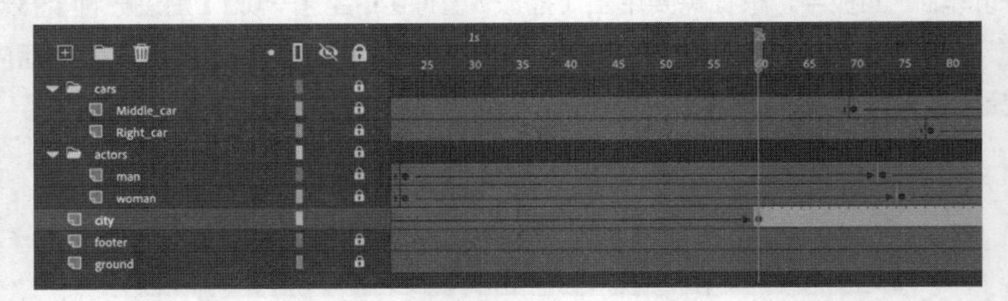

图 3-14

❷ 把初始关键帧从第 1 帧拖动至第 10 帧，如图 3-15 所示。

动画起点延迟了，而且长度变得更短，只从第 10 帧到第 60 帧。从第 60 帧到第 191 帧，城市夜景的位置保持不变。

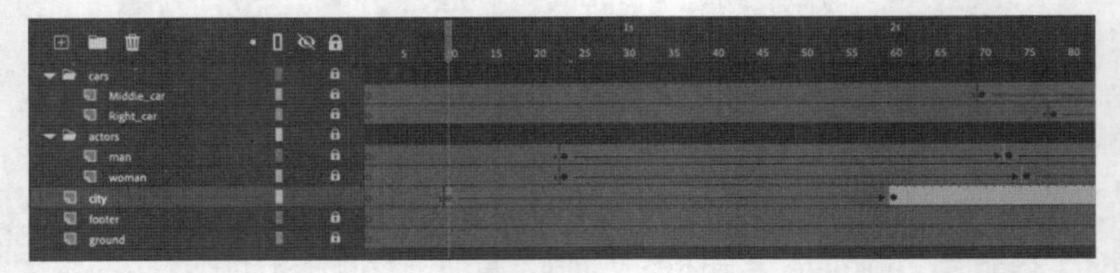

图 3-15

了解帧速率

动画播放速度由文档的帧速率（位于【属性】面板【文档】选项卡下的【文档设置】区域中，如图 3–16 所示）决定。但一般情况下，不会通过改变帧速率来改变动画的播放速度和持续时间。

帧速率指的是每秒钟播放多少帧。默认帧速率是每秒 30 帧或每秒 24 帧，时间轴上标有秒数。帧速率用来衡量动画的流畅程度，帧速率越高，用来描述动作的帧就越多。

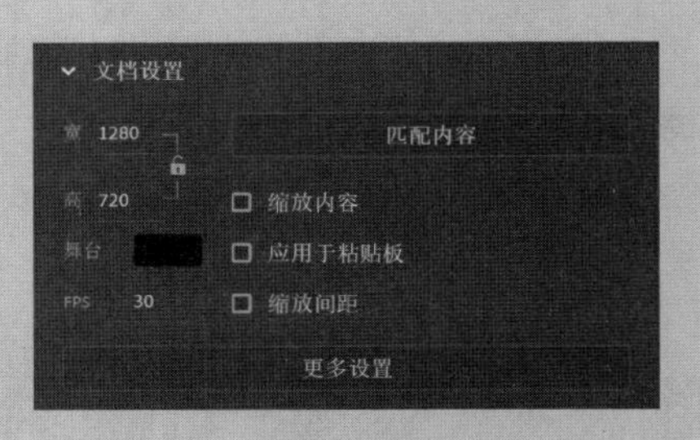

图 3-16

相反，帧速率越低，用来描述动作的帧就越少，动画看起来就越不流畅。慢动作视频都是用很高的帧速率拍摄的，拍摄的一般都是运动速度极快的对象，如射出的子弹、滴落的水滴等。

如果想调整动画的持续时间或播放速度，不建议更改帧速率，而是在时间轴中添加帧或删除帧。

如果希望更改帧速率，同时又想保持动画的持续时间不变，则需在更改帧速率之前，在【属性】面板中勾选【缩放间距】。

3.6 制作透明度动画

上一课中，我们学习了如何通过色彩效果来改变元件实例的透明度、色调和亮度。其实，色彩效果也是可以制作动画的。在一个关键帧中，向元件实例应用色彩效果，并设置相应值，然后在另外一个关键帧中更改色彩效果的值，Animate 会自动对这两个关键帧之间的色彩效果值的变化做平滑处理，就像前面制作位置动画一样。

设置城市夜景，使其在初始关键帧中是完全透明的，而在结束关键帧中是完全不透明的。Animate 会对两个关键帧之间透明度的变化做平滑处理，形成一种淡入效果。

❶ 把播放滑块拖动到传统补间的第一个关键帧（第 10 帧）处。

❷ 在舞台中单击城市夜景，将其选中。

❸ 在【属性】面板的【色彩效果】区域中，从【颜色样式】下拉列表中选择【Alpha】。

❹ 把 Alpha 值修改为 0%，如图 3-17 所示。

此时，舞台中的城市夜景完全透明，但是仍能看见它周围的蓝色框线，如图 3-18 所示。

图 3-17

图 3-18

❺ 从菜单栏中选择【控制】>【播放】，或者按 Return 键（macOS）/Enter 键（Windows），浏览动画。

针对位置、透明度属性，Animate 会自动在两个关键帧之间插入多个过渡帧，使属性值的变化平滑、自然。制作透明度动画时，不需要手动执行【创建传统补间】命令。

3.7 制作滤镜动画

在 Animate 中，不仅可以向某个对象应用滤镜，使其拥有某种特殊效果（如模糊、投影等），而且还可以为滤镜制作动画。接下来向其中一位演员应用模糊滤镜，并制作模糊动画，以此模拟镜头变焦效果。制作滤镜动画的方法与制作位置动画、色彩效果动画是一样的。

先在一个关键帧中给滤镜设置一组值，然后在另一个关键帧中给滤镜设置另一组值，Animate 会自动在两个关键帧之间添加过渡帧，实现平滑过渡。

注意 HTML5 Canvas 文档中可以应用滤镜，但是不能制作滤镜动画。

❶ 在【时间轴】面板中，确保 actors 文件夹处于可见状态。

❷ 解锁 woman 图层。

❸ 选择 woman 图层，单击第 23 帧（动画的初始关键帧），把播放滑块拖动到第 23 帧处，如图 3-19 所示。

❹ 在【属性】面板中打开【对象】选项卡。

当前女演员处于选中状态，【属性】面板中显示了其属性。

❺ 在【属性】面板的【滤镜】区域中单击【添加滤镜】图标，从弹出的菜单中选择【模糊】，如图 3-20 所示，向女演员应用模糊滤镜。

图 3-19

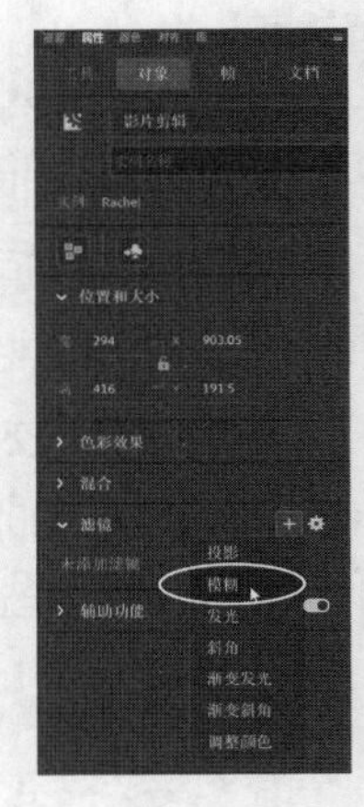

图 3-20

❻ 在【模糊】区域中，检查锁头状态。若处于打开状态，则单击锁头图标，将其锁定，确保为【模糊 X】和【模糊 Y】应用了相同的值。

把【模糊 X】的值设置为 50，此时【模糊 Y】的值也变为 50，如图 3-21 所示。

❼ 沿着时间轴拖动播放滑块，预览动画。

刚开始（第 23 帧）女演员是模糊的，随着动画的播放，逐渐变得清晰（第 75 帧）。同时，女演员从右向左移动，出现在男演员身后，如图 3-22 所示。

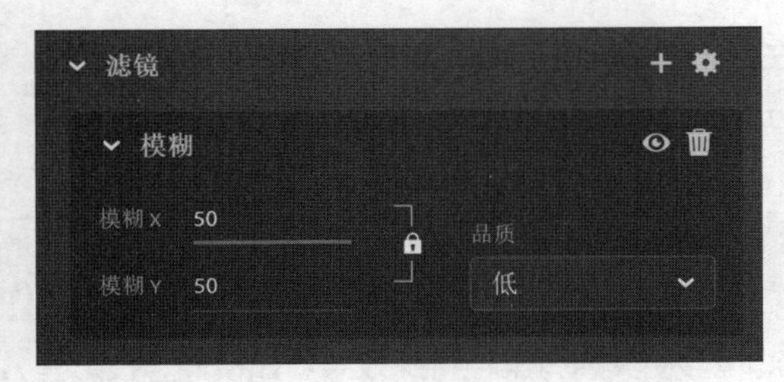

图 3-21

图 3-22

> 💡 提示 一个动画中可以添加多个滤镜，这些滤镜都会在【属性】面板的【滤镜】区域中列出来。在【滤镜】区域中上下拖动滤镜，可以改变滤镜的应用顺序。每个滤镜都是可展开或折叠的，把滤镜折叠起来，可以节省面板空间。

> 💡 提示 在【属性】面板的【滤镜】区域中，单击某个滤镜右侧的眼睛图标，可启用或禁用该滤镜，对比有无滤镜的效果，这有助于检查滤镜效果是否理想。启用或禁用滤镜不会影响最终导出的动画。

3.8 制作变形动画

接下来学习如何制作缩放和旋转动画。制作这类变形动画时，要用到【任意变形工具】或【变形】面板。这里，向场景中添加一辆汽车，使其尺寸由小变大，以模拟汽车驶向我们的情景。

❶ 在【时间轴】面板中锁定所有图层。

❷ 在 cars 文件夹中新建一个图层，命名为 Left_car，如图 3-23 所示。

❸ 选择第 75 帧，插入一个关键帧（按 F6 键或者单击【插入关键帧】图标），如图 3-24 所示。

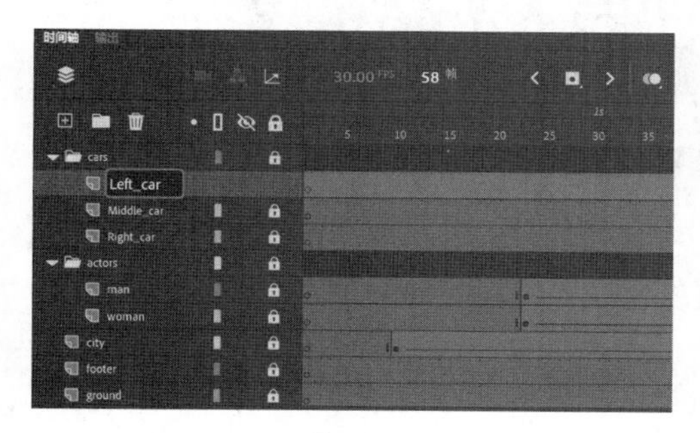

图 3-23

图 3-24

❹ 从【库】面板中把名为 carLeft 的影片剪辑元件拖入舞台。

❺ 在【工具】面板中选择【任意变形工具】。

此时，新添加的汽车周围出现变形控制框，如图 3-25 所示。

图 3-25

❻ 按住 Shift 键，向内拖动变形控制点，把汽车缩小一些。

❼ 在【属性】面板中，把汽车图形的宽度设置为 400。或者，在【变形】面板（从菜单栏中选择【窗口】>【变形】）中，把汽车缩小为 29.4%，如图 3-26 所示。

图 3-26

❽ 把汽车移动到初始位置（*x*=710、*y*=488），如图 3-27 所示。

图 3-27

❾ 在【属性】面板的【色彩效果】区域中，从【颜色样式】下拉列表中选择【Alpha】。

❿ 把 Alpha 值修改为 0%，如图 3-28 所示。

此时，汽车完全透明。

图 3-28

⓫ 把播放滑块拖动至第 100 帧处，插入一个关键帧（按 F6 键），如图 3-29 所示。

图 3-29

⑫ 在透明汽车仍处于选中状态时，在【属性】面板的【对象】选项卡中，把 Alpha 值设为 100%，如图 3-30 所示。

在结束关键帧中，汽车变得完全不透明。

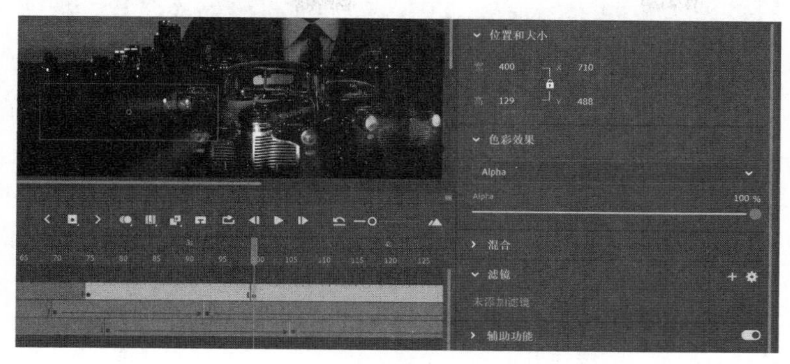

图 3-30

⑬ 按住 Shift 键，向外拖动变形控制点，让汽车变大一些。为了精确起见，请在【属性】面板中，把汽车的【宽】与【高】分别设置成 1380 与 445.05。

⑭ 移动汽车至 x=607、y=545 的位置，如图 3-31 所示。

图 3-31

⑮ 在两个关键帧之间任选一帧，在【时间轴】面板顶部单击【创建补间】按钮，选择【创建传统补间】，如图 3-32 所示。

图 3-32

Animate 在第 75 帧与第 100 帧之间创建传统补间，如图 3-33 所示，汽车淡入画面中，随着时间的推移变得越来越大，就像向我们驶来一样。

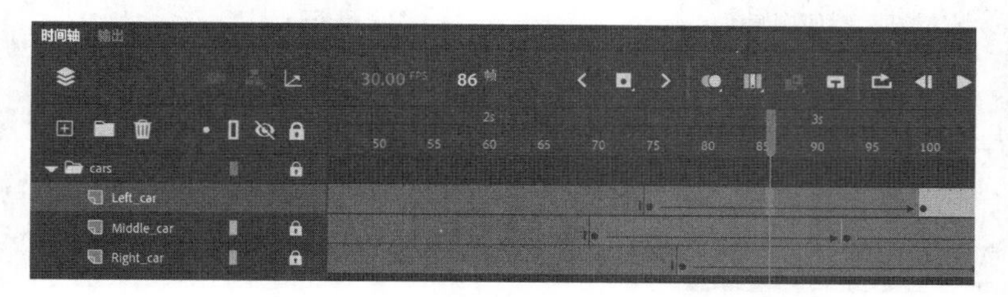

图 3-33

⑯ 把 Left_car 图层移到 Middle_car 图层与 Right_car 图层之间，如图 3-34 所示，使中间的汽车盖住两边的汽车。

图 3-34

按 Ctrl+S 组合键，保存当前项目。

> 提示 拖动变形控制框的变形控制点时，按住 Option 键（macOS）/Alt 键（Windows），可使变形基于对角线另一端的变形控制点进行。一般情况下，变形是基于对象的变换点（通常是中心点）进行的。

3.9 编辑多个帧

当需要对多个关键帧做相同的改动时，可以使用【时间轴】面板顶部的【编辑多个帧】功能。借助这个功能，我们可以同时编辑同一个图层上的多个帧或者不同图层上的多个关键帧。

假设我们对当前项目中的汽车动画很满意，打算将其移到舞台中的另外一个地方。这种情况下，使用【编辑多个帧】功能可以同时移动所有对象，而不必逐个移动各个对象。

移动汽车动画

下面移动汽车动画，使其位于舞台中央。

① 除了 cars 文件夹中的图层，锁定其他所有图层，如图 3-35 所示。

② 长按【时间轴】面板顶部的【编辑多个帧】图标，从弹出的菜单中选择【所有帧】，如图 3-36 所示。

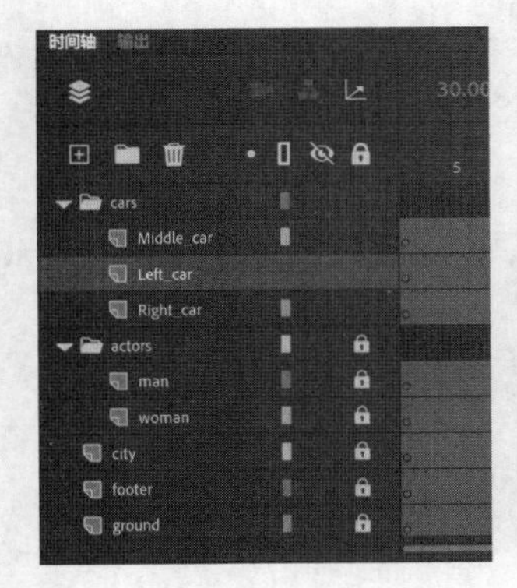

图 3-35

图 3-36

此时，时间轴上会出现一对括号，用于提示哪些帧是可编辑的。选择【所有帧】之后，Animate 自动把括号放在时间轴的起点与终点处，把时间轴上的所有帧都包含进去。

如果只想选择一部分帧，请在【编辑多个帧】菜单中选择【选定范围】。选择【选定范围】之后，就可以自由地移动起始括号和结束括号，以指定要包含哪些帧。

❸ 从菜单栏中选择【编辑】>【全选】[快捷键为 Command+A（macOS）/Ctrl+A（Windows）]。

此时，cars 文件夹中图层上的所有帧都处于选中状态，如图 3-37 所示。

图 3-37

❹ 按住 Shift 键，向舞台左侧拖动选中的汽车，使其大致位于舞台中央，如图 3-38 所示。

图 3-38

此时，同时移动了 3 个图层上多个关键帧中的多个对象。

❺ 再次单击【编辑多个帧】图标，取消选择。

❻ 沿着时间轴把播放滑块从第 70 帧拖至第 191 帧，预览动画效果，如图 3-39 所示。

3 辆汽车上仍然保留着之前制作的动画（即大小、色彩效果、位置动画），只是移到了舞台中央。

图 3-39

预览完毕后，保存当前项目。

3.10 创建运动路径

制作动画的过程中，有时会希望对象沿着某条指定路径运动。比如，汽车沿着车道行驶，树叶沿着 Z 形路径从树上飘落到地上。

为了让对象沿着特定路径移动，传统补间要求把路径（运动引导线）单独绘制在一个图层上。

运动引导线告诉传统补间中的对象如何从初始位置（第一个关键帧）移动到结束位置（最后一个关键帧）。若无运动引导线，传统补间会给对象的位置制作动画，使其沿着直线从初始位置（第一个关键帧）移动到结束位置（最后一个关键帧）。运动引导线要单独绘制在运动引导图层上。运动引导线可以是曲线路径、Z 形路径，或者其他形状的路径，但不能交叉。而且，运动引导线应该是一条描边路径，不应该有填充。

为了更好地演示运动路径的创建方法，首先打开 Lessons\03\03Start 文件夹中的 03MotionGuide_Start.fla 文件。这个文件中，有一片树叶从舞台顶部移动到舞台底部，是一个传统补间动画。

❶ 从 Lessons\03\03Start 文件夹中打开 03MotionGuide_Start.fla 文件，如图 3-40 所示。

树叶从舞台顶部移动到底部，同时伴有旋转、倾斜变化，但是运动路径有点单调。接下来，我们给树叶创建一条更有趣的运动路径。

图 3-40

❷ 在【时间轴】面板中，使用鼠标右键单击 leaf 图层，从弹出的快捷菜单中选择【添加传统运动引导层】，如图 3-41 所示。

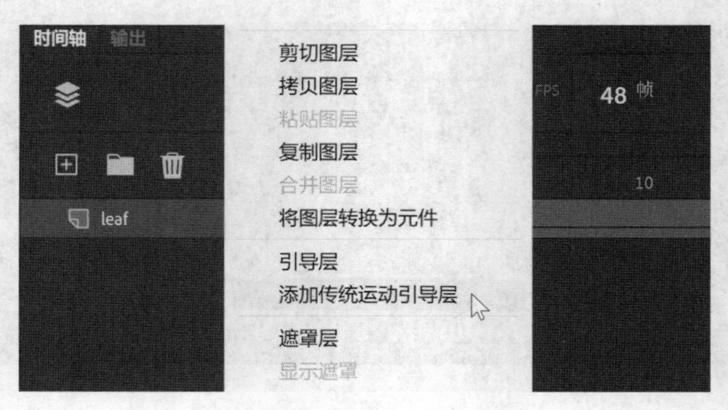

图 3-41

此时，Animate会在leaf图层（包含传统补间）上方添加一个引导层（全称为“传统运动引导层”）。同时，leaf图层向右缩进到引导层之下，表示它会跟着引导层中绘制的路径运动，如图3-42所示。

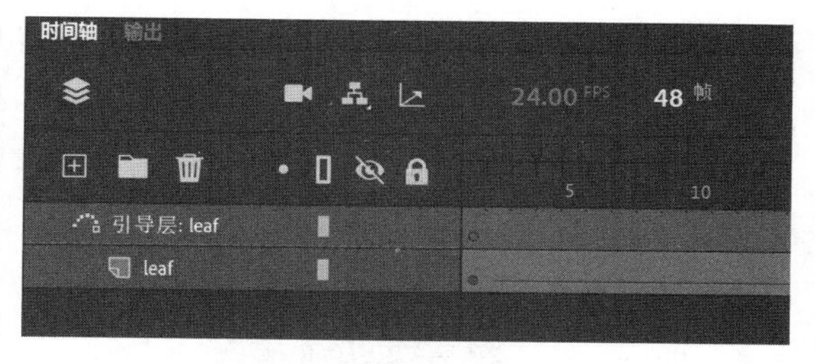

图 3-42

❸ 在【工具】面板中选择【铅笔工具】，在【工具】面板底部（或者在【属性】面板的【工具】选项卡下），把【铅笔模式】设置为【平滑】，如图3-43所示。若在【工具】面板中找不到【铅笔工具】，请从【拖放工具】面板将其添加到【工具】面板中。

❹ 选择引导层，然后在舞台中绘制一条S形路径，让树叶沿着该路径从舞台顶部优雅地飘落，在最后一个关键帧的叶子位置附近结束路径，如图3-44所示。绘制路径时，请确保路径本身没有交叉。

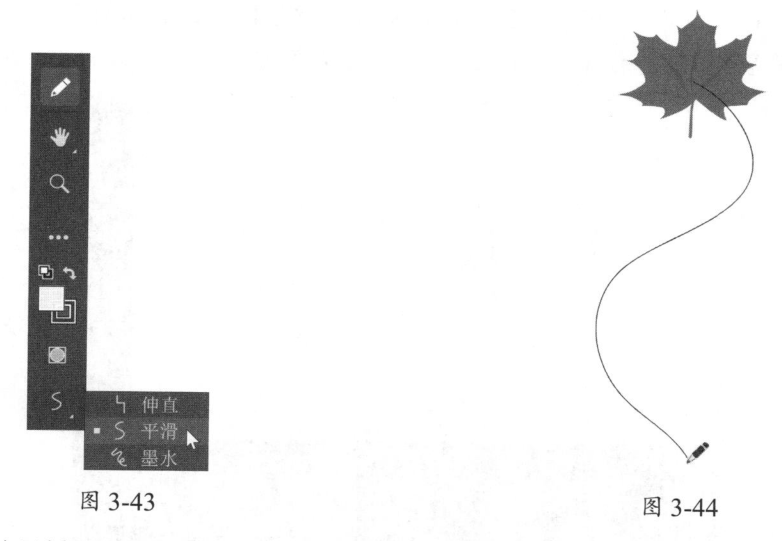

图 3-43

图 3-44

❺ 切换到【选择工具】，在【属性】面板中选择【贴紧至对象】（磁铁图标处于按下状态），如图3-45所示。

图 3-45

开启【贴紧至对象】后，可确保对象相互对齐，以便把树叶的参考点放到路径上。

❻ 把播放滑块拖动到第一个关键帧（第1帧），拖动树叶，使其贴附到路径的起点，如图3-46所示。

❼ 把播放滑块拖动到最后一个关键帧，在舞台中拖动树叶，使其贴附到路径终点，如图 3-47 所示。

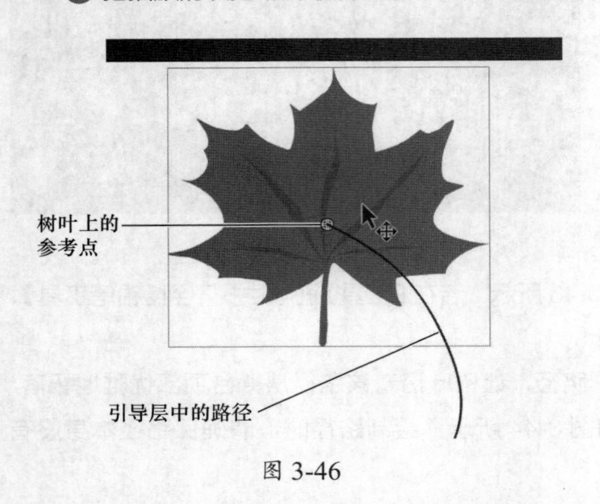

图 3-46

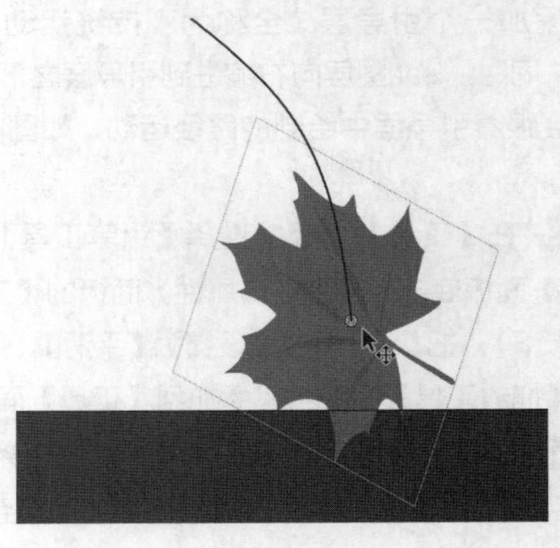

图 3-47

❽ 按 Return 键（macOS）/Enter 键（Windows），播放动画，如图 3-48 所示。

从动画中可以看到，树叶沿着绘制好的路径从舞台顶部优雅地飘落到底部。

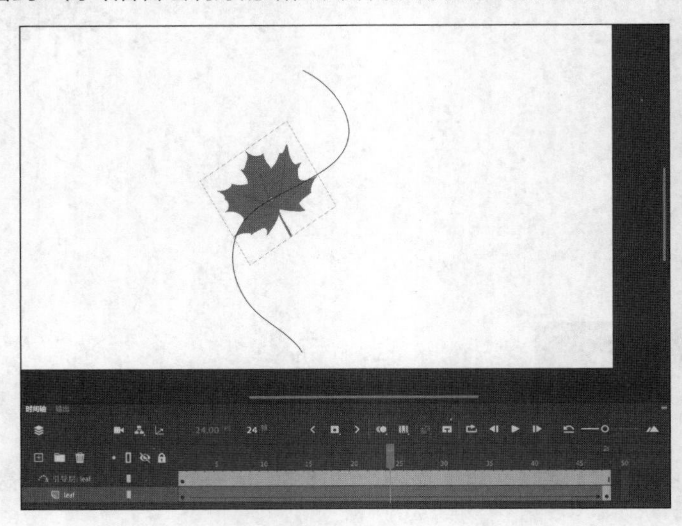

图 3-48

提示 运动引导线创建好之后，可以使用任意编辑工具（如【选择工具】【部分选取工具】【钢笔工具】）进一步修改它。只要对象在初始关键帧和结束关键帧中是贴附到路径上的，对运动引导线所做的任何修改都会立马改变对象的运动轨迹。

最终导出或发布动画时，Animate 不会把运动引导线显示出来。从菜单栏中选择【控制】>【测试影片】，可以发现在动画画面中，运动引导线是看不见的。

根据路径调整对象朝向

有时，我们会希望对象在沿着路径运动时其朝向也发生相应的变化。在某些动画中，对象的朝向非常重要，例如正在制作一个沿着指定路径飞行的火箭，飞行过程中，火箭头应该始终朝向前进的方向。使用【属性】面板中的【调整到路径】功能可以实现这种效果。

❶ 把播放滑块拖动到第一个关键帧，然后在舞台中选择树叶，如图 3-49 所示。

❷ 在【属性】面板的【对象】选项卡中单击【交换元件】图标，如图 3-50 所示。

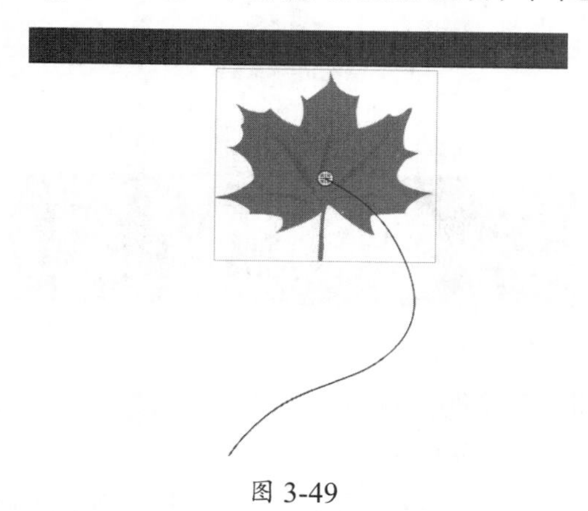

图 3-49

图 3-50

此时，弹出【交换元件】对话框。

❸ 选择 rocket 元件，单击【确定】按钮，如图 3-51 所示。

舞台中的树叶变成了火箭，如图 3-52 所示。

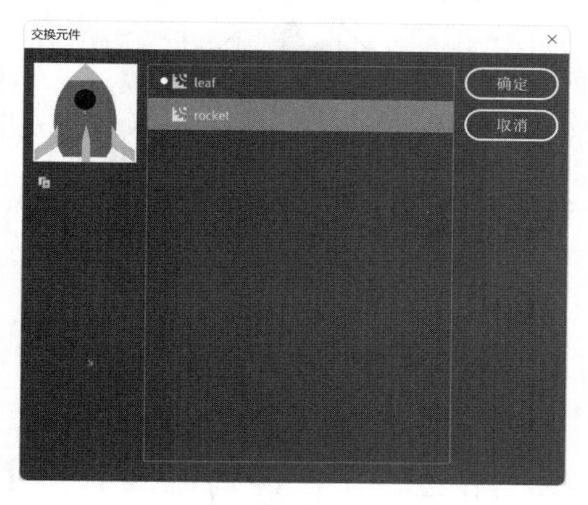

图 3-51

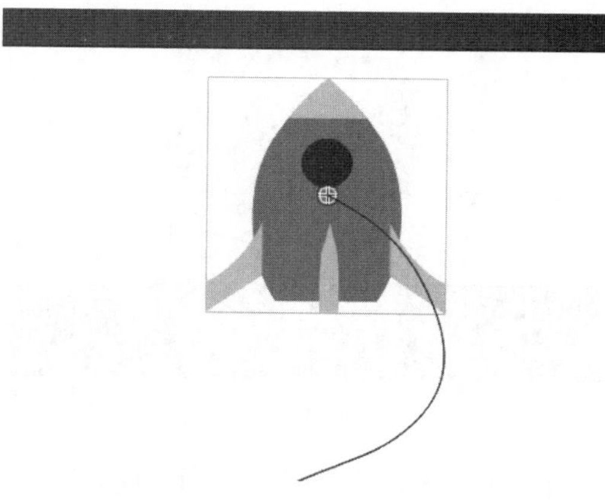

图 3-52

❹ 把播放滑块拖动到最后一个关键帧（第 48 帧），选中树叶，使用【交换元件】功能把树叶换成火箭，如图 3-53 所示。

当前，第一个关键帧和最后一个关键帧中的树叶都换成了火箭。

❺ 选中最后一个关键帧中的火箭，打开【变形】面板。

❻ 在【变形】面板底部单击【取消变形】图标，如图 3-54 所示。

此时，Animate 会把应用在火箭上的变形重置，火箭恢复为原始大小和朝向，如图 3-55 所示。

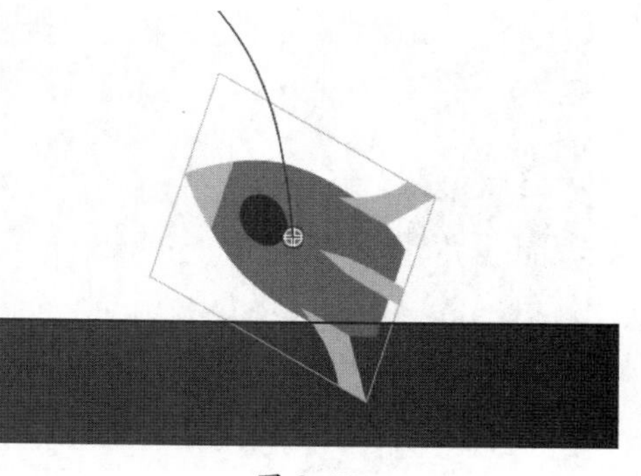

图 3-53

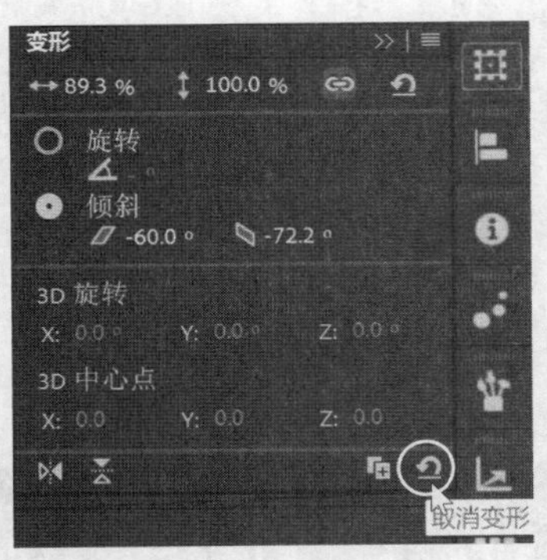

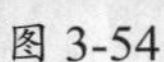
图 3-54

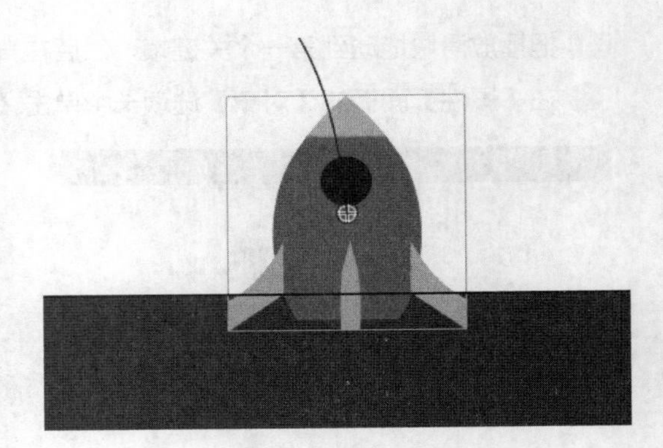

图 3-55

❼ 使用【任意变形工具】旋转火箭，使其头部朝向路径方向，如图 3-56 所示。

❽ 使用【选择工具】移动火箭，使其参考点与运动路径终点重合。

❾ 把播放滑块拖动到第一个关键帧，选择火箭，使用【任意变形工具】和【选择工具】做类似调整，使火箭贴附在路径上，且朝向路径方向，如图 3-57 所示。

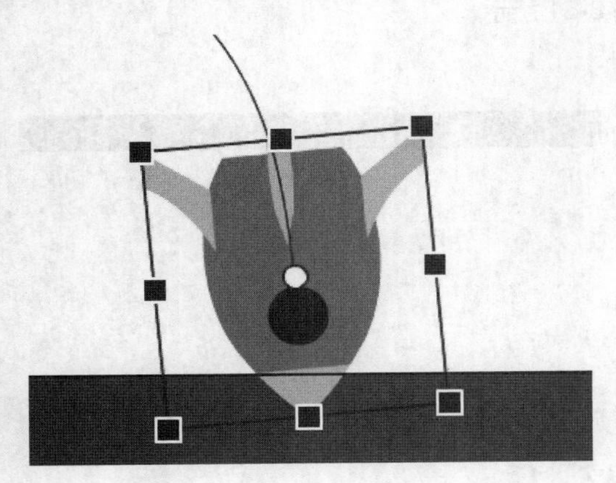

图 3-56

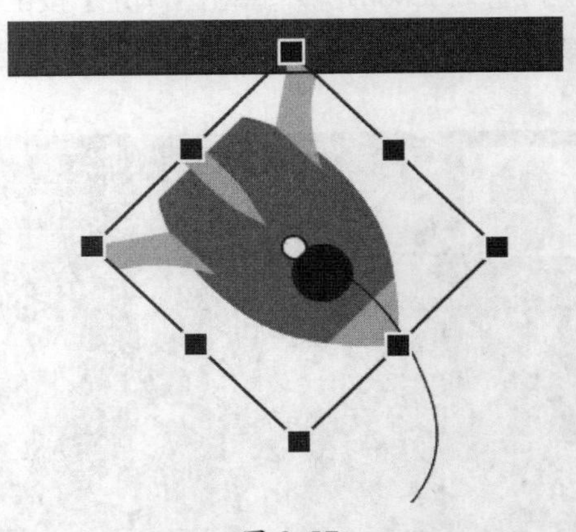

图 3-57

❿ 在传统补间中任选一帧。在【属性】面板中打开【帧】选项卡，在【补间】区域中勾选【调整到路径】，如图 3-58 所示。

在动画播放过程中，Animate 会不断调整火箭，使其头部始终朝向路径方向，如图 3-59 所示。

图 3-58

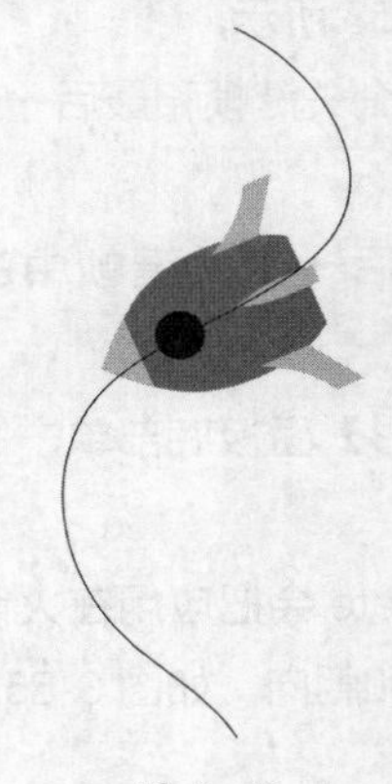

图 3-59

3.11 缓动

缓动是指改变对象的变化（或运动）速度，让其在一定时间内逐渐加速或减速，从而使变化（或运动）更加真实、自然。在一个运动的对象上添加缓动后，该对象的运动就有了加速或减速效果。比如，有一个对象从舞台的一侧移动到另一侧，它可以慢慢启动，逐渐加速，然后突然停止；也可以快速启动，逐渐减速，直至停止。关键帧确定了运动的起点与终点，而缓动控制着对象如何从一个关键帧变化到下一个关键帧。

在【属性】面板的【补间】区域中，可使用【效果】菜单添加缓动。在【效果】菜单中选择【传统缓动】后，缓动值的取值范围是 -100 到 100。负值表示从起点逐渐加速（即缓入），正值表示逐渐减速（即缓出）。当然，还可以选择其他更复杂的缓动效果来同时改变缓入和缓出。

3.11.1 向运动添加缓动

接下来给火箭的运动添加缓动效果。在 Animate 中，不管什么属性，只要属性有变化，都可以应用缓动效果。

❶ 在火箭动画的第一个关键帧与最后一个关键帧之间任选一帧，如图 3-60 所示。

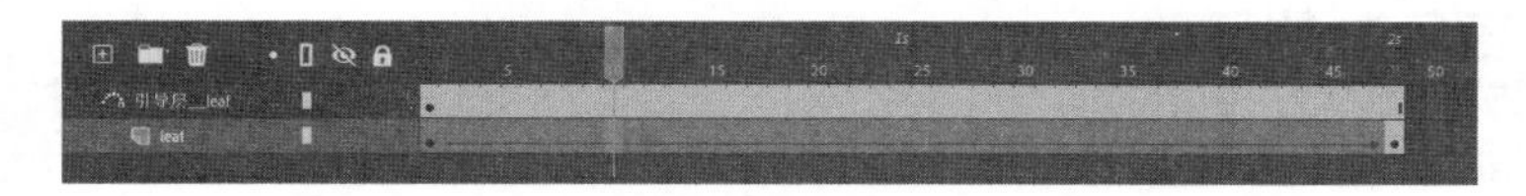

图 3-60

❷ 在【属性】面板的【补间】区域中，从【效果】菜单中选择【Classic Ease】（传统缓动），设置【强度】为 -100，如图 3-61 所示。

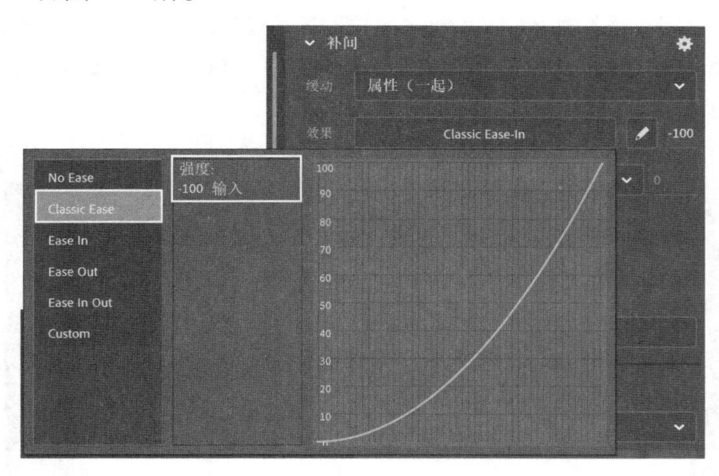

图 3-61

单击【Classic Ease-In】，打开缓动曲线窗口。水平轴代表时间段，垂直轴代表每个时间段内属性（这里是位置）如何变化。

就缓入而言，开始时属性变化很小，反映在曲线上就是一开始曲线很平缓。

❸ 按 Return 键（macOS）/Enter 键（Windows），预览动画。

刚开始时，火箭运动得很慢（缓入）。

❹ 在【属性】面板的【补间】区域中，把传统缓动的【强度】设置为 100，如图 3-62 所示。

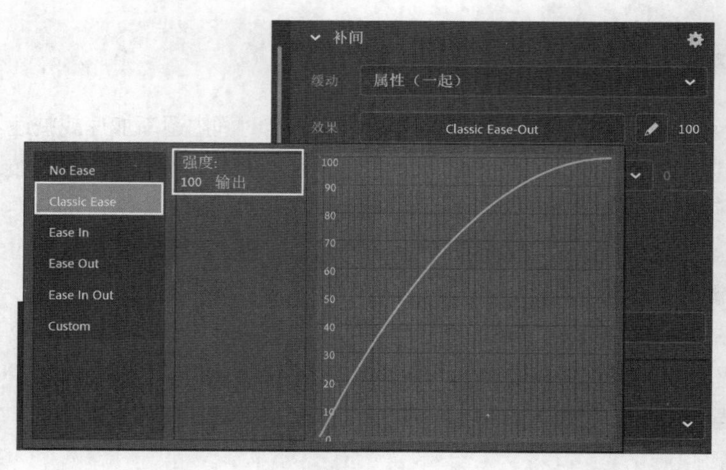

图 3-62

此时，缓动曲线有了变化，在末端，曲线变得很平缓，表示最后一段火箭逐渐减速，直至停止。

❺ 按 Return 键（macOS）/Enter 键（Windows），预览动画。

动画中，火箭正常启动，在最后一段逐渐慢下来，直到停止。

3.11.2 添加更复杂的缓动

在【属性】面板的【补间】区域中，打开【效果】菜单，除了【Classic Ease】，里面还有其他许多缓动值得了解一下。

在【效果】菜单中选择【Ease In】（缓入）或【Ease Out】（缓出），表示仅在运动起点或终点应用缓动，在子菜单中可设置缓动强度。

选择【Ease In Out】（缓入缓出），Animate 会同时在运动的起点和终点应用缓动。

选择【Custom】（自定义），在子菜单中双击【New】（新建），打开【自定义缓动】对话框，可以通过贝塞尔曲线调整缓动曲线，如图 3-63 所示。

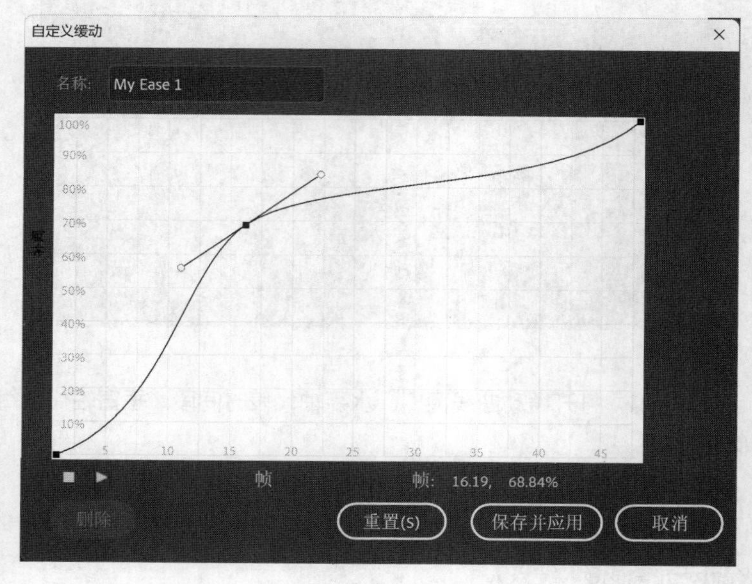

图 3-63

注意 复制并粘贴补间的帧时，帧上应用的缓动效果也会一起复制过来。

提示 在【属性】面板的【补间】区域中，从【效果】菜单中选择【No Ease】（无缓动），可移除缓动效果。

3.12 制作嵌套动画

通常，一个运动的对象，其自身也包含动画。例如，一只蝴蝶在运动时，它的翅膀在不断扇动；火箭在飞行过程中，尾部在不断喷射火焰。这类动画叫作“嵌套动画”，因为它们存在于影片剪辑元件内部。影片剪辑元件有自己的时间轴，显示动画可完全不依赖主时间轴。

本节将回到 03_workingcopy.fla 项目，继续制作影片宣传海报。

接下来会在 carLeft 影片剪辑元件中插入逐帧动画，使汽车上下抖动。循环播放影片剪辑时，汽车会发出轻微的隆隆声，以模拟发动机怠速运转的情形。

关于逐帧动画

在各个关键帧之间可以添加一些渐进式变化，以制造运动假象，这样的动画叫“逐帧动画”。Animate 中的逐帧动画类似于传统的手绘动画或翻页动画，每个画面存在于单独的纸张或页面上。虽然制作过程有点枯燥，但最终呈现的效果创意十足。

有时，为了制作出逼真的逐帧动画，动画师会一帧帧地描摹真人的表演动作，这个过程叫作“逐帧描摹”（rotoscoping）。03\03Start 文件夹中有一个逐帧动画的示例项目（03Frame-by-Frame.fla），如图 3-64 所示。

图 3-64

制作逐帧动画时，文件会迅速增大，因为 Animate 要保存每个关键帧的内容，建议大家谨慎使用逐帧动画。

在影片剪辑元件内部创建动画

carMiddle 和 carRight 影片剪辑元件内的逐帧动画已经制作好了。下面在 carLeft 影片剪辑元件内部制作一段逐帧动画，使汽车有上下震颤的感觉。

❶ 在【库】面板中双击 carRight 影片剪辑元件，打开其中已经制作好的逐帧动画，如图 3-65 所示。

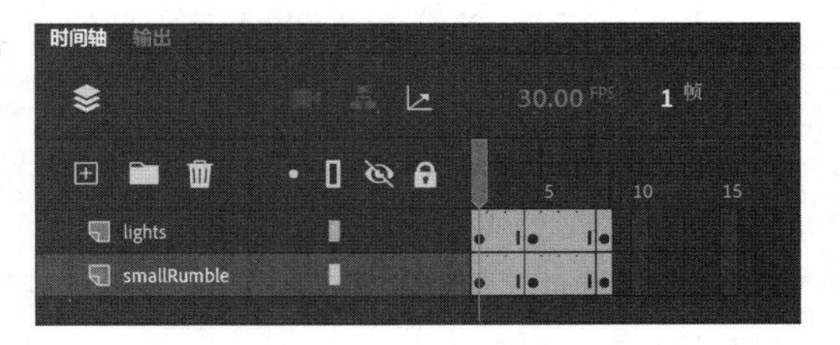

图 3-65

在 carRight 影片剪辑中，使用 3 个关键帧为汽车及其车头灯光确定了 3 个不同的位置。3 个关键帧在时间轴上的分布并不均匀，有助于模拟真实的震颤感。

❷ 在【库】面板中双击 carLeft 影片剪辑元件，进入元件编辑模式，如图 3-66 所示。

图 3-66

❸ 同时选中 lights 图层和 smallRumble 图层的第 2 帧。

❹ 插入关键帧。

此时，Animate 会在 lights 图层和 smallRumble 图层的第 2 帧分别添加一个关键帧，同时把前面关键帧的内容复制到新关键帧中，如图 3-67 所示。

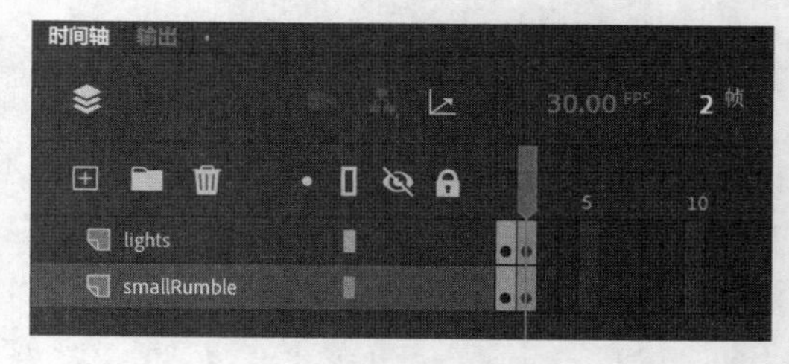

图 3-67

提示 从菜单栏中选择【控制】>【向前步进至下一个关键帧】［按 Command+.（macOS）/Ctrl+.（Windows）组合键］，或者选择【控制】>【向后步进至上一个关键帧】［按 Command+,（macOS）/Ctrl+,（Windows）组合键］，可在多个关键帧之间快速跳转。

此外，还可以单击【时间轴】面板顶部的【前进一帧】或【后退一帧】按钮转到下一个关键帧或上一个关键帧。

❺ 在舞台中，选择第 2 帧中的 3 个图形（汽车及两个前灯灯光）[从菜单栏中选择【编辑】>【全选】，或者按 Command+A（macOS）/Ctrl+A（Windows）组合键]，把它们往下移动 1 像素，如图 3-68 所示。在【属性】面板的【对象】选项卡中，把【Y】值减小 1，或者按一次↓键，也可以把选择的图形向下移动 1 像素。

图 3-68

此时，汽车和车头灯光的位置略微下移。

提示　若汽车未在舞台中显示出来，请从舞台右上角的【缩放比率】下拉列表中选择【符合窗口大小】。

提示　使用【将图层转换为元件】命令可快速创建嵌套动画。若主时间轴上有动画，只需选择图层，单击鼠标右键，从弹出的快捷菜单中选择【将图层转换为元件】。Animate 会把所选图层放入选择的元件中，同时在舞台中保留该元件的一个实例。

6 重复上面的过程，先添加关键帧，再调整图形位置。为了模拟出真实的震颤效果，至少要添加 3 个关键帧。

同时选中 lights 图层和 smallRumble 图层的第 4 帧。

7 插入关键帧，如图 3-69 所示。

Animate 在 lights 图层和 smallRumble 图层的第 4 帧处分别插入一个关键帧。同时，把前面关键帧的内容复制到新关键帧中。

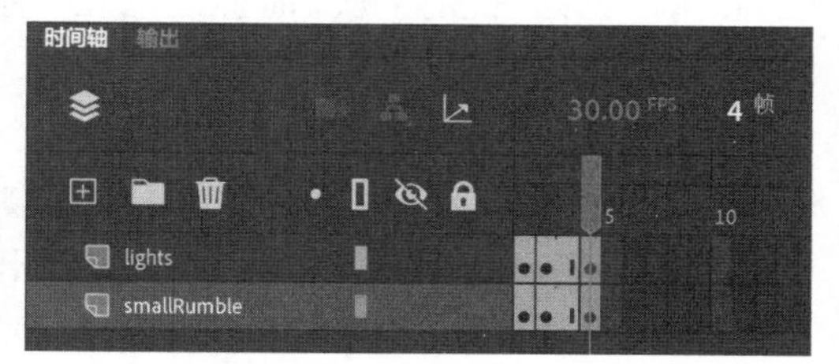

图 3-69

8 在舞台中选择 3 个图形（汽车及两个前灯灯光）[从菜单栏中选择【编辑】>【全选】，或按 Command+A（macOS）/Ctrl+A（Windows）组合键]，把它们向上移动 2 像素。向上移动时，既可以使用【属性】面板，也可以按两次 ↑ 键。

此时，汽车和车头灯光的位置略微上移。当前，影片剪辑元件内的两个图层上各有 3 个关键帧。

注意　本节通过手动逐帧移动汽车来制作汽车震颤效果。在第 6 课中，我们将学习使用补间动画来模拟真实的运动，如弹跳、随机抖动（如汽车震颤）等。

9 在【时间轴】面板顶部单击【循环】按钮，如图 3-70 所示，再单击【播放】按钮，或者按 Return 键（macOS）/Enter 键（Windows），观看汽车震颤动画。从菜单栏中选择【控制】>【测试】，可预览整个动画。

图 3-70

> **注意** 影片剪辑元件内的动画会自动循环播放。若想停止循环播放，需要添加代码，让影片剪辑时间轴在最后一帧停止播放。后面会讲解如何使用 ActionScript 或 JavaScript 来控制时间轴。

3.13 添加 3D 文本动画

下面在场景中添加文本，并在 3D 空间中制作动画。使用【3D 旋转工具】与【3D 平移工具】在 3D 空间中移动元件实例，有助于增强画面的空间感。使用这两个工具之前，必须先把它们从【拖放工具】面板添加到【工具】面板中，如图 3-71 所示。

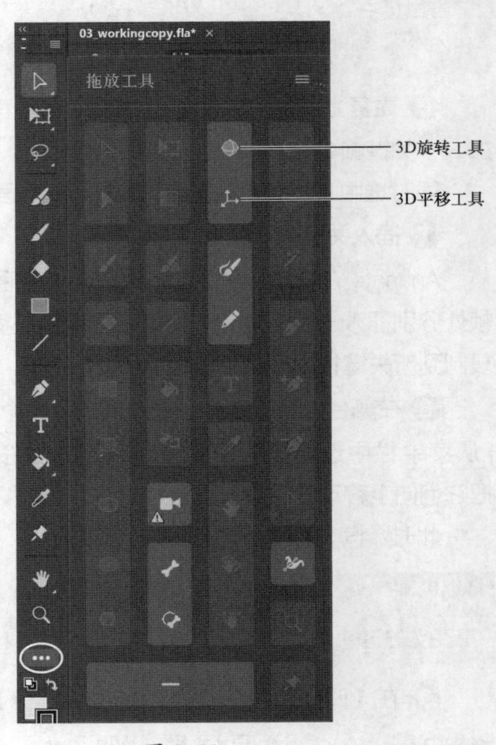

图 3-71

在 3D 空间中移动对象时，除了要考虑 *x* 轴、*y* 轴，还要考虑 *z* 轴，复杂度大大增加。选择【3D 旋转工具】或【3D 平移工具】后，【工具】面板底部会出现【全局转换】按钮（详情见“全局转换与局部转换”）。【全局转换】按钮用来在全局模式（打开状态）和局部模式（关闭状态）之间切换。在全局模式下，移动对象时参照的是全局坐标系；而在局部模式下，移动对象时参照的是对象自身坐标系。

接下来给 3D 文本添加一个有趣的外观，为整个动画划上句号。不过，需要注意的是，对于 3D 对象，无法使用传统补间技术来制作动画。为了使用【3D 旋转工具】或【3D 平移工具】给元件实例制作动画，我们必须使用补间动画技术，相关内容将在第 6 课中详细讲解。

全局转换与局部转换

在【工具】面板中选择【3D 旋转工具】或【3D 平移工具】后，【工具】面板底部会出现一个【全局转换】按钮。当按下【全局转换】按钮（高亮显示）时，会进入全局模式，此时 3D 对象的旋转和移动参照的是全局坐标系（即舞台）。无论如何旋转或移动对象，对象的 3D 显示控件中总是显示着 3 个坐标轴且位置恒定。请注意图 3-72 中的 3D 显示控件是如何与舞台保持垂直的。

当取消按下【全局转换】按钮时（非高亮显示），会进入局部模式，对象的旋转与移动都是参照对象自身进行的。3D 显示控件中 3 个坐标轴的朝向是相对于对象的，而非舞台，如图 3-73 所示。

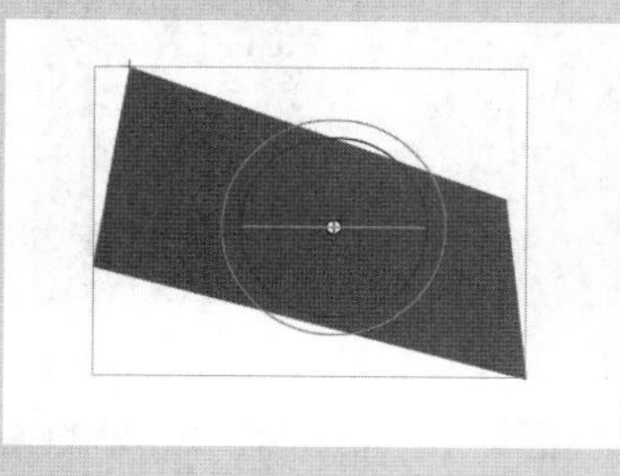

图 3-72

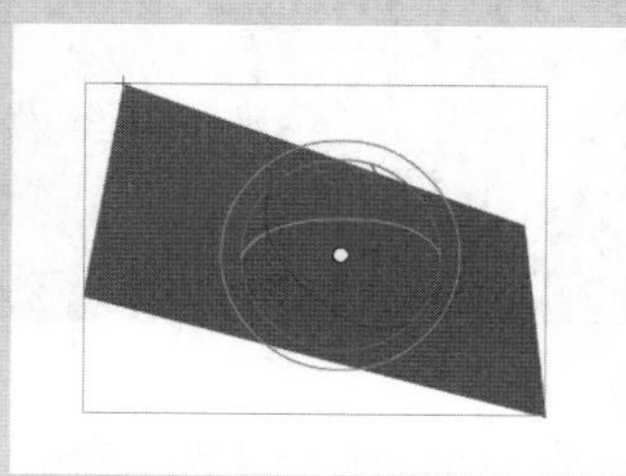

图 3-73

❶ 在编辑栏中单击向左箭头，返回主时间轴。在顶层新建一个图层，命名为 title，如图 3-74 所示。

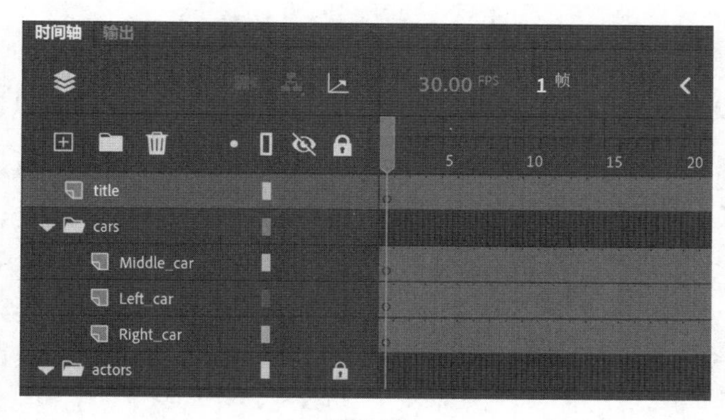

图 3-74

❷ 锁定其他所有图层。

❸ 在第 140 帧处，按 F6 键插入一个关键帧，如图 3-75 所示。

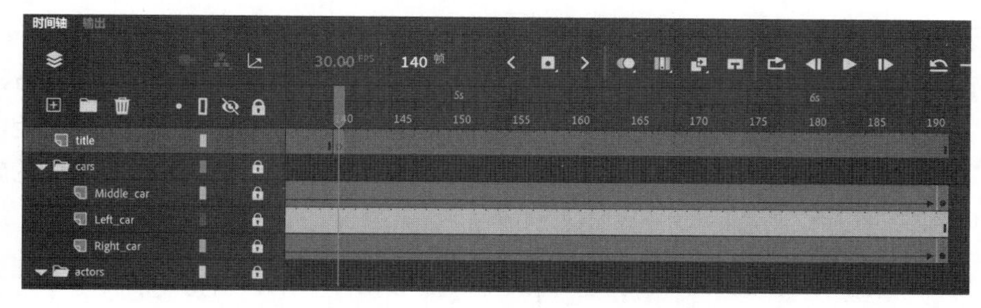

图 3-75

❹ 从【库】面板中，把名为 movietitle 的影片剪辑元件拖入舞台左上角的空白区域中，如图 3-76 所示。

图 3-76

此时，一个 movietitle 元件的实例就出现在了新创建的 title 图层上（位于第 120 帧的关键帧上）。

❺ 移动文本，使其坐标为 x=180、y=90。

❻ 在【工具】面板中选择【3D 旋转工具】。

此时，所选文本上出现了 3D 旋转控件，如图 3-77 所示。

图 3-77

❼ 在【工具】面板底部取消按下【全局转换】按钮，进入局部模式。

❽ 向上拖动 y 轴控件的左半部分，使文本绕着 y 轴旋转一定角度，使其有种向远方延伸的效果，如图 3-78 所示。当旋转角度大致为 −60° 时，停止拖动。若觉得 3D 旋转控件不好用，可以打开【变形】面板（从菜单栏中选择【窗口】>【变形】），在【3D 旋转】区域中，把 y 轴的旋转角度设置为 −60°。

注意 到目前为止，HTML5 Canvas 文档仍不支持为元件制作 3D 旋转或平移动画。

图 3-78

文本在 3D 空间中有了倾斜效果后，在纵向上就能给人后退的感觉，有助于增强画面的空间感。3D 文本是整个动画的最后一个元素。添加好之后，整个动态海报就制作完成了。

3.14 导出动画

在 Animate 中预览动画的方法有很多种，比如，沿着时间轴拖动播放滑块，从菜单栏中选择【控制】>【播放】，使用【工具】面板中的【时间划动工具】。当然，还可以使用【时间轴】面板顶部的播放控件预览动画。不过，这些方法和工具都是用来预览动画的。若想把动画变成最终影片，还必须导出影片。

下面使用【快速共享和发布】功能把制作好的动画导出为 MP4 影片。导出时，Animate 会启动 Adobe Media Encoder 来转换动画。Adobe Media Encoder 是一款独立的应用程序。

❶ 在 Animate 用户界面的右上方单击【快速共享和发布】按钮，从弹出的菜单中选择【发布】>【视频(.mp4)】，如图 3-79 所示，单击【发布】按钮。

图 3-79

Animate 启动 Adobe Media Encoder，并把动画导出任务添加到【队列】面板中，如图 3-80 所示。

图 3-80

❷ 收到任务后，Adobe Media Encoder 自动启动编码转换，如图 3-81 所示。若未自行启动，请单击【启动队列】按钮（绿色三角形按钮），或者按 Return 键（macOS）/Enter 键（Windows），启动转换任务。

图 3-81

Adobe Media Encoder 把动画转换成 H.264 格式的视频，转换完成后，会弹出消息框通知导出完成。

到这里，整个动画项目就完成了，如图 3-82 所示。接下来，我们就可以把导出的视频上传到视频分享网站，或者放到影片宣传网站上，供其他人观看。

图 3-82

> **注意** 发布 MP4 影片时，也可以从菜单栏中选择【文件】>【导出】>【导出视频 / 媒体】。使用这个命令的好处是，可以在【导出媒体】对话框中修改各种导出设置，如大小、格式等，进一步控制导出过程。

3.15 复习题

1. 使用传统补间技术有什么要求？
2. 在 ActionScript 3.0 文档中，传统补间技术可以应用到哪些属性上？
3. 【编辑多个帧】功能有什么用？
4. 如何让一个对象沿着指定的路径移动？
5. 向传统补间应用缓动有什么效果？

3.16 复习题答案

1. 应用传统补间技术有两个要求：一个是应用对象必须是元件实例；另一个是必须在独立图层上，而且该图层上不允许有其他补间、图形、资源。
2. 在 ActionScript 3.0 文档中，传统补间技术可以应用在对象的位置、缩放、旋转、不透明度、亮度、色调、滤镜等属性上。
3. 借助【编辑多个帧】功能，可同时编辑多个关键帧，而且允许这些关键帧跨越多个帧或多个图层。例如，使用【编辑多个帧】功能可以同时向补间的第一个关键帧和最后一个关键帧应用相同操作。
4. 要使一个对象沿着指定的路径运动，首先要给传统补间添加一个运动引导图层。然后，在运动引导图层中绘制引导路径，并确保第一个关键帧和最后一个关键帧中的元件实例贴附到路径上。
5. 缓动能够改变补间中某个或某些属性变化的快慢。不应用缓动时，对象属性的变化是线性的，即相同时间段内的属性变化率是一样的。缓动包括缓入与缓出：缓入时，对象会缓慢启动；缓出时，对象会缓慢停止。

第 4 课

父子图层与角色动画

课程概览

本课主要讲解以下内容。

- 使用传统补间制作角色动画
- 使用父子图层创建与编辑对象层次结构
- 交换元件实例
- 使用图形元件播放选项
- 添加声音与使用声音同步选项
- 自动同步声音与图形元件
- 针对图形元件使用帧选择器

学习本课大约需要 90 分钟

使用父子图层给动画创建层次结构，可使角色动画变简单。添加声音并自动同步嘴形与图形元件，可制作出更逼真的角色动画。

4.1 课前准备

首先浏览一下最终成品，了解本课要做什么样的动画。

注意 猴子角色由克里斯·乔治尼斯（Chris Georgenes）设计制作，本课使用已经获得其授权许可。

① 进入 Lessons\04\04End 文件夹，双击 04End.mp4 文件，播放动画，如图 4-1 所示。

图 4-1

动画中，猴子先挥了一下手，然后从背后掏出一个骷髅，嘴里念念有词“生存还是毁灭……”（哈姆雷特的独白）。

② 关闭 04End.mp4 文件。

学完本课，将学会如何使用父子图层创建图层层次结构，以及同步角色动画的声音。

4.2 父子图层

角色动画非常依赖对象的层次结构，对象层次结构描述了一个对象如何与另外一个对象连接在一起。例如，手与前臂相连，前臂与上臂相连，上臂又与躯干相连。上臂移动时，前臂和手会跟着一起移动。躯干移动时，所有与躯干相连的部分都会跟着一起移动。

定义对象连接方式会形成一个层次结构，这种层次结构通常称为“关系”。例如，躯干是上臂的父级，上臂是躯干的子级。

在 Animate 中，可以使用【时间轴】面板中的父级视图在图层之间建立层次关系。在父级视图下，我们可以把子图层连接到父图层。彩色连线表示图层之间的关系。当父图层中的对象移动、旋转、缩放时，子图层中的对象也会跟着一起变化。

图 4-2 中显示的是最终项目中各个图层之间的层次关系。连接图层的彩色线条表示这些图层中的对象之间的各种关系。

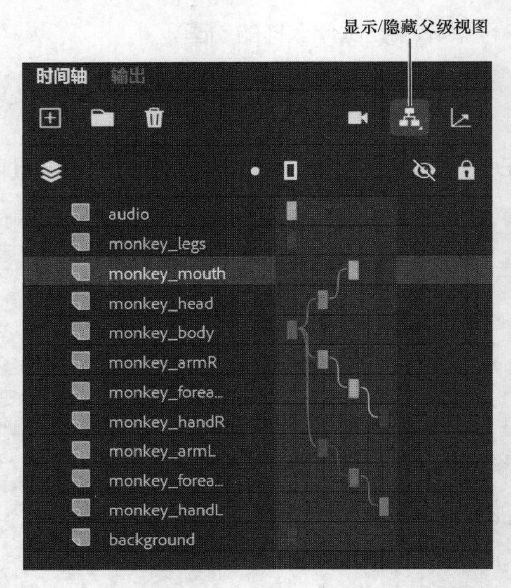

图 4-2

4.2.1 在父级视图中连接猴子身体的各个部分

制作猴子动画的第一步是在猴子身体的各个组成部分之间建立关系。

❶ 打开 04Start.fla 文件，将其另存为 04_workingcopy.fla 文件。

这个文件中包含制作动画所需的所有图形、元件，如图 4-3 所示，可以在【库】面板中找到它们。而且，舞台中已经放入了各个元件的实例，并排列完毕。每个实例都位于一个独立图层上，方便向各个部分应用补间。

❷ 在【时间轴】面板中单击【显示父级视图】按钮，长按该按钮，则弹出【传播缩放、倾斜和翻转】命令，如图 4-4 所示，单击该命令，可开启或关闭缩放、倾斜和翻转传播。

图 4-3

图 4-4

此时，该按钮处于按下状态，表示当前父级视图已开启。开启父级视图后，图层名称后面的空间会变大。

❸ 把 monkey_mouth 图层的彩色矩形拖动至 monkey_head 图层的彩色矩形上，如图 4-5 所示。

此时，出现一条曲线把 monkey_mouth 图层与 monkey_head 图层连接在一起。同时，monkey_mouth 图层成为 monkey_head 图层的子图层，如图 4-6 所示。

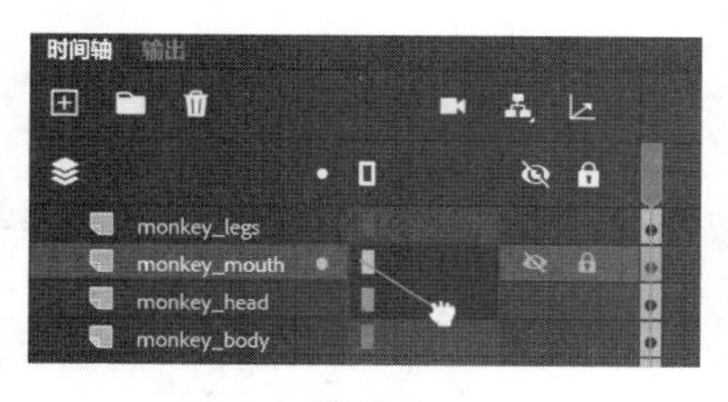

图 4-5

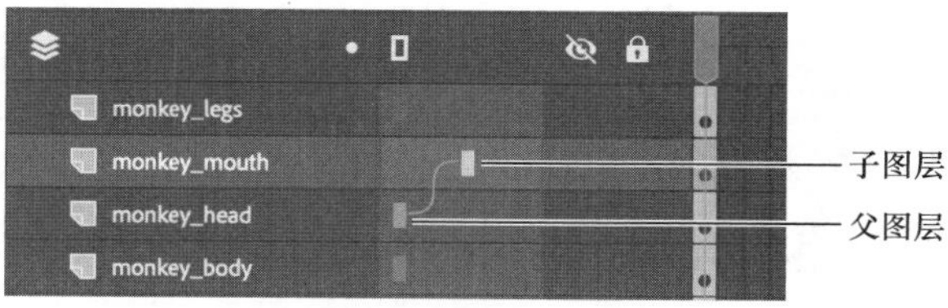

子图层
父图层

图 4-6

❹ 把 monkey_head 图层的彩色矩形拖动至 monkey_body 图层的彩色矩形上，如图 4-7 所示。

此时，出现一条曲线把 monkey_head 图层与 monkey_body 图层连接在一起。当前有 3 个图层连接在一起：嘴连接到头，头连接到躯干，如图 4-8 所示。给图层命名时，请根据图层内容选择合适的名称。这样，依据图层名称就可以轻松判断舞台中各个对象之间的关系。

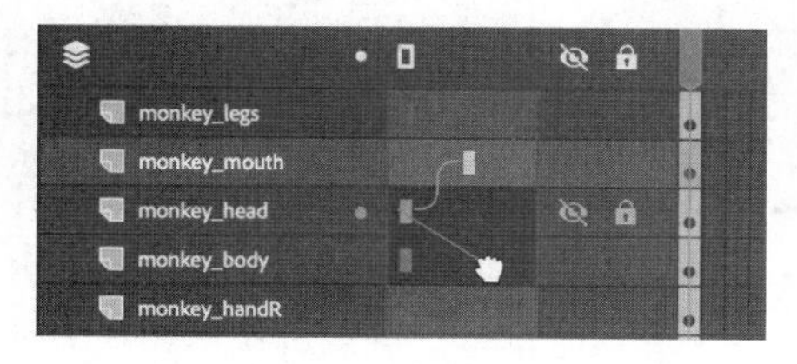

图 4-7

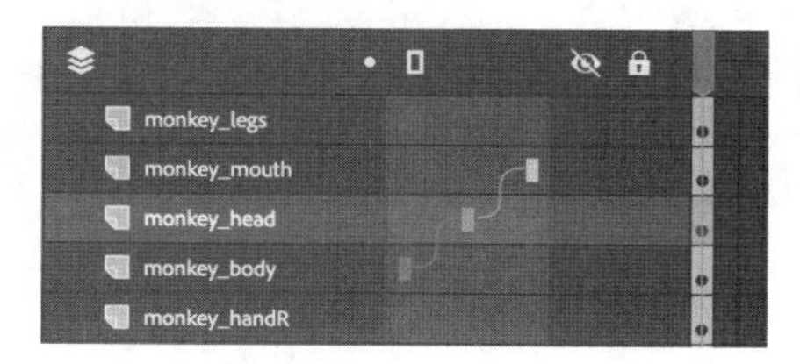

图 4-8

❺ 使用同样的方法把 monkey_handR 图层连接到 monkey_forearmR 图层，把 monkey_forearmR 图层连接到 monkey_armR 图层，把 monkey_armR 图层连接到 monkey_body 图层，如图 4-9 所示。

请注意，连接图层时，一直都是在把子图层连接至父图层，而不是反过来。

到这里，我们已经把猴子的右手臂连接至躯干上。不过，需要注意的是：一个图层（如 monkey_body 图层）可以有多个子图层，但一个子图层只能有一个父图层。

❻ 使用相同的方法把 monkey_handL 图层连接到 monkey_forearmL 图层，把 monkey_forearmL 图层连接到 monkey_armL 图层，把 monkey_armL 图层连接到 monkey_body 图层。

所有图层连接好之后，得到图 4-10 所示的图层结构关系。除了 monkey_legs 图层，其他所有图层都连接至 monkey_body 图层上。

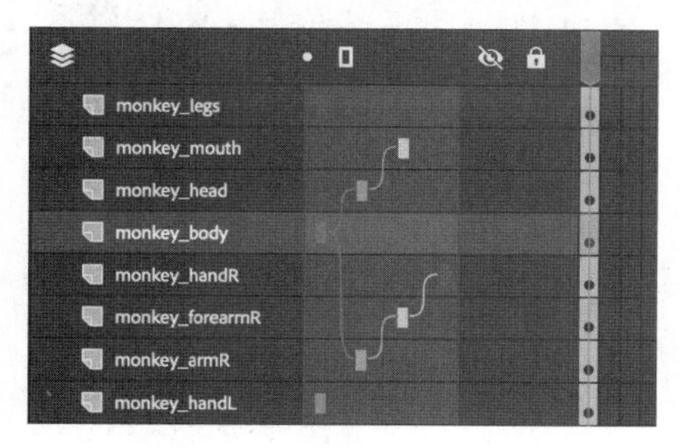

图 4-9

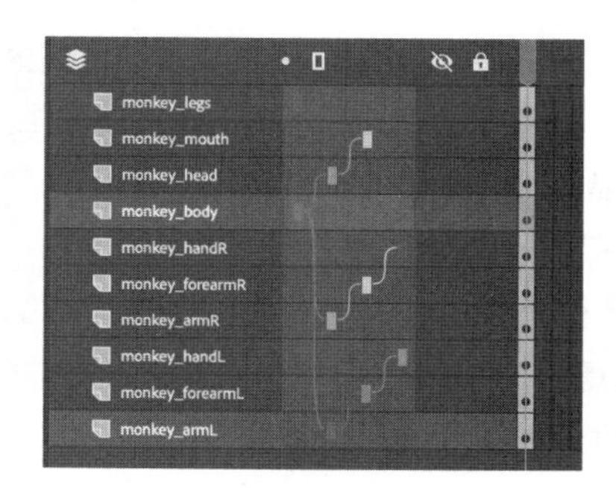

图 4-10

4.2.2 更改图层间的父子关系

当搞错图层间的父子关系时，我们可以轻松地更改或删除它们。

• 在父级视图下单击图层名称右侧的灰色区域，从弹出的菜单中选择【删除父级】，可以删除图层之间的父子关系，如图 4-11 所示。

> 注意 在父级视图下，图层之间的连接是基于关键帧的，可以在新关键帧中取消或改变它们。

• 在父级视图下单击图层名称右侧的灰色区域，从弹出的菜单中选择【更改父级】，然后选择另外一个图层作为父图层，可以改变图层间的父子关系，如图 4-12 所示。

> 注意 更改某个图层的父图层后，该图层的子图层会跟着一起连过来。

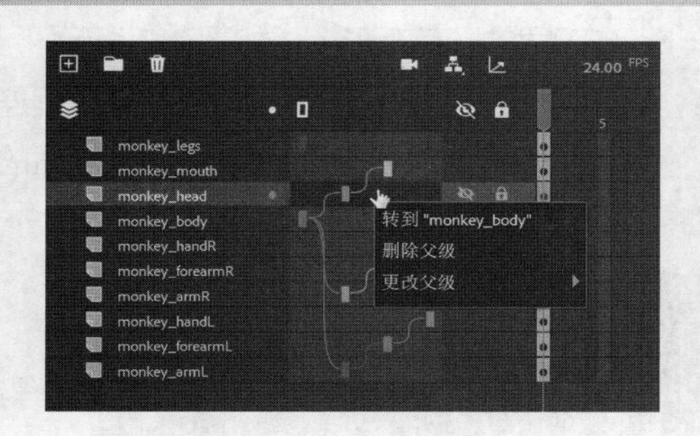

图 4-11

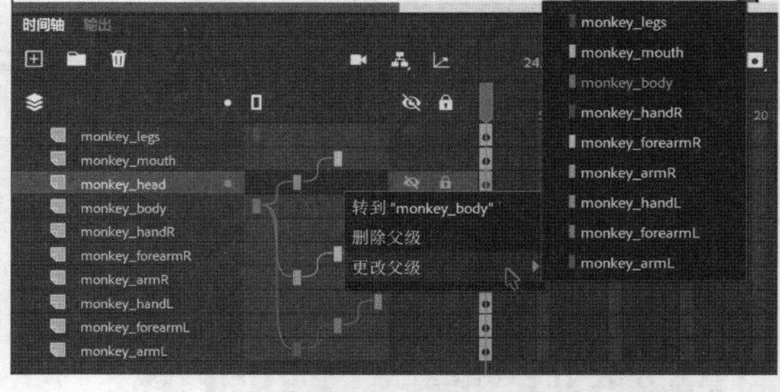

图 4-12

• 更改图层间的父子关系时，还可以直接把一个图层的彩色矩形拖动到另外一个图层的彩色矩形上。

4.2.3 更改图层间的堆叠顺序

图层间的父子关系与图层间的堆叠顺序相互独立，互不影响。在【时间轴】面板中，图层的堆叠顺序决定了各图层的内容在舞台中以何种方式重叠在一起。

在【时间轴】面板中，通过改变图层之间的堆叠顺序可改变各图层对象在舞台中的重叠关系，同时保持图层之间原有的父子关系。

❶ 把 monkey_forearmL 图层拖动到 monkey_armL 图层下，把 monkey_handL 图层拖动到 monkey_forearmL 图层下，如图 4-13 所示。

经过调整后，组成猴子左臂的各个部分的重叠顺序变了，猴子手腕上的毛发自然地覆盖到猴子手上，如图 4-14 所示。同时，图层之间的父子关系并没有发生变化。

❷ 使用同样的方法调整猴子右臂各组成部分之间的重叠关系，使猴子的右手位于右前臂之下，右前臂位于右上臂之下，如图 4-15 所示。

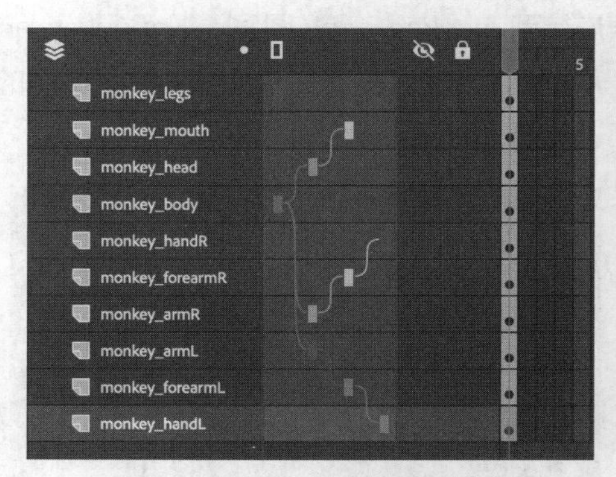

图 4-13

图 4-14

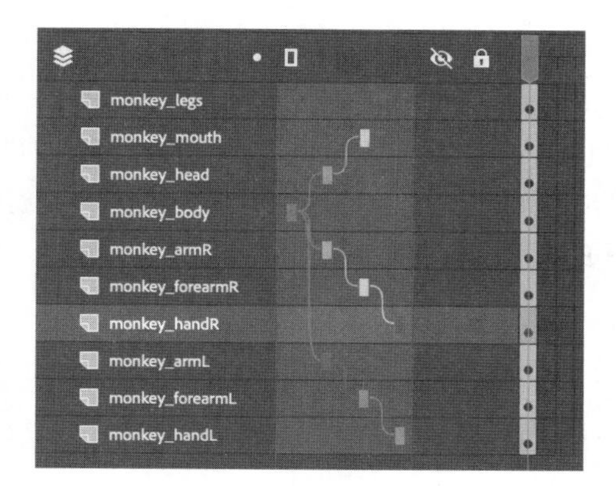

图 4-15

4.3 让猴子动起来

接下来制作动画，让猴子动起来。先从挥手动作开始吧。当为手臂（父图层）制作好动画后，手部（子图层）会自动跟着一起移动。

4.3.1 创建初始关键帧和结束关键帧

使用传统补间技术制作动画时，需要有一个初始关键帧和一个结束关键帧。检查【自动关键帧】功能是否开启，确保其处于关闭状态。下面制作动画时，我们将手动创建关键帧（按 F6 键）。

❶ 选择所有图层的第 72 帧，按 F5 键添加帧。这样，整个项目时长就变成了 3 秒，如图 4-16 所示，便于制作动画。

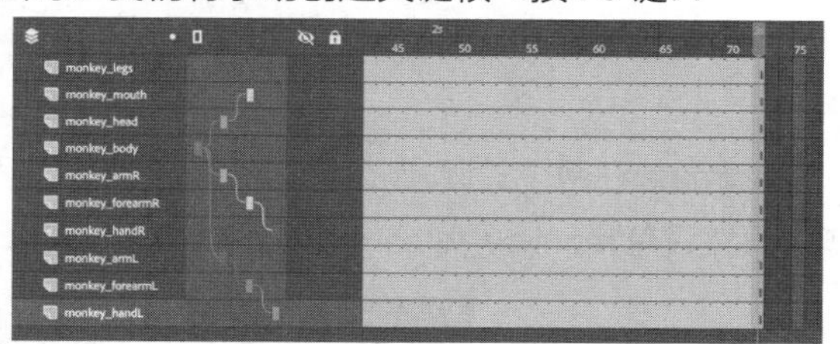

图 4-16

❷ 选择 monkey_forearmR 图层的第 8 帧。

❸ 在时间轴上方单击【插入关键帧】图标（或按 F6 键）。

此时，第 8 帧处出现一个关键帧，如图 4-17 所示。该关键帧是动画的起始点，猴子从该帧开始抬右前臂。

❹ 选择 monkey_forearmR 图层的第 15 帧，插入一个关键帧，如图 4-18 所示。

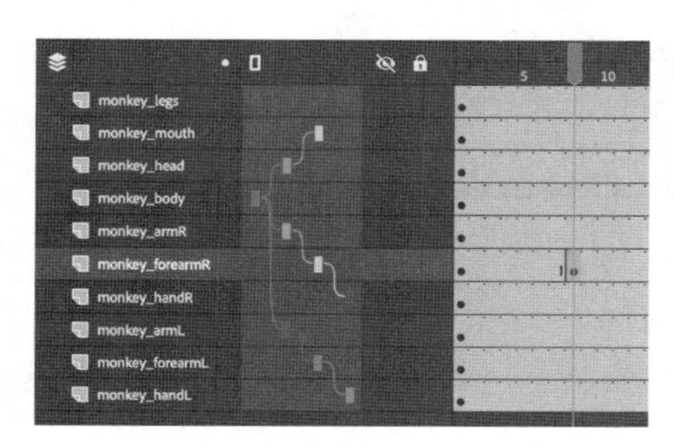

图 4-17

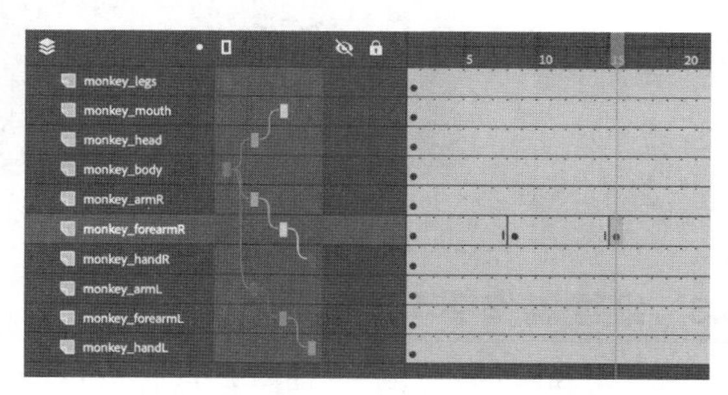

图 4-18

该帧是结束关键帧，猴子抬右前臂的动作在该帧结束。

❺ 在舞台中选择猴子的右前臂。

❻ 在【工具】面板中选择【任意变形工具】，拖动一个角的变形控制点，向上旋转猴子的右前臂，就像挥手一样，如图 4-19 所示。

旋转右前臂时，与之相连的右手也会跟着一起旋转。在初始关键帧中，猴子的右前臂放在臂部位置；在结束关键帧中，猴子的右前臂抬了起来。

图 4-19

4.3.2 应用传统补间

应用传统补间时，Animate 会在元件实例的两个关键帧之间插入一些补间帧，用来平滑过渡前后两个动作。

❶ 在 monkey_forearmR 图层上，在初始关键帧（第 8 帧）与结束关键帧的前一帧之间任选一帧。

❷ 在【时间轴】面板顶部单击【创建补间】按钮，选择【创建传统补间】，如图 4-20 所示。

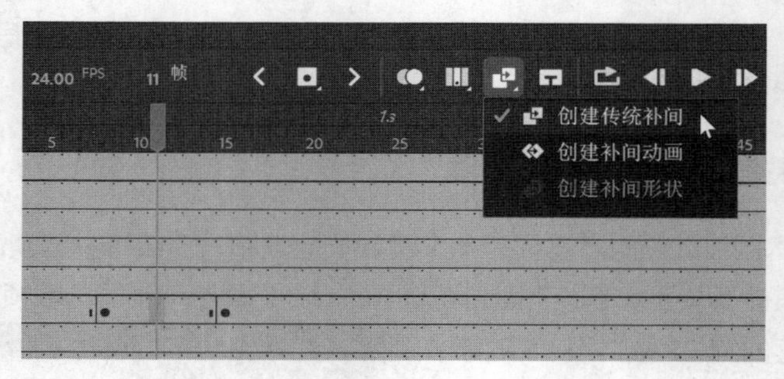

图 4-20

Animate 在两个关键帧之间插入传统补间，如图 4-21 所示，完成猴子抬起右前臂（及右手）的动作。虽然只有 monkey_forearmR 图层插入了关键帧和补间，但其子图层（右手）也会跟着一起移动。

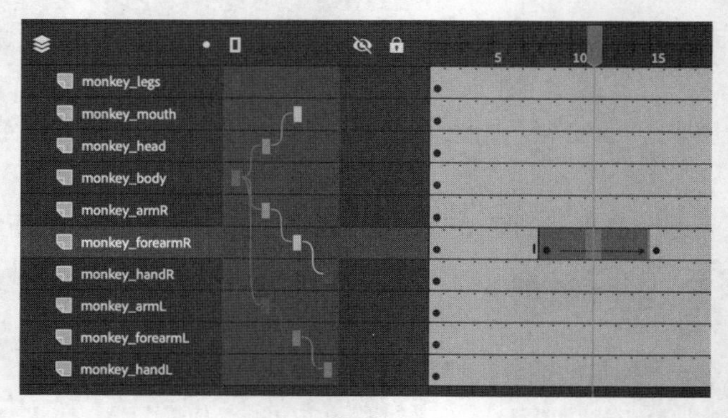

图 4-21

4.3.3 继续制作挥手动画

接下来继续插入传统补间，把挥手动画制作完。

❶ 在 monkey_handR 图层的第 15、18、22、25、29 帧处分别插入一个关键帧（按 F6 键），如图 4-22 所示。

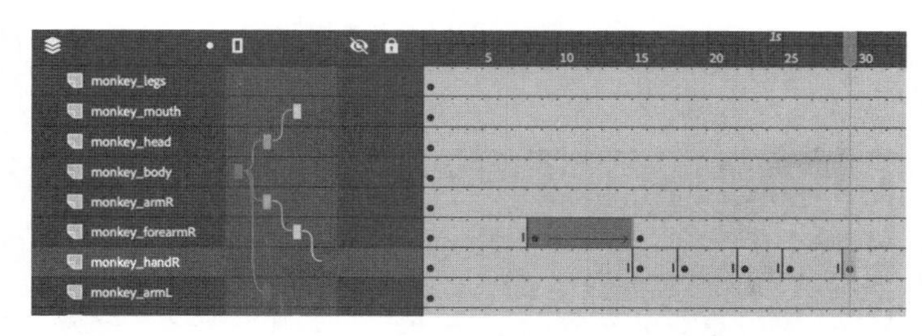

图 4-22

这些关键帧代表了右前臂抬起后猴子右手的挥动位置。

❷ 在第 18 帧处，在舞台中选择猴子的右手，使用【任意变形工具】向下旋转猴子的右手，如图 4-23 所示。

图 4-23

❸ 同样，在第 25 帧处，使用【任意变形工具】向下旋转猴子的右手。

这样一来，猴子的右手就有了上下摆动的动作。

❹ 选择第一个关键帧（第 15 帧）与最后一个关键帧的前一帧（第 28 帧）之间的所有帧。

❺ 在【时间轴】面板顶部单击【创建补间】按钮，选择【创建传统补间】。

此时，Animate 会在所有关键帧之间添加补间，如图 4-24 所示。至此，制作好的动画是猴子先抬起右前臂，然后上下挥舞右手。请注意，移动子图层不会影响到父图层。

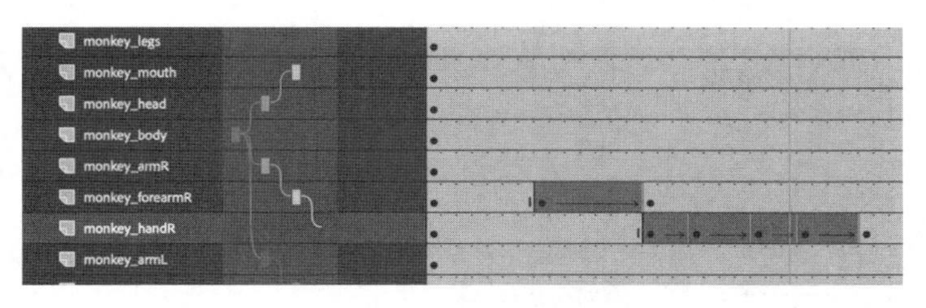

图 4-24

❻ 在 monkey_forearmR 图层的第 29 帧和第 35 帧处分别插入一个关键帧（按 F6 键），如图 4-25 所示。

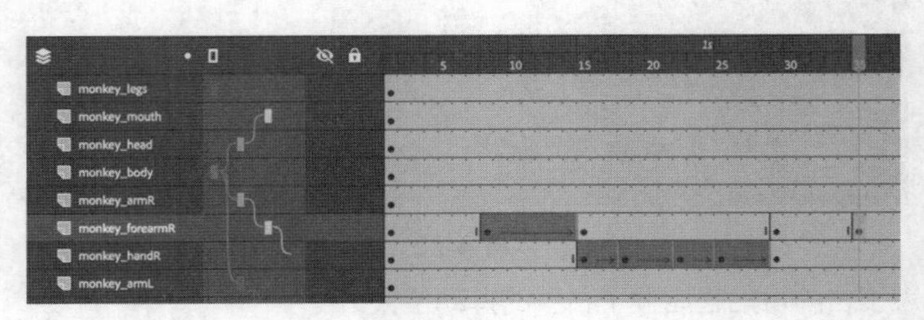

图 4-25

> 注意 图层父子关系只影响元件实例。

❼ 在第 35 帧处，选择右前臂，使用【任意变形工具】向下旋转右前臂，使右手靠在臀部上，如图 4-26 所示。

图 4-26

> 注意 改变父图层中的实例位置、旋转实例或缩放实例会影响到子图层中的所有对象，但颜色效果和滤镜除外。子图层中的对象不会继承父图层中对颜色效果或滤镜的更改。例如，修改了猴子前臂（父图层）的透明度，与之相连的手（子图层）仍然保持不透明。

> 提示 若不希望父图层中的缩放、倾斜、翻转操作影响到子图层，请在【显示 / 隐藏父级视图】菜单下取消勾选【传播缩放、倾斜和翻转】，这样，子图层和补间会禁用这些变形操作。

❽ 选择第 1 个关键帧（第 29 帧）或两个关键帧之间的任意一帧，从菜单栏中选择【插入】>【创建传统补间】，结果如图 4-27 所示。

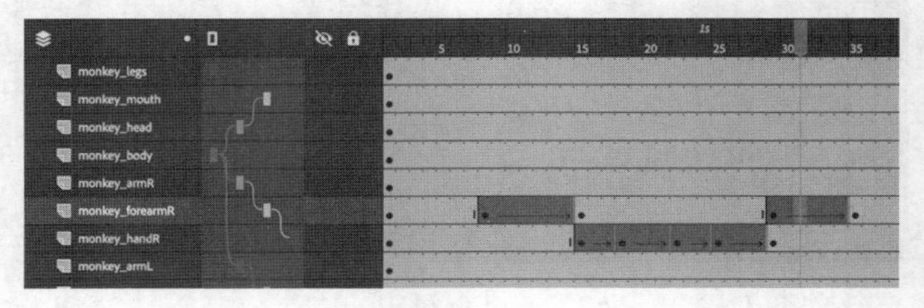

图 4-27

猴子完成挥手动作后，右前臂向下放在腰上。

4.3.4 给父图层添加补间

给父图层添加补间后，其所有子图层都会受到影响。接下来让猴子躯干略微弯曲。当猴子躯干弯曲时，与之相连的所有部分（包括那些已经有动画的部分）都会跟着一起弯曲。

❶ 在 monkey_body 图层的第 20 帧和第 35 帧处分别插入一个关键帧，如图 4-28 所示。

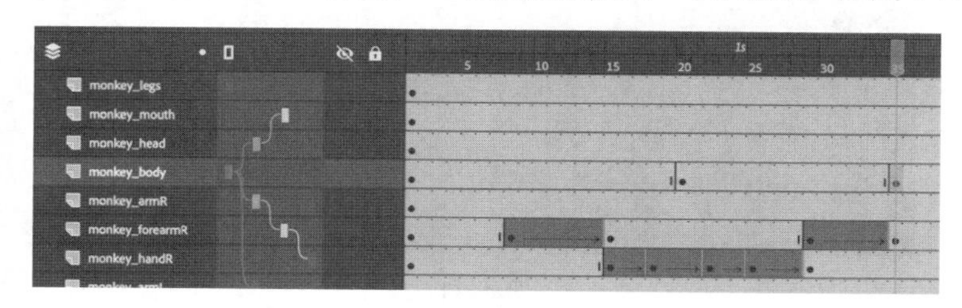

图 4-28

❷ 在第 20 帧处，在舞台中选择猴子的躯干。在【工具】面板中选择【任意变形工具】。

❸ 沿逆时针方向稍微旋转一下猴子的躯干，让猴子的身体整体弯曲一点，如图 4-29 所示。

图 4-29

❹ 选择第 1 帧与第 34 帧之间的所有帧。

❺ 在【时间轴】面板顶部单击【创建补间】按钮，选择【创建传统补间】，在关键帧之间添加补间，如图 4-30 所示。

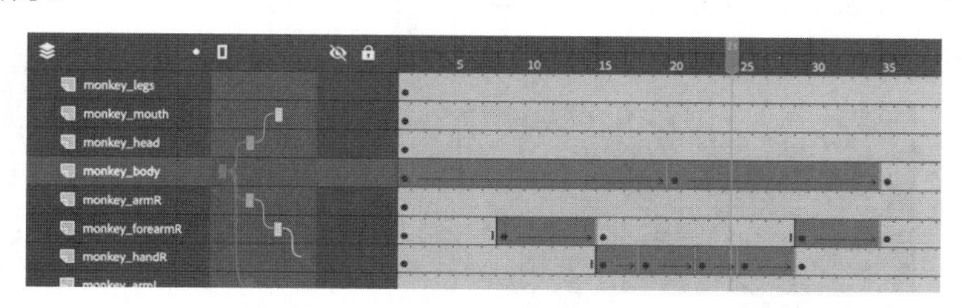

图 4-30

在第 1 帧与第 34 帧之间，猴子的躯干来回缓慢摆动，同时所有与之相连的身体部分（包括挥舞的右手臂）都会跟着一起摆动，保证了角色整体的完整性。

4.3.5 交换实例

猴子右手臂完成挥舞动作后，左手臂应该伸到身后，拿出一个骷髅，然后开始念“生存还是毁灭……”这段独白。接下来为猴子的左手臂制作动画，期间会用一个拿着骷髅的手换掉左手。

❶ 选择 monkey_armL 图层，在第 35、45、55 帧处分别插入一个关键帧，如图 4-31 所示。

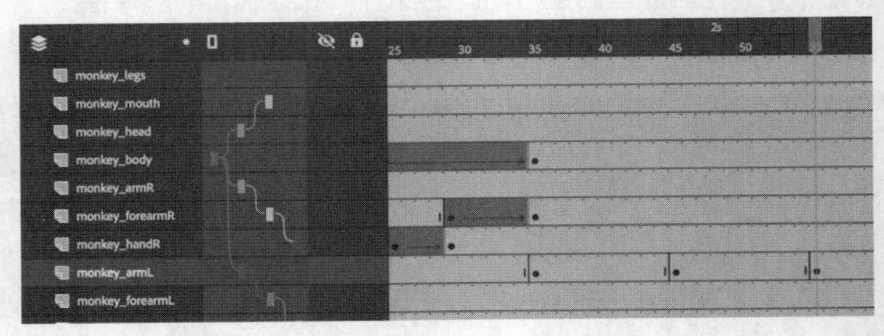

图 4-31

❷ 在第 45 帧（中间关键帧）处，在舞台中选择猴子的左上臂。

❸ 使用【任意变形工具】沿顺时针方向旋转左上臂，使左手消失在背后，如图 4-32 所示。

❹ 选择第 35 帧与第 54 帧之间的所有帧，在【时间轴】面板顶部，单击【创建补间】按钮，选择【创建传统补间】。

❺ 在 monkey_forearmL 图层的第 55、59 帧处分别插入一个关键帧，如图 4-33 所示。

图 4-32

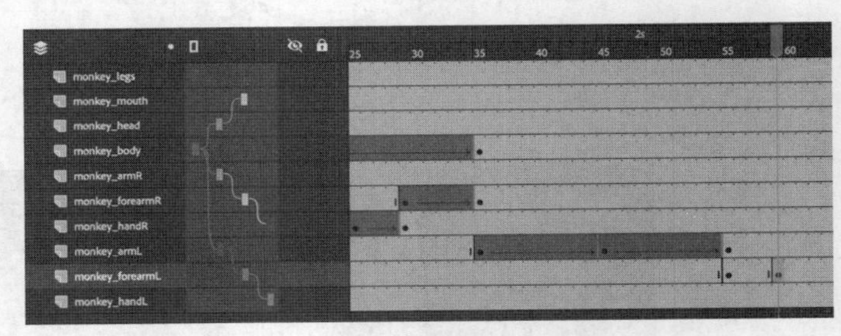

图 4-33

❻ 在第 59 帧处，在舞台中选择猴子的左前臂。

❼ 使用【任意变形工具】沿逆时针方向旋转左前臂，使其伸直，如图 4-34 所示。

❽ 选择第 55 帧与第 58 帧之间的所有帧，在【时间轴】面板顶部，单击【创建补间】按钮，选择【创建传统补间】，添加补间，如图 4-35 所示。

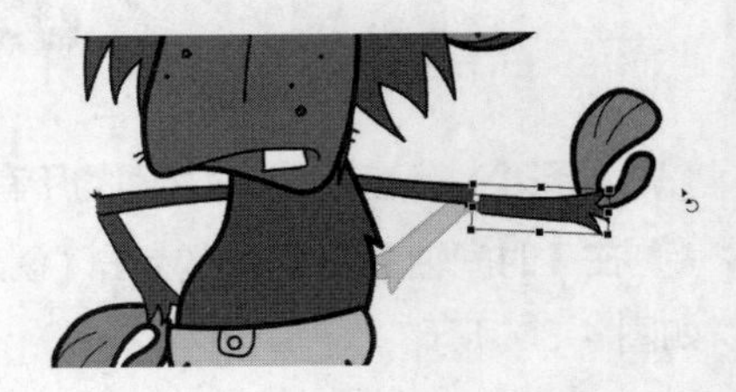

图 4-34

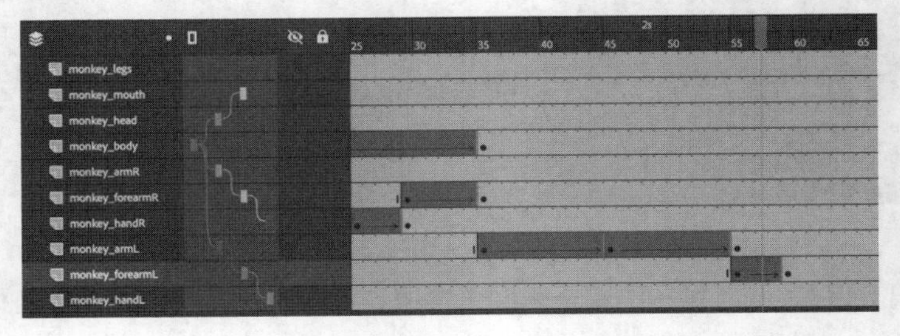

图 4-35

❾ 在 monkey_handL 图层中的第 45 帧处插入一个关键帧，如图 4-36 所示。此时，猴子的左手在背后。

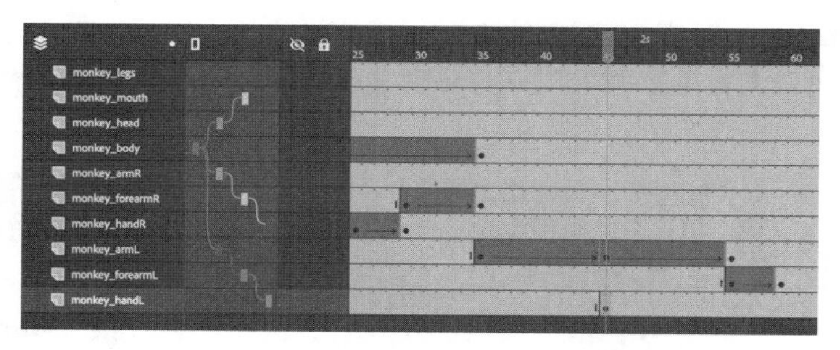

图 4-36

❿ 换掉猴子左手，使其从背后抽出时拿着一个骷髅。在第 45 帧处，在舞台中选择猴子的左手。选择时，需要先把 monkey_handL 图层上方的所有图层隐藏或锁定。

⓫ 在【属性】面板的【对象】选项卡中单击【交换元件】图标，如图 4-37 所示。

图 4-37

此时，弹出【交换元件】对话框，里面列出了【库】面板中的所有元件。其中，名称左侧有实心圆点的元件是当前选择的元件。

⓬ 从元件列表中选择 monkey_hand skull down 元件，单击【确定】按钮，如图 4-38 所示。

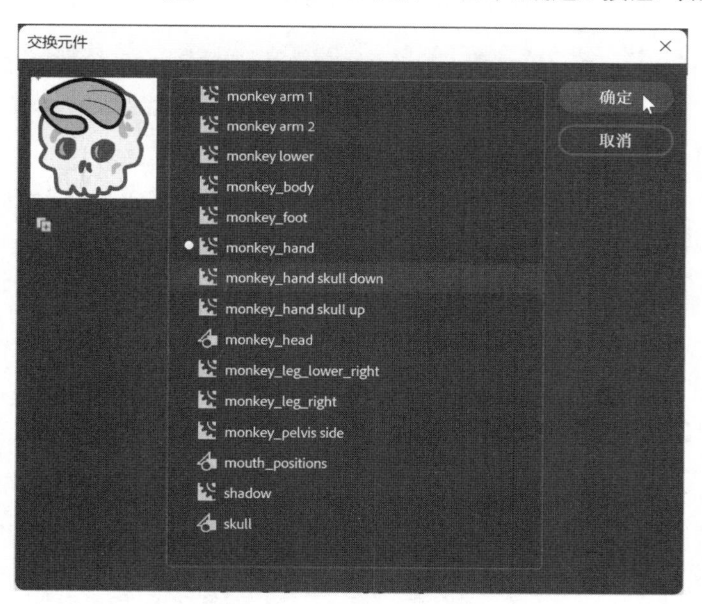

图 4-38

此时，空空的左手就被一只拿着骷髅的手“偷偷”换掉了。

⓭ 重新显示或解锁其他所有图层。

⓮ 在 monkey_handL 图层的第 55 帧和第 59 帧处分别插入一个关键帧。在最后一个关键帧中，旋转猴子的左手，使其与左手臂齐平，如图 4-39 所示。

⓯ 在第 55 帧与第 59 帧之间任选一帧，应用传统补间。

这样，当猴子从背后拿出骷髅时，它的左手腕会旋转，使左上臂、左前臂、左手在同一条水平线上。

⑯ 在 monkey_handL 图层的第 60 帧处插入一个关键帧。

⑰ 在舞台中选择握着骷髅的左手，用 monkey_hand skull up 元件的实例替换它，如图 4-40 所示。

图 4-39

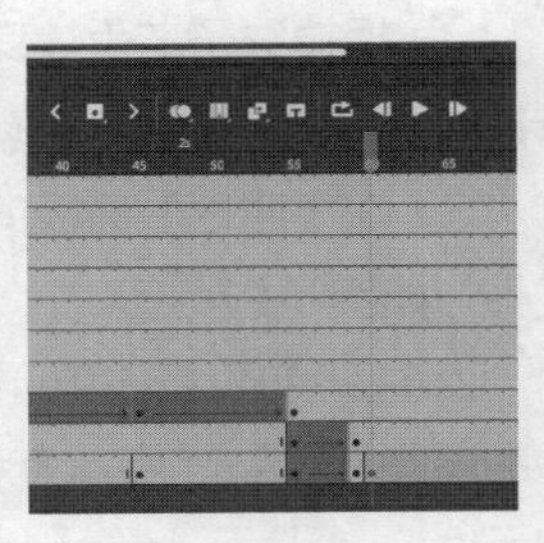

图 4-40

替换后的实例与补间一起形成一段流畅、协调的动画。

> **提示** 所有补间都能应用缓动效果。添加缓入或缓出效果时，请在【属性】面板【补间】区域的【效果】菜单中选择【Classic Ease】（传统缓动），或者选择其他选项，创建复杂的缓动曲线，甚至还可以自定义缓动曲线。

给传统补间添加其他缓动效果

在【属性】面板的【帧】选项卡下，在【补间】区域中打开【效果】菜单，其中列出了多种缓动效果。Animate 提供了多种缓动效果，它们拥有不同的缓入与缓出强度。例如，选择【Bounce】与【Elastic】缓动效果，可模拟自然的物理运动，如图 4-41 所示。

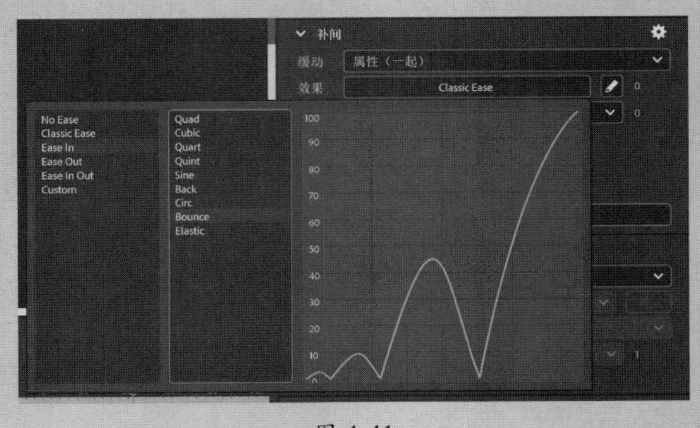

图 4-41

若要自定义缓动，在【属性】面板中单击【编辑缓动】按钮，如图 4-42 所示。弹出的【自定义缓动】对话框中显示了动画的缓动曲线，如图 4-43 所示。

图 4-42

通过曲线，我们可以知道，一个属性值是如何从第一个关键帧变化到最后一个关键帧的。从图 4-43 中的曲线可以看到，动画刚开始时属性值变化得很快，但临近结束时，属性值的变化慢了下来。单击曲线可添加一个锚点，以便编辑某一帧的缓动效果。移动控制手柄可更改曲线形状，从而改变缓动效果。

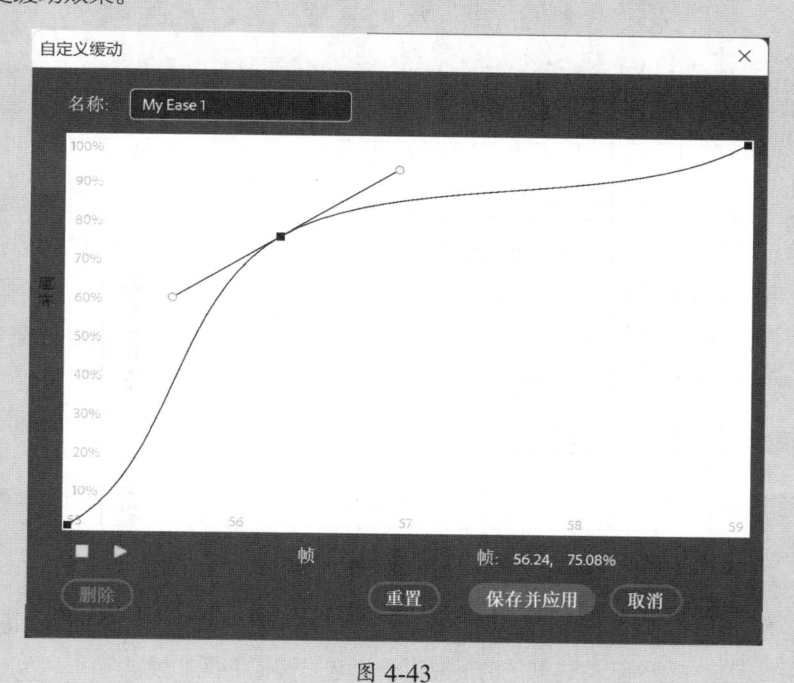

图 4-43

4.4 嘴形同步图形元件

在上一课中学习了如何使用影片剪辑元件创建嵌套动画，制作火箭飞行时尾部不断喷射火焰的动画。使用影片剪辑元件制作的嵌套动画拥有独立的时间轴，播放时也不依赖主时间轴。

此外，还可以把动画、图形嵌入图形元件中，只是它们的工作方式略有不同。

不像影片剪辑元件，图形元件中的动画无法独立播放。只有当实例所在的主时间轴上有足够多的帧时，它才会播放。换句话说，两个时间轴是同步的。影片剪辑元件内部时间轴的播放滑块可用代码控制，但图形元件内部时间轴上的播放滑块只能在【属性】面板中控制（参见“图形元件的循环选项”）。由于可以轻松地指定哪些帧出现在图形元件中，因此图形元件非常适合用来制作嘴形同步等动画。

图形元件的循环选项

【属性】面板的【循环】区域中，有许多功能强大的图形元件播放控件，如图 4-44 所示。

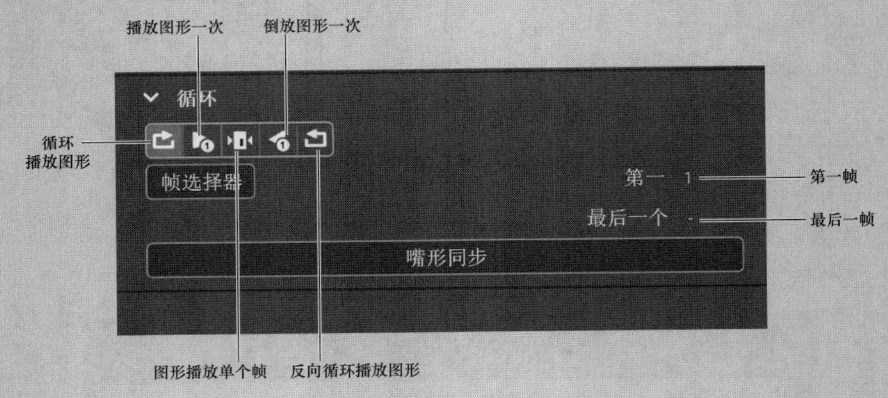

图 4-44

默认设置下，图形元件从第一帧一直播放到最后一帧，然后根据主时间轴上的帧数重复播放。不过，若要显示图形元件时间轴的单个帧，可以改变上述行为。此外，还可以只播放一次图形元件，选择播放第一帧与最后一帧，倒放一次或倒放多次图形元件。先在舞台中选择图形元件实例，然后根据需要选择相应的循环选项。

使用【嘴形同步】和【帧选择器】

当动画角色说话时，他们的嘴形应该与说的话保持同步。每个音节（或音素）都是由特定嘴形产生的。例如，读“p”或“b”时，嘴唇紧闭；读“o”时，嘴唇呈圆形。动画师会画一系列嘴形图（发音嘴形），用来使嘴形与声音保持同步。

在 Animate 中可以使用图形元件中的一个关键帧保存一种嘴形。在【帧选择器】面板（从【属性】面板中打开）中，可以在图形元件内部的时间轴上选择与发音相匹配的帧。

Animate 还提供了一个强大的工具，用于分析导入的声音，检测单个音节，以及自动匹配图形元件中的嘴形，从而生成自然的嘴形同步动画。

接下来使用【嘴形同步】和【帧选择器】将猴子的嘴形与导入的声音同步。

❶ 在所有图层之上新建一个图层，命名为 audio，如图 4-45 所示。

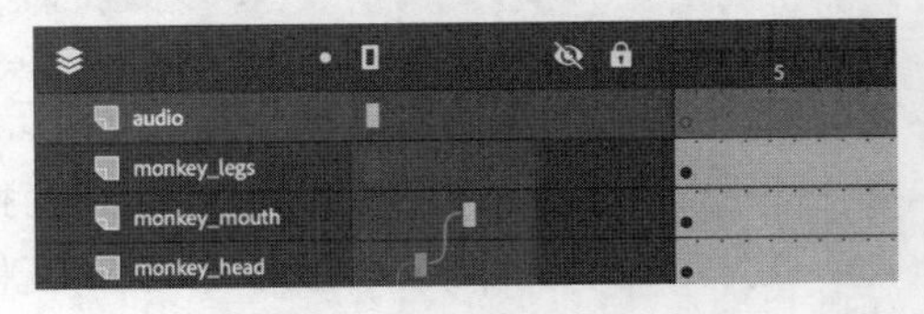

图 4-45

❷ 在第 72 帧处插入一个关键帧（按 F6 键）。该帧是动画开始后的第 3 秒，紧接在猴子拿出骷髅之后。

❸ 把音频文件 To_Be_or_Not.wav 从【库】面板拖到舞台上，如图 4-46 所示。该音频文件是一段哈姆雷特关于“生存还是毁灭”的独白。

Animate 会把音频文件添加到 audio 图层的关键帧（第 72 帧）中，而且关键帧中会显示代表音频文件的微小波形，如图 4-47 所示。

❹ 当第 72 帧处于选中状态时，在【属性】面板的【帧】选项卡的【声音】区域中，从【同步】下拉列表中选择【数据流】，如图 4-48 所示。

选择【数据流】后，Animate 会把音频文件绑定至时间轴，以便将其与动画同步。

❺ 为所有图层添加帧至第 938 帧（按 F5 键），以确保有足够多的帧来播放完整个音频文件。添加帧之后，在 audio 图层中可以看到音频文件的末端，如图 4-49 所示。

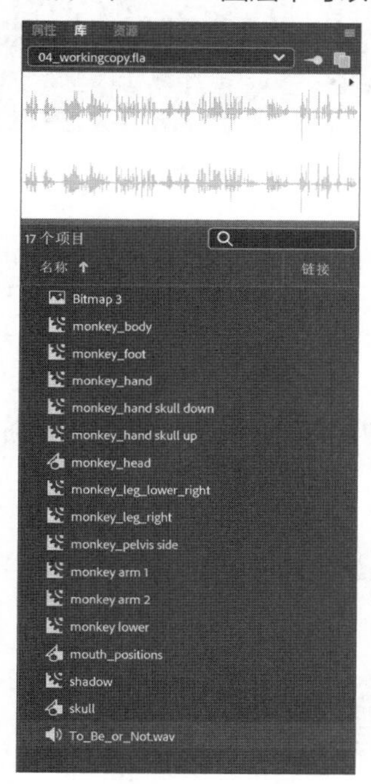

图 4-46

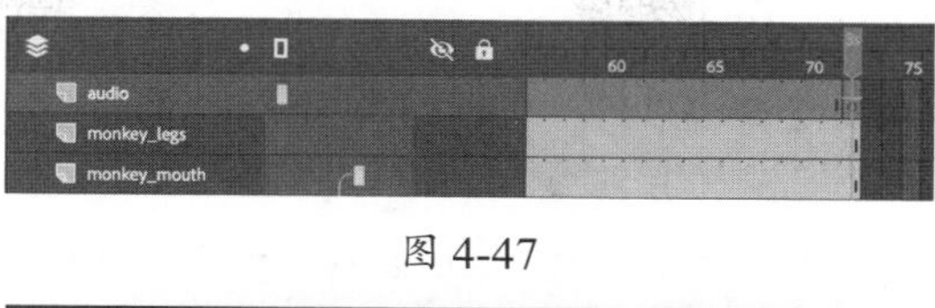

图 4-47

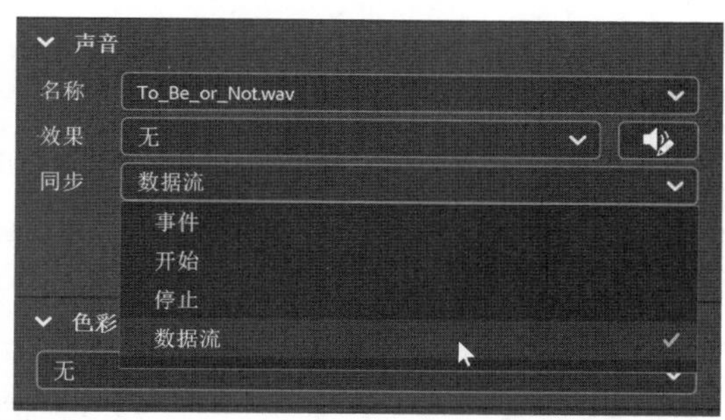

图 4-48

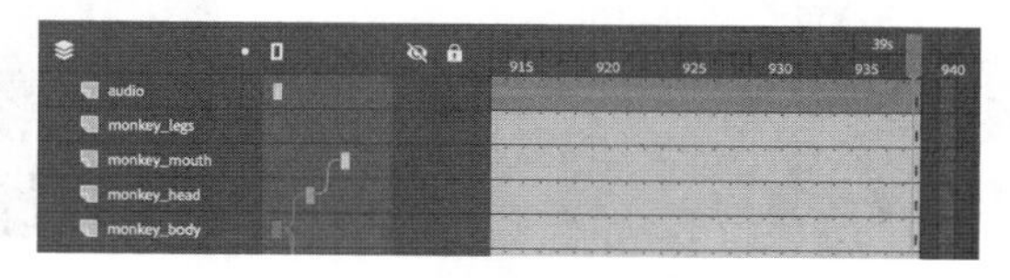

图 4-49

❻ 在【库】面板中双击 mouth_positions 图形元件，进入元件编辑模式，如图 4-50 所示。

在元件编辑模式下，拖动播放滑块，浏览一下各种嘴形，如图 4-51 所示。最下方图层中有 12 个独立的关键帧，每个关键帧都包含一个特定音节的发音嘴形。

图 4-50

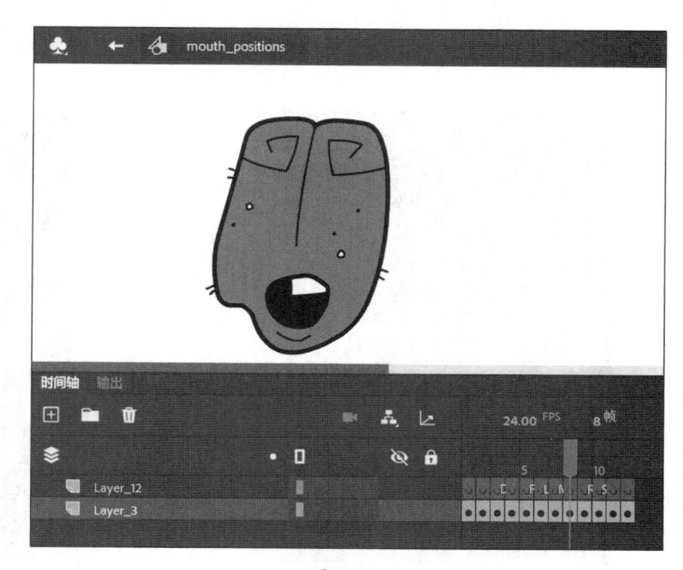

图 4-51

而在上方图层中，各个关键帧添加了标签（红色旗标）。在【属性】面板中，每个音节对应的标签名称各不相同，如图 4-52 所示。

图 4-52

第 1 个关键帧的标签名称是 neutral，发音时嘴唇自然放松且闭合。第 2 个关键帧的标签名称是 Ah，发音时嘴唇是张开的。

自己制作嘴形同步动画时，也应该制作一个类似的图形元件，里面包含 12 个关键帧，分别对应不同的嘴形。

❼ 退出元件编辑模式。

❽ 选择 monkey_mouth 图层，在舞台中选择 mouth_positions 图形元件的实例，如图 4-53 所示。

❾ 在【属性】面板的【对象】选项卡下，单击【循环】区域中的【嘴形同步】按钮，如图 4-54 所示。

图 4-53

图 4-54

打开【嘴形同步】对话框，如图 4-55 所示。第 1 步是在图形元件内设置发音嘴形。总共有 12 种发音嘴形，每种嘴形对应一个特定的音节。默认设置下，所有发音嘴形都对应着同一个图形。下面做一下修改。

❿ 单击第 1 个嘴形，标签名称为 Neutral。

此时，打开一个菜单，从 mouth_positions 图形元件中选取一帧。图形元件中带标记的关键帧与所需嘴形一一对应，匹配起来很容易。选择【1 neutral】关键帧，如图 4-56 所示。

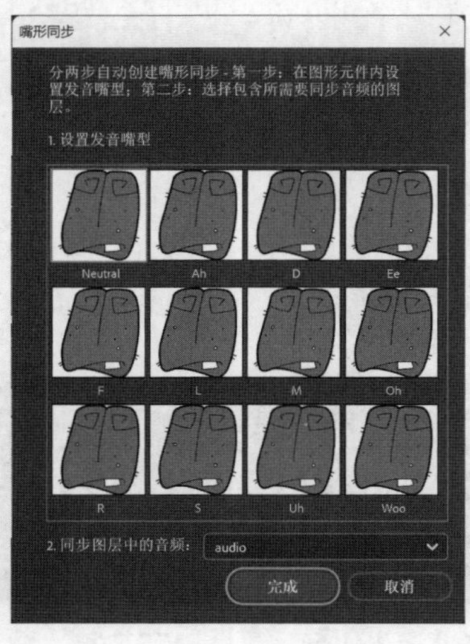

图 4-55

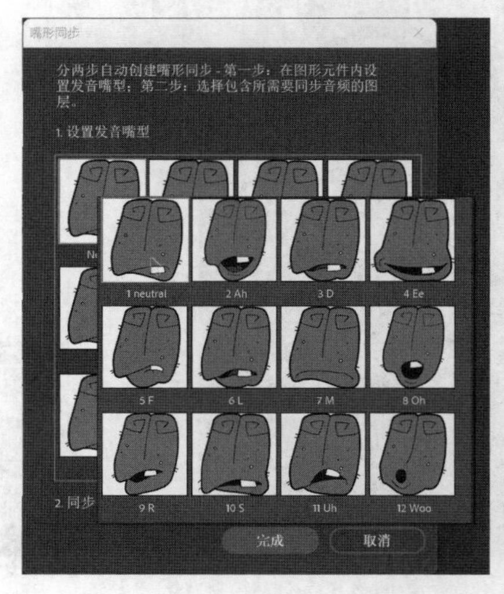

图 4-56

⑪ 单击标有 Ah 的嘴形，从打开的菜单中选择图形元件中标有 Ah 的关键帧（第 2 个关键帧）。

Animate 把图形元件的第 2 个关键帧与 Ah 嘴形匹配起来。

⑫ 使用同样的方法把 12 种嘴形与图形元件中对应的关键帧匹配起来，如图 4-57 所示。

⑬ 进入第 2 步，选择包含需要同步音频的图层。从【同步图层中的音频】下拉列表中选择 audio 图层，如图 4-58 所示。Animate 会使用图层中的音频文件匹配嘴形。

⑭ 单击【完成】按钮，Animate 开始创建嘴形同步，如图 4-59 所示。

整个过程需要一些时间，这期间可以休息一下。

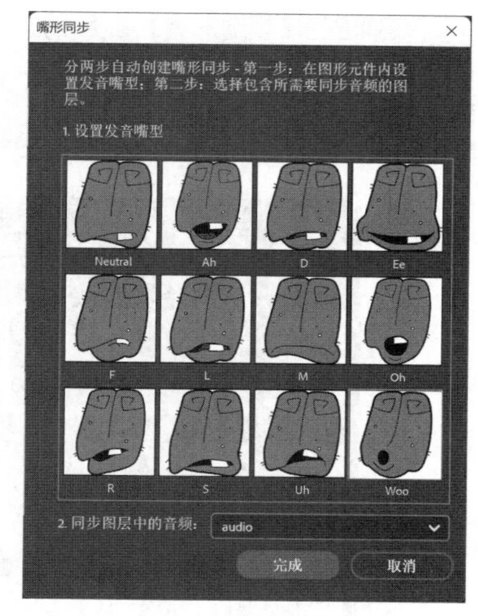

图 4-57

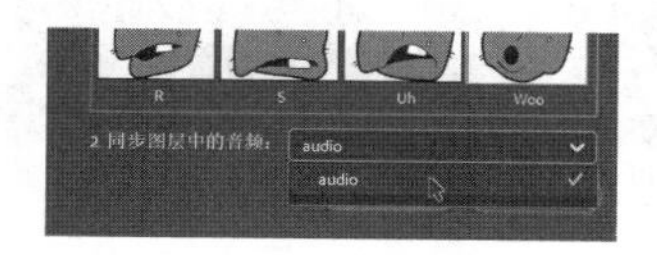

图 4-58

图 4-59

Animate 会处理所选的音频文件，然后在 monkey_mouth 图层中自动创建带标记的关键帧，使图形元件中的关键帧与音频文件同步，如图 4-60 所示。

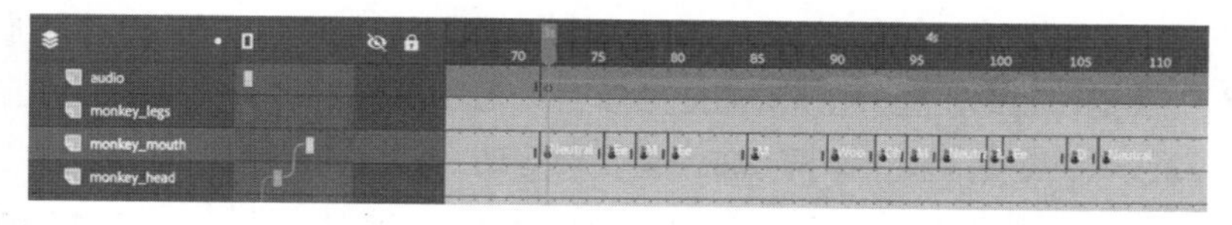

图 4-60

⑮ 按 Return 键（macOS）/Enter 键（Windows），播放动画，如图 4-61 所示。

随着音频文件的播放，图形元件从一个关键帧切换到另外一个关键帧，把声音与相应的嘴形对应起来。

⑯ 当需要修改某个关键帧的特定嘴形时，先选择舞台中要修改的实例，然后在【属性】面板的【对象】选项卡下单击【帧选择器】按钮，如图 4-62 所示。

图 4-61

图 4-62

在弹出的【帧选择器】面板中，从图形元件列表中手动选择需要的关键帧，如图 4-63 所示。

> 提示 如果需要仔细检查每帧的细节，可以在【帧选择器】面板底部调整帧画面的预览大小，如图 4–64 所示。关闭【帧选择器】面板后，Animate 仍会保留用户的预览设置。

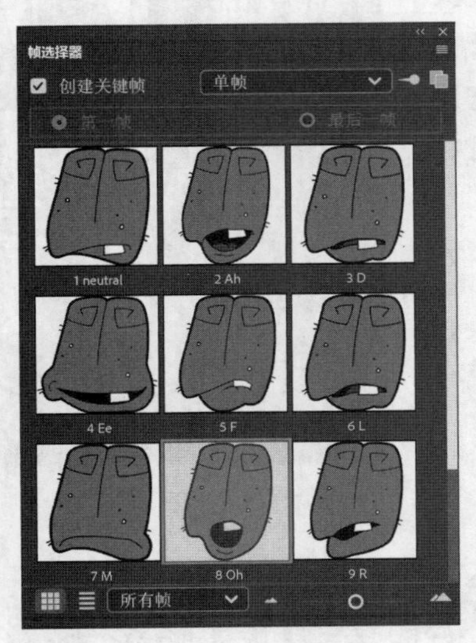

图 4-63

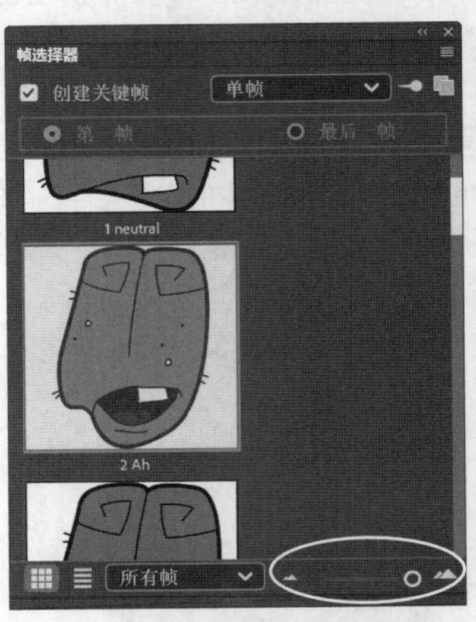

图 4-64

4.5 添加头部运动

当动画角色说话时，除了嘴巴的开合动作，通常还伴有其他动作，如摇头晃脑、皱鼻子、翘眉毛等。这些不起眼的小动作有助于提升整个动画的真实性、自然性。monkey_head 影片剪辑元件本身已经包含眨眼和转动眼珠的动画，接下来再添加一些头部运动。

❶ 选择 monkey_head 图层，分别在第 89、94、102、109 帧处插入一个关键帧，如图 4-65 所示。

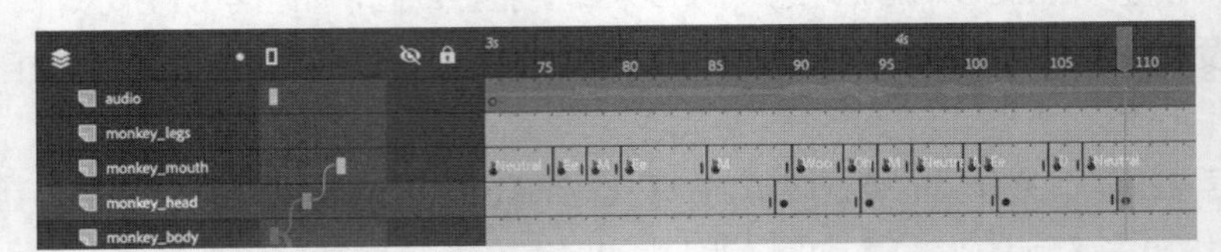

图 4-65

❷ 在第 94 帧处的关键帧中选择猴子头部，在【工具】面板中选择【任意变形工具】。

❸ 沿顺时针方向把猴子头部旋转 9° 左右，让猴子刚开始说话时头部有点倾斜，如图 4-66 所示。在第 102 帧处，做同样的旋转操作。

图 4-66

由于 monkey_head 图层是 monkey_mouth 图层的父图层，所以猴子的嘴巴也会跟着一起旋转。

❹ 在第 89 帧与第 94 帧之间任选一帧，在【时间轴】面板顶部，

单击【创建补间】按钮，选择【创建传统补间】。

此时，头部倾斜动作就做好了。

❺ 在第 102 帧与第 109 帧之间任选一帧，在【时间轴】面板顶部单击【创建补间】按钮，选择【创建传统补间】，在两个关键帧之间添加补间，如图 4-67 所示。

此时，猴子头部回到正常状态。

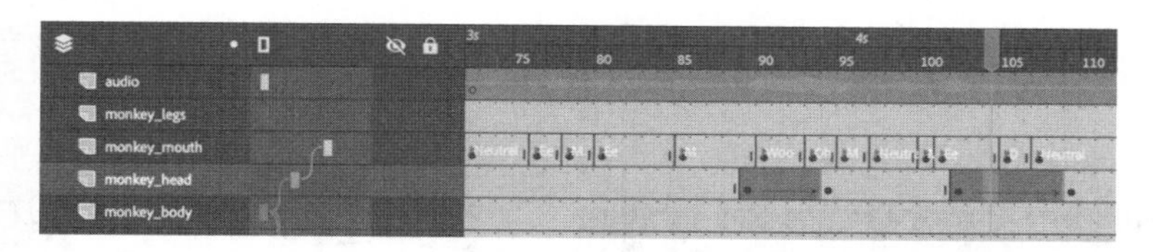

图 4-67

可以尝试添加一些轻微点头或摆头的动作来强调说的内容，同时给动画添加一些视觉上的变化。另外，还可以试着给动画角色添加一些表现态度的表情或动作，使动画更加逼真。

4.6 添加背景

添加一个背景，用以衬托前景中猴子角色的独白动画，使其更加生动和引人入胜。

❶ 在所有图层之下新建一个图层，命名为 background，如图 4-68 所示。

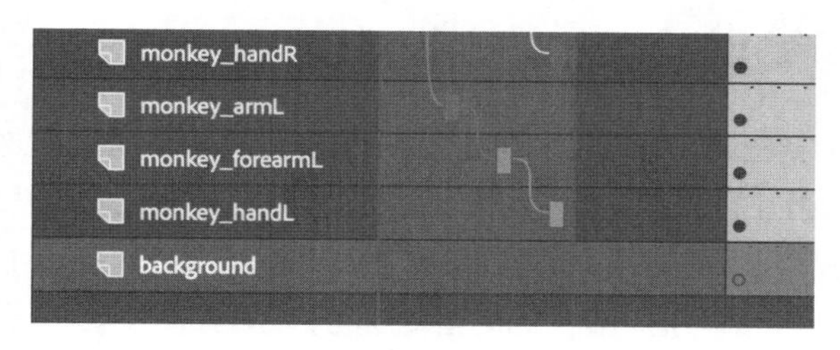

图 4-68

❷ 打开【库】面板，把 Bitmap 3 拖入舞台中，充当背景，移动背景图像，使其 x 坐标与 y 坐标均为 0，如图 4-69 所示。

❸ 从【库】面板中把 shadow 影片剪辑元件拖入舞台中，移动位置，使其上边缘与猴子鞋子的底部对齐，充当猴子在地面上的影子，如图 4-70 所示。

图 4-69

图 4-70

给猴子添加影子，能够更好地将猴子融入背景中，从而营造出更自然的场景。

④ 在【属性】面板的【对象】选项卡下，在【混合】区域中设置【混合】为【正片叠底】，如图 4-71 所示。

【正片叠底】模式能够将影片剪辑元件的颜色叠加到背景上，实现自然的融合效果，如图 4-72 所示。

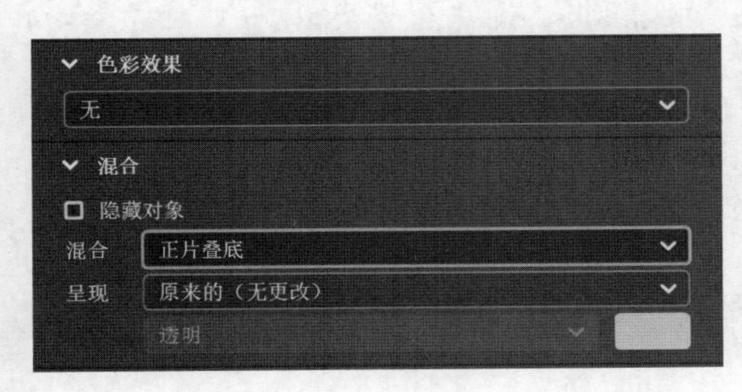

图 4-71

图 4-72

4.7 导出动画

与上一课一样，我们要把制作好的动画导出为 MP4 视频。导出 MP4 视频时，Animate 会渲染影片剪辑元件内部的嵌套动画并展现出来，因此可以看到猴子偶尔眨眼或眯起眼睛的动作。

从菜单栏中选择【文件】>【导出】>【导出视频 / 媒体】，或者单击【快速共享和发布】按钮，启动 Adobe Media Encoder，即可把制作好的动画转换成视频，如图 4-73 所示。

图 4-73

4.8 复习题

❶ 如何在不同对象之间创建父子关系？

❷ 编辑图层间的父子关系时有哪 3 种方法？

❸ 当父图层中发生缩放变换时，如何设置才会影响到子图层？

❹ 图形元件与影片剪辑元件有何不同？

❺ 什么是 12 种发音嘴形？制作嘴形同步动画需要什么？

4.9 复习题答案

❶ 要在对象之间建立父子关系，首先对象必须位于不同图层上，而且是元件实例。在【时间轴】面板中，打开父级视图，然后把子图层的彩色矩形拖动到父图层的彩色矩形上。

❷ 编辑图层之间的父子关系有如下 3 种方法：把子图层拖向父图层；单击子图层，选择【删除父级】；单击子图层，选择【更改父级】，然后选择新父图层。

❸ 在【时间轴】面板中，取消勾选【传播缩放、倾斜和翻转】后，父图层中的缩放变换将不会到影响子图层。

❹ 只有实例所在的主时间轴上有足够多的帧时，图形元件才会播放自身时间轴上的动画。影片剪辑元件包含独立的时间轴，只要实例在舞台中，不管主时间轴上有多少帧，它都会播放动画。

❺ 12 种发音嘴形指的是动画角色发音时 12 种嘴形的图形，每个嘴形对应一个音节。制作嘴形同步动画时，需要在图形元件的各个关键帧中分别创建一种嘴形。在【属性】面板中，单击【嘴形同步】按钮，Animate 会自动分析时间轴上的音频文件，然后沿着主时间轴创建同步关键帧，其中包含图形元件中对应的帧。

第 5 课

使用现代绑定制作动画

课程概览

本课主要讲解以下内容。

- 使用【资源变形工具】做现代绑定
- 使用【资源变形工具】创建与编辑索具
- 使用传统补间制作索具动画
- 冻结或旋转关节，以便准确而轻松地设置索具
- 骨骼类型，如严格骨骼、宽松骨骼、弹性骨骼
- 使用封套变形器扭曲图形轮廓
- 组织与管理【库】面板中的变形资源
- 向索具应用孤立关节

学习本课大约需要 90 分钟

在 Animate 中，使用【资源变形工具】可轻松在图形内部创建索具做现代绑定（Animate 中强大、直观的动画制作方法）。使用索具和传统补间技术可以很方便地对矢量图形、位图做拉伸、旋转、变形、移动等操作。

5.1 课前准备

首先浏览一下最终成品，了解本课要做 3 个小动画。

❶ 进入 Lessons\05\05End 文件夹，使用浏览器打开 05End.gif 文件，播放第 1 个小动画，如图 5-1 所示。

动画中，有一个小男孩躺在雪地上摆动四肢，在雪地上扫出痕迹。

❷ 关闭 05End.gif 文件。

❸ 进入 Lessons\05\05End 文件夹，使用浏览器打开 05End_weightlifter.gif 文件，播放第 2 个小动画，如图 5-2 所示。

图 5-1

图 5-2

动画中，有一个卡通举重运动员在举哑铃，伴有下蹲与上举动作。

❹ 关闭 05End_weightlifter.gif 文件。

❺ 进入 Lessons\05\05End 文件夹，使用浏览器打开 05End_snakedancing.gif 文件，播放第 3 个小动画，如图 5-3 所示。

图 5-3

动画中，有一条小蛇在随着音乐舞动身体。

❻ 关闭 05End_snakedancing.gif 文件。

在制作这些动画的过程中，将学习如何使用【资源变形工具】和现代绑定技术为位图和矢量图形制作动画。

5.2　什么是现代绑定

现代绑定（modern rigging）是一种动画制作技术，运用该技术能在图形内部创建某种结构，然后使用传统补间制作动画。这种结构也叫“索具”，它包含多个关节和分支，就像人体的骨架一样。索具骨骼可以是直的，也可以是弯曲的，而且可以伸展或收缩。操纵索具时，图形上的网格会跟着移动和变形。换言之，移动网格会使图形发生相应的移动和变形。

而且，网格轮廓是可以修改的，通过改变网格轮廓（称为“封套”），我们能够调整图形的外形。

现代绑定是一种强大且直观的动画制作技术。一旦在图形内部创建好索具，制作动画就像操控提线木偶一样简单。

现代绑定非常适合用来制作角色动画，因为我们可以通过索具骨骼轻松地控制角色的四肢动作。事实上，对于任何图形（包括那些不含四肢的图形），都可以使用现代绑定技术轻松制作出动画。

5.3　使用【资源变形工具】

在 Animate 中，我们可以使用【资源变形工具】轻松地创建、编辑和移动索具。索具类似于骨架（后面的课程中会介绍如何使用【骨骼工具】创建骨架），Animate 允许在位图或矢量图形内部创建索具。Animate 会把图形与索具看作一个变形资源保存到【库】面板中。

索具可以是一系列相连的骨骼、分支骨骼，也可以是孤立点。

接下来制作第 1 个动画，即小男孩躺在雪地上摆动四肢的动画。

5.3.1　创建索具

在位图内创建索具。

❶ 在【新建文档】对话框中，在【角色动画】类别下选择【高清】预设，在右侧【详细信息】区域中，分别设置【宽】与【高】为 796、900，在【平台类型】下拉列表中选择【ActionScript 3.0】，其他设置保持默认，单击【创建】按钮，如图 5-4 所示。

❷ 在菜单栏中选择【文件】>【保存】，在【另存为】对话框中，转到 Lessons\05\05Start 文件夹下，输入文件名 05_workingcopy.fla，单击【保存】按钮。

❸ 在菜单栏中选择【文件】>【导入】>【导入到舞台】[快捷键为 Command+R（macOS）/ Ctrl+R（Windows）]，打开【导入】对话框。在【导入】对话框中，进入 Lessons\05\05Start 文件夹，选择 snow-angel.psd 文件，单击【打开】按钮。

❹ 在【将“snow-angel.psd”导入到舞台】

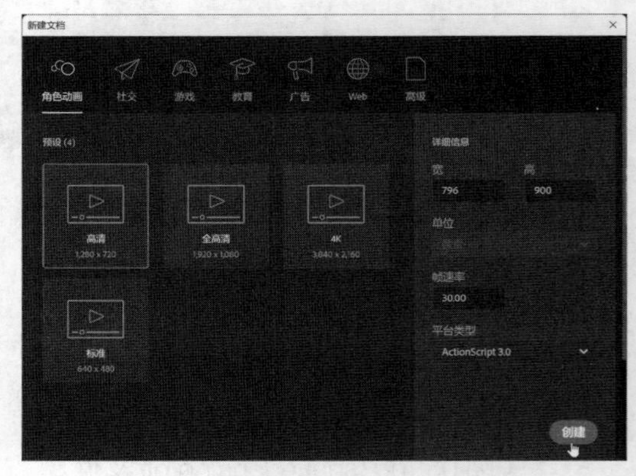

图 5-4

对话框中选择【平面化位图图像】，如图 5-5 所示，单击【导入】按钮。

在 Animate 中，PSD 文件的两个图层中的内容被导入单独的图层中，如图 5-6 所示。child 图层中是小男孩，不带背景。snow 图层中是雪地背景。

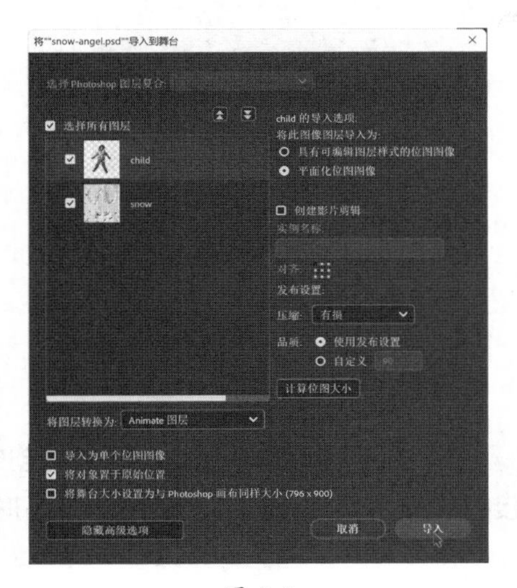

图 5-5

图 5-6

❺ 当前“图层 _1”是空的，单击【删除】图标将其删除。

❻ 在【工具】面板中选择【资源变形工具】。

❼ 在【属性】面板的【工具】选项卡下，关闭【封套】，打开【创建骨骼】，把【骨骼类型】设置为【严格】，如图 5-7 所示。

❽ 在舞台中单击小男孩，将其选中，然后单击他的左肩。

此时，小男孩身体上出现网格，并且单击处出现一个关节，如图 5-8 所示。这样，索具的首个关节就创建好了。

图 5-7

图 5-8

使用【选择工具】选择小男孩时，他身上的网格会消失，舞台中的小男孩不再是普通位图，而变成了【Warped Bitmap】（变形位图），可以在【属性】面板中看到，如图 5-9 所示。

该变形位图对象存放在【库】面板中，名称为 WarpedAsset_1。稍后将学习如何重命名和组织变形资源。

⑨ 再次选择【资源变形工具】，单击第 1 个关节，将其选中。把鼠标指针移动到小男孩的左肘处。此时，Animate 会根据鼠标指针的位置显示骨骼的创建位置，如图 5-10 所示。

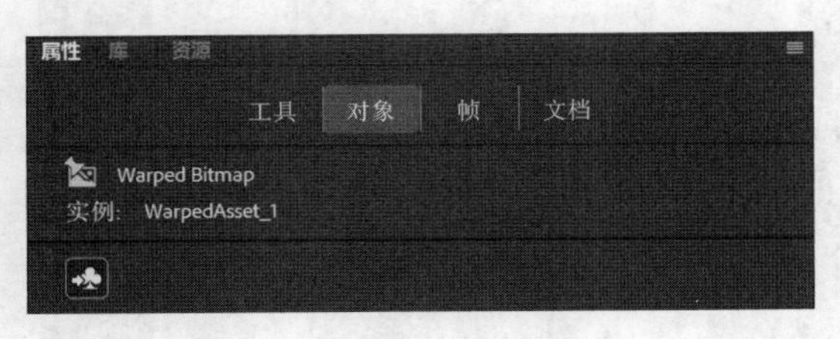

图 5-9

图 5-10

⑩ 单击小男孩的左肘处，如图 5-11 所示。Animate 在小男孩的左肘处创建一个关节，同时创建一个骨骼，把两个关节（一个在左肩，另一个在左肘）连接在一起。严格骨骼是一个细长的三角形，较宽的底部位于起始关节（第 1 个关节），尖端位于最远关节（第 2 个关节）。同时，第 1 个关节变成正方形，表示它是根关节。

⑪ 单击小男孩的左手腕，如图 5-12 所示。

图 5-11

图 5-12

Animate 在小男孩的左手腕处添加一个关节，同时添加一个骨骼，连接左肘关节与左手腕关节。至此，小男孩左手臂上的索具就创建好了。

5.3.2 添加其他骨骼

前面添加的骨骼和关节只能控制小男孩的左手臂。接下来，继续给小男孩的其他肢体添加骨骼和关节。

❶ 选择【资源变形工具】，在网格外部单击，取消选择索具的最后一个关节，如图 5-13 所示。

❷ 单击小男孩的右肩，新建一个关节，如图 5-14 所示。

图 5-13

图 5-14

只有单击了网格外部区域（第 1 步），再新建关节时（第 2 步），新关节才不会连接至前一个关节。在小男孩的左手腕关节仍处于选中状态时，单击小男孩的右肩，新创建的骨骼会把小男孩的左手腕关节和右肩关节连接在一起，如图 5-15 所示，这并不是我们想要的结果。

❸ 在小男孩右手臂上，分别单击小男孩的右肘与右手腕，创建出两个骨骼，如图 5-16 所示。

图 5-15

图 5-16

❹ 单击网格外部的区域，然后在小男孩的两条腿上分别创建骨骼和关节，把髋关节、膝关节、踝关节连接在一起，如图 5-17 所示。

图 5-17

至此，全部素具就创建好了。请注意，此时小男孩身上有多组骨骼，这几组骨骼之间彼此不相连。

5.3.3 移动素具

接下来，使用【资源变形工具】移动小男孩身上的各个关节，让小男孩的四肢动起来。

❶ 向上拖动左上臂骨骼（位于左肩关节和左肘关节之间），使小男孩的左手臂向上移动，如图 5-18 所示。

此时，小男孩的整只左手臂绕着左肩关节向上旋转。左前臂骨骼呈现为橙色，左肘关节呈现为红色。

❷ 向上拖动小男孩的左前臂骨骼，如图 5-19 所示。

图 5-18

图 5-19

此时，小男孩的左前臂会绕着左肘关节向上旋转。左前臂骨骼呈现为橙色，左肘关节呈现为红色。

❸ 尝试拖动小男孩的左手腕关节，如图 5-20 所示。

图 5-20

移动左手腕关节不仅可以旋转与之相连的骨骼（左前臂骨骼），还可以拉长或缩短骨骼。而拖动骨骼只能对骨骼进行旋转操作，第 1 步与第 2 步中的操作就是这种情况。

如果不小心拉长了小男孩的前臂，请将手腕处的关节向后移动，以帮助前臂恢复正常。

> 提示 移动素具骨骼时，请注意幅度不宜过大，以免位图过度拉伸，从而产生不自然的视觉效果。使用【资源变形工具】对位图进行变形时，请适当控制变形程度，避免做过于剧烈或极端的调整。

移动一个关节时，所有与之相连的骨骼和关节都会跟着移动。例如，当移动上臂骨骼和肘关节时，前臂骨骼和手腕关节会跟着一起移动。在这种关系中，第 1 个关节称为父关节，把与之相连的关节称为子关节。移动父关节时，子关节会跟着一起移动。

5.3.4 指定旋转角度

制作动画的过程中，有时需要准确控制骨骼的旋转角度。此时，可以直接在【属性】面板的【骨骼旋转】中输入准确的角度值。

❶ 选择小男孩的右上臂骨骼或右肘关节，如图 5-21 所示。

❷ 在【属性】面板的【对象】选项卡下的【“变形”选项】区域中，在【骨骼旋转】中输入 150，如图 5-22 所示。

图 5-21

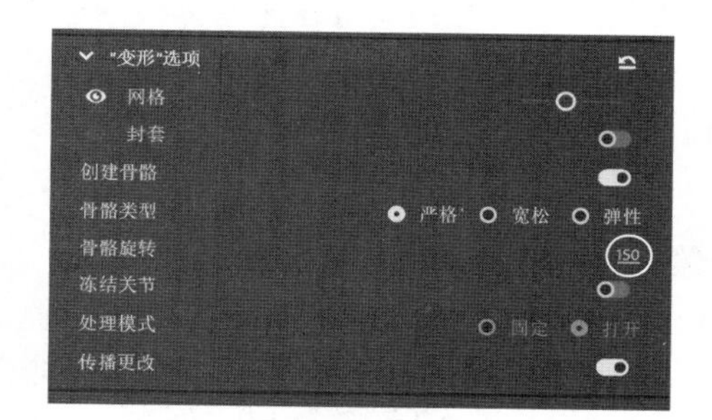

图 5-22

按 Return 键（macOS）/Enter 键（Windows）后，小男孩的右上臂向上旋转指定角度，如图 5-23 所示。

❸ 选择小男孩的右前臂（骨骼）或右手腕关节。

❹ 在【属性】面板的【对象】选项卡下的【“变形”选项】区域中，在【骨骼旋转】中输入 -180。

按 Return 键（macOS）/Enter 键（Windows）后，小男孩的右前臂向上旋转指定角度，如图 5-24 所示。

图 5-23

图 5-24

请根据需要调整好小男孩两只手臂的位置，确定好动画的初始动作。

网格选项

调整人物动作时，为方便观察，有时需要把人物身上的网格隐藏起来。在【属性】面板的【“变形”选项】区域中，单击【网格】左侧的眼睛图标，如图 5-25 所示，即可把网格隐藏起来。

隐藏网格后，人物身上只显示索具的关节和骨骼，如图 5-26 所示。

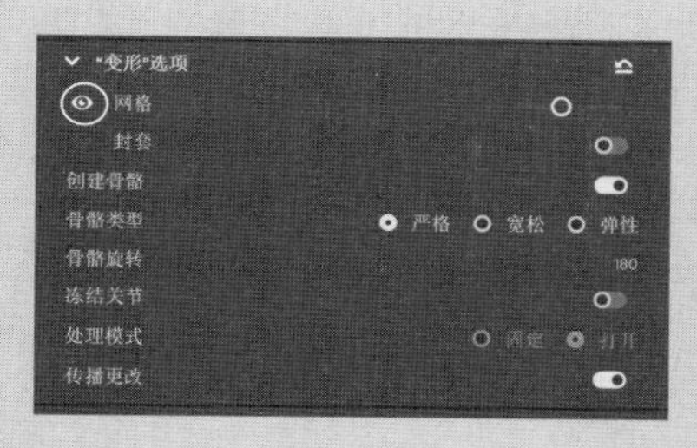

图 5-25

图 5-26

【网格】右侧是网格密度控制滑块，拖动滑块，可改变网格的疏密程度。向左拖动滑块，网格密度减小，如图 5-27 所示；向右拖动滑块，网格密度增大，如图 5-28 所示。

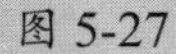
图 5-27

图 5-28

网格密度决定着图像变形的精细程度。大多数情况下，把滑块放在滑动条的中间（默认位置）就好。

5.4 修改索具

设置关节和骨骼时，若位置不对，我们可以轻松修正，或者直接删除，重新设置。

5.4.1 调整关节和骨骼位置

进入索具编辑模式后，移动索具内部关节不会影响到网格。

❶ 选择【选择工具】或【资源变形工具】，在索具上单击鼠标右键，从弹出的快捷菜单中选择【编辑索具】，如图 5-29 所示。

图 5-29

此时，Animate 进入索具编辑模式。在索具编辑模式下，索具颜色发生了变化，如图 5-30 所示。

此时，调整关节和骨骼的位置，不会影响到底层的网格或图形。

❷ 把肘关节拖动到新位置，如图 5-31 所示，请务必确保该位置位于网格范围内。

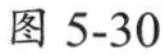

图 5-30

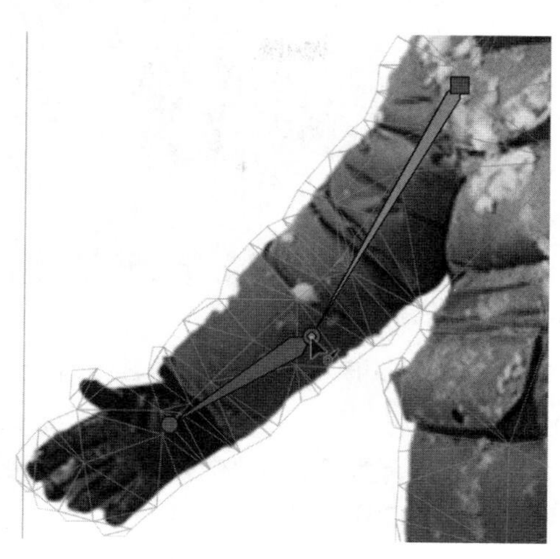

图 5-31

肘关节及其相连的骨骼移动到新位置，但不会影响到位图。

把肘关节恢复到原来的位置［或者按 Command+Z（macOS）/Ctrl+Z（Windows）组合键］，继续往下操作。

❸ 单击舞台顶部的回退箭头（左箭头），如图 5-32 所示，退出索具编辑模式。

图 5-32

返回【场景 1】。

5.4.2　删除关节和骨骼

按 Delete 键或 Backspace 键，可轻松删除指定的关节及与其相连的骨骼。

❶ 选择右手腕关节（最后一个关节），如图 5-33 所示。

❷ 按 Delete 键（macOS）或 Backspace 键（Windows）。

此时，所选关节及其相连的骨骼就从索具中删除了，如图 5-34 所示。

❸ 按 Command+Z（macOS）/Ctrl+Z（Windows）组合键，撤销删除操作。

❹ 只选择右前臂骨骼。

图 5-33

图 5-34

❺ 按 Delete 键（macOS）或 Backspace 键（Windows）。

此时，右前臂骨骼从索具中删除，但右手腕关节仍然保留着，如图 5-35 所示。

图 5-35

总结一下：选择一个关节，按 Delete 键（macOS）或 Backspace 键（Windows），该关节及与其相连的骨骼都会被删除；选择一个骨骼，按 Delete 键（macOS）或 Backspace 键（Windows），只删除所选骨骼，与其相连的关节会被保留。

5.4.3 重连关节和骨骼

使用 Option 键（macOS）/Alt 键（Windows），可把关节与骨骼重新连接在一起。

❶ 使用【资源变形工具】选择小男孩的右肘关节。

❷ 按住 Option（macOS）/Alt（Windows）键，单击右手腕关节。

Animate 会创建一个骨骼，把两个关节连接起来。

5.5 制作索具动画

制作索具动画时，需要先在不同关键帧中摆放姿势，然后使用传统补间在关键帧之间添加过渡帧。

5.5.1 创建关键帧

每个关键帧中，人物的姿势是不一样的。

❶ 在时间轴上同时选中两个图层的第 40 帧，按 F5 键添加帧，延长小男孩和背景的显示时间，如图 5-36 所示。

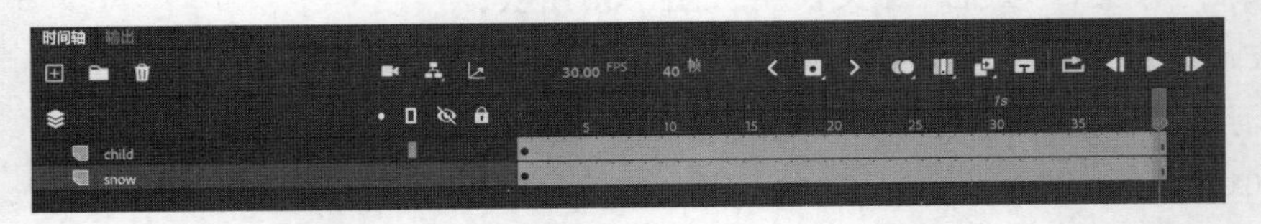

图 5-36

❷ 在 child 图层的第 16 帧和第 40 帧处分别添加一个关键帧（按 F6 键），如图 5-37 所示。

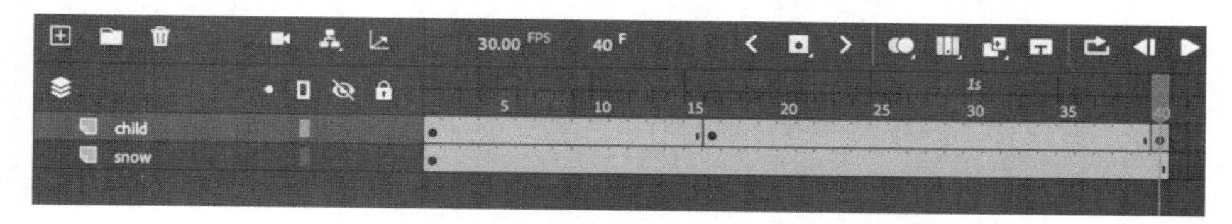

图 5-37

❸ 选择第 16 帧处的关键帧。

❹ 向下移动小男孩两只手臂上的关节，保证两只手臂的摆动轨迹与雪地上的压痕一致，如图 5-38 所示。

把小男孩的手臂向身体两侧转动时，一定要谨慎，不可用力过猛，否则会导致小男孩的肩膀、颈部、面部等其他部位扭曲，因为它们是连在一起的。

❺ 移动小男孩的腿部关节，使两条腿彼此靠近，如图 5-39 所示。

图 5-38

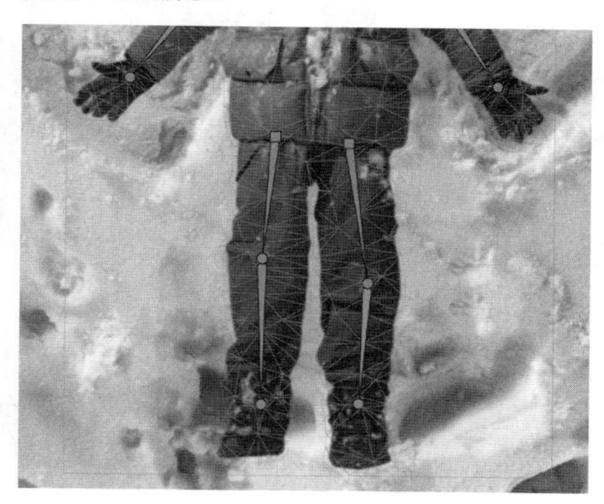

图 5-39

5.5.2 应用传统补间

接下来在关键帧之间应用传统补间，确保动作过渡自然。

❶ 在第 1 个关键帧和第 2 个关键帧之间任选一帧。

❷ 单击鼠标右键，从弹出的快捷菜单中选择【创建传统补间】。

❸ Animate 在第 1 个关键帧和第 2 个关键帧之间创建传统补间，实现前后两个动作的平滑过渡，如图 5-40 所示。

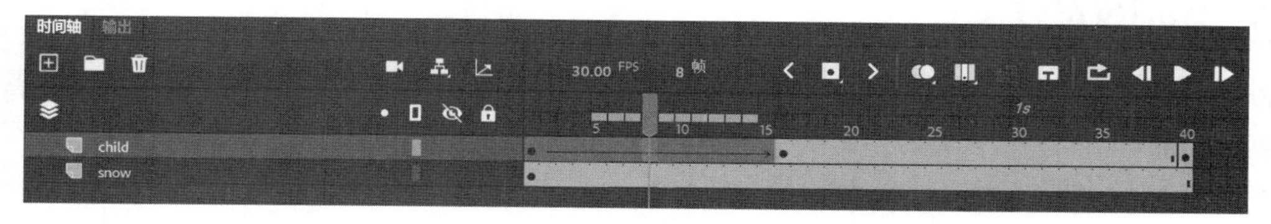

图 5-40

创建传统补间时，Animate 会执行一系列计算，此时补间区间上方会显示一系列浅蓝色方块，这些方块用于直观显示当前计算的进度。

提示 使用传统补间技术还可以给变形对象的缩放、旋转、位置、色彩效果制作动画，Animate 会在关键帧之间插入过渡帧，以确保变化是连贯的、自然的。当想移动整个索具时，在舞台中使用【选择工具】把变形对象移动到新位置即可。要想调整缩放或旋转，请使用【任意变形工具】。

❹ 在第 2 个关键帧和第 3 个关键帧之间任选一帧。

❺ 单击鼠标右键，从弹出的快捷菜单中选择【创建传统补间】。

Animate 在第 2 个关键帧和第 3 个关键帧之间创建传统补间，确保前后两个动作平滑过渡，如图 5-41 所示。

图 5-41

提示 开启了【资源变形工具】的【传播更改】选项后，即使给索具添加了补间，仍然可以调整索具。在某个关键帧中给索具添加关节或者删除关节时，Animate 会把修改应用到所有关键帧中，以确保补间的完整性。

Animate 会在关键帧之间插入过渡帧，确保前后动作能够自然地衔接在一起。

❻ 单击【循环】按钮，调整循环的起止点，把第 1 帧到第 40 帧的所有帧都包含进去。播放动画，可以看到小男孩躺在雪地上来回摆动四肢，并在雪地上留下压痕。

5.5.3 添加投影效果

小男孩躺在雪地上是有投影的，添加投影能够把小男孩与背景更好地融合在一起，使动画看上去更真实、自然。

❶ 选择 child 图层的第 1 个关键帧（第 1 帧）。

❷ 在【属性】面板的【滤镜】区域中单击【添加滤镜】图标，从弹出的菜单中选择【投影】，如图 5-42 所示。

此时，Animate 向 child 图层中的小男孩添加投影效果。

❸ 在【投影】区域中，设置【模糊 X】为 20、【模糊 Y】为 20、【距离】为 10、【强度】为 75%，如图 5-43 所示。

图 5-42

图 5-43

这样设置之后，小男孩身下形成了柔和的阴影，立体感增强了，看起来就像真的躺在雪地上一样，如图 5-44 所示。

图 5-44

在时间轴上，第 1 个关键帧上出现了白色圆点，代表该关键帧应用了滤镜，如图 5-45 所示。

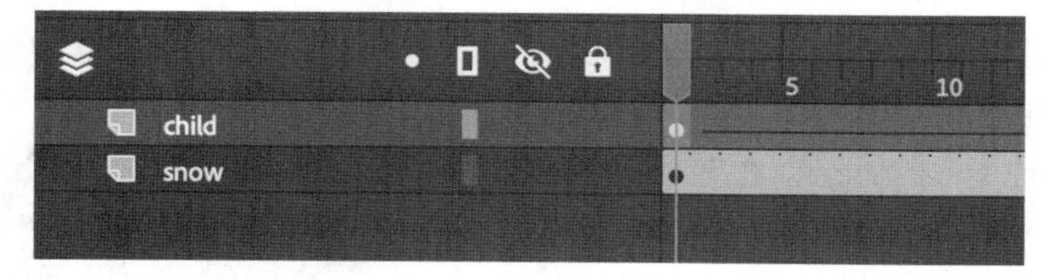

图 5-45

❹ 在【属性】面板的【滤镜】区域中，单击右上角的齿轮图标，从弹出的菜单中选择【复制所有滤镜】，如图 5-46 所示。

此时，Animate 复制投影滤镜及其所有设置。

❺ 选择第 2 个关键帧（第 16 帧）。

❻ 在【属性】面板的【滤镜】区域中，单击右上角的齿轮图标，从弹出的菜单中选择【粘贴滤镜】，如图 5-47 所示。

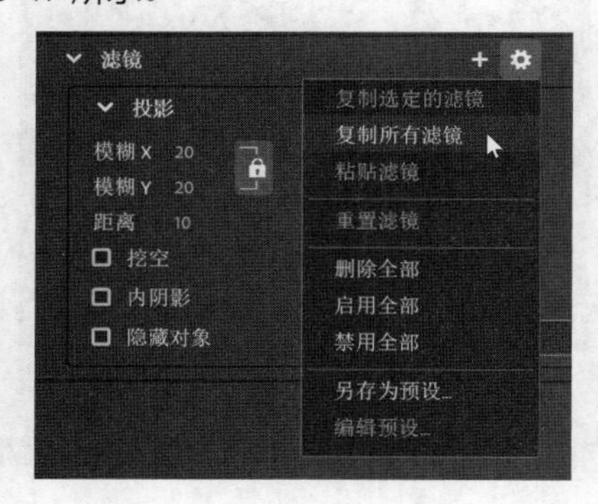

图 5-46

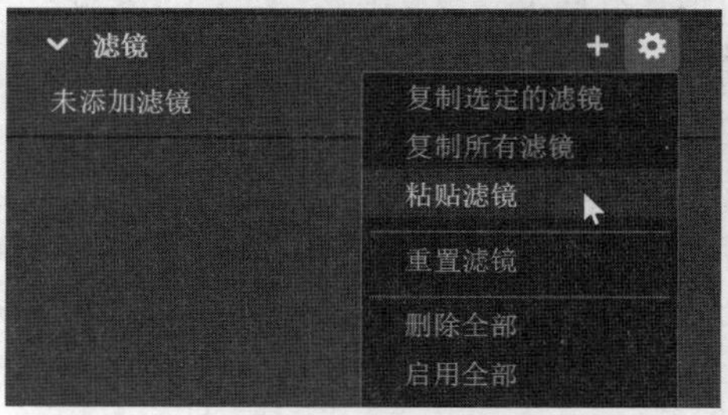

图 5-47

Animate 把从第 1 个关键帧中复制的投影滤镜及其设置粘贴到第 2 个关键帧中。

❼ 选择第 3 个关键帧（第 40 帧），把投影滤镜粘贴到其中，如图 5-48 所示。

这样，3 个关键帧中都应用了相同的投影滤镜。

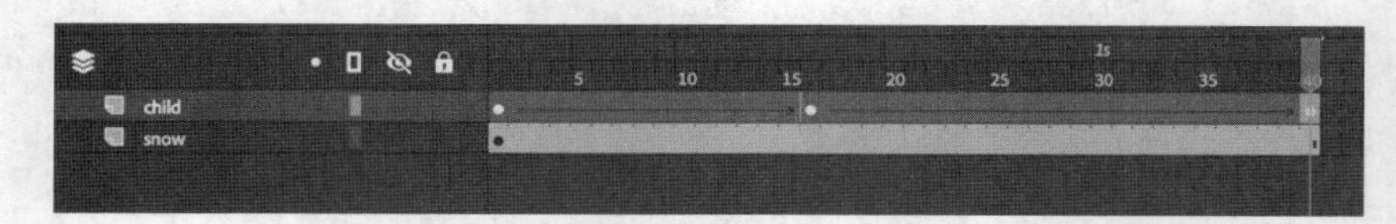

图 5-48

5.6 组织变形资源

当前，【库】面板中只有一个变形资源。制作动画的过程中，随着动画越来越复杂，用到的变形资源越来越多，就需要使用一些方法来组织变形资源。

重命名与分组

在【库】面板中，我们可以通过重命名与分组来管理其中的变形资源，类似于管理元件和导入的资源。

❶ 在【库】面板中双击名为 WarpedAsset_1 的变形资源（请双击变形资源的名称），或者单击鼠标右键，从弹出的快捷菜单中选择【重命名】。

❷ 输入新名称 snow_angel，如图 5-49 所示。按 Return 键（macOS）/Enter 键（Windows），使修改生效。

❸ 在【库】面板底部单击【新建文件夹】图标。

此时，一个新文件夹出现在【库】面板中。

❹ 给新文件夹输入新名称 warped_assets，如图 5-50 所示。按 Return 键（macOS）/Enter 键（Win-

图 5-49

dows），使修改生效。

❺ 把 snow_angel 拖入 warped_assets 文件夹中，如图 5-51 所示。

图 5-50

图 5-51

在【库】面板中组织好资源，不仅有助于提高工作效率，还能避免日后麻烦。

5.7 编辑变形资源

在【库】面板中双击某个变形资源，可进入编辑模式，以便编辑变形资源。但是，编辑时，尽量做微小改动，因为大幅度改动可能会对素具与图形的关联方式产生无法预料的后果。

编辑 snow_angel 变形对象

当前小男孩的夹克和裤子都是单色的，看起来比较沉闷。当把制作好的动画提交给创意总监后，有时创意总监会提出一些修改要求，比如改变小男孩裤子的颜色。还好，在 Animate 中对变形对象做这些微小的改动时，无须重新绑定和重新应用补间，这样就省了很多麻烦。

❶ 在【库】面板中双击 snow_angel 变形对象（请双击名称左侧的图标），或者单击鼠标右键，从弹出的快捷菜单中选择【编辑】，如图 5-52 所示。

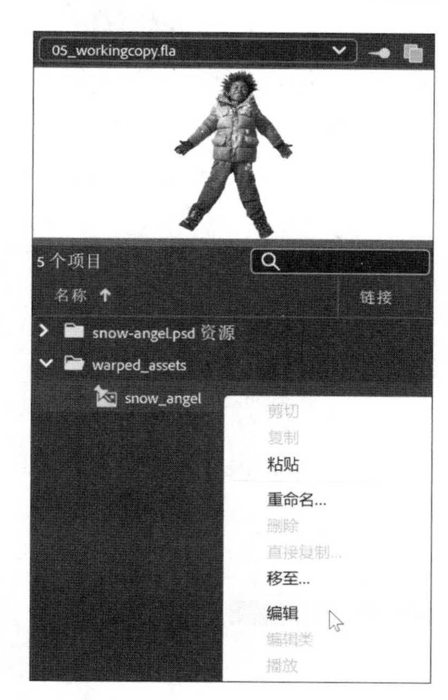

图 5-52

Animate 弹出警告，提示编辑时只能做一些微小修改，不要改变图像的位置和尺寸，如图 5-53 所示。

❷ 单击【确定】按钮。

进入变形资源编辑模式，如图 5-54 所示。此时，图像出现在舞台上，但不显示素具。

变形资源编辑模式不同于前面学过的素具编辑模式。在变形资源编辑模式（在【库】面板中双击进入）下，修改的是图像。而在素具编辑模式（在舞台中使用鼠标右键单击素具，从弹出的快捷菜单中选择【编辑素具】进入）下，修改的是素具，不会改变图像。

❸ 在舞台中使用鼠标右键单击图像，从弹出的快捷菜单中选择【使用 Photoshop 进行编辑】，如图 5-55 所示，或者选择【编辑方式】，然后从【选择外部编辑器】对话框中选择 Adobe Photoshop 2024。

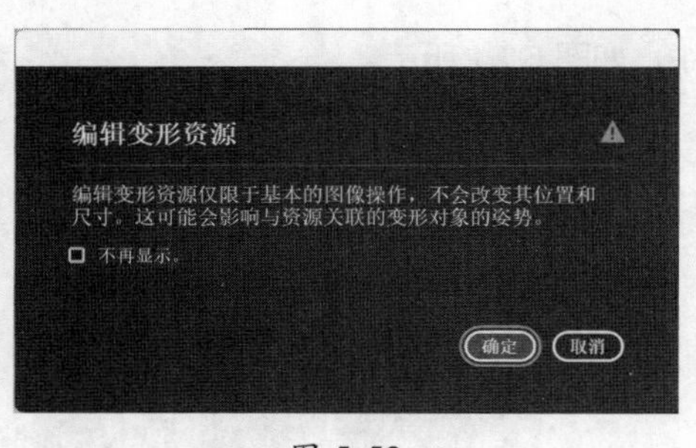

图 5-53

图 5-54

图 5-55

此时，Photoshop 启动，并打开小男孩图像，如图 5-56 所示。

图 5-56

❹ 使用【色相 / 饱和度】（从菜单栏中选择【图像】>【调整】>【色相 / 饱和度】或【色彩平衡】）或【色彩平衡】工具对图像做一些简单的修改，如图 5-57 所示。

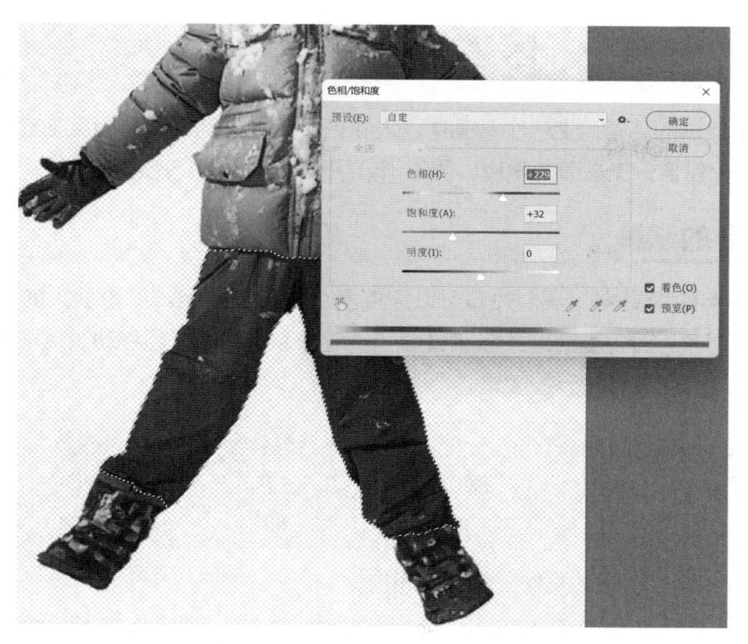

图 5-57

❺ 在 Photoshop 中，按 Command+S（macOS）/Ctrl+S（Windows）组合键，保存修改。

❻ 返回 Animate。在 Animate 中，单击舞台上方的回退箭头，退出编辑模式，返回【场景 1】。此时，在 Photoshop 中做的修改在变形资源上完全反映出来，如图 5-58 所示。

图 5-58

5.8 含分支关节的索具

接下来创建更复杂的动画。上一个动画中，人物各个肢体上的索具是相互独立的，不包含分支关节。下面将创建一个包含分支关节的索具。同时，介绍一下其他几个变形选项。

创建含分支关节的索具

在含有分支关节的索具中，一个关节可以连接多个关节和骨骼，就像从人的骨盆分出两条腿一样。移动骨盆（父对象）时，腿部的关节和骨骼（子对象）会跟着一起移动。接下来为卡通举重运动员（矢量图形）创建包含分支关节的索具。

> 注意 给矢量图形创建索具时，默认情况下，Animate 会将其转换成位图，以便更好地进行变形和补间。如果想保留矢量图形，不希望 Animate 进行转换，则可以在【首选参数】对话框中取消勾选【将矢量自动转换为位图，以便更好地进行变形和补间】（位于【绘制】选项卡下）。

❶ 保存 05_workingcopy.fla 文件，然后关闭它。

❷ 在 05Start 文件夹中打开 05Start_weightlifter.fla 文件，然后将其另存为 05_workingcopy_weightlifter.fla 文件。

这个文件中包含一个举重运动员（由不同颜色填充而成）和两个哑铃，这些图形位于 weightlifter 图层的第 1 帧中，如图 5-59 所示。

❸ 选择【资源变形工具】，在舞台中单击举重运动员。

此时，舞台中的所有图形处于选中状态，如图 5-60 所示。

图 5-59

图 5-60

❹ 单击人物胸部中间靠上一点的位置。

此时，所选图形上出现网格，同时单击处出现一个关节，如图 5-61 所示。

❺ 单击人物腹部，创建第 2 个关节。Animate 创建一个骨骼，把两个关节连接起来，如图 5-62 所示。

❻ 沿着人物的右腿，分别在大腿根、膝盖、脚踝、脚尖处创建关节，Animate 自动生成多个骨骼把这些关节连接起来，如图 5-63 所示。

❼ 单击腹部关节，将其选中，如图 5-64 所示。

图 5-61

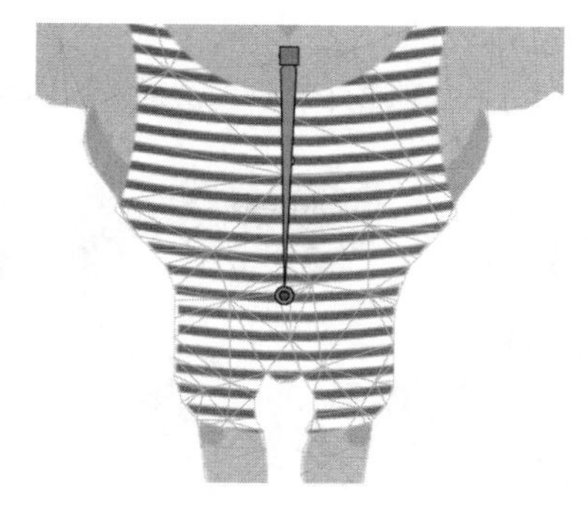

图 5-62

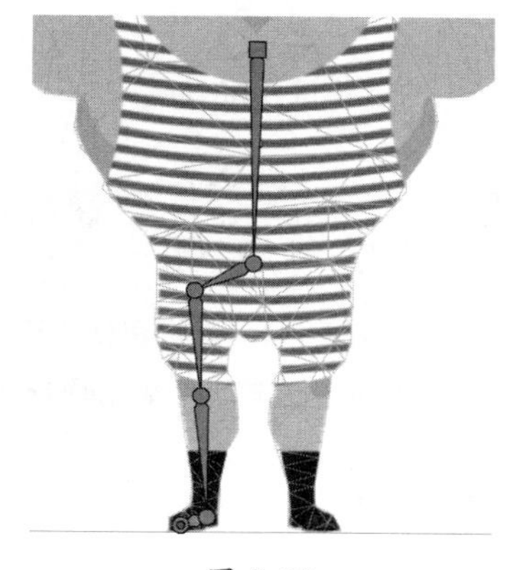

图 5-63

图 5-64

注意 一个关节可以有多个子关节，但它只能有一个父关节。

接下来，Animate 会从当前选中的关节开始创建骨骼。

❽ 沿着人物的左腿，分别在大腿根、膝盖、脚踝、脚尖处创建关节，Animate 自动生成多个骨骼把这些关节连接起来，如图 5-65 所示。

❾ 单击位于胸部中间靠上位置的第 1 个关节，它是一个父关节，也是根关节，以正方形显示，如图 5-66 所示。

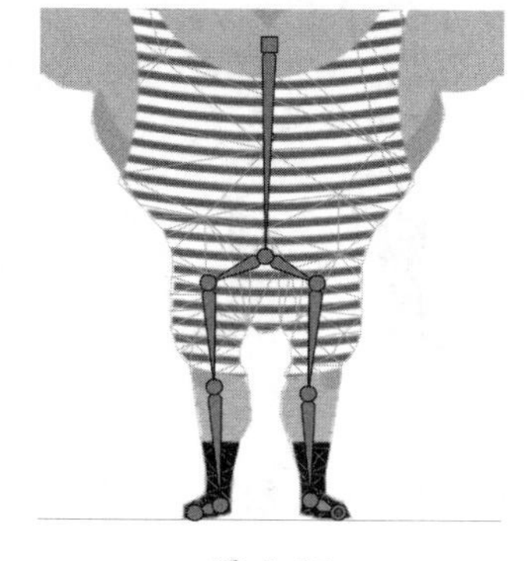

图 5-65

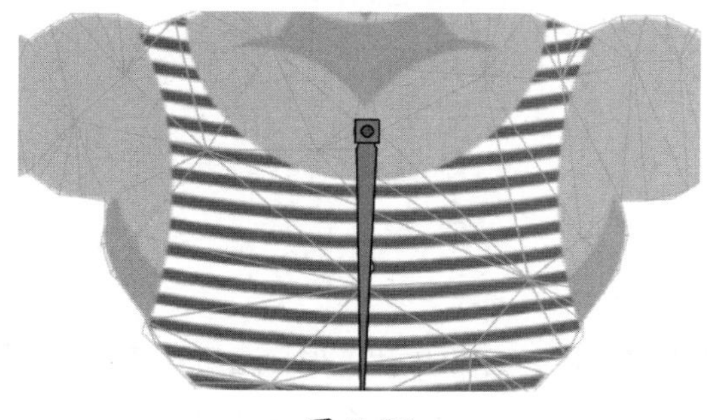

图 5-66

❿ 沿着人物左手臂，分别在左肩、左肘、左手心处创建关节，Animate 自动生成多个骨骼把这些

关节连接起来，如图 5-67 所示。

参照图 5-68 创建好索具。这里暂时不在另外一只手臂上添加关节，稍后再加。

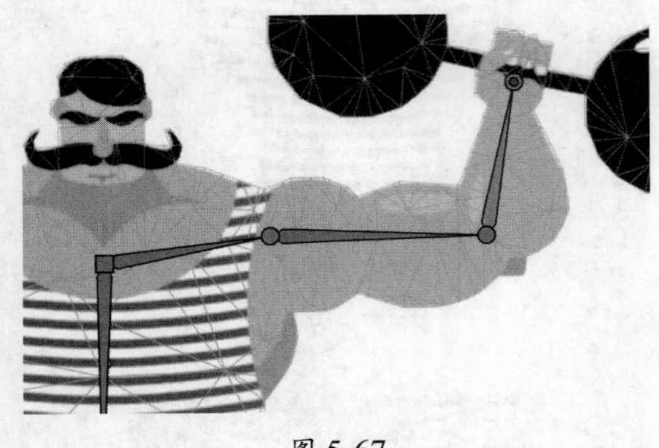

图 5-67

图 5-68

5.9 变形选项

下面制作举哑铃和深蹲动作，帮助运动员增强腿部力量。在这个动画中，人物身体上下移动，腿部屈伸，同时双脚牢牢地定在地面上。在【属性】面板中，使用不同的变形选项可使动画制作更轻松，而且能使某些关节（如脚踝和脚）保持在固定位置。

5.9.1 冻结关节

在【属性】面板的【变形选项】区域中开启【冻结关节】，防止关节移动。

❶ 拖动根关节（胸部的正方形关节）时，整个索具（包括网格）会跟着移动，如图 5-69 所示。

❷ 把索具恢复到原位。

❸ 选择其中一个踝关节，如图 5-70 所示。

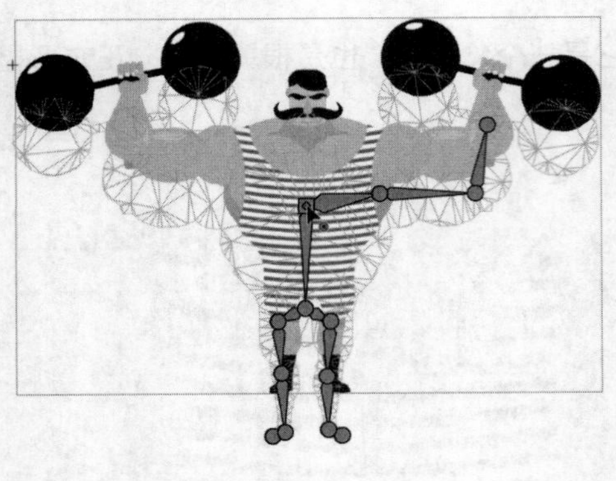

图 5-69

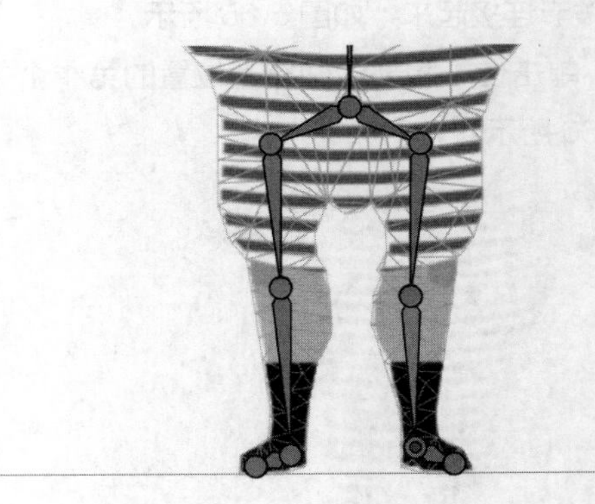

图 5-70

❹ 在【属性】面板的【“变形”选项】区域中开启【冻结关节】，如图 5-71 所示。

此时，所选关节上出现一个蓝色圆圈，代表它是一个冻结关节，如图 5-72 所示。

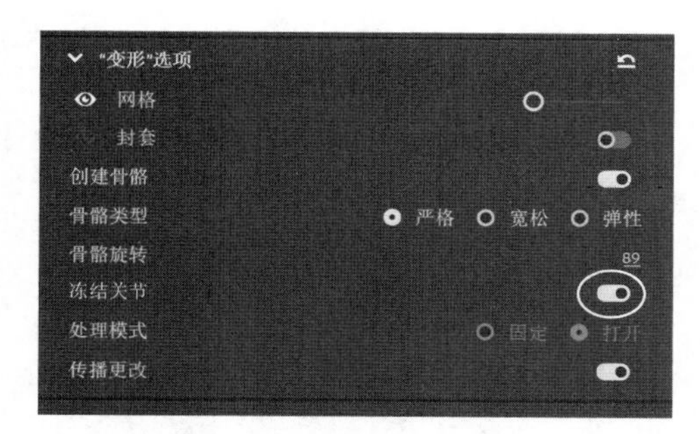

图 5-71

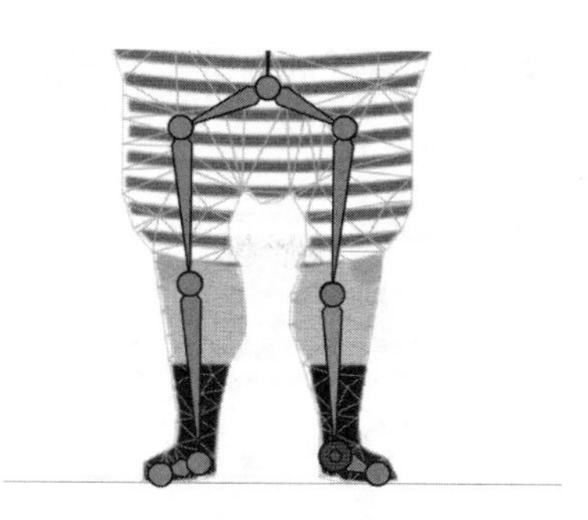

图 5-72

❺ 选择另外一个踝关节，在【属性】面板的【“变形”选项】区域中开启【冻结关节】。

这样，两个踝关节都冻结了，固定在了舞台上，如图 5-73 所示。

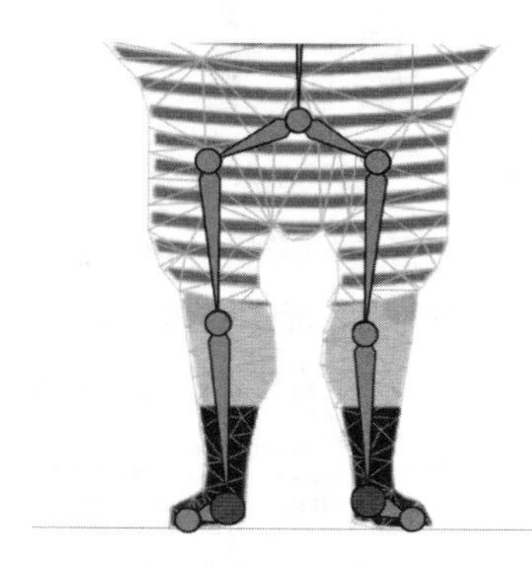

图 5-73

注意 更改变形选项时，每次只能选择一个关节，而不能同时选择多个关节。

当拖动根关节时，两个踝关节固定不动，把人物的两只脚牢牢地固定在地面上，如图 5-74 所示。

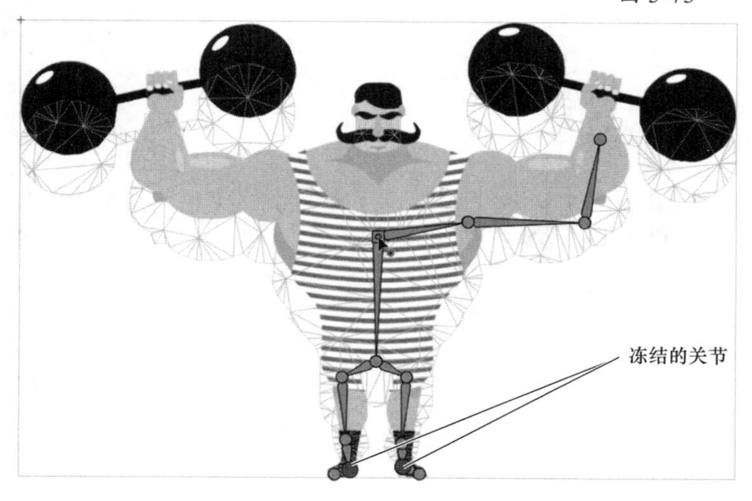

图 5-74

5.9.2 使用宽松骨骼做柔性连接

前面把人物的两个踝关节冻结了，当人物的身体往下移动时，人物的小腿会变短。这是由使用严格骨骼引起的，【资源变形工具】的默认骨骼类型就是严格骨骼。使用严格骨骼时，我们可以自由地拉伸与压缩网格。还有一种骨骼类型是宽松骨骼，使用这种骨骼能够防止网格被压缩。更多相关知识，请阅读“3 种骨骼”中的内容。

接下来把人物腿部的骨骼从严格骨骼更改为宽松骨骼。

❶ 选择人物的右踝关节，如图 5-75 所示。

❷ 在【属性】面板的【"变形"选项】区域中，把【骨骼类型】从【严格】改为【宽松】，如图 5-76 所示。

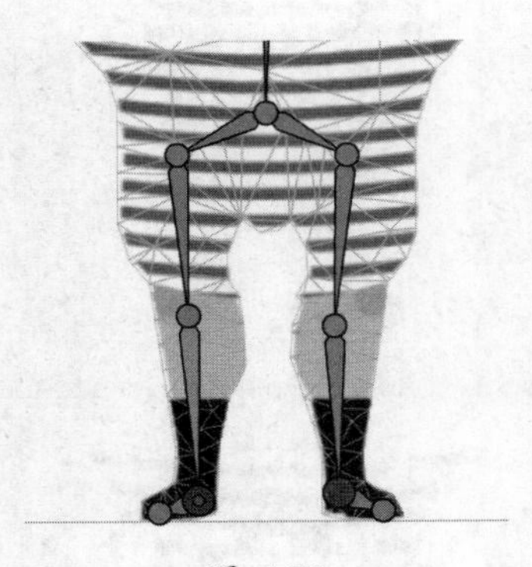

图 5-75

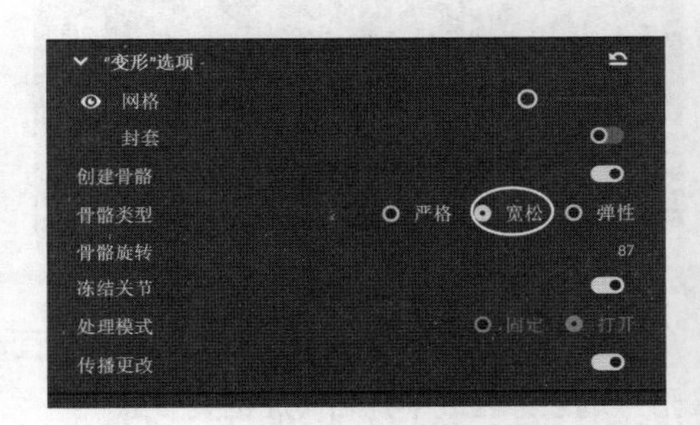

图 5-76

此时，右小腿骨骼的形状发生了变化，表示从严格骨骼变成了宽松骨骼，如图 5-77 所示。宽松骨骼显示为细长的矩形，而严格骨骼显示为细长的三角形。

❸ 选择另外一个踝关节，把【骨骼类型】从【严格】改为【宽松】，如图 5-78 所示。

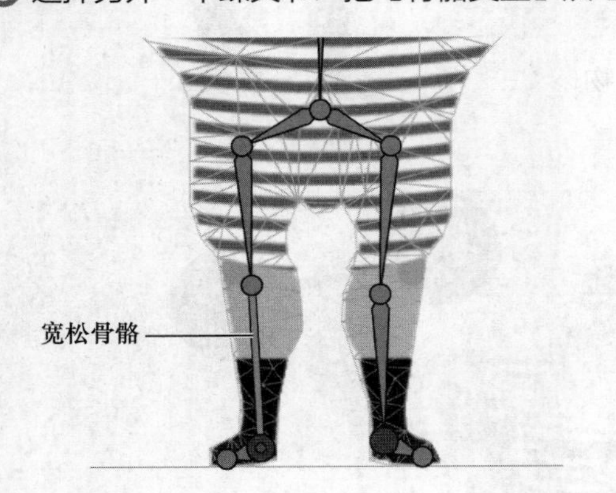

图 5-77

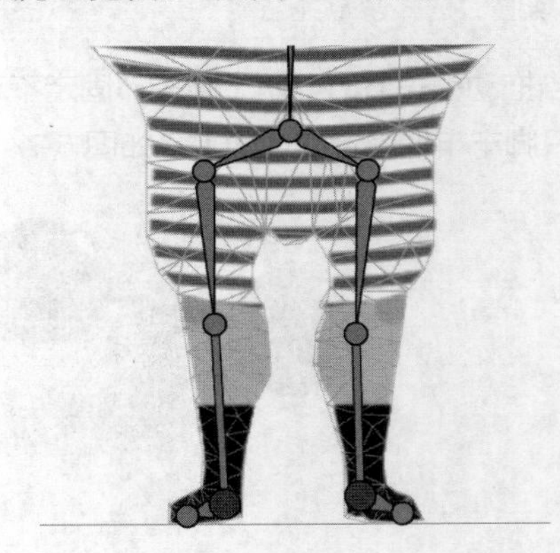

图 5-78

❹ 向下移动根关节（位于胸部），如图 5-79 所示。

由于踝关节被冻结，向下移动索具时，Animate 不会压缩网格，而是用一种柔性的方式弯曲网格。这不是很自然，但接下来制作动画时还会拖动其他关节，以确保人物的动作自然、真实。

❺ 把索具恢复到原位，继续往下学习。

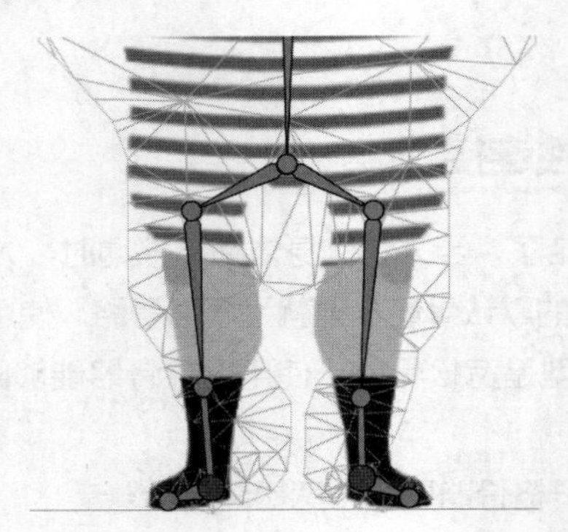

图 5-79

3 种骨骼

Animate 支持 3 种骨骼类型：严格骨骼、宽松骨骼、弹性骨骼，如图 5-80 所示。创建索具时，在同一种变形资源中，这 3 种骨骼都可以使用，具体使用哪种取决于实际情况。而且，3 种骨骼之间可相互转换。

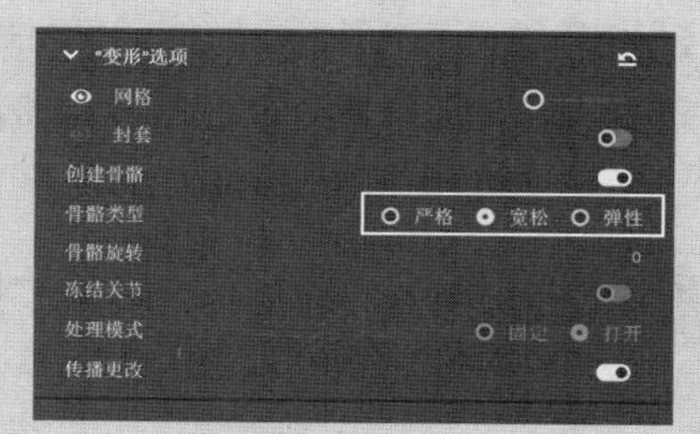

图 5-80

严格骨骼用细长三角形表示，靠近父关节的一端宽，靠近子关节的一端窄。宽松骨骼用细长矩形表示，两端宽度一样。弹性骨骼也用细长矩形表示，不过该矩形可以弯曲。

不同类型的骨骼改变变形资源网格的方式不一样。若两个关节使用严格骨骼连接，当靠近两个关节时，网格会发生挤压，如图 5-81 所示。

当使用宽松骨骼连接关节时，移动关节的过程中，Animate 会尽量保持网格体积不变，如图 5-82 所示。当靠近两个关节时，网格会做出补偿并向外凸出。使用宽松骨骼时，网格变形可能更自然，但其行为难以预测。

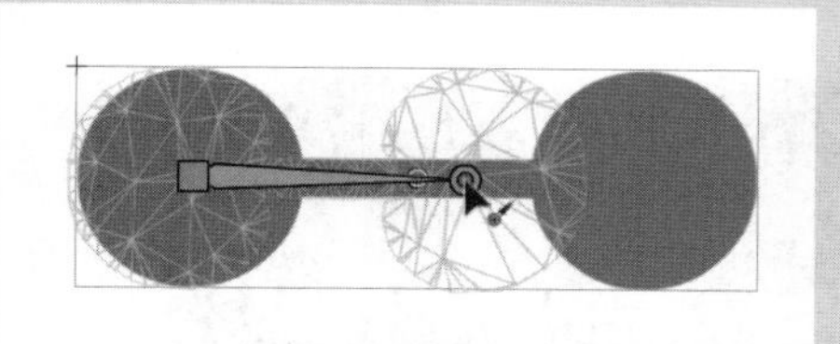

图 5-81

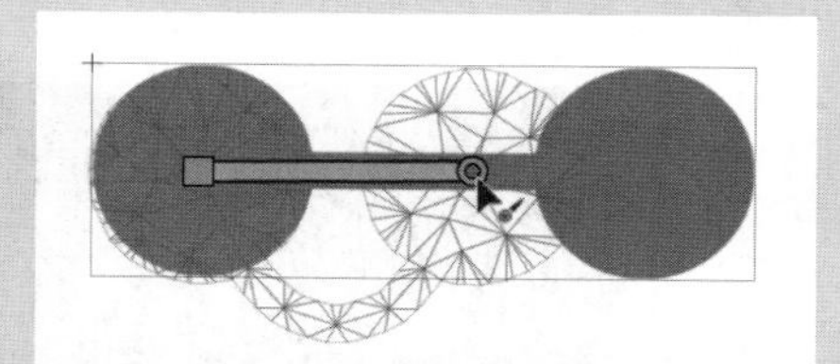

图 5-82

弹性骨骼是 Animate 新增的骨骼类型。弹性骨骼支持使用贝塞尔手柄来弯曲骨骼，如图 5-83 所示。使用弹性骨骼时，不需要单击移动索具的每个关节，只要拖动贝塞尔曲线，就能轻松弯曲骨骼。在弹性骨骼下，不仅能移动和旋转关节，还能改变每个骨骼的曲率，实现更精确的控制。

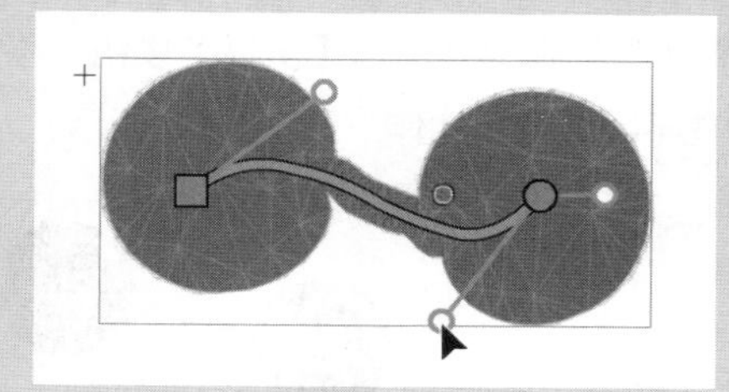

图 5-83

5.9.3 制作蹲起动画

前面更改了骨骼类型，并冻结了关节，接下来就可以动手制作蹲起动画了。

❶ 在时间轴上，在第 15 帧和第 30 帧处分别插入一个关键帧，如图 5-84 所示。

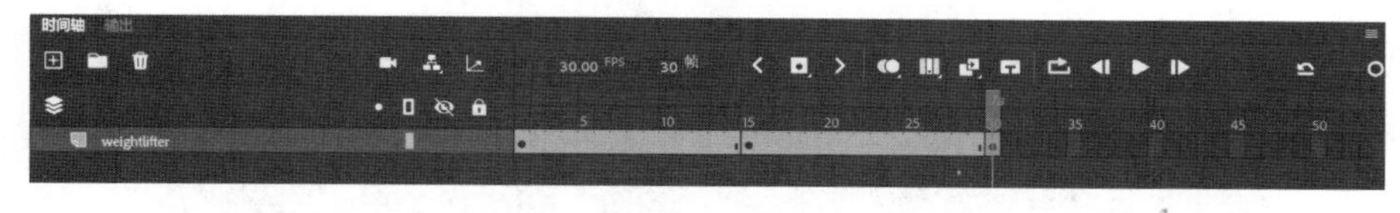

图 5-84

第一个关键帧（第 1 帧）和最后一个关键帧（第 30 帧）应该是一样的，即举重运动员处于站直状态。

接下来修改第 2 个关键帧（第 15 帧）中的索具。

❷ 在时间轴上，把播放滑块拖动到第 15 帧。

❸ 使用【资源变形工具】向下移动根关节，如图 5-85 所示。

❹ 向外移动膝关节，使人物腿部自然弯曲，如图 5-86 所示。

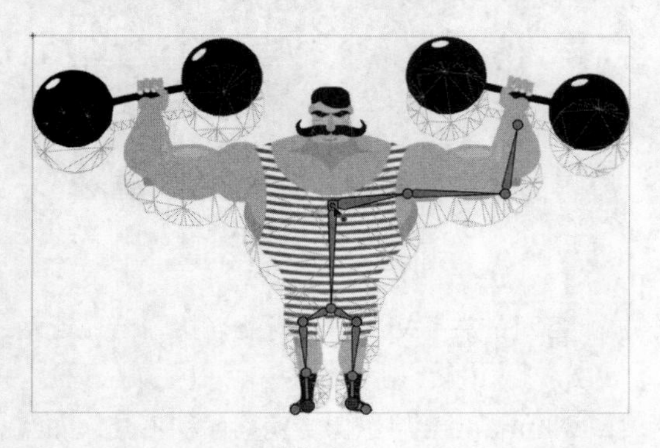

图 5-85

图 5-86

❺ 在时间轴上，分别在第 1 帧与第 15 帧之间、第 15 帧与第 30 帧之间插入传统补间，如图 5-87 所示。

图 5-87

❻ 在时间轴上方单击【循环】按钮，移动播放起止点，把所有帧包含进去。播放动画，可以看到人物在不断做蹲起动作，如图 5-88 所示。

图 5-88

5.9.4 分离关节

在精调动画的过程中，要仔细调整索具的位置，确保其准确地位于目标位置。双击某个关节，将其分离出来，这样调整其位置时就不会影响到其子关节了。

❶ 关闭循环播放。

❷ 在时间轴上，把播放滑块拖动到第 15 帧。

❸ 使用【资源变形工具】选择位于左大腿根处的关节。

❹ 稍微向外移动关节，如图 5-89 所示。

移动关节时，所有子关节及骨骼（不包括冻结关节）会跟着它一起移动。按 Command+Z（macOS）/Ctrl+Z（Windows）组合键，撤销对关节的修改。

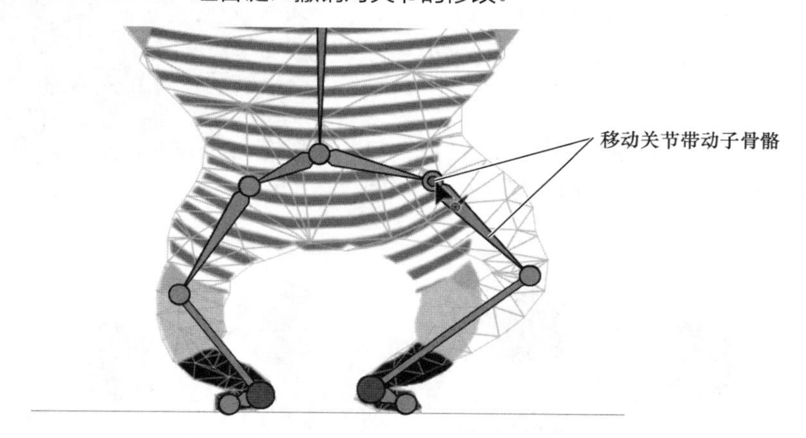

图 5-89

❺ 双击左大腿根处的关节。

此时，与之相连的子骨骼变成淡黄色，代表左大腿根处的关节被分离出来了，如图 5-90 所示。移动关节时，不会影响到其子关节，即子关节不会跟着一起移动。

❻ 移动左大腿根处的关节，如图 5-91 所示。

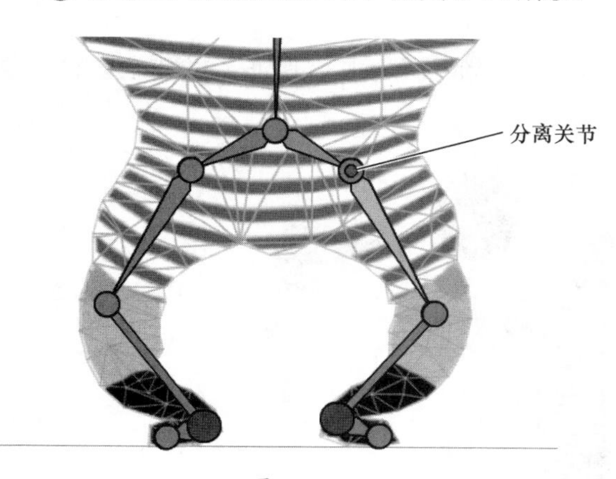

图 5-90

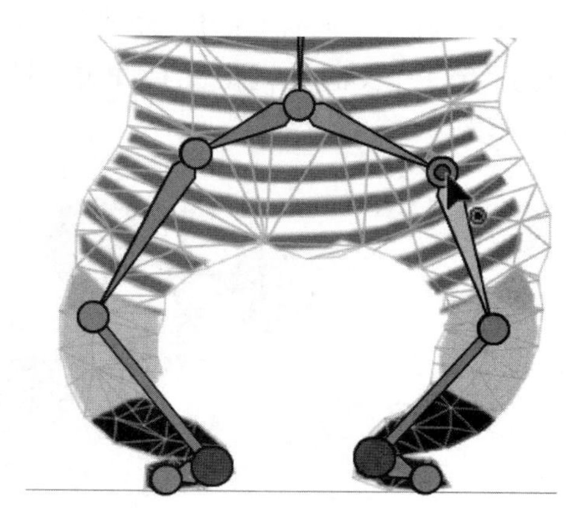

图 5-91

移动时，只会改变自身位置，其子关节不会受影响。

5.10 传播索具编辑

前面只在人物的左手臂上创建了索具。在 Animate 中，即使已经向多个关键帧应用了补间，仍然可以向索具添加更多骨骼，Animate 会传播对索具的更改，以保证补间的完整性。

添加其他骨骼

接下来向人物的右手臂添加骨骼，了解这些变化是如何传播到所有关键帧的。

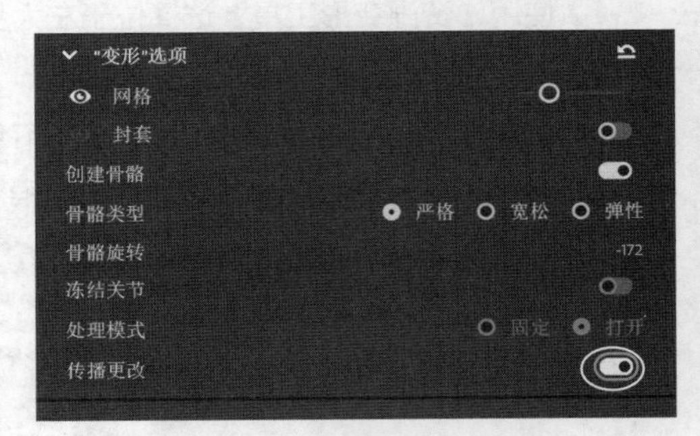

图 5-92

❶ 在时间轴上选择第 1 个关键帧。

❷ 选择【资源变形工具】，在【属性】面板的【对象】选项卡的【"变形"选项】区域中开启【传播更改】，如图 5-92 所示。

❸ 选择根关节，沿着人物的右手臂，分别在右肩、右肘、右手腕处创建关节，如图 5-93 所示。请确保当前【骨骼类型】为【严格】。

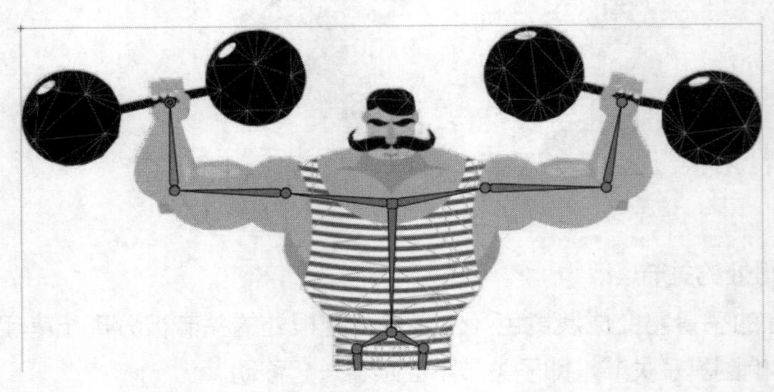

图 5-93

❹ 在时间轴上，把播放滑块拖动到中间关键帧（第 15 帧）上。

此时，第 1 个关键帧中添加的关节和骨骼也出现在了其他关键帧中，保证了补间的完整性，如图 5-94 所示。

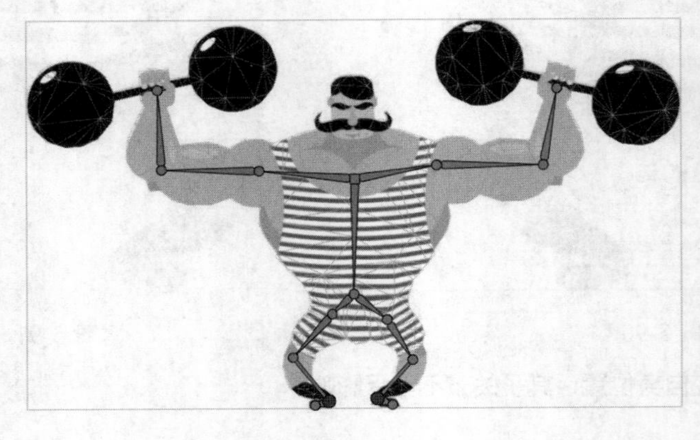

图 5-94

❺ 根据需要，在中间关键帧中移动人物的手臂，使人物肘部在人物下蹲时略微下颤，如图 5-95 所示。这个动作有助于表现哑铃的分量感，增强动画的真实性。

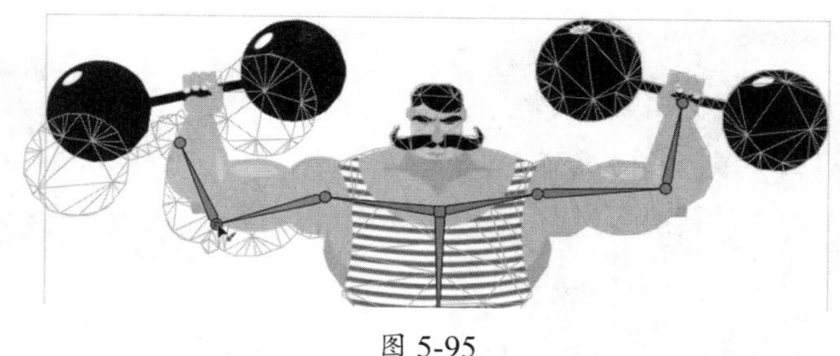

图 5-95

💡注意 Animate 会在多个关键帧中传播骨骼和关节的删除、添加操作。

5.11 孤立关节

索具中也可以有孤立关节，这些关节不与骨骼相连。有了孤立关节，就可以灵活地对网格进行变形，而且不会受到层次结构的影响。

添加孤立关节

下面在人物胡子上添加孤立关节，使胡子随着人物下蹲而向外舒展。

❶ 选择中间关键帧（第 15 帧）。

❷ 在【工具】面板中选择【资源变形工具】。在索具之外单击，取消所有选择，单击胡子的一端，如图 5-96 所示。

此时，Animate 会在单击位置添加一个孤立关节，而且这个变化会传播到其他关键帧中。

❸ 在网格之外单击，取消选择关节，单击胡子的另一端，如图 5-97 所示。

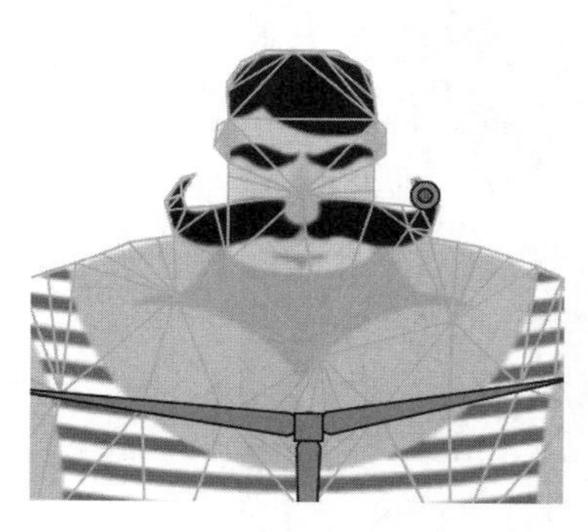

图 5-96

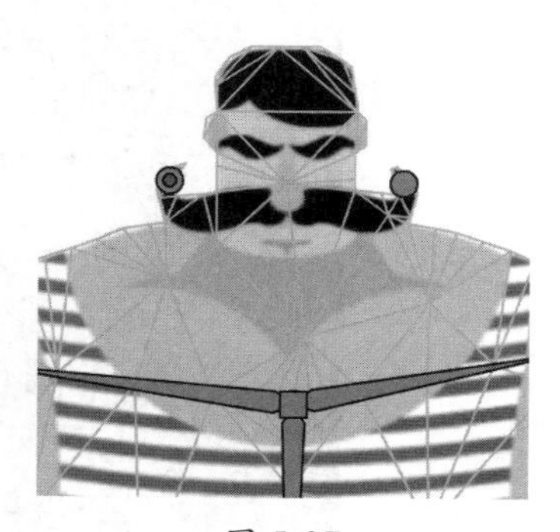

图 5-97

Animate 在胡子的另一端添加一个孤立关节，同样，这个孤立关节也会出现在其他关键帧中。

如果想创建多个孤立关节（无骨骼连接），但又不想取消对这些孤立关节的选择，请在【属性】面板的【工具】选项卡下的【“变形”选项】区域中关闭【创建骨骼】，如图 5-98 所示，这样就只会创建关节了。

❹ 向外拖动胡子上的两个孤立关节，使胡子稍微向外舒展，如图 5-99 所示。

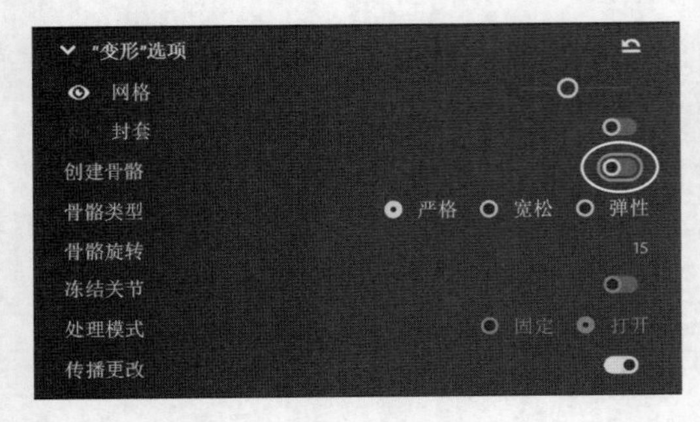

图 5-98

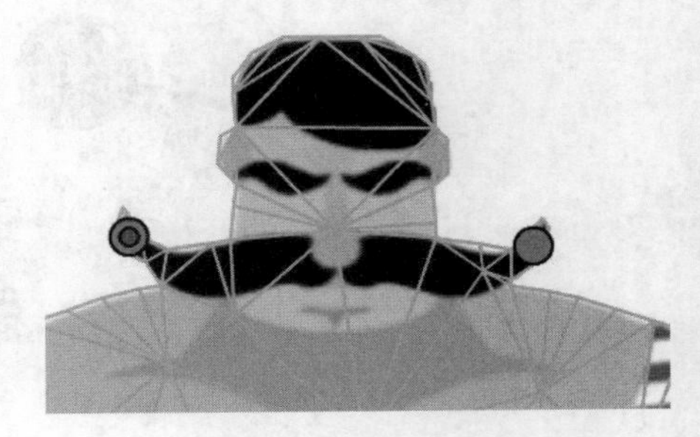

图 5-99

这样，当人物下蹲时，胡子就有了一个向外舒展动作，如图 5-100 所示。

图 5-100

❺ 向第 1 段补间添加缓出效果，向第 2 段补间添加缓入效果，使动画更自然。（有关这方面的内容将在第 6 课中讲解。）请多做一些尝试，做出让自己满意的动画。

❻ 在 weightlifter 图层下新建一个图层——background 图层，从【库】面板把 background.png 拖入舞台中，如图 5-101 所示。

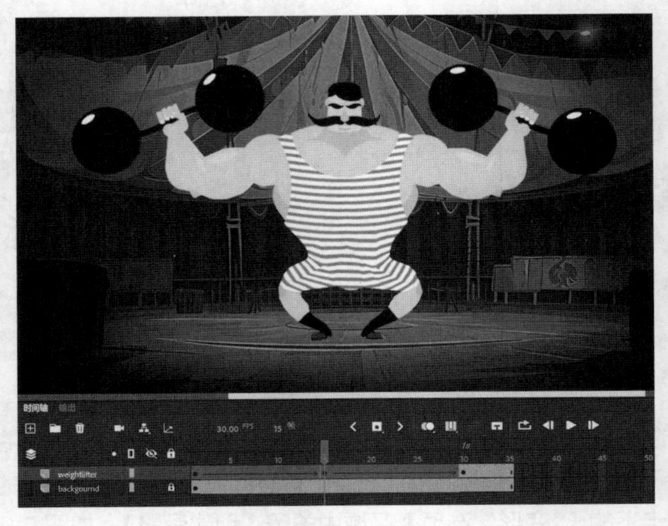

图 5-101

❼ 在用户界面右上角单击【快速分享和发布】按钮，选择【发布】>【GIF 动画】，把制作好的动画导出，然后在社交平台上分享。

处理模式

在索具中创建孤立关节时，可在【属性】面板的【“变形”选项】区域中指定关节的处理模式（【固定】或【打开】），如图 5-102 所示。处理模式决定着孤立关节的行为方式，以及对网格的影响方式。

图 5-102

【打开】是默认处理模式。在该模式下，可以通过移动孤立关节来改变网格。假设在一个长条状矩形中有 3 个孤立关节。中间孤立关节处于【打开】模式，向上移动它，矩形中部向上弯曲，如图 5-103 所示。

在【固定】处理模式下，不仅可以移动孤立关节，还可以围绕着孤立关节旋转网格。把鼠标指针靠近虚线圆，鼠标指针右下角会出现一个旋转箭头，此时拖动鼠标可旋转网格，如图 5-104 所示。

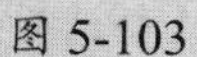

图 5-103

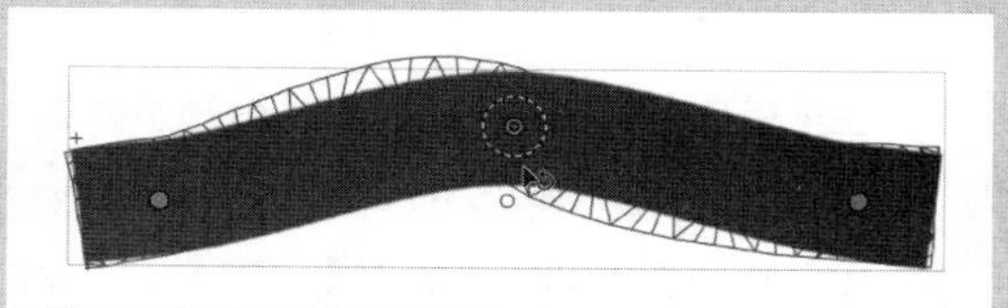

图 5-104

5.12 使用弹性骨骼

【资源变形工具】的第 3 种骨骼类型是弹性骨骼，它允许我们使用贝塞尔曲线调整骨骼形状，从而获得更流畅、自然的形状和动作。

5.12.1 添加弹性骨骼

关闭 05_workingcopy_weightlifter.fla 文件，打开 05_Start_snakedancing.fla 文件，将其另存为 05_workingcopy_snakedancing.fla 文件。下面学习弹性骨骼的用法。

❶ 观察一下【时间轴】面板。

项目中包含多个图层，如图 5-105 所示。snakegraphics 文件夹下有 4 个图层，分别是蛇（snake）、纸箱正面（box_front）、纸箱背面（box_back）和纸箱影子（boxshadow）。

另外，还有 boombox 和 shadow 两个图层，分别是制作好的手提录音机及其影子的动画。

下面使用【资源变形工具】和弹性骨骼制作蛇随音乐舞动的动画。

❷ 把 snake 图层之外的其他所有图层全部锁定。隐藏 box_front 图层，把蛇的整个身体显示出来，如图 5-106 所示。

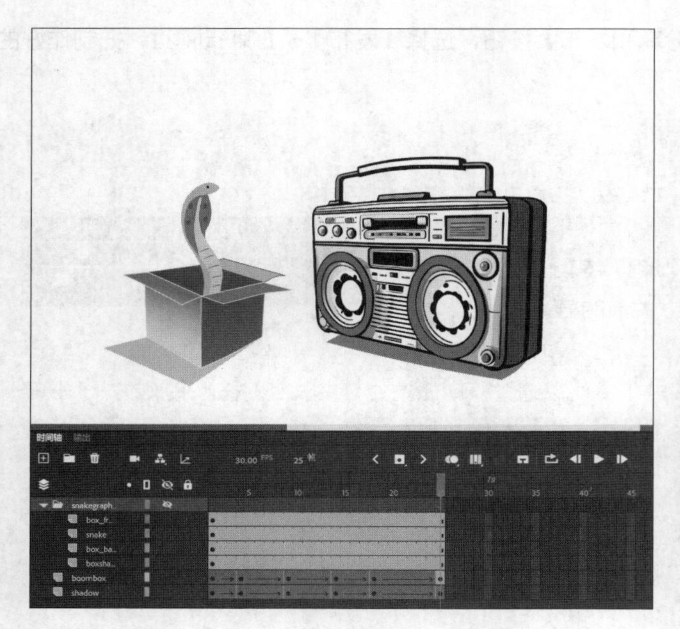

图 5-105

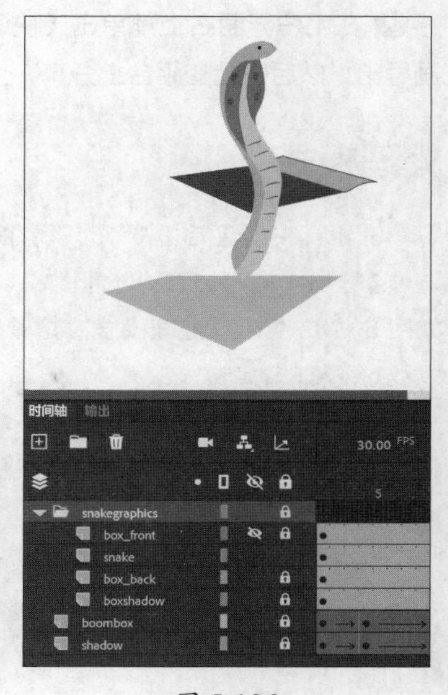

图 5-106

❸ 在菜单栏中选择【编辑】>【首选参数】>【编辑首选参数】，打开【首选参数】对话框 [快捷键为 Command+U（macOS）/Ctrl+U（Windows）]。

❹ 在左侧列表中选择【绘制】，在【资源变形工具】下取消勾选【将矢量自动转换为位图，以便更好地进行变形和补间】，如图 5-107 所示。单击【确定】按钮，关闭【首选参数】对话框。

【将矢量自动转换为位图，以便更好地进行变形和补间】默认处于勾选状态，取消勾选后，可以自行决定变形后的资源是保留为位图还是矢量图形。如果待处理的对象是位图（如雪地上的小男孩），那么这个选项就无关紧要了。若待处理的对象是矢量图形（如蛇），则变形后是保留为矢量图形还是转换为位图，需要认真考量：位图在网格操纵上更便捷，但矢量图形转换成位图后，往往会丢失一些分辨率和锐度。

这里待处理的蛇是一个相对简单的矢量图形，取消勾选【将矢量自动转换为位图，以便更好地进行变形和补间】，保留矢量图形。

❺ 在【工具】面板中选择【资源变形工具】。

❻ 在【属性】面板的【工具】选项卡下，关闭【封套】，开启【创建骨骼】，把【骨骼类型】设置为【弹性】，如图 5-108 所示。

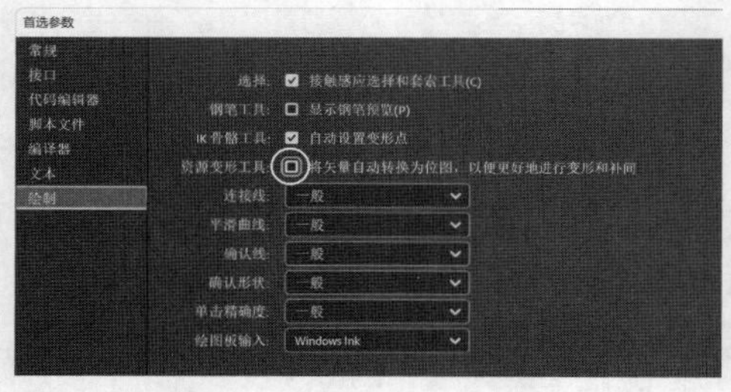

图 5-107

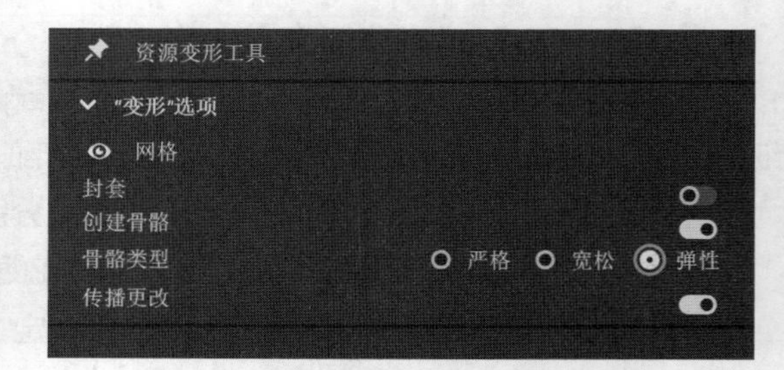

图 5-108

❼ 单击蛇的身体，将其选中，然后再次单击蛇的身体，如图 5-109 所示。

此时，蛇身体上出现网格，同时创建好了第一个关节。

❽ 沿着蛇身，向上移动鼠标指针，到达合适的位置后，拖动鼠标，创建第 2 个关节，如图 5-110 所示。

拖动鼠标时，关节上出现贝塞尔手柄，骨骼沿着贝塞尔手柄的方向弯曲。

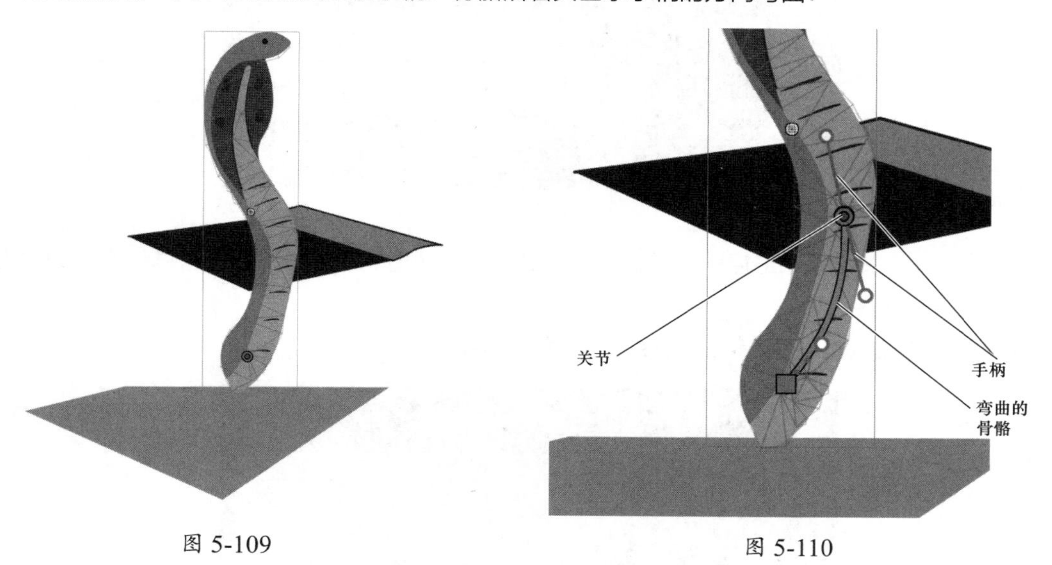

图 5-109　　图 5-110

❾ 使用相同的方法，在蛇的上颈部添加一个关节，并顺着蛇身曲线创建弯曲骨骼，如图 5-111 所示。

❿ 使用同样的方法，在蛇的上颈部添加一个关节，沿着蛇身曲线弯曲骨骼。在蛇头上添加一个关节，如图 5-112 所示。

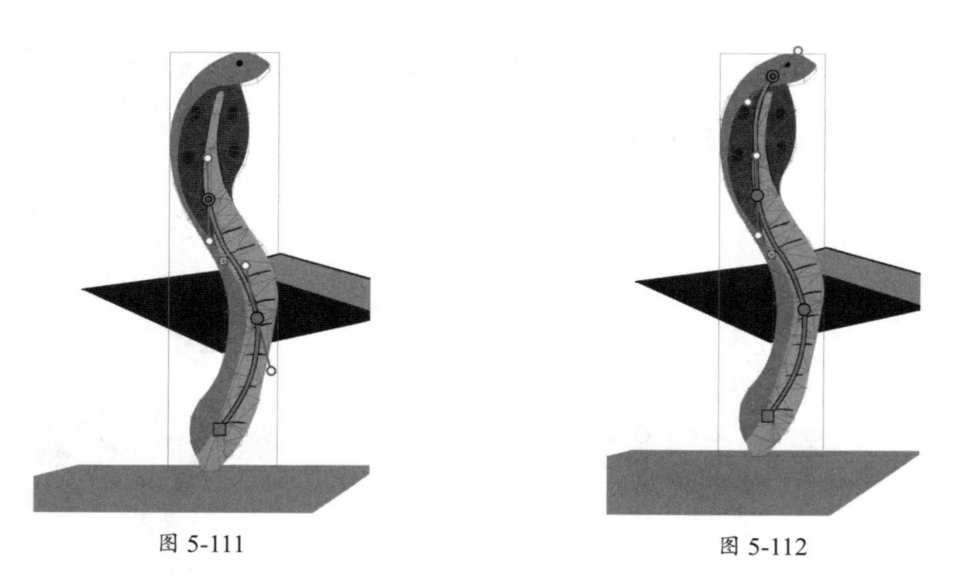

图 5-111　　图 5-112

5.12.2　制作蛇舞动动画

动画中，蛇会随着手提录音机播放的音乐而舞动。下面通过改变索具中弹性骨骼的曲率，应用传统补间，让蛇舞动起来。

❶ 在时间轴上选择第 25 帧，按 F6 键添加一个关键帧，如图 5-113 所示。

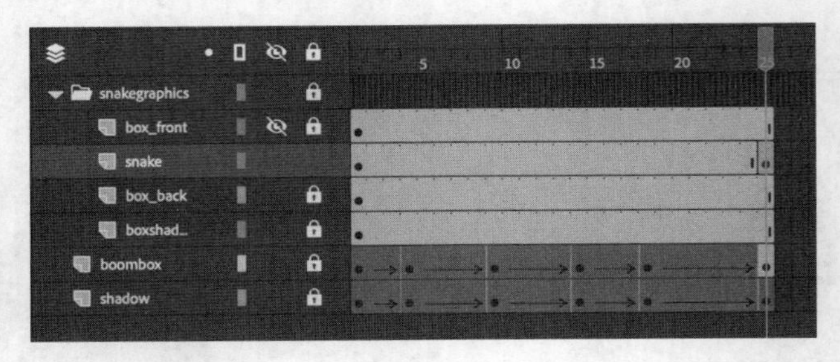

图 5-113

此时，第一个关键帧和最后一个关键帧中，蛇的形态（动作）是一样的，这样可保证动画无缝循环。

❷ 选择第 8 帧，按 F6 键添加一个关键帧，如图 5-114 所示。

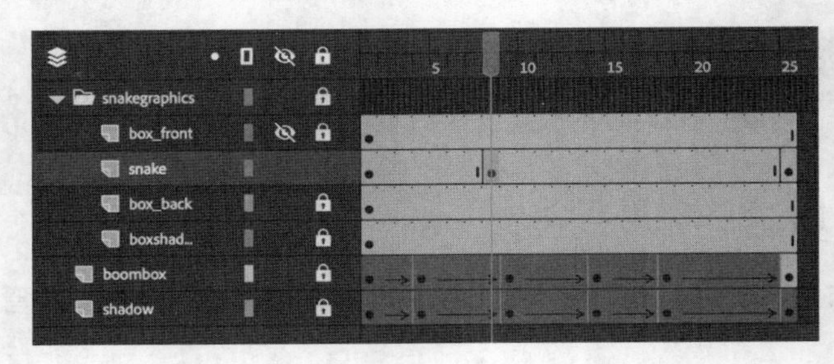

图 5-114

❸ 使用【资源变形工具】双击第 2 个关节（根关节是第 1 个关节，以正方形表示），如图 5-115 所示。

注意　双击某个关节，可将其从其他索具关节中分离出来，操作它不会影响其他关节。

❹ 向左移动关节，使蛇身向左弯曲，如图 5-116 所示。

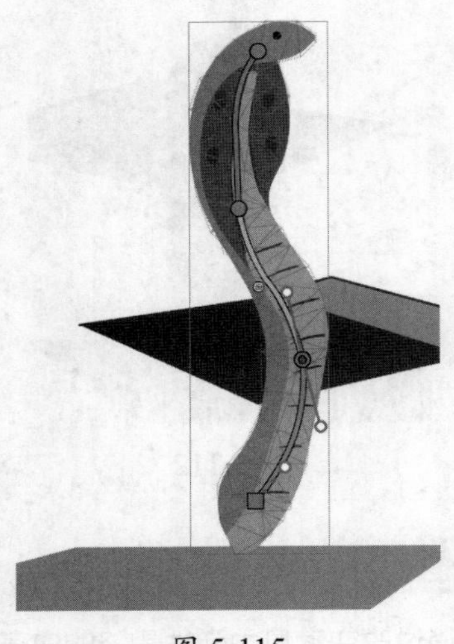

图 5-115

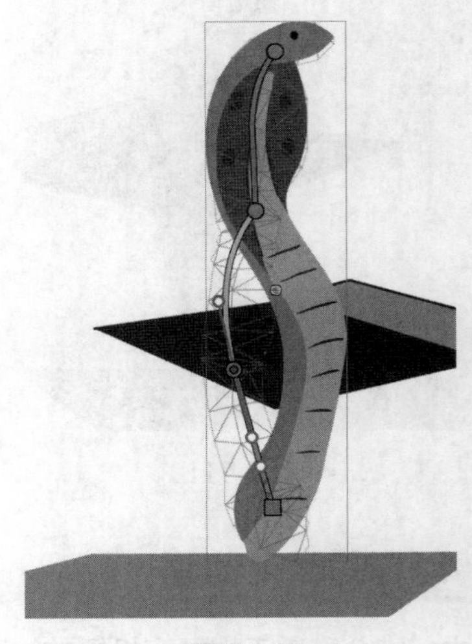

图 5-116

❺ 双击下一个关节，将其略微向右移动，使蛇上半部分向右弯曲，如图 5-117 所示。

❻ 拖动关节上的贝塞尔手柄，使蛇身的曲线更加平滑，如图 5-118 所示。按住 Option+Shift（macOS）/Alt+Shift（Windows）组合键，可同时移动两侧手柄。

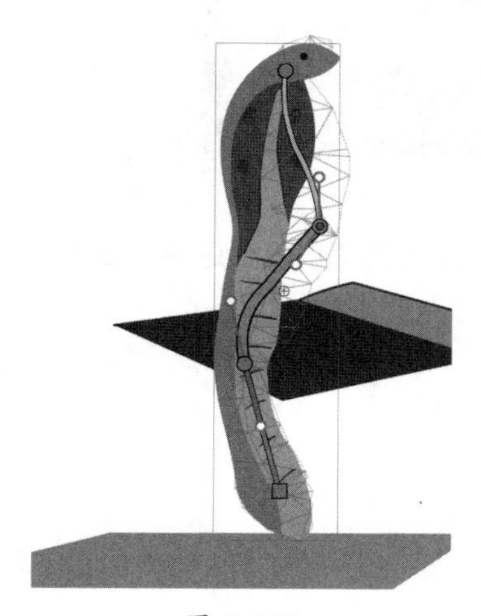

图 5-117

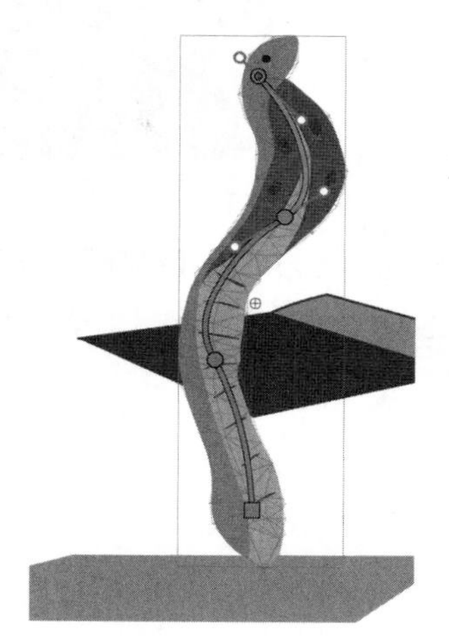

图 5-118

❼ 选择第 15 帧，按 F6 键添加一个关键帧，如图 5-119 所示。

❽ 与上一个关键帧一样，使用【资源变形工具】移动蛇身上的各个关节，并通过贝塞尔手柄调整各个骨骼的弯曲程度。调整各个关节的位置与各个骨骼的弯曲程度时，请参照图 5-120，或者根据个人喜好调整。

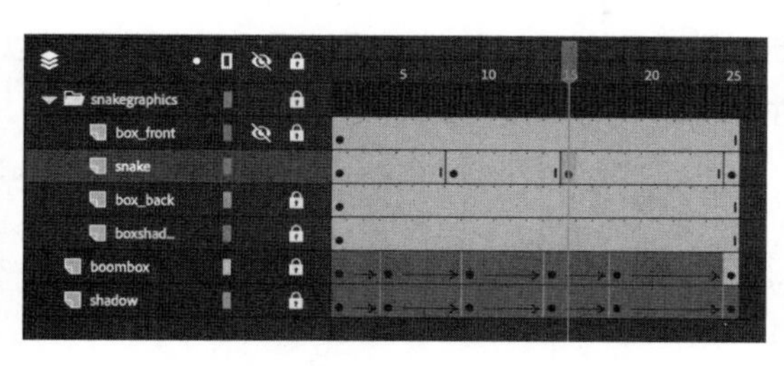

图 5-119

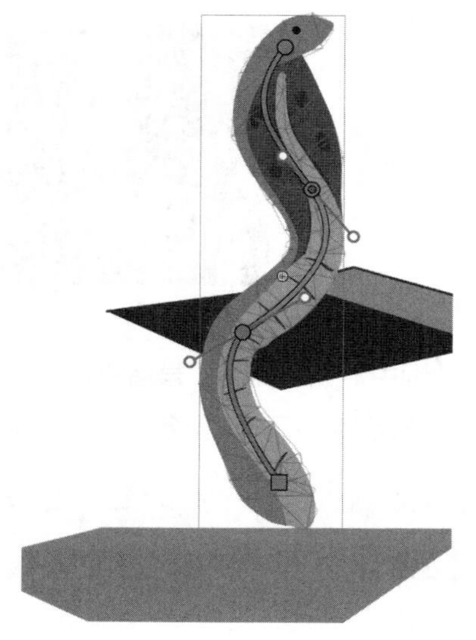

图 5-120

❾ 在 snake 图层上，选择第一个关键帧和最后一个关键帧之间的所有帧，从菜单栏中选择【插入】>【创建传统补间】。

Animate 会在 4 个关键帧之间添加补间，如图 5-121 所示，以确保各个动作之间衔接顺畅，过渡自然。

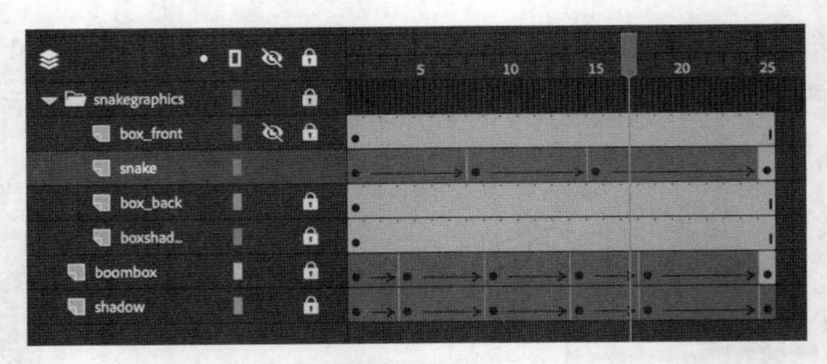

图 5-121

⑩ 在时间轴上方单击【循环】按钮，调整循环的起止点，把所有帧包含进去，如图 5-122 所示，按 Return 键（macOS）/Enter 键（Windows），预览动画。

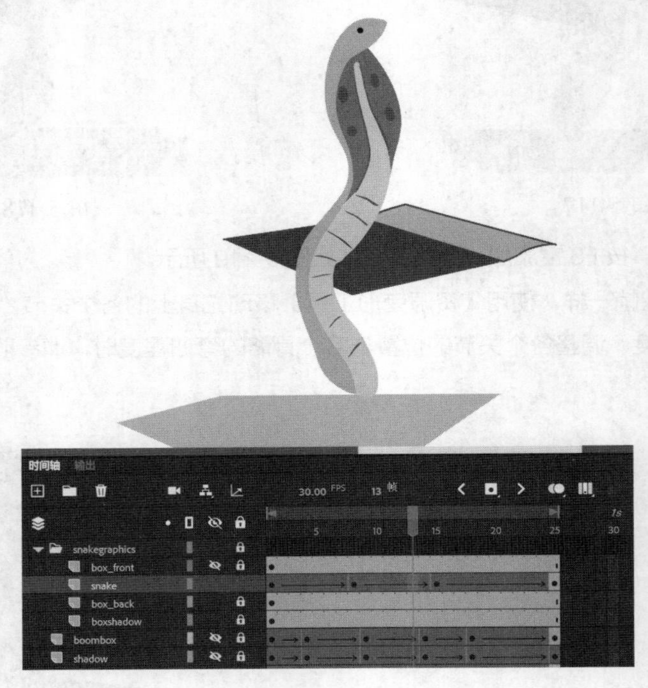

图 5-122

⑪ 动画中，蛇随着手提录音机播放的音乐不断地舞动身体。如果对蛇的舞动动作不满意，可以选择相应的关键帧，不断调整各个关节的位置和弹性骨骼的弯曲形态，直到满意为止。

提示 除了拖动关节上的贝塞尔手柄，按住 Option 键（macOS）/Alt 键（Windows），拖动弹性骨骼本身也可更改其曲率。

5.13 封套变形

除了蛇，随着音乐舞动的还有乐谱。乐谱随着音乐轻轻摇曳，宛如水面上的涟漪，生动地诠释了旋律的流畅与优美。制作该动画时，需要开启【资源变形工具】的【封套】，通过调整图像周围的控件来实现变形操作。

5.13.1 添加乐谱

乐谱本身是一张位图，把它单独放在一个图层上。

❶ 把 box_front 图层重新显示出来。

❷ 新建一个图层，命名为 music。

❸ 把 music 图层拖到底层，如图 5-123 所示。

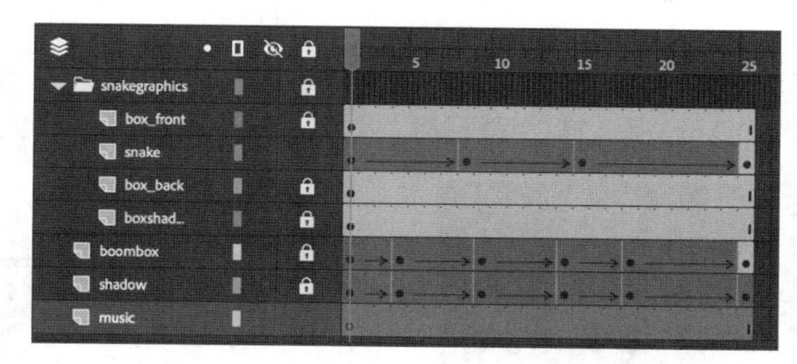

图 5-123

❹ 当 music 图层处于选中状态时，在【库】面板中找到乐谱图，将其拖入舞台，如图 5-124 所示。

图 5-124

❺ 使用【任意变形工具】把乐谱缩小到原来的 80% 左右，移动乐谱，使乐谱右边缘隐藏在手提录音机之后，如图 5-125 所示。

图 5-125

5.13.2 应用封套变形器

【封套】是【资源变形工具】的一个选项，启用后，封套变形器会围绕着变形资源添加变形控制点。

❶ 在【工具】面板中选择【资源变形工具】。

❷ 在【属性】面板的【工具】选项卡下的【"变形"选项】区域中开启【封套】，关闭【创建骨骼】，如图 5-126 所示。

❸ 在舞台中单击乐谱。

此时，乐谱变成一个变形资源，其上出现网格，如图 5-127 所示。

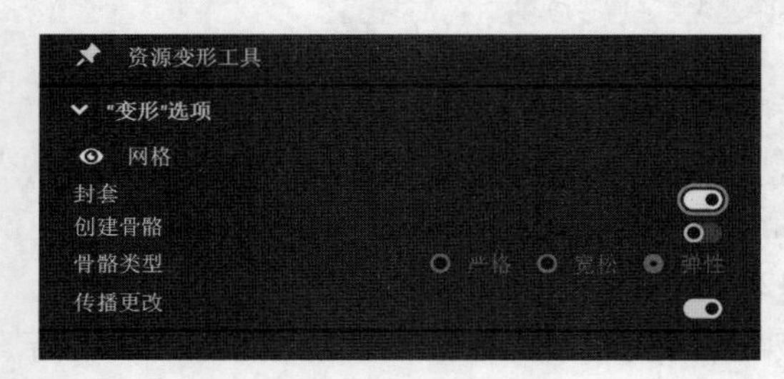

图 5-126

图 5-127

请注意，封套变形器的 4 个角上各有一个控制点。通过拖动封套变形器的控制点，可以对图形轮廓进行扭曲变形。

若图形不是矩形，Animate 会添加足够多的控制点，给变形资源指定好轮廓。

> 注意 Animate 不允许用户给封套变形器添加控制点。

5.13.3 让乐谱飘动起来

在 Animate 中，可以只给变形资源添加封套变形器，也可以同时添加封套变形器和索具。下面使用封套变形器对乐谱轮廓进行变形，使其发生收缩和膨胀形变，从而让乐谱随音乐舞动起来。

❶ 在【工具】面板中选择【资源变形工具】。

❷ 在封套变形器上，单击右下角的控制点。

❸ 向下拖动右下角控制点上的手柄，如图 5-128 所示。

变形资源的底部边缘发生弯曲，使图像变形。

❹ 向上拖动右下角的控制点，如图 5-129 所示。

图 5-128

图 5-129

❺ 移动鼠标指针到网格上边缘处，直到鼠标指针右下角出现一条弧线，表示此时可以弯曲该边缘，向上拖动网格上边缘，如图 5-130 所示。

网格上边缘向上凸出。拖动贝塞尔手柄或者使用【资源变形工具】推拉，都可以使网格上边缘弯曲。

❻ 仔细调整左侧变形器的控制手柄，让乐谱呈现出自然而平滑的弯曲变形效果，如图 5-131 所示。

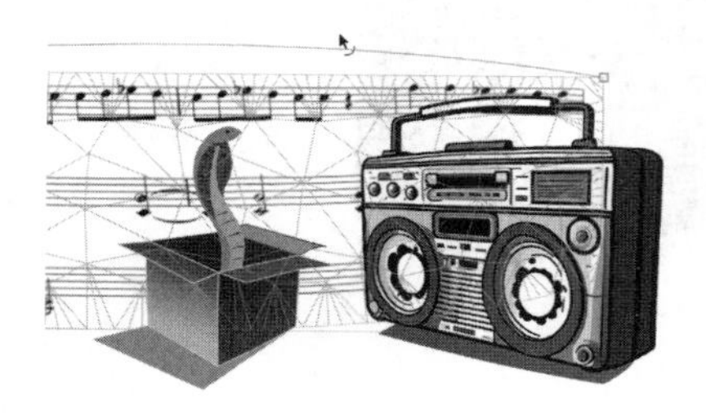

图 5-130

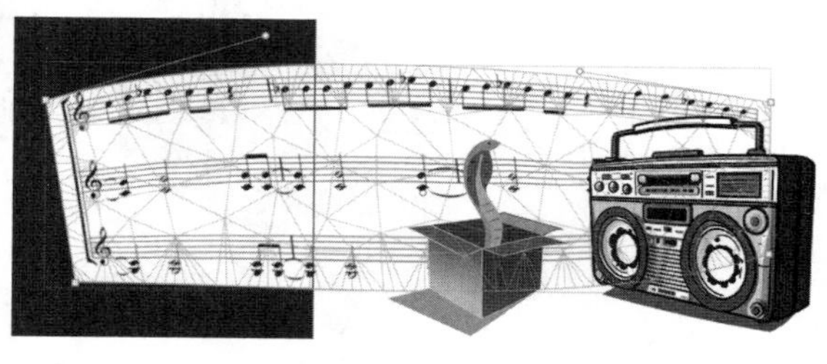

图 5-131

❼ 选择 music 图层的第 13 帧，按 F6 键插入一个关键帧；选择该图层的最后一帧，再次按 F6 键插入另一个关键帧，如图 5-132 所示。

最后一个关键帧中乐谱的形态应该与第一个关键帧一样，这样可确保动画循环播放时是平滑的。

❽ 选择第 13 帧，对乐谱轮廓进行扭曲变形，如图 5-133 所示。注意，调整时不要过分拖动控制点或贝塞尔手柄，微调得到的效果更好，而且还能有效降低创建补间时出现问题的概率。

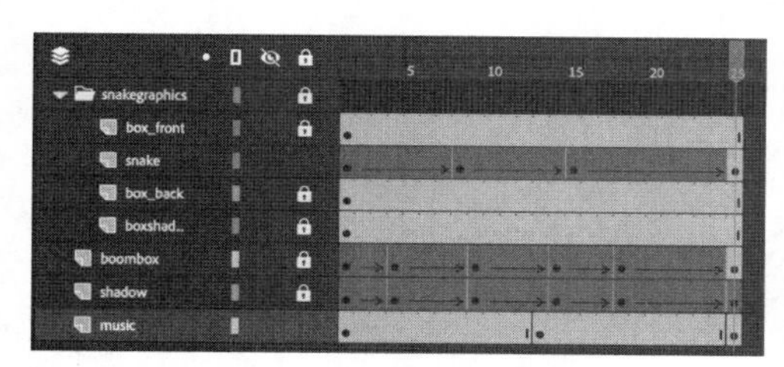

图 5-132

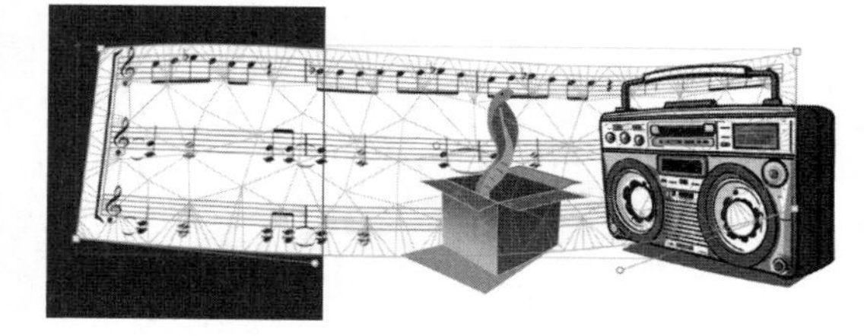

图 5-133

提示 对图像的封套进行变形后，若觉得调整结果不理想，可以轻松把封套恢复成变形前的样子。具体操作为：在【属性】面板的【对象】选项卡下，单击【“变形”选项】右侧的【重置变形资源】。

❾ 在 music 图层上，选择第一个关键帧和最后一个关键帧之间的所有帧，从菜单栏中选择【插入】>【创建传统补间】。

Animate 在 music 图层的关键帧之间应用补间，如图 5-134 所示，使乐谱波动起伏起来。

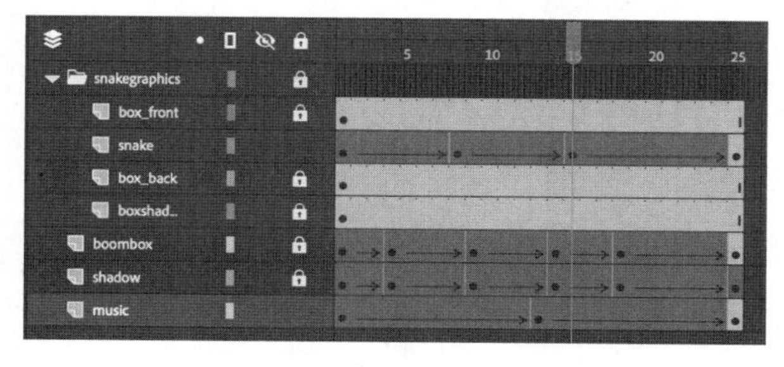

图 5-134

⑩ 在时间轴上方单击【循环】按钮，调整循环的起止点，把所有帧包含进去，按 Return（macOS）键 /Enter 键（Windows），预览动画，如图 5-135 所示。

图 5-135

至此，整个动画就制作好了。整个动画制作过程中，使用了弹性骨骼和封套变形等功能，让最终制作出的蛇舞动和乐谱飘动动画自然又流畅。

制作动画时，运用好现代绑定和封套变形技术，能够制作出各种精彩绝伦的动画。请多想一想如何在动画制作过程中创造性地运用它们吧！

5.14 复习题

❶【资源变形工具】用来为哪些图形创建索具？

❷ 如何给一个关节指定一个确切的旋转度数？

❸ 严格骨骼和弹性骨骼有何不同？

❹ 使用弹性骨骼的好处是什么？

❺ 使用【资源变形工具】创建好索具后，运用什么动画技术制作索具动画？

❻ 如何调整索具中关节的位置？

❼【冻结关节】有什么用？

❽ 对某个变形资源做封套变形时，有哪两种方法？

5.15 复习题答案

❶【资源变形工具】用来为矢量图形或位图创建索具。在矢量图形上，使用【资源变形工具】时，Animate 会自动把矢量图形转换成位图。在【首选参数】对话框的【绘制】选项卡中，取消勾选【将矢量自动转换为位图，以便更好地进行变形和补间】，可阻止转换发生。

❷ 选择关节，在【属性】面板的【“变形”选项】区域的【骨骼旋转】中输入一个具体的旋转度数。

❸ 严格骨骼允许拉伸和挤压网格，从而扭曲相关联的图形。相反，弹性骨骼会尽量保持网格的体积或长度，通常用来模拟关节之间的柔性连接。

❹ 在弹性骨骼模式下，创建索具时，骨骼是非线性的，并且允许使用贝塞尔曲线扭曲变形资源网格。

❺ 使用【资源变形工具】创建好索具后，运用传统补间技术制作索具动画。

❻ 在舞台中，使用鼠标右键单击索具或变形资源，从弹出的快捷菜单中选择【编辑索具】，进入索具编辑模式下，可自由地调整索具中各个关节的位置。

❼【冻结关节】用于将关节固定在舞台上，防止其位置发生变动。

❽ 第一种方法是，移动控制点（位于变形资源的网格边缘上）或者拖动控制点上的贝塞尔曲线手柄。第二种方法是，直接使用【资源变形工具】拖动网格边缘，调整网格曲线的形态。

第 6 课

制作摄像机动画

课程概览

本课主要讲解以下内容。

- 哪些运动适合使用【摄像头】工具制作动画
- 开启摄像机
- 隐藏与显示摄像机
- 平移、旋转、缩放摄像机
- 使用【图层深度】面板设置空间深度
- 把图层连接至摄像机，避免受摄像机运动的影响
- 向摄像机应用色彩效果

学习本课大约需要

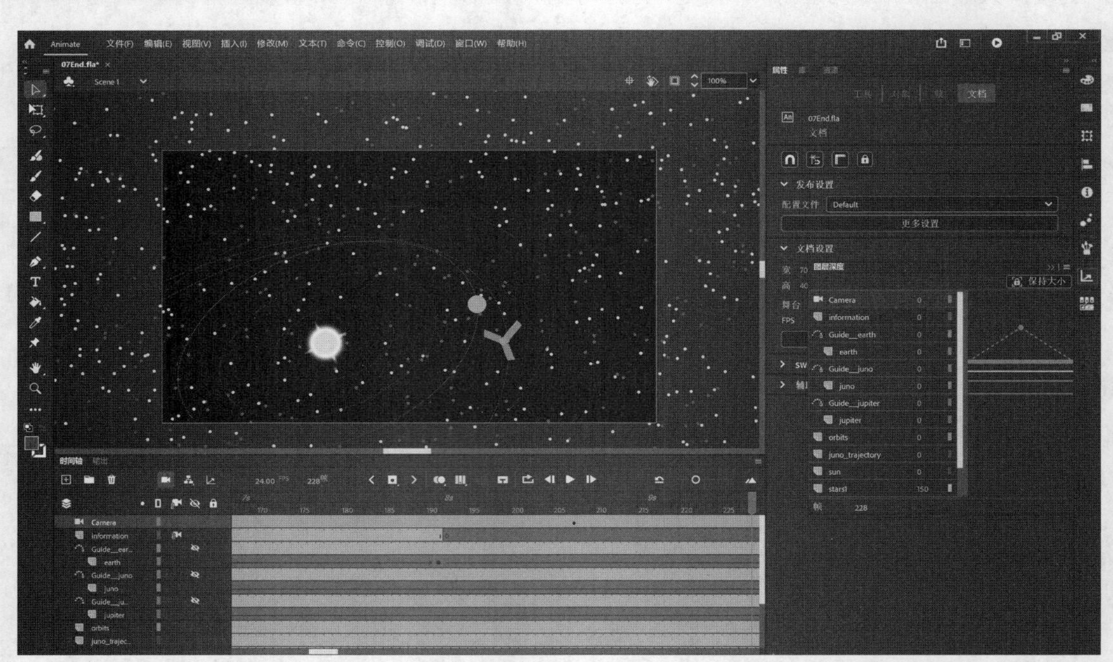

在动画中，使用摄像机可增强动画的吸引力，将观众的注意力牢牢地锁定在动画上。使用平移、缩放、旋转等电影制作技术来指导、刻画人物动作，可使动画效果更丰富，使作品的“电影味”更浓。再配合【图层深度】面板，给画面添加强烈的空间感，可使制作出的动画更加逼真、自然。

6.1 摄像机运动动画

前面学习了如何给舞台中元件实例的不同属性（如位置、缩放、旋转、透明度、滤镜）制作动画，还学习了如何使用缓动制作复杂的运动动画，以及如何使用现代绑定和图层父子关系制作角色动画。

然而，作为一名动画师，不仅要像戏剧导演一样会给舞台中的角色、对象设计动作，还要像电影导演一样会操控摄像机。也就是说，动画制作中，不仅需要调整摄像机的朝向从多个角度呈现角色动作，还需要通过推拉、平移（左右移动摄像机）、旋转摄像机等技巧来创造独特而引人入胜的视觉效果。在 Animate 中，使用【摄像头】工具可以轻松操控摄像机。

6.2 课前准备

本课要制作一个科普动画。首先浏览一下成品动画，了解最终效果是什么样子。

❶ 进入 Lessons\06\06End 文件夹，双击 06End.mp4 文件，播放动画，如图 6-1 所示。

图 6-1

这个动画演示了朱诺号木星探测器从地球出发，进入木星轨道的整个过程（朱诺号于 2011 年从地球发射，2016 年抵达木星）。这类演示动画经常出现在科普网站或天文博物馆中。观看动画时，请注意视野的远近变化，以及摄像机是如何跟随朱诺号在太阳系中运动的。在特定时间点，画面中还会出现相应文字，对当前画面中发生的事情进行说明。

❷ 关闭 06End.mp4 文件。

❸ 进入 Lessons\06\06Start 文件夹，双击 06Start.fla 文件，在 Animate 中打开初始项目文件，如图 6-2 所示。

该文件是一个 ActionScript 3.0 文档，其中朱诺号轨道动画、地球和木星公转动画都已经制作好了，但是没有摄像机动画，这正是本课要制作的动画。此外，【库】面板中还包含其他一些图形元素，供制作动画时使用。

❹ 从菜单栏中选择【文件】>【保存】。在【另存为】对话框中，转到 06Start 文件夹下，输入文件名 06_workingcopy.fla，单击【保存】按钮。

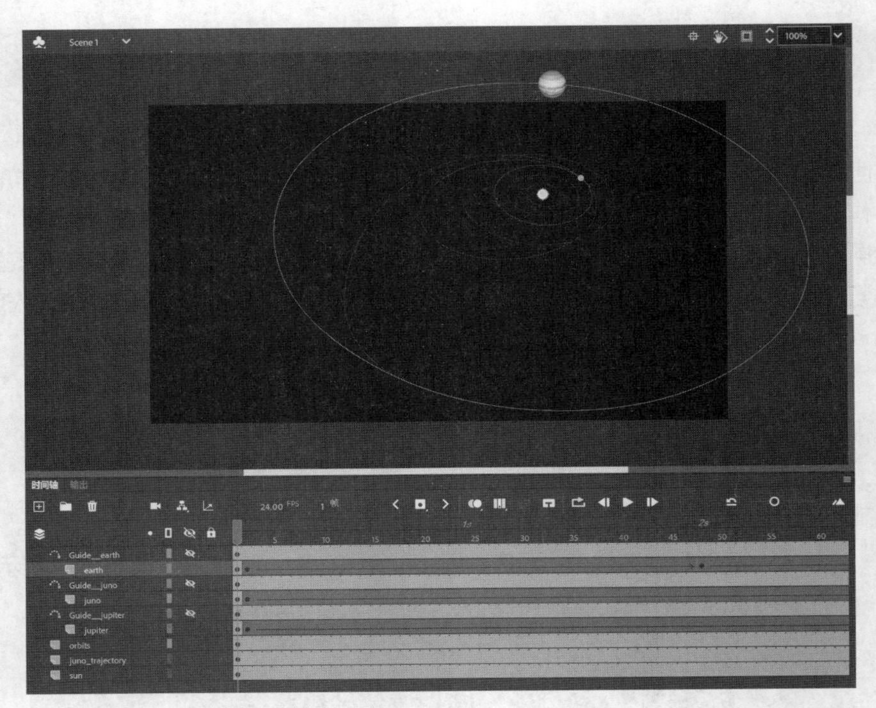

图 6-2

学习过程中，请不要直接使用本书提供的初始项目文件，最好自己单独新建一个文档，以免破坏初始文件。

❺ 从菜单栏中选择【控制】>【测试】。

此时，Animate 打开一个新窗口，供你预览动画，如图 6-3 所示。动画中，只呈现出太阳系的一部分，中间亮点是太阳，地球、木星绕着太阳公转。朱诺号从地球发射升空，沿着灰色轨道飞行。认真观察，朱诺号是如何在地球引力弹射作用下飞向木星并被木星捕获的。

图 6-3

当前动画效果已经不错了，画面中展现出了所有运动，包括行星的公转和朱诺号的运动。不过，整个画面看起来有点单调，而且由于画面没有缩放（镜头拉近或推远），有些关键细节无法清晰地展现出来。当朱诺号再次靠近地球时，它会在地球引力弹射作用下加速飞向木星。如果能近距离观看朱诺号靠近地球，然后被加速抛出的过程，动画的观赏性将会大大增加。此时，【摄像头】工具就派上用场了。添加摄像机动画，可以使观众的视线紧紧跟随朱诺号。需要展现细节时，就把镜头拉近；需要展现大场景时，就把镜头推远。使用摄像机跟踪朱诺号，类似于跟踪舞台中的角色。

了解项目文件

06_workingcopy.fla 项目文件中包含 3 个动画图层，分别是 earth、juno、jupiter，各个图层都含有传统补间，而且每个图层都有一个运动引导图层。运动引导图层用于确保各个对象沿着指定轨道运动。发布动画时，传统补间的运动引导图层不会显示出来。为了把行星的公转轨道和朱诺号的运动轨道显示出来，把轨道分别复制到了 orbits 和 juno_trajectory 图层上。sun 图层在底部，如图 6-4 所示，其中包含太阳。

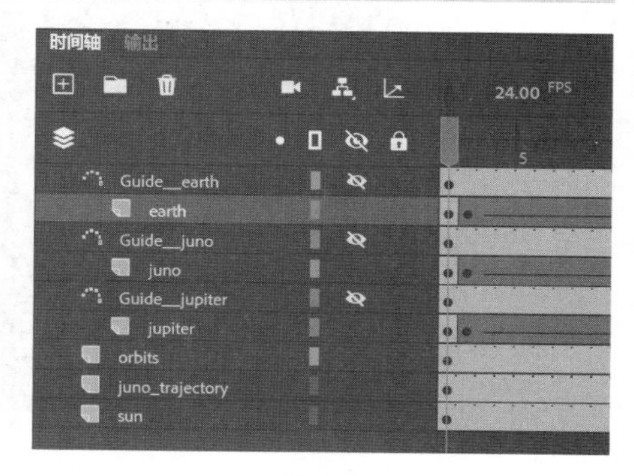

图 6-4

6.3 使用摄像机

在 Animate 中，可以把摄像机看成一个普通对象，可向其应用补间动画或传统补间，给它的位置、旋转、缩放属性制作动画。如果已经熟练掌握关键帧和补间的用法，那么能很快上手【摄像头】工具。

6.3.1 开启摄像机

开启摄像机有两种方法：一是在【工具】面板中选择【摄像头】工具（默认设置下，【摄像头】工具隐藏在【拖放工具】面板中）；二是在【时间轴】面板顶部单击【添加 / 删除摄像头】按钮，如图 6-5 所示。

开启摄像机后，Animate 会在所有图层上方添加一个摄像机图层——Camera 图层，并将其选中，如图 6-6 所示。

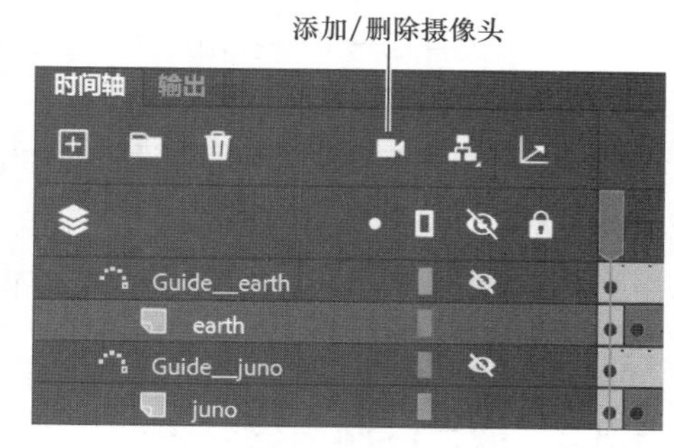

图 6-5

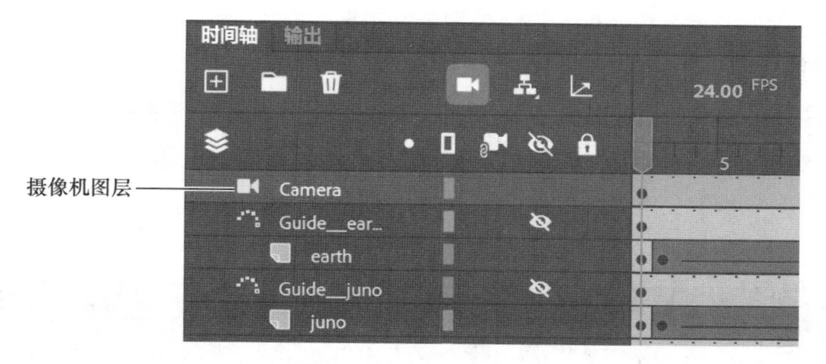

图 6-6

同时，舞台中出现摄像机控件，如图 6-7 所示。

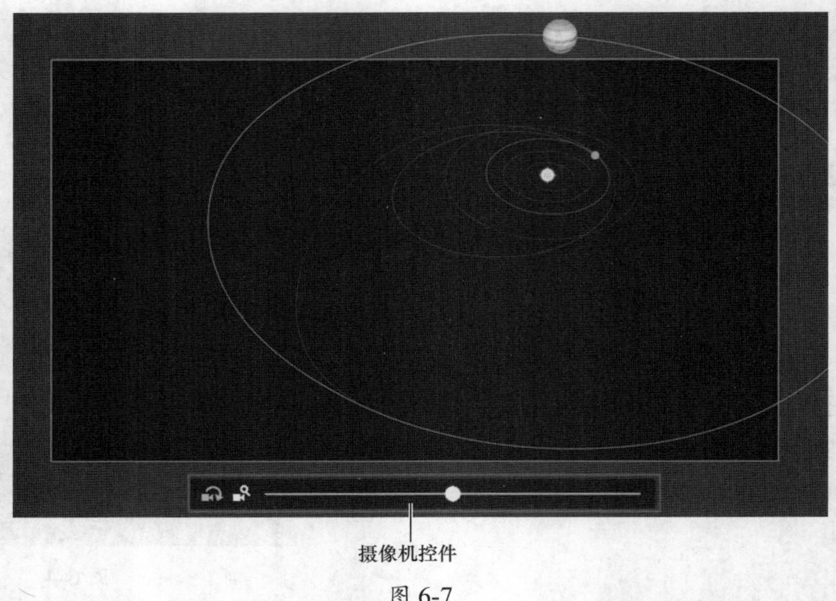

图 6-7

6.3.2 摄像机图层

注意 并非所有 Animate 文档都允许使用【摄像头】工具。

摄像机图层和普通图层（图形添加其中）有点不一样。

- 整个舞台变成了摄像机的取景框。
- 只能存在一个摄像机图层，且摄像机图层总是位于其他所有图层之上。
- 摄像机图层不允许重命名。
- 不允许在摄像机图层中添加对象或绘制图形，但允许在其中添加传统补间或补间动画，以制作摄像机运动动画和滤镜动画。
- 使用【摄像头】工具时，无法移动或编辑其他图层中的对象。选择【选择工具】或者单击【时间轴】面板顶部的【添加 / 删除摄像头】按钮，可禁用摄像机。

6.3.3 放大画面内容

使用摄像机控件调整摄像机画面，使其仅显示太阳系的一小部分，把镜头聚焦到动画的第 1 个动作：朱诺号从地球发射升空。

❶ 在【工具】面板中选择【摄像头】。此时，舞台中显示出摄像机控件，里面有两个模式按钮，一个用于旋转摄像机，另一个用于缩放画面，如图 6-8 所示。默认设置下，缩放模式按钮处于高亮状态。

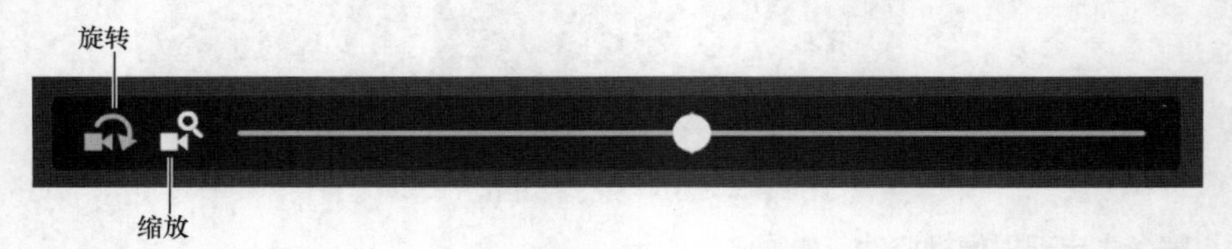

图 6-8

提示 单击【时间轴】面板顶部的【添加 / 删除摄像头】按钮，并不会真的删除摄像机图层，而是暂时把摄像机图层隐藏起来。再次单击该按钮，可重新显示出摄像机图层。选择摄像机图层，单击垃圾桶图标，可彻底删除摄像机图层。

❷ 向右拖动滑块。

随着拖动的进行，画面中各个对象变得越来越大。

❸ 把滑块拖动到滑动条的右端时释放鼠标左键。

此时，滑块迅速跳回到滑动条中间，可以继续向右拖动滑块，以进一步拉近镜头。

此外，还可以在【属性】面板的【摄像机设置】区域的【缩放】中直接输入数值来设置缩放比例，如图 6-9 所示。

图 6-9

❹ 向右拖动滑块，直至缩放值大约为 260%，如图 6-10 所示。

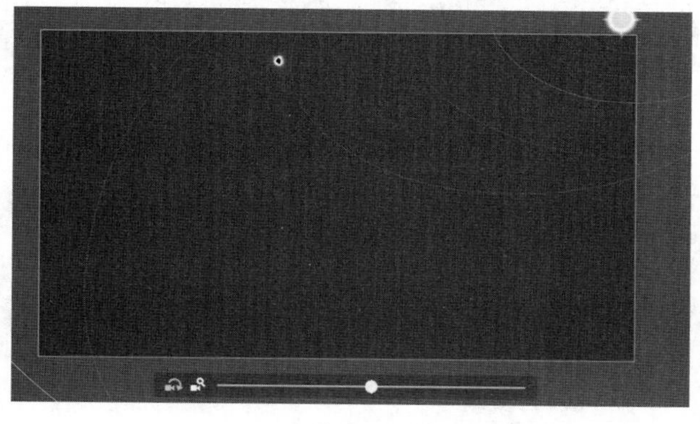
图 6-10

注意 使用摄像机缩放模式放大图像时，图像清晰度会降低。与位图一样，过度放大图像，图像的清晰度降低，同时图像本身的各种不足也会暴露出来。

❺ 拖动摄像机，使太阳位于舞台的中心位置，同时许多轨道也出现在画面中，如图 6-11 所示。此时，在【属性】面板的【摄像机设置】区域中，【X】值大约是 -309，【Y】值大约是 221。

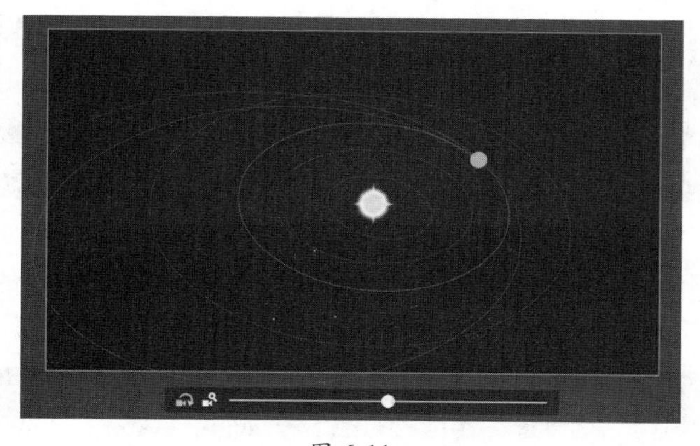
图 6-11

请注意，拖动摄像机时，拖动方向与画面中对象的移动方向正好相反，这是因为我们移动的是摄像机而不是对象。

沿着时间轴拖动播放滑块，观看动画，会发现舞台中的各个对象离我们更近了。

6.3.4 拉镜头动画

当使用摄像机控件放大画面内容后，可以清楚地看到朱诺号从地球发射升空的情景。但是，当播放到第 60 帧左右，朱诺号就飞到画面外去了。此时需要拉一下镜头，后移视点，使朱诺号始终保持在画面中。动手制作动画前，请先关闭【时间轴】面板顶部的【自动关键帧】功能。动画制作过程中，当需要使用关键帧时，我们会手动添加。

❶ 在 Camera 图层上选择第 24 帧，如图 6-12 所示。

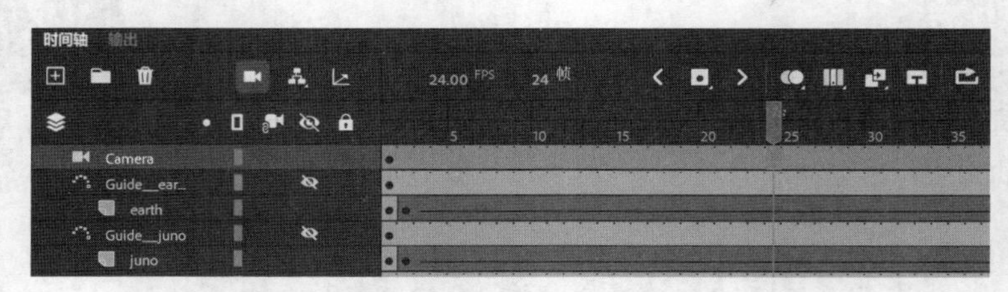

图 6-12

❷ 按 F6 键插入一个关键帧，如图 6-13 所示。

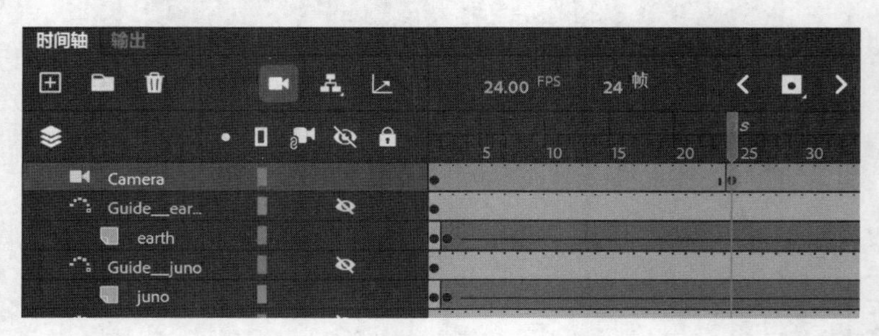

图 6-13

从第 1 帧到第 24 帧，不移动摄像机，画面保持不变。从第 24 帧，摄像机拉镜头动画开始。

❸ 选择刚刚创建的关键帧（即 Camera 图层的第 24 帧），然后在【时间轴】面板顶部选择【创建补间动画】，如图 6-14 所示。

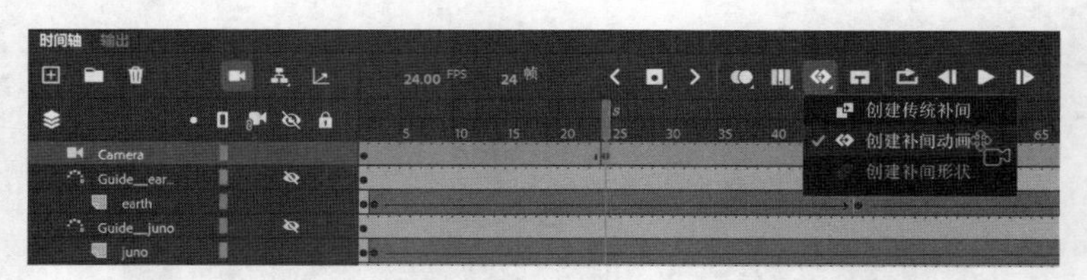

图 6-14

此时，从第 24 帧开始就有了补间动画，Camera 图层上会出现一段金黄色的补间范围，如图 6-15 所示。

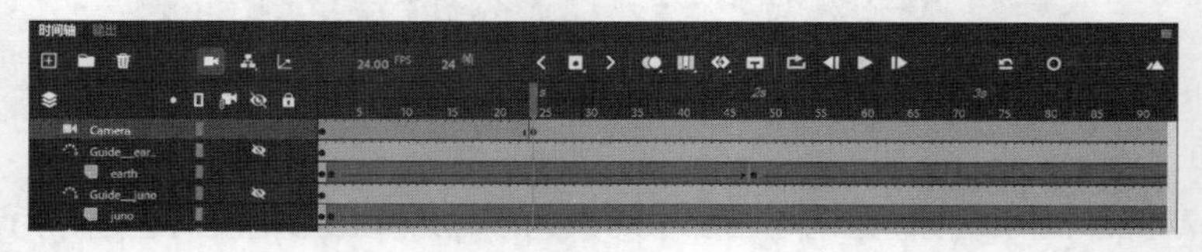

图 6-15

❹ 把播放滑块拖动到第 72 帧。

❺ 向左拖动摄像机缩放滑块，缩小画面（即拉镜头），显示出更多内容，如图 6-16 所示。在【属性】面板的【摄像机设置】区域中，确保【缩放】值为 170% 左右。

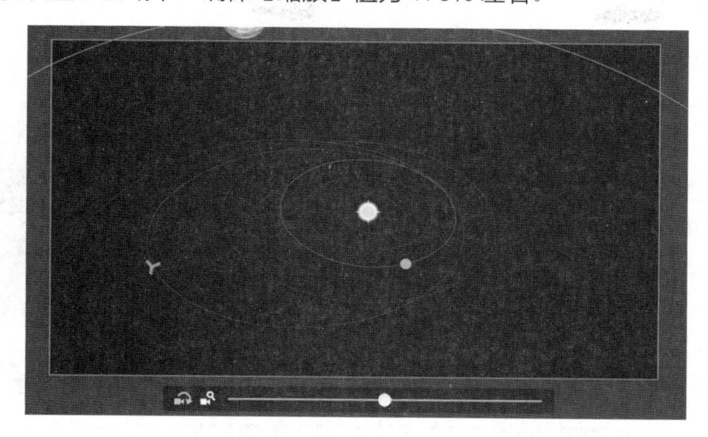

图 6-16

移动摄像机，使朱诺号大致位于画面中心，如图 6-17 所示。此时，摄像机的位置大约是 *x*=20、*y*=91。

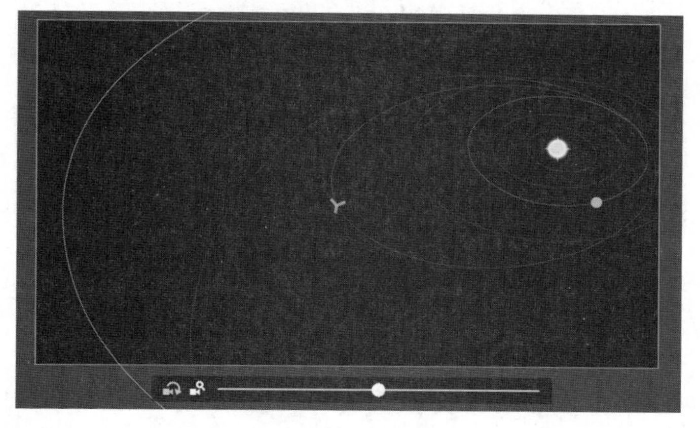

图 6-17

Animate 自动在第 72 帧处创建一个关键帧，其中记录着摄像机的新缩放值和新位置，如图 6-18 所示。

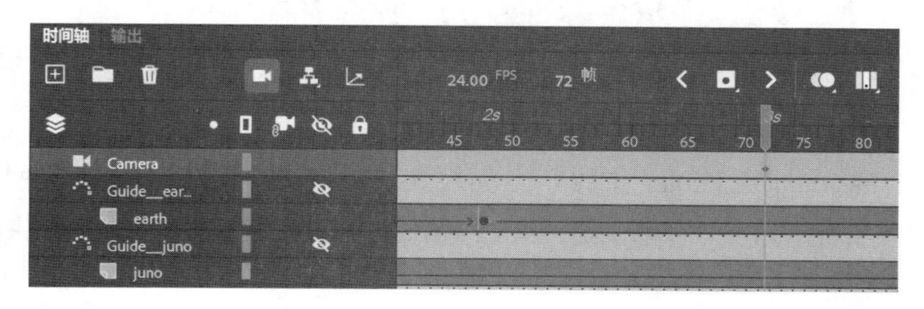

图 6-18

❻ 在第 24 帧与第 72 帧之间，沿着时间轴拖动播放滑块，观看动画效果。

随着朱诺号远离地球，摄像机跟随朱诺号一起运动，确保朱诺号始终在画面中。

6.3.5 摄像机平移动画

摄像机平移是指摄像机沿水平方向左右移动。接下来制作摄像机平移动画，使摄像机镜头跟着朱诺号慢慢从画面左侧移动到右侧。

① 在时间轴上，把播放滑块拖动到第 160 帧。

下面将在这一帧上添加一个关键帧，用来记录摄像机的新位置。

② 在舞台中向右移动摄像机。移动摄像机时，按住 Shift 键，可保证移动仅沿着水平方向进行。此外，还可以在【属性】面板的【工具】选项卡下的【摄像机设置】区域中，直接设置【X】值（水平位置）来指定摄像机的位置（也可以直接拖动数值）。这里设置为 -250，如图 6-19 所示。

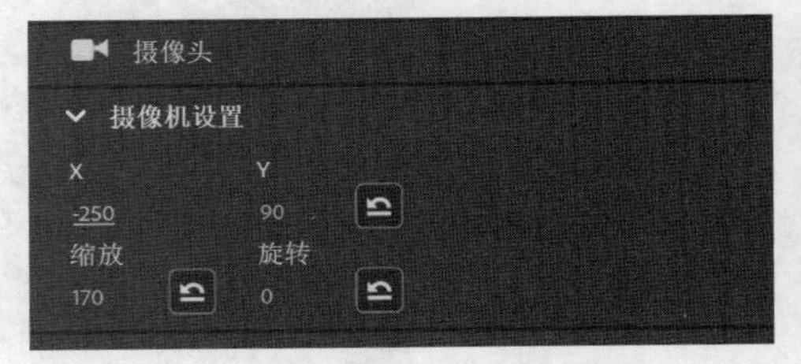

图 6-19

此时，朱诺号大致位于画面中间，如图 6-20 所示。

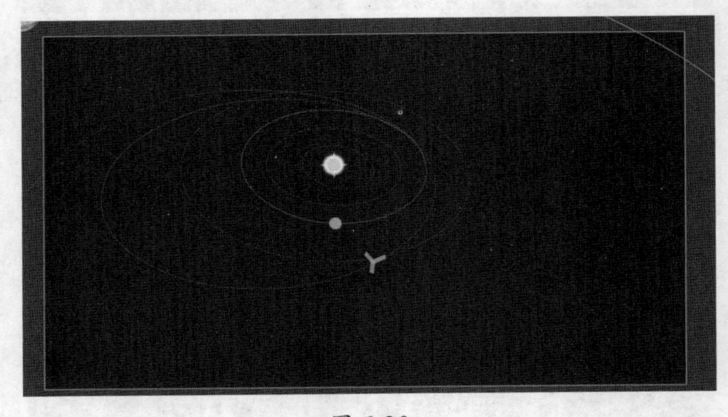
图 6-20

③ Animate 自动在第 160 帧处创建一个关键帧，用来记录摄像机的新位置与新缩放值，如图 6-21 所示。

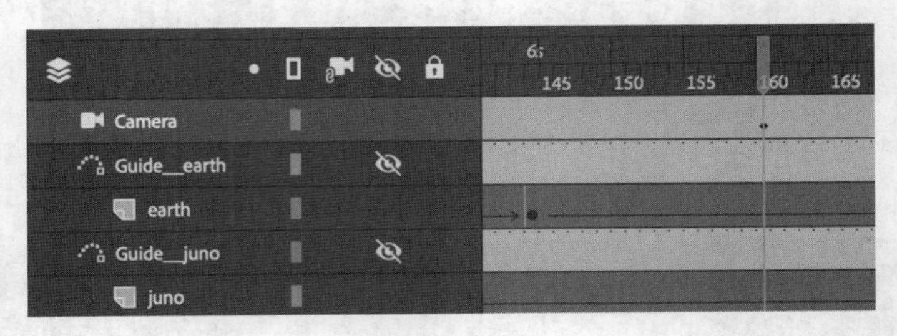

图 6-21

④ 按 Return 键（macOS）/Enter 键（Windows），预览补间动画。动画开始时，先把画面拉远（第 24 帧到第 72 帧），然后从左到右平移画面（第 72 帧到第 160 帧），摄像机一直跟踪朱诺号运动。

6.3.6 推镜头动画

动画中的一个关键节点是：朱诺号升空后在太空中再次与地球相遇，然后在地球引力弹射作用下飞向木星。下面添加一个推镜头动画，以清晰地展现这个过程。

❶ 在第 160 帧上单击鼠标右键，从弹出的快捷菜单中选择【插入关键帧】>【全部】，如图 6-22 所示。

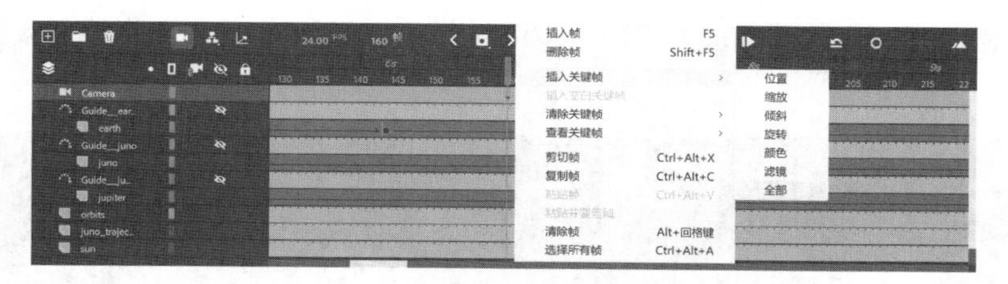

图 6-22

在第 160 帧处给摄像机的所有属性插入一个关键帧，可确保缩放、位置、旋转等属性的变化从第 160 帧开始，而不是某个更早的时间点。

❷ 在时间轴上，把播放滑块拖动到第 190 帧。

此时，朱诺号离地球最近。

❸ 在舞台中缩放与移动摄像机，把地球与朱诺号放大，并使其大约位于画面中心，如图 6-23 所示。此时，摄像机的缩放值大约是 760%，位置大致为 x=-1309、y=767。

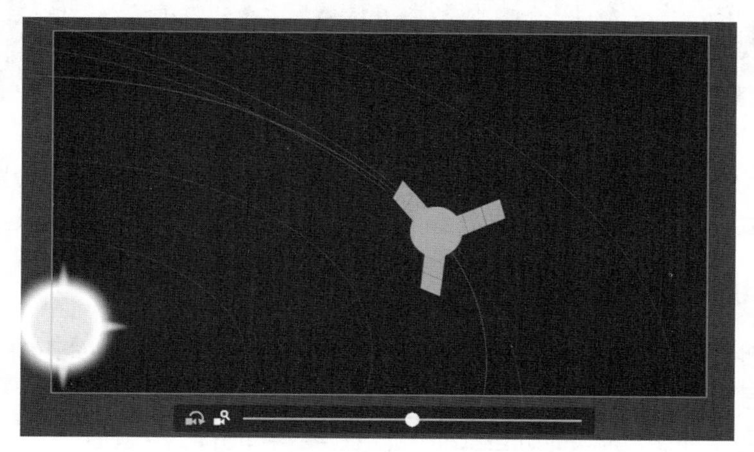

图 6-23

Animate 自动在第 190 帧处创建一个关键帧，用来记录摄像机的新位置与新缩放值。

❹ 把播放滑块拖动到时间轴的起点（第 1 帧），然后按 Return 键（macOS）/Enter 键（Windows）键，预览补间动画。

从第 160 帧到第 190 帧，朱诺号慢慢靠近地球，画面放大。

6.3.7 摄像机翻滚动画

摄像机翻滚是指拍摄时摄像机绕着机身所在的轴旋转。制作动画时，一般不太会旋转摄像机，但在某些情况下，旋转摄像机能够产生非常棒的动感效果。在朱诺号第二次接近地球的过程中，一边拉近画面，一边让摄像机旋转起来，可让观众有伴着朱诺号一起飞行的感觉。

❶ 在时间轴上确保播放滑块位于第 190 帧处。

❷ 在摄像机控件上单击【旋转】按钮，如图 6-24 所示。

图 6-24

❸ 向右拖动滑块，使摄像机沿顺时针方向旋转（画面中的对象沿逆时针方向旋转）。

此时，在【属性】面板的【摄像机设置】区域中，【旋转】为 -39° 左右。

❹ 在摄像机控件中单击【缩放】按钮，移动摄像机，使地球背后的朱诺号大致位于画面中心，如图 6-25 所示。

图 6-25

❺ 按 Return 键（macOS）/Enter 键（Windows），或者沿着时间轴拖动播放滑块，预览动画。

动画中，通过拉近摄像机镜头并旋转摄像机，生动、逼真地展现了朱诺号飞掠地球的震撼情景。

6.3.8 继续添加摄像机动画

朱诺号飞过地球后，它会继续沿着飞行轨道向木星飞去。接下来继续制作摄像机缩放、旋转、平移动画，把朱诺号飞向木星的过程表现出来。

❶ 在时间轴上，把播放滑块拖动至第 215 帧。在舞台中单击摄像机画面。

❷ 在【属性】面板的【工具】选项卡的【摄像机设置】区域中，在【旋转】中输入 0° ，或者单击【重置摄像头旋转】按钮，把摄像机的旋转角度重置为 0° ，如图 6-26 所示。

图 6-26

此时，摄像机画面恢复到默认角度。

❸ 移动摄像机，使地球和朱诺号大致位于画面中心，如图 6-27 所示。

❹ 把播放滑块拖动至第 228 帧。

此时，朱诺号正在远离太阳系，且超出画面之外，需要继续调整摄像机，使其保持在画面中。

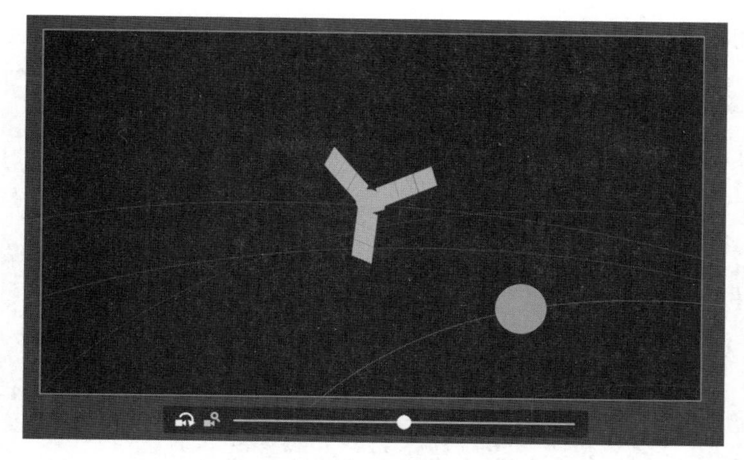

图 6-27

❺ 在【摄像机设置】区域（位于【属性】面板的【工具】选项卡下）中，把【缩放】值设置为 90% 左右。移动摄像机，使太阳系的大部分区域（包括木星轨道）显示在画面中，如图 6-28 所示。

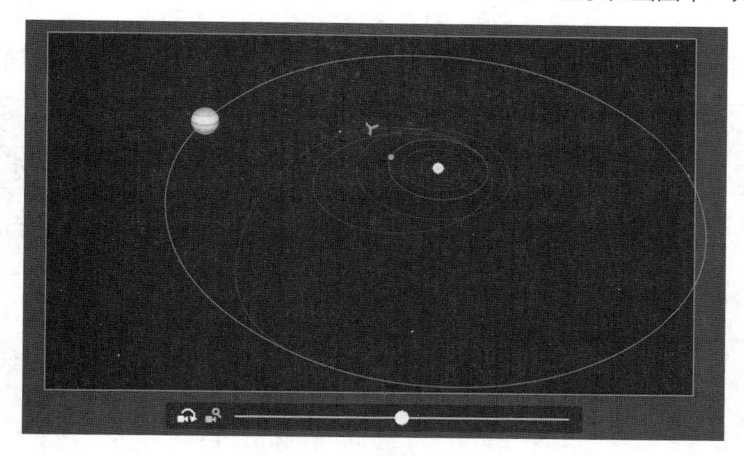

图 6-28

❻ 在 Camera 图层上选择第 480 帧，使用鼠标右键单击它，从弹出的快捷菜单中选择【插入关键帧】>【全部】，如图 6-29 所示，插入一个关键帧。

最后一个镜头要放大画面，以展示朱诺号抵达木星的情景，因此必须先创建一个初始关键帧，并为摄像机的缩放、位置、旋转属性赋初始值。

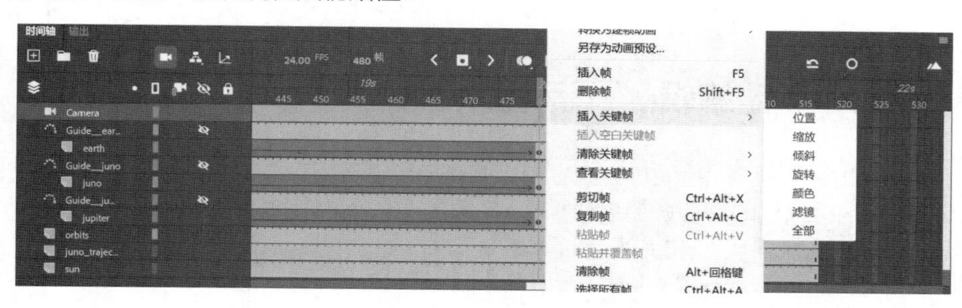

图 6-29

❼ 把摄像机的【缩放】值设置为 1400% 左右，给木星一个特写。

❽ 移动摄像机，使木星与朱诺号大致位于画面中央，如图 6-30 所示。

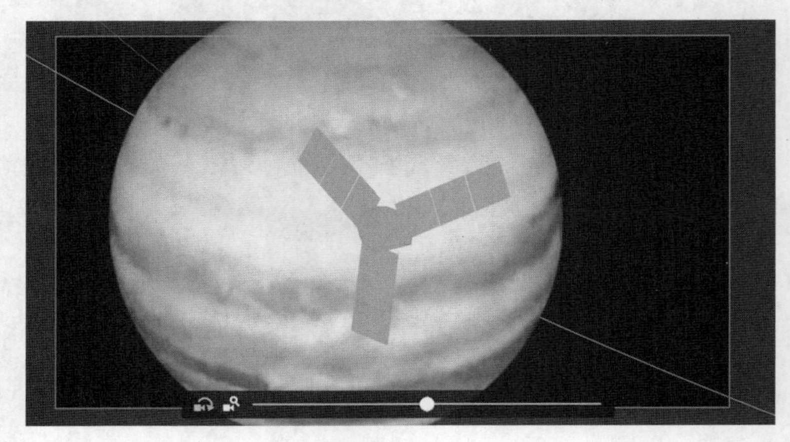

图 6-30

❾ 为预览整个动画，从菜单栏中选择【控制】>【测试】。

此时，Animate 以 SWF 格式导出动画，并在一个新窗口中播放动画，如图 6-31 所示。动画中巧妙地运用了摄像机平移、推拉和滚动等手法，将朱诺号从地球到木星的探险之旅展现了出来。

图 6-31

提示 放大画面时，不要一次性把画面放得太大，否则可能会看不到目标对象，也就很难将其放入画面中。最好每次先放大一点，再移动摄像机，如此重复多次，最终使目标对象处于画面中。

摄像机缓动、运动编辑器、运动路径

与为舞台中的普通对象制作动画一样，制作摄像机动画使用的也是补间动画或传统补间技术。因此，同样可以为摄像机的运动添加缓动（缓入 / 缓出）效果，从而让摄像机的平移、缩放、倾斜、旋转等显得更加真实、自然。使用补间动画时，在 Camera 图层中双击补间，可打开运动编辑器（或者使用鼠标右键单击补间，从弹出的快捷菜单中选择【优化补间动画】），在其中可以应用复杂的缓动或者自定义属性曲线。对于上面制作好的摄像机动画，打开其运动编辑器，如图 6-32 所示。

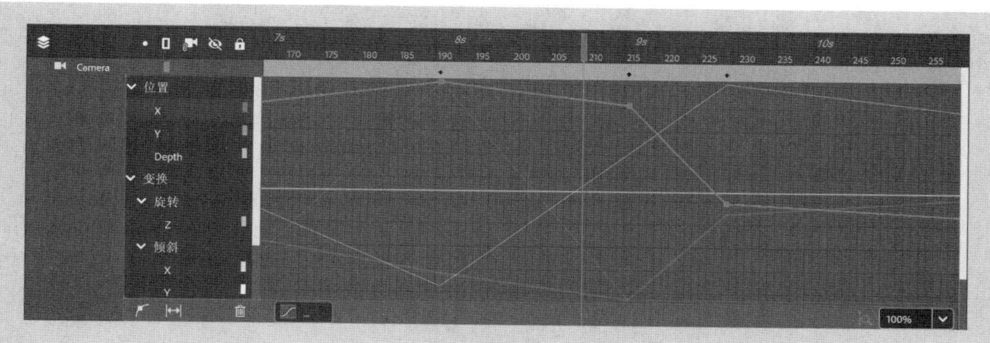

图 6-32

但是，补间动画和传统补间的有些功能不适用于摄像机。例如，无法制作摄像机沿着某条路径运动的动画。应用传统补间技术时，无法给 Camera 图层添加运动引导图层来引导摄像机运动。使用补间动画时，舞台中没有路径供摄像机跟随。

6.3.9 添加空间深度

现实生活中，移动摄像机拍摄某个场景时，能明显感受到画面的空间深度感，这是因为画面中前景元素的运动速度稍快于背景元素。这就是所谓的"视差效应"。当坐在一辆疾驰的汽车中，透过车窗往外看时，能明显地感受到这种效应：近处的树木、路牌快速地划过车窗，而远处的山脉则移动得比较缓慢。

在 Animate 中制作摄像机动画时，使用【图层深度】面板能够很好地把空间深度感表现出来。在【图层深度】面板中，可以为某个图层设置 z 轴深度（即到摄像机的距离）。

默认设置下，所有图层的 z 轴深度都是 0，表示它们到摄像机的距离是一样的。摄像机的运动不会产生空间深度感，总体感觉摄像机的平移、缩放都是在一个平面中开展的。也就是说，摄像机的平移和缩放在视觉上会引起画面的移动、变大或变小，但是各个图层在 z 轴方向并未发生相对运动。

注意 【图层深度】面板用于模拟现实中的多平面摄像机。多平面摄像机由华特迪士尼公司发明，并应用到他们的传统动画制作中，如《白雪公主和七个小矮人》。多平面摄像机是一个巨大的装置，它通过拍摄作品的多个图层来获得真实的空间深度。不过，与 Animate 不同的是，迪士尼的多平面摄像机在各个图层以不同速度移动时仍能保持静止。

注意 【图层深度】面板可独立于【摄像头】工具使用。也就是说，即使不激活【摄像头】工具，我们也能使用【图层深度】面板给图层中的对象设置不同的深度，并制作动画。最终观众观看动画画面时所感受到的 3D 效果是摄像机运动和具有不同 z 轴深度的图层共同作用的结果。

6.3.10 添加星空背景

接下来继续完善朱诺号奔赴木星的动画，为动画添加星空背景，进一步增强画面的空间感。为此，需在动画中添加几个星星图层，并为这些图层设置不同的 z 轴深度，借以表现浩瀚无垠的太空。

❶ 在【时间轴】面板中添加一个图层，然后将其移动到其他所有图层之下。

❷ 把图层重命名为 stars1，如图 6-33 所示。

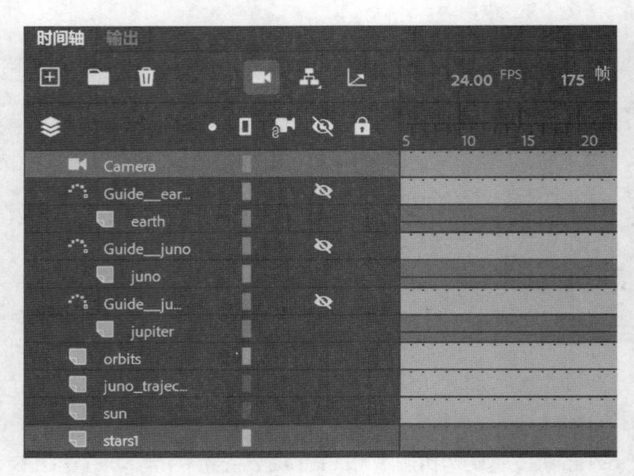

图 6-33

stars1 图层用来存放第一层星星。

❸ 在【库】面板中，把名为 stars1 的图形元件拖入舞台，如图 6-34 所示。

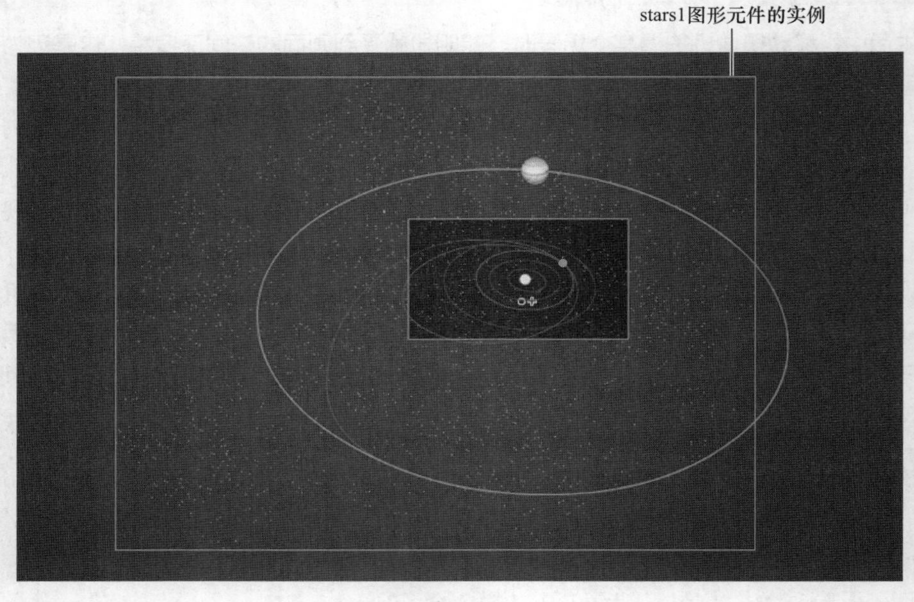

图 6-34

这个星空图形由大量随机分布的灰点和白点组成。摆放星空图形时位置不用太准确，选择【选择工具】，拖动星空图形，使其盖住大部分太阳系和左侧一小部分空间即可，摄像机会移动到左侧。

根据实际情况更改舞台的缩放级别，保证能够看到大部分星空图形，包括位于舞台之外或摄像机画面之外的部分。

❹ 在 stars1 图层之下添加 stars2 图层，然后把 stars1 图形元件拖入 stars2 图层中。

❺ 选择【任意变形工具】，把刚刚添加的星空图形旋转 180°，使 stars2 图层中的星星与 stars1 图层中的星星错开，确保星空图形覆盖了太阳系大部分空间，如图 6-35 所示。

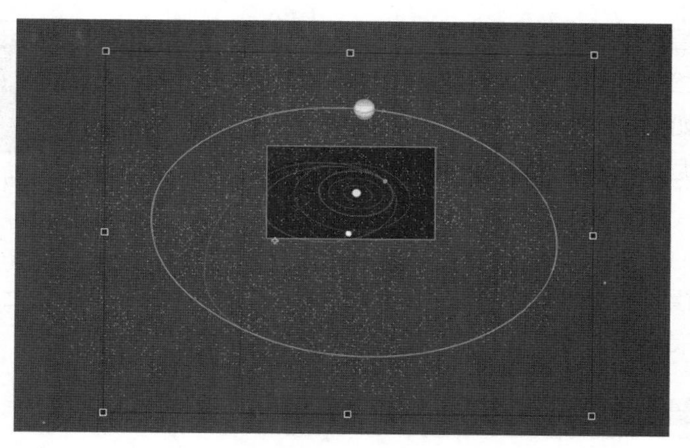

图 6-35

❻ 在 stars2 图层之下添加 stars3 图层，把 stars1 图形元件拖入 stars3 图层中。

❼ 选择【任意变形工具】，把刚刚添加的星空图形旋转 55°，使 stars3 图层中的星星与其他图层中的星星错开，如图 6-36 所示。

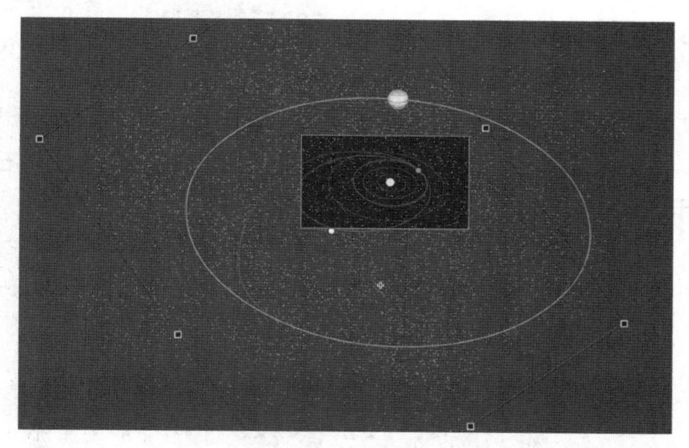

图 6-36

同时选中 3 个图层中的星星，会发现它们之间存在一定的重叠，如图 6-37 所示。

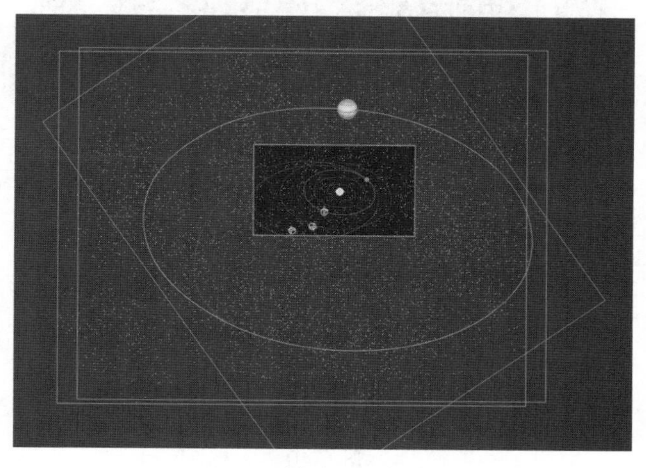

图 6-37

❽ 在 stars3 图层中选择第 1 个关键帧，在【属性】面板的【色彩效果】区域中选择【亮度】，把亮度值设置为 -60%，如图 6-38 所示。

图 6-38

此时，stars3 图层中的星星变暗了一些，产生了一种距离感。

❾ 按 Return 键（macOS）/Enter 键（Windows），预览动画。

动画中，星空背景给太阳系增添了几分真实感，但是星星仍然在一个平面上，摄像机运动时不会产生视差效应。下面使用【图层深度】面板改变各个星空背景图层的 *z* 轴深度。

6.3.11　使用【图层深度】面板设置 *z* 轴深度

在【图层深度】面板中，可以指定每个图层与摄像机（图层）的距离。

❶ 在【时间轴】面板中单击【图层深度】按钮，如图 6-39 所示，或者从菜单栏中选择【窗口】>【图层深度】，打开【图层深度】面板。

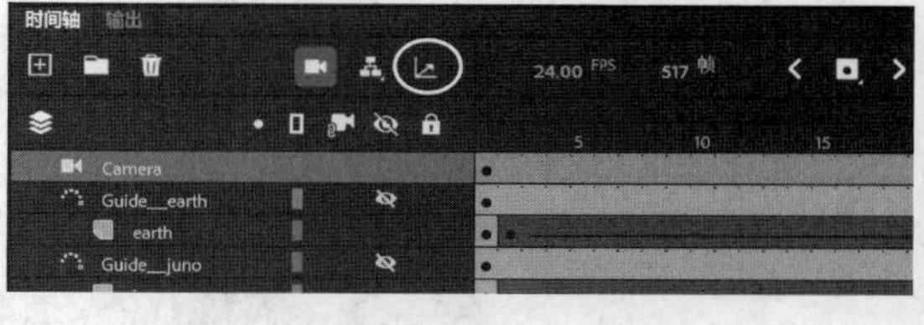

图 6-39

【图层深度】面板中显示着项目中的所有图层，它们的排列顺序与【时间轴】面板中的排列顺序是一样的。各个图层右侧的数字代表相应图层的 *z* 轴深度，默认值是 0。*z* 轴深度值右侧的颜色指示该图层在深度图（位于面板右半部分）中用什么颜色表示，如图 6-40 所示。

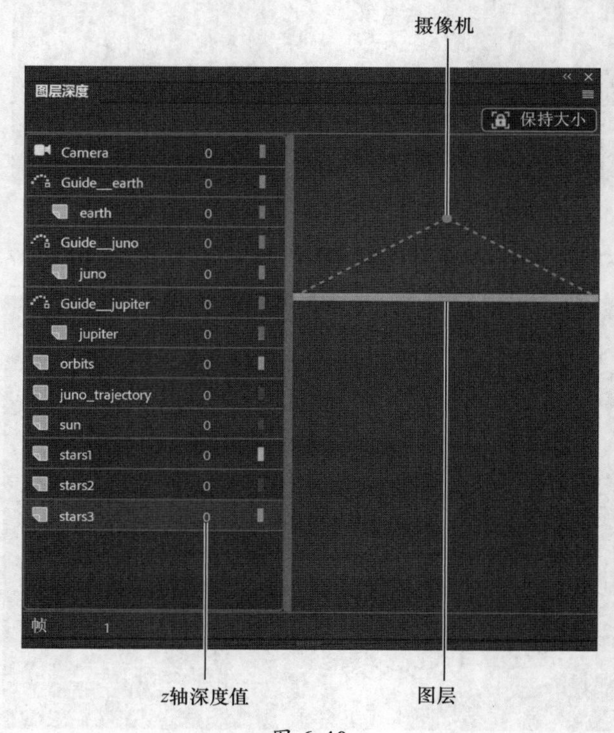

图 6-40

当前所有图层的 *z* 轴深度值都为 0，也就是说，所有图层与摄像机图层之间的距离都是 0，即所有图层与摄像机在同一个平面上。

深度图中，摄像机用一个圆点表示，由圆点出发的两条虚线与一条蓝色线相交，两个交点之间的线段长度代表摄像机的视场宽度。

❷ 从菜单栏中选择【视图】>【缩放比率】>【100%】，把舞台缩放级别设置为 100%。在【图层深度】面板中，把鼠标指针移动到 stars3 图层右侧的 *z* 轴深度值上，向右拖动鼠标，将数值设置为 500，如图 6-41 所示。更改图层的 *z* 轴深度值时，还可以直接单击 *z* 轴深度值并输入新的 *z* 轴深度值，或者在面板右侧的深度图中上下拖动代表图层的彩色线条。

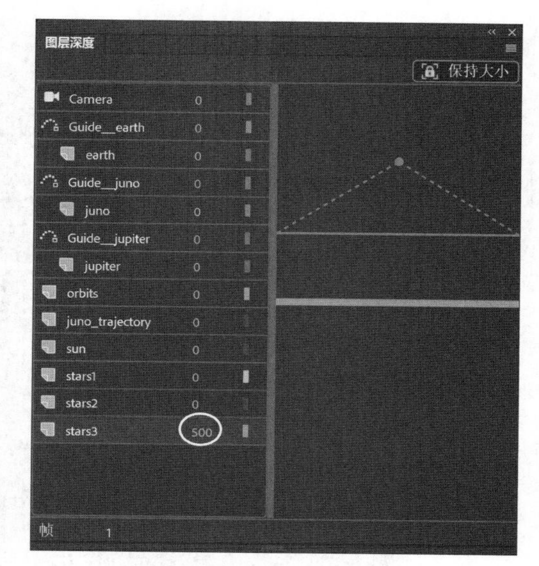

图 6-41

更改一个图层的 *z* 轴深度值时，请一边修改 *z* 轴深度值一边在舞台中观察结果。随着 *z* 轴深度值的增大，stars3 图层逐渐远离摄像机，图层中的星空也向后退去。反之，不断减小 *z* 轴深度值（可以是负值），stars3 图层会离摄像机越来越近，甚至会越过摄像机，到摄像机后面去。

❸ 不断增大 stars3 图层的 *z* 轴深度值，会使图层内容不断变小，以至于无法在动画中使用。修改 stars3 图层的 *z* 轴深度值，将其改回默认值 0。

❹ 在【图层深度】面板中单击【保持大小】按钮，开启【保持大小】功能，如图 6-42 所示。开启【保持大小】功能，可防止更改 *z* 轴深度值时图形尺寸发生变化。

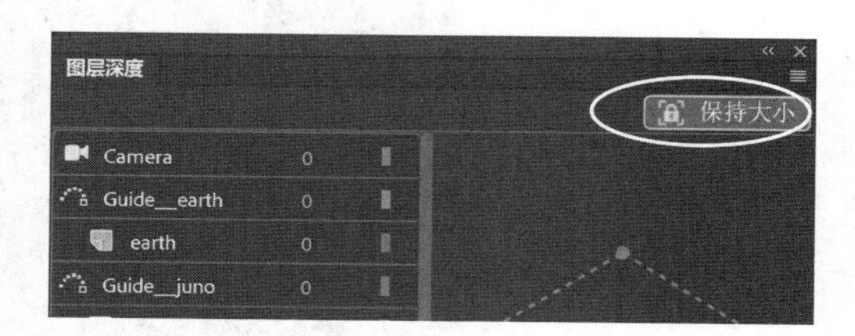

图 6-42

❺ 拖动 stars3 图层的 *z* 轴深度值，将其更改为 500。

此时，星星的大小保持不变。如果一个 *z* 轴深度值需要拖动多次才能达到，那么每次拖动 *z* 轴深度值之前，都需要单击【保持大小】按钮。例如，需要拖动 3 次才能把 *z* 轴深度值修改成 500，那就需要单击 3 次【保持大小】按钮。

❻ 单击【保持大小】按钮，把 stars2 图层的 *z* 轴深度值设置为 300；单击【保持大小】按钮，把 stars1 图层的 *z* 轴深度值设置为 150，如图 6-43 所示。

【图层深度】面板右半部分的深度图中显示了 3 个图层相对于摄像机以及其他图层（*z* 轴深度值为 0）的位置。在深度图中，当前选中的图层以粗线条显示。

❼ 到这里，各星空图层的 *z* 轴深度就设置好了。关闭【图层深度】面板。此时，相比于其他图层，最后 3 个星空图层离摄像机最远，而且 3 个图层本身离摄像机的远近也不同。

沿着时间轴，在第 72 帧与第 160 帧之间拖动播放滑块，可以感受到明显的视差效应，这是摄像机镜头对着不同深度的图层运动时产生的效果。第 72 帧到第 160 帧也是摄像机从左向右平移，跟踪朱诺号的时间段。动画中，由近及远，各个对象划过镜头的速度逐渐减慢，其中近处轨道划过镜头的速度最快，然后是稍远一些的星星，再然后是更远处的星星。这样，浩瀚无垠的宇宙就生动地展示了出来，如图 6-44 所示。

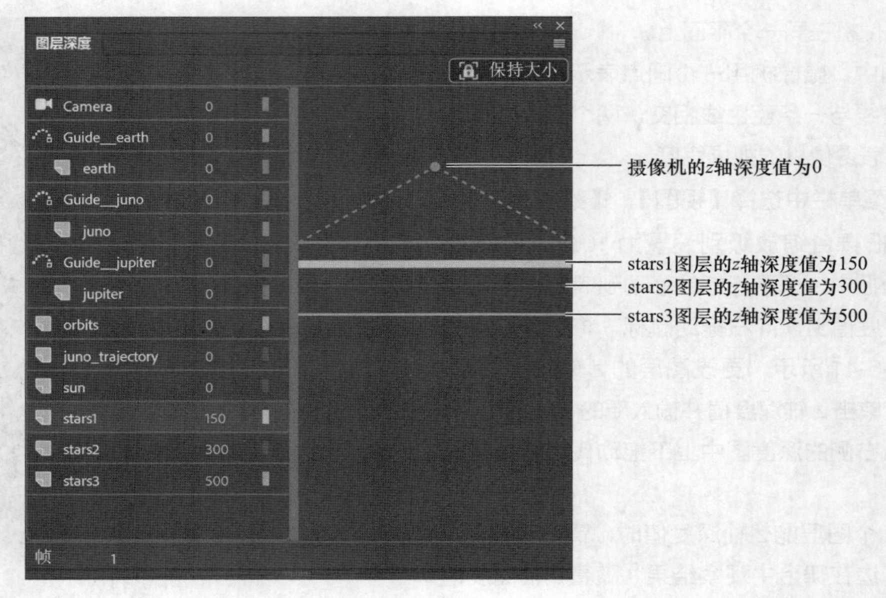

图 6-43

图 6-44

提示 为了避免混淆，最好让图层的堆叠顺序与图层的 z 轴深度顺序保持一致。在【图层深度】面板中，通过更改某个图层的 z 轴深度，可自由调整其与摄像机的远近关系（避免与其他图层中的图形重叠）。例如，经过设置，处于最上方的图层在深度图中完全可以处在最下方，但这样做可能会导致混乱。因此，我们应该尽量让【时间轴】面板中图层的堆叠顺序和【图层深度】面板中图层的深度顺序保持一致。尽量确保更改 z 轴深度只影响图层之间的距离，避免出现堆叠顺序与深度顺序不一致的问题。

制作 z 轴深度动画

在 Animate 中，z 轴深度和其他属性一样，也可以制作动画。当同一个图层有多个关键帧时，这些关键帧中的 z 轴深度值可以各不相同。若只在关键帧中改变 z 轴深度值，不在关键帧之间添加补间，会导致对象在摄像机前跳来跳去。前面示例动画中，stars1、stars2、stars3 图层都只有一个关键帧（第 1 帧），因此不会出现星空在镜头前跳来跳去的问题。

制作 z 轴深度动画时，更改了不同关键帧的 z 轴深度值后，还要在关键帧之间添加补间，这样才能制作出对象缓慢远离或靠近摄像机的平滑动画，并且不会出现对象在镜头前跳来跳去的问题。

z 轴深度动画为我们打开了一个全新的世界，是除 3D 平移动画和 3D 旋转动画之外的又一种强大的 3D 动画。

6.4 把图层连接至摄像机

最后，还要在动画画面中添加说明文字。当朱诺号运动到某个关键位置时，画面中会显示相关说明，但我们不希望这些文字受摄像机运动的影响。事实上，舞台中的所有图形（包括文字）都会受到摄像机运动（如平移、倾斜、旋转、缩放）的影响。那么，有没有什么方法能够帮助我们把一个图层固定在画面中，使其不受摄像机运动的影响呢？答案是有的。

在 Animate 中，当把一个图层连接至摄像机后，这个图层就固定在了画面中，摄像机运动不会对其产生影响。

6.4.1 启用【连接至摄像头】功能

在【图层属性】对话框中勾选【连接至摄像头】，Animate 就会把所选图层连接至摄像机。此外，在【时间轴】面板中单击【将图层附加到摄像头】图标，也可以实现相同操作。

❶ 新建一个图层，将其拖到其他所有图层之下，然后重命名为 information，如图 6-45 所示。

这个图层用来存放说明文字，说明文字会在一些关键的时间点上出现在画面中。

❷ 在【时间轴】面板中，把鼠标指针移动到新创建的图层上，在右侧显示出的图标中单击带锁链的摄像机图标。

此时，图层名称右侧出现一个带锁链的摄像机图标，表示该图层已经连接到摄像机图层，如图 6-46 所示。

❸ 双击图层名称左侧的图层图标或者从菜单栏中选择【修改】>【时间轴】>【图层属性】，打开【图层属性】对话框。

❹ 在【图层属性】对话框中,【连接至摄像头】已经处于勾选状态，如图 6-47 所示，单击【确定】按钮，关闭对话框。

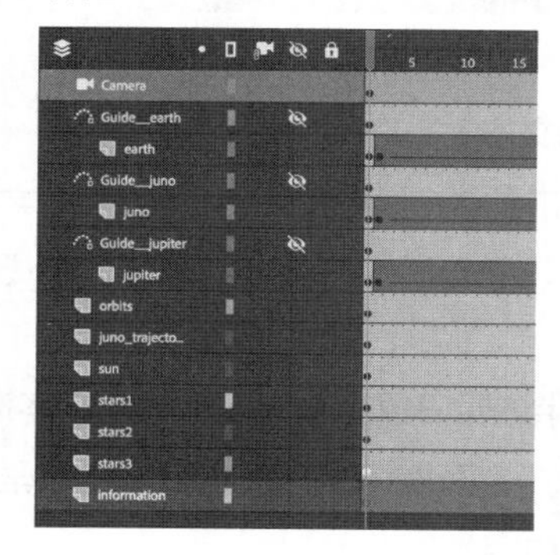

图 6-45

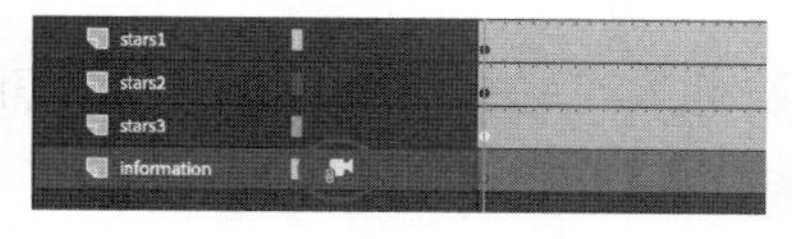

图 6-46

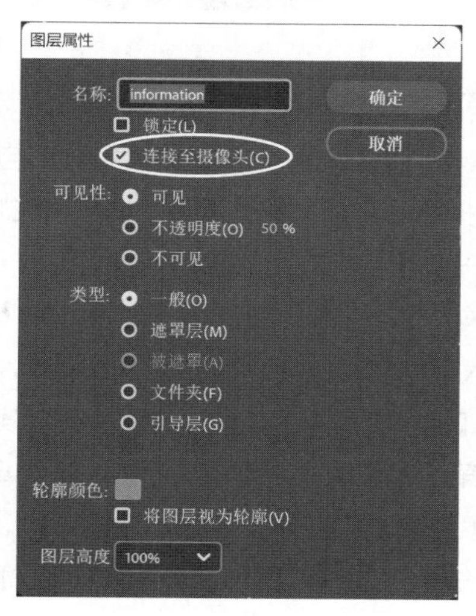

图 6-47

6.4.2 添加说明文字

接下来，沿着时间轴，在动画的关键时间点上添加说明文字。

❶ 在动画开始前，添加 48 个帧，让画面静止 2 秒。最简单的办法是拖选所有图层的第 1 帧，然后按 47 次 F5 键。这样，earth、juno、jupiter 图层的补间之前就多了 2 秒，如图 6-48 所示。

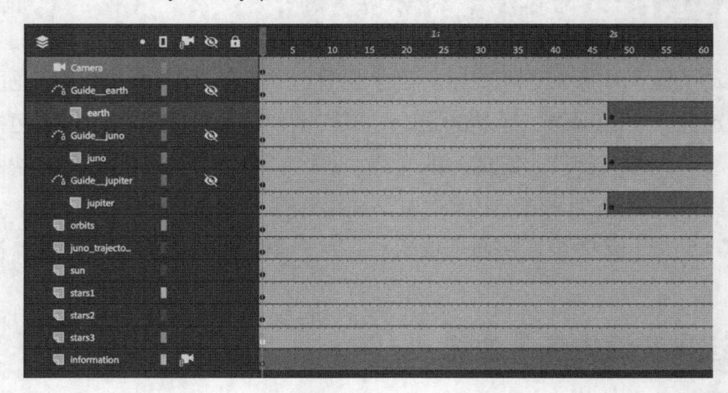

图 6-48

动画开始前先让画面静止 2 秒，有助于观众看清第 1 串说明文字。

❷ 选择 information 图层的第 1 帧。

❸ 选择【矩形工具】，在【属性】面板中把【笔触颜色】设置为【无】，把【填充颜色】设置成透明度为 50% 的白色。

❹ 从画面左上角开始，绘制一个宽为 700 像素、高为 50 像素的矩形。矩形的位置坐标是 x=0、y=0。

半透明矩形作为文字背景使用，如图 6-49 所示。

图 6-49

❺ 选择【文本工具】，在【属性】面板中选择【静态文本】。

❻ 在【字符】区域中，从字体【系列】与【样式】下拉列表中选择一种字体。把字体大小设置为 28pt（选择不同字体，根据需要酌情增大或减小字号），把字体颜色设置为黑色。在【段落】区域中单击【居中对齐】按钮。

❼ 确保【不透明度】为 100，在 information 图层的半透明白色矩形上拖出一个文本框。

❽ 输入 Juno's journey to Jupiter begins，使用【对齐】面板将文本沿水平方向和垂直方向居中对齐（关于【对齐】面板的用法，请阅读第 2 课中的相关内容）。

这样，第 1 串说明文字就添加好了，如图 6-50 所示。

❾ 在下一串说明文字出现之前，应该先让第 1 串说明文字消失。在 information 图层的第 90 帧上单击鼠标右键，从弹出的快捷菜单中选择【插入空白关键帧】（或按 F7 键）。

图 6-50

此时，从第 90 帧开始，第 1 串说明文字就从画面中消失了。

⑩ 当朱诺号再次与地球相遇时，应该显示第 2 串说明文字。在第 118 帧处添加一个关键帧。

⑪ 复制第 1 帧中的说明文字与半透明白色矩形，将其粘贴到刚刚添加的关键帧（第 118 帧）中，如图 6-51 所示。

图 6-51

⑫ 把文本内容修改为 Juno heads back to Earth，如图 6-52 所示。

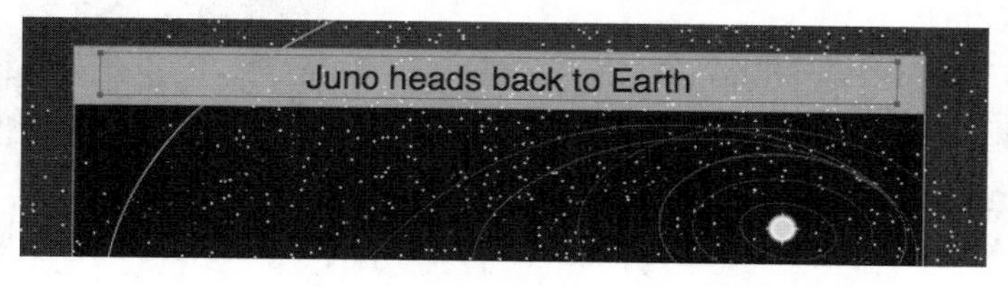

图 6-52

⑬ 使用相同的方法添加第 3 串说明文字。第 2 串说明文字在第 192 帧处消失，第 3 串说明文字在第 236 帧处出现。第 3 串说明文字是 Juno uses Earth's gravity as a slingshot，如图 6-53 所示。第 3 串说明文字应该在第 336 帧处从画面中消失。这个过程中，请根据需要灵活地调整文字出现的时间点和位置。

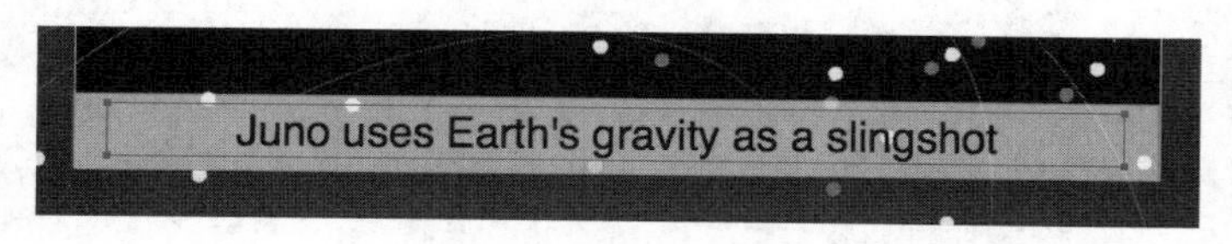

图 6-53

注意 把一个图层连接至摄像机后，仍然可以更改这个图层的 z 轴深度。

注意 Animate 允许把多个图层连接至摄像机。

⑭ 最后一串说明文字是 Juno arrives at Jupiter 5 years later，它应该在第 454 帧处出现，即在朱诺号抵达木星时出现，此时摄像机正在给木星一个特写镜头，如图 6-54 所示。

图 6-54

⑮ 在【时间轴】面板中向上移动 information 图层，使其位于 Camera 图层之下，确保说明文字出现在其他所有图形之上。

⑯ 播放动画。

播放动画的过程中，几串说明文字在几个关键时间点逐个显现。由于 information 图层已经连接至摄像机，所以其内容不受摄像机运动（包括旋转、平移、缩放）的影响。

向摄像机应用色彩效果

在 Animate 中，可以给摄像机应用色彩效果，并制作成动画，从而给画面添加某种颜色倾向，或者改变画面的对比度、饱和度、亮度、色相等。色彩效果类似于加装在摄像机镜头前的各种滤镜，用来给画面营造某种氛围，或者制作黑白电影效果。

向摄像机应用色彩效果的步骤如下：先在摄像机图层中选择一个关键帧，然后在【属性】面板中单击【工具】选项卡，展开【色彩效果】，从下拉列表中选择【色调】，如图 6-55 所示。单击颜色框，从色板中选择一种颜色；或者分别修改【红色】【绿色】【蓝色】的值，然后修改【色调】的着色量（最大值是 100%）。

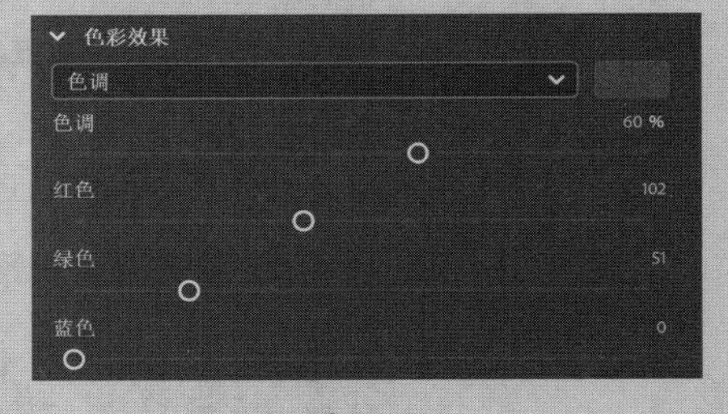

图 6-55

例如，可以向摄像机应用一种深褐色，以模拟旧电影胶片的效果，如图 6-56 所示。

图 6-56

摄像机图层的每个关键帧都可以应用色彩效果。示例动画中，已经制作好了摄像机动画（摄像机图层中包含多个关键帧）。如果希望整个动画的色彩效果保持一致，就必须把色彩效果应用至每个新添加的关键帧。

6.5 导出动画

动画制作好之后，可以将其从 Animate 中导出，在 Adobe Media Encoder 中转换成 MP4 影片。

❶ 从菜单栏中选择【文件】>【导出】>【导出视频 / 媒体】，打开【导出媒体】对话框。

❷ 把【渲染大小】设置为 700 像素（宽）× 400 像素（高）。勾选【立即启动 Adobe Media Encoder 渲染队列】。单击【输出】右侧的文件夹图标，在【选择导出目标】对话框中选择目标文件夹，输入文件名，单击【保存】按钮。在【导出媒体】对话框中单击【导出】按钮，如图 6-57 所示。

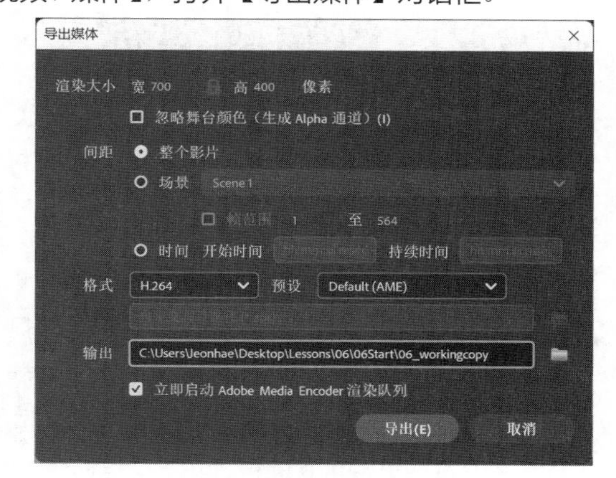

图 6-57

此时，Animate 临时创建一个 SWF 文件和一个 MOV 文件，同时启动 Adobe Media Encoder。

Adobe Media Encoder 的【队列】面板中显了出待渲染的文件。

❸ Animate 自动启动转换过程。若未自行启动，请单击【启动队列】按钮（绿色三角形按钮），或者按 Return 键（macOS）/Enter 键（Windows），启动转换过程。

Adobe Media Encoder 会把 MOV 文件转换成默认格式，这里是 H.264 格式（扩展名为 .mp4），如图 6-58 所示。

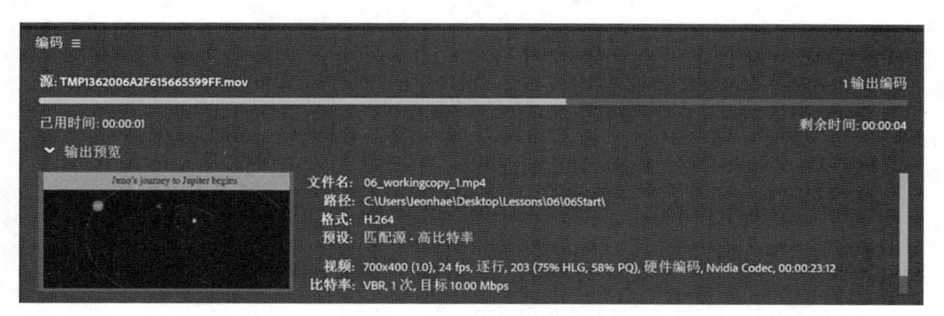

图 6-58

转换完成后，就可以把得到的 MP4 文件上传到视频分享平台或个人网站供其他人观看了。

6.6 复习题

① 使用【摄像头】工具可以制作哪 4 种摄像机动画？

② 如何激活摄像机图层？

③ 有哪两种方法可以把一个图层连接至摄像机？

④ 什么是 z 轴深度值，如何修改它？

⑤【图层深度】面板中的【保持大小】功能有什么用？

6.7 复习题答案

① 使用【摄像头】工具可制作摄像机平移（左右平移）、倾斜（上下运动）、缩放、旋转动画。

② 激活摄像机图层有两种方法：一种是从【工具】面板中选择【摄像头】工具，另一种是在【时间轴】面板顶部单击摄像机图标。

③ 有两种方法可以把一个图层连接至摄像机：一种是把鼠标指针移动到目标图层上，单击右侧显示出的带锁链的摄像机图标，此时图层右侧会出现一个带锁链的摄像机图标，表示该图层已连接至摄像；另一种是打开【图层属性】对话框，勾选【连接至摄像头】。

④ z 轴深度值是一个数值，表示相应图层与摄像机的距离。从菜单栏中选择【窗口】>【图层深度】，打开【图层深度】面板。在【文档设置】对话框（从菜单栏中选择【修改】>【文档】）中勾选【使用高级图层】后，图层深度功能才可用。在【图层深度】面板中，直接在图层名称右侧输入一个数值，或者上下拖动代表图层的彩色线条，即可修改图层的 z 轴深度值。

⑤ 在【图层深度】面板中开启【保持大小】功能，可在修改图层的 z 轴深度值时确保图层中的图形大小保持不变。一般来说，图层的 z 轴深度值越大，图层离摄像机越远，图层中的图形就会变得越小，有向后退的感觉。开启【保持大小】功能，可保证图形大小不变。

第 7 课

制作形状动画与使用遮罩

课程概览

本课主要讲解以下内容。

- 使用补间形状制作形状动画
- 使用形状提示优化补间形状
- 制作渐变填充动画
- 使用【绘图纸外观】功能
- 向补间形状应用缓动
- 创建与使用遮罩
- 遮罩的不足
- 为被遮罩图层制作动画

学习本课大约需要 90 分钟

在 Animate 中，可以使用补间形状技术来改变形状外观。借助该技术，我们可以轻松更改矢量图形的描边或填充，创建出自然、流畅的动画。通过遮罩，我们可以灵活地控制显示图层哪一部分。把补间形状与遮罩两种技术结合使用，能给动画添加更复杂的效果。

7.1 课前准备

首先浏览一下制作好的万圣节问候动画，本课将在 Animate 中使用补间形状和遮罩技术制作它。

❶ 制作好的万圣节问候动画是一个 GIF 动画。进入 Lessons\07\07End 文件夹，双击 07End.gif 文件，播放 GIF 动画，如图 7-1 所示。一个 GIF 动画就是一个文件，但这个文件中包含多张图片，这些图片轮番播放。GIF 动画在网络中非常流行。

图 7-1

该 GIF 动画是一个动态的万圣节贺卡。动画中，两行血液从贺卡顶部流下来，同时南瓜灯内部火焰在不断闪烁。最后，万圣节祝福语 Happy Halloween 逐渐显现。本课将结合使用形状补间和遮罩两种技术来制作动态贺卡，包括血液流动、火焰闪烁、文字显现动画。

❷ 关闭 GIF 动画。进入 Lessons\07\07Start 文件夹，双击 07Start.fla 文件，在 Animate 中打开起始项目文件。

❸ 在菜单栏中选择【文件】>【另保存】。在【另存为】对话框中转到 07Start 文件夹下，输入文件名 07_workingcopy.fla，单击【保存】按钮。

学习过程中，最好不要直接使用本书提供的初始项目文件，而是使用其副本，以免破坏初始项目文件。

7.2 关于形状动画

前面学习了如何使用【资源变形工具】对图形做封套变形，以获得更加自然的变形动画，如乐谱舞动动画。

制作形状动画的另一个方法是使用补间形状技术。

补间形状技术用来在一个矢量图形的不同关键帧之间插入过渡帧，以实现描边与填充变化的平滑过渡。借助补间形状技术，可以使一个形状平滑地转变为另一个形状。不管哪类动画，只要涉及形状描边或填充变形（如烟雾、水流、毛发动画），都可以使用补间形状技术来制作。

补间形状与封套变形器

在 Animate 中，补间形状和传统补间（使用【资源变形工具】的封套变形器实现）技术都是对对象的外形进行改变。但是，两者之间还是有如下区别。

- 补间形状只能应用于矢量图形。
- 封套变形器既可以应用于矢量图形，也可以应用于位图。向矢量图形应用封套变形器时，Animate 会自动把矢量图形转换成位图（称为“变形位图”），但可以在【首选参数】对话框中关闭这种转换。

- 使用补间形状几乎可以修改形状描边或填充的所有方面。渐变填充、描边宽度、描边颜色都可以应用补间。
- 在补间形状中，可直接使用【选择工具】或【部分选取工具】调整形状外形；而在封套变形器中，需通过网格界线来调整图形形状。
- 一般来说，补间形状常用来为简单形状（如水滴、一缕头发、一股青烟等）制作动画。而封套变形器多用来为复杂图形制作动画。当一个图形由多个形状组成，并且希望对它们做整体变形时，请使用封套变形器。例如，如果只对单只眉毛进行变形，用补间形状就行；但是当需要对整个头颅（包括头发、五官等）进行变形时，最好选用封套变形器。

7.3 项目文件构成

07Start.fla 项目文件是一个 ActionScript 3.0 文档，其中制作动画需要的大部分图形都已经制作好了，并且放在了不同图层上。但是，这些图形都是静态的，下面需要给它们添加动画。

当前项目文件中总共有 4 个图层，分别是 blood 图层（代表血液的红色图形，位于顶层）、face 图层（南瓜怪的眼睛、鼻子、嘴巴）、pumpkin 图层（南瓜）、title 图层（万圣节祝福语），如图 7-2 所示。

图 7-2

7.4 创建补间形状

首先对画面顶部的红色图形进行变形，制作血液流淌动画。制作时，会应用补间形状技术，确保图形能够从一种形状平滑地变为另外一种形状，实现自然、流畅的过渡。

向一个图层应用补间形状时，需要该图层至少有两个关键帧。对于初始关键帧中的形状（或称"图形"），可以在 Animate 中使用相关绘图工具绘制，也可以直接导入使用 Illustrator 制作好的形状。结束关键帧中包含的是另外一个形状，一般由初始形状经过某种变化得到。应用补间形状后，Animate 会在初始关键帧和结束关键帧之间插入过渡帧，保证初始形状自然地变成另一个形状。

7.4.1 创建包含不同形状的关键帧

按照以下步骤，制作血液从画面顶部缓缓流淌而下的动画。

❶ 在【时间轴】面板中同时选中 4 个图层的第 72 帧，从菜单栏中选择【插入】>【时间轴】>【帧】（或按 F5 键）。

此时，Animate 分别向 4 个图层添加了 72 个帧，动画总长度达到了 3 秒，如图 7-3 所示。

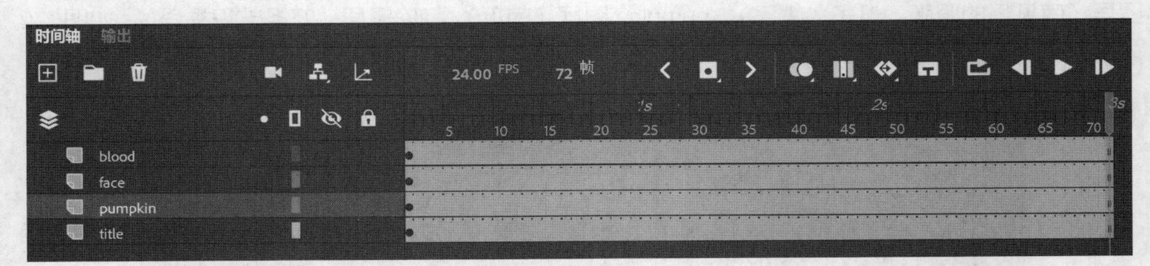

图 7-3

❷ 选择 blood 图层的第 40 帧，单击【时间轴】面板顶部的【插入关键帧】图标；或者使用鼠标右键单击第 40 帧，从弹出的快捷菜单中选择【插入关键帧】；或者从菜单栏中选择【插入】>【时间轴】>【关键帧】（快捷键为 F6），插入一个关键帧，如图 7-4 所示。Animate 会把前一个关键帧（第 1 帧）中的内容复制到新添加的关键帧（第 40 帧）中。

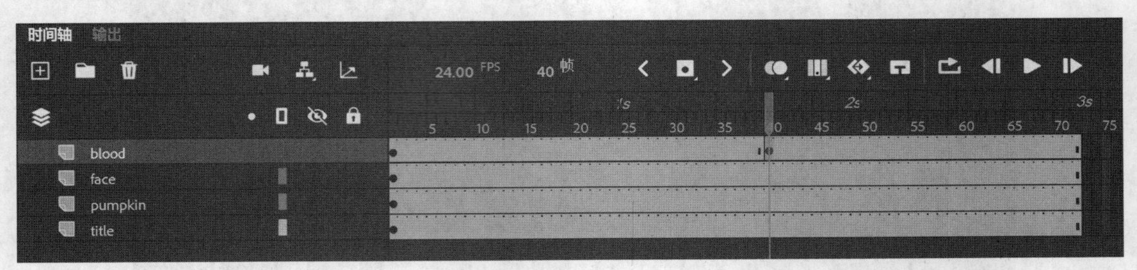

图 7-4

当前，blood 图层上有两个关键帧，一个是第 1 帧，另一个是第 40 帧。接下来修改第 2 个关键帧（第 40 帧）中红色血液图形的形状。

❸ 在【工具】面板中选择【选择工具】。

❹ 在红色图形之外单击，取消选择红色图形。移动鼠标指针，靠近红色图形底部边缘（右侧血滴处），当鼠标指针右下角出现弧线时，如图 7-5（左）所示，向下拖动鼠标，形成向下流淌的血液，

如图 7-5（右）所示。

当前两个关键帧中，红色图形的形状发生了显著变化：初始关键帧（第 1 帧）中，红色图形底部边缘比较平缓；而在结束关键帧（第 40 帧）中，红色图形底部右侧的血滴明显被拉长，以模拟向下流淌的情景。

❺ 当前血滴根部看上去过于粗大，需要使用【选择工具】调整一下。按住 Option 键（macOS）/ Alt 键（Windows），单击血滴根部膨出部分两侧的轮廓，添加锚点，同时向内拖动鼠标，把血滴调整得细一些，如图 7-6 所示。调整时，可以自由发挥，不必完全与图 7-6 中的血滴形态一模一样。

图 7-5

图 7-6

7.4.2 应用补间形状

接下来在两个关键帧之间应用补间形状，使一个形状自然过渡到另一个形状。

❶ 在 blood 图层上，在初始关键帧（第 1 帧）与结束关键帧（第 40 帧）之间随意单击一帧。

❷ 在【时间轴】面板顶部选择【创建补间形状】，如图 7-7 所示。或者使用鼠标右键单击任意一帧，从弹出的快捷菜单中选择【创建补间形状】；或者从菜单栏中选择【插入】>【创建补间形状】。

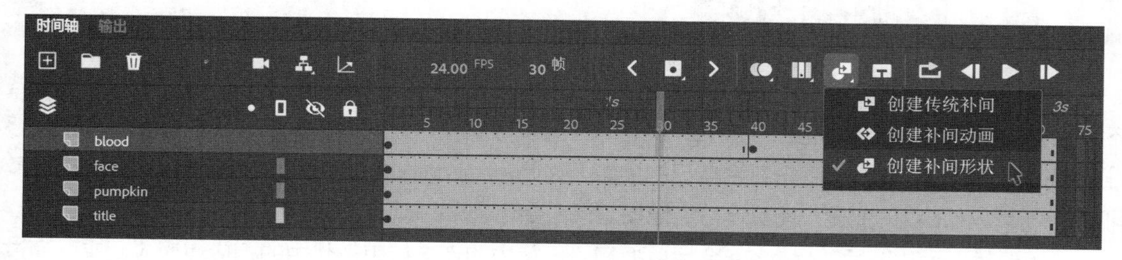

图 7-7

此时，Animate 在两个关键帧之间应用补间形状，时间轴中会显示一条带箭头的黑色线，同时补间区域用橙色填充，如图 7-8 所示。

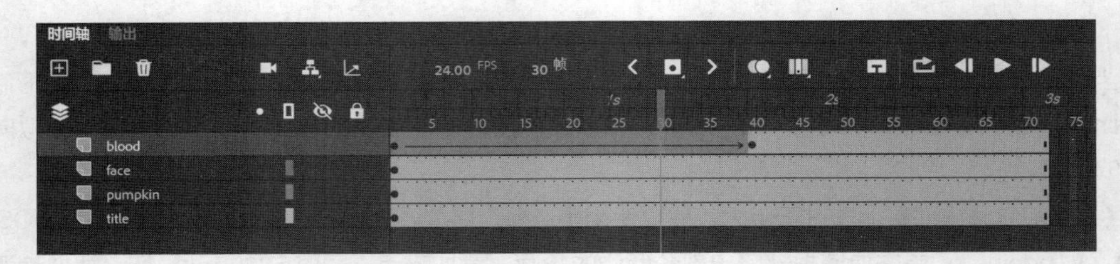

图 7-8

❸ 在菜单栏中选择【控制】>【播放】，或按 Return 键（macOS）/Enter 键（Windows），或者单击【时间轴】面板右上方的【播放】按钮，观看变形动画，如图 7-9 所示。

图 7-9

如果对当前的变形动画不太满意。没关系，后面将使用形状提示功能来进一步调整补间形状。在当前动画中，红色图形从初始形状过渡到最终形状时，中间可能会经历一些奇怪的变化，这不要紧，重要的是在两个关键帧之间有了一段平滑流畅的变形动画。

混合类型

在【属性】面板的【补间】区域（位于【帧】选项卡下）中选择不同的混合类型，如图 7-10 所示，补间形状会随之发生相应变化。混合类型控制着 Animate 在两个关键帧之间做形状过渡时所采用的插值方式。

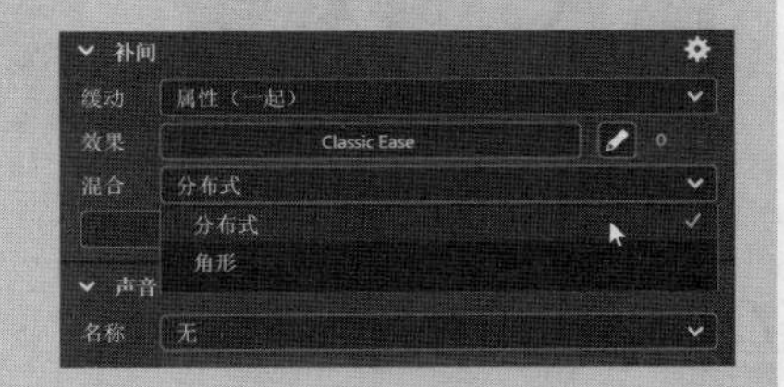

图 7-10

默认混合类型是【分布式】，它适用于大多数情况。使用该混合类型创建动画时，中间插补的形状会更平滑。

若形状中包含很多点和直线，应选择【角形】。选择该混合类型后，Animate 会尽量在插补的形状中把明显的角和线条保留下来。

7.5 使用形状提示

在 Animate 中，应用补间形状可在关键帧之间创建出自然的形状过渡效果，但有时也会出现一些不可预料的结果，如奇怪的扭曲、翻转、旋转等。大多数时候，这些结果不尽如人意，我们希望能够准确地控制形状的变化，使变形符合自己的预期。为此，Animate 提供了形状提示功能。借助该功能，可以进一步优化形状的变化，使其尽可能地按照预期变化。

启用形状提示功能后，Animate 会尽量把初始形状中的点与结束形状中的相应点对应起来。通过添加多个形状提示，可以非常精确地控制补间形状的显示方式。

7.5.1 添加形状提示

下面给红色图形添加形状提示，使其按照我们的意图从一种形状转变为另一种形状。

❶ 选择 blood 图层的第 1 个关键帧（第 1 帧）。

此时，舞台中的红色图形处于选中状态。

❷ 在菜单栏中选择【修改】>【形状】>【添加形状提示】[快捷键为 Command+Shift+H（macOS）/ Ctrl+Shift+H（Windows）]。

此时，红色图形上出现一个红圈字母 a，如图 7-11 所示。带圆圈的字母代表第 1 个形状提示。

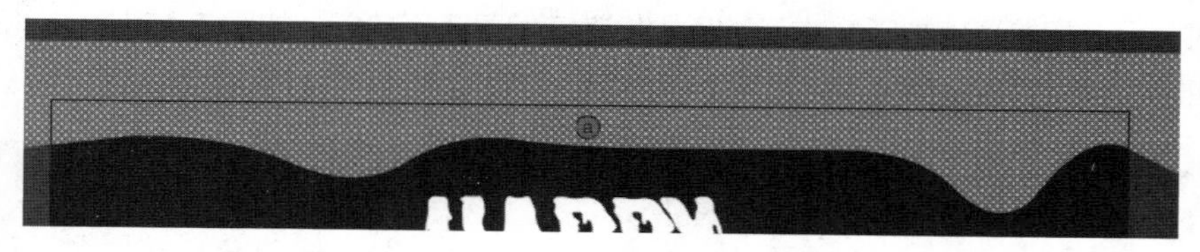

图 7-11

❸ 选择【选择工具】，在【属性】面板的【文档】选项卡下开启【贴紧至对象】功能。

开启【贴紧至对象】功能后，移动或修改对象时，对象之间会彼此贴紧。

❹ 拖动带圆圈的字母至红色图形的右上角，如图 7-12 所示。

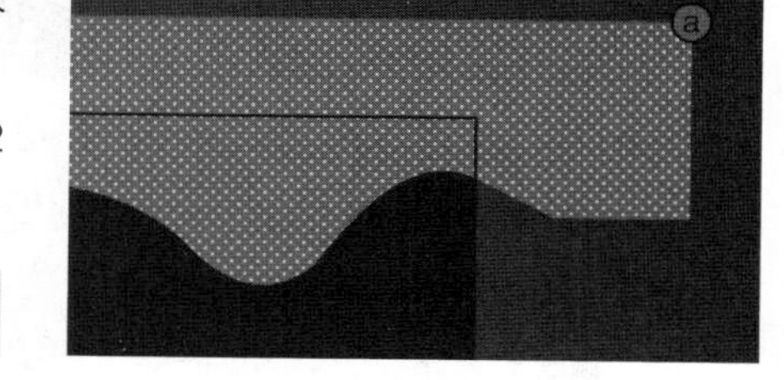

图 7-12

注意 形状提示应该放置在形状边缘上。

❺ 在菜单栏中选择【修改】>【形状】>【添加形状提示】，再添加一个形状提示。

此时，红色图形上出现一个红圈字母 b，如图 7-13 所示。

图 7-13

❻ 把红圈字母 b 拖动至红色图形右下角，如图 7-14 所示。

这样，当前 blood 图层的第 1 个关键帧中就有了两个形状提示，而且它们分别位于红色图形的不同位置。

❼ 选择 blood 图层的第 40 帧，即补间形状的最后一个关键帧。

此时，舞台中同时出现红圈字母 a 与红圈字母 b，并且红圈字母 a 隐藏在红圈字母 b 之下，如图 7-15 所示。

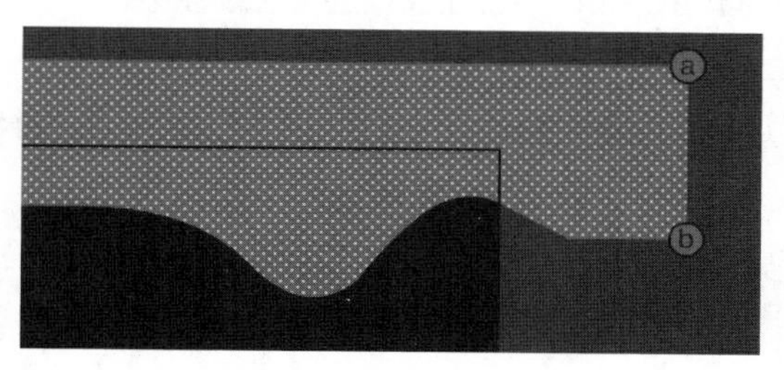

图 7-14

图 7-15

❽ 在第 2 个关键帧（第 40 帧）中，分别把红圈字母 a 与红圈字母 b 拖动至红色图形的相应位置，即把红圈字母 a 拖动至红色图形的右上角，把红圈字母 b 拖动至红色图形的右下角，如图 7-16 所示。

此时，两个形状提示都变成绿色，表示已经正确设置了它们的位置，即它们的当前位置与第 1 个关键帧中的位置一致。

❾ 选择第 1 个关键帧。

此时，两个初始形状提示变成了黄色，代表它们已正确放置，如图 7-17 所示。正确放置形状提示后，初始关键帧中的形状提示变为黄色，而结束关键帧中的形状提示则会变为绿色。

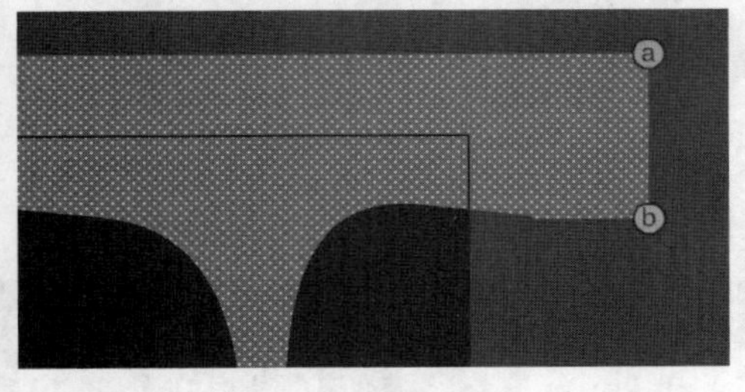

图 7-16

图 7-17

❿ 在第 1 个关键帧（第 1 帧）与第 2 个关键帧（第 40 帧）之间，沿着时间轴拖动播放滑块，观察形状提示对补间形状的影响。

像图钉一样，两个形状提示把第 1 个关键帧和第 2 个关键帧中红色图形的右上角、右下角分别“钉”在一起，从而确保变形过程中红色图形的右上角和右下角始终保持固定，如图 7-18 所示。

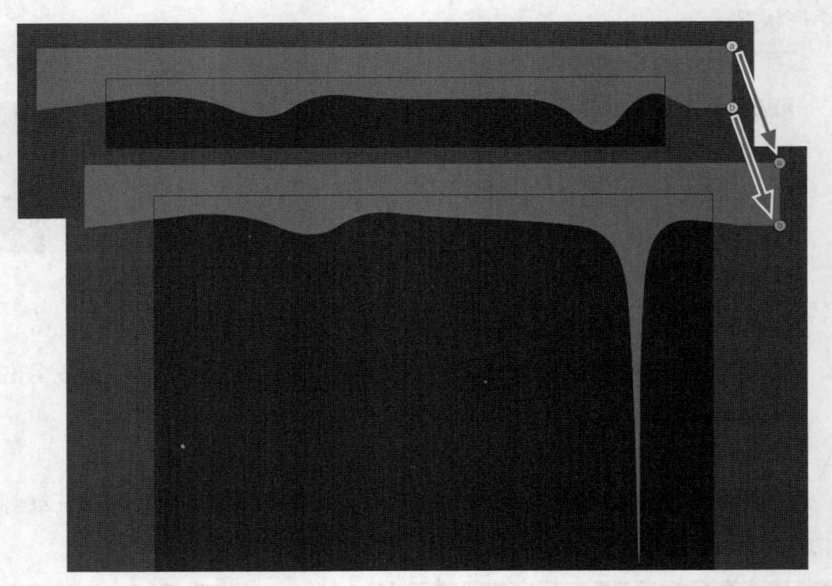

图 7-18

⓫ 再次选择第 1 个关键帧，在红色图形边缘，沿着逆时针方向继续添加 c、d、e、f、g、h 6 个形状提示，如图 7-19 所示。

提示 Animate 最多允许为一个补间形状添加 26 个形状提示。添加时，按顺时针或逆时针方向添加可保证获得最佳效果。

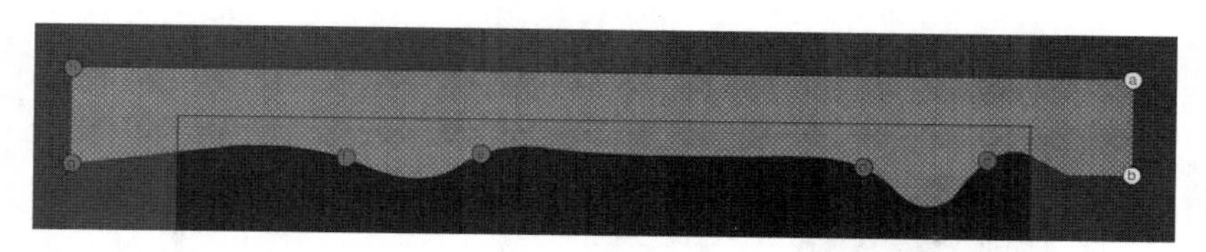

图 7-19

⑫ 选择第 2 个关键帧（第 40 帧），把 6 个形状提示移动至红色图形的相应位置，并确保移动后的形状提示变为绿色，如图 7-20 所示。

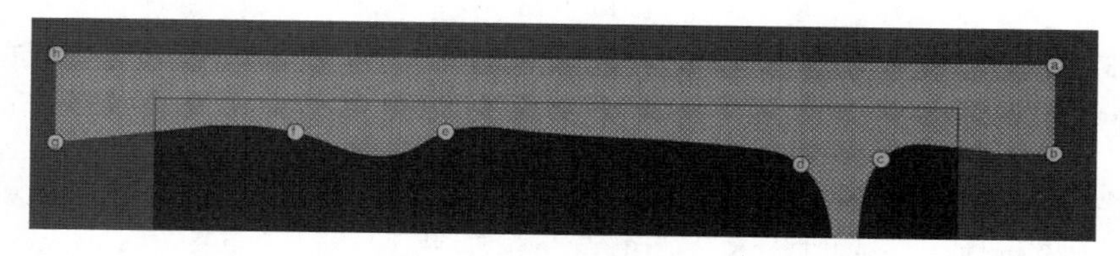

图 7-20

使用 8 个形状提示把红色图形的相应位置固定后，变形过程中，这些被固定的位置会保持不动，而只有血滴往下流淌。

⑬ 选择 blood 图层的第 40 帧，使用【选择工具】把红色图形左侧的另一个血滴往下拉伸，然后调整 e 与 f 两个形状提示之间的曲线形态，形成血滴向下流淌的效果，如图 7-21 所示。

⑭ 调整曲线形态时，可以选择【部分选取工具】，然后利用贝塞尔手柄对曲线做更加细致的调整，最终在血滴末端得到一个自然的膨起效果，如图 7-22 所示。

图 7-21

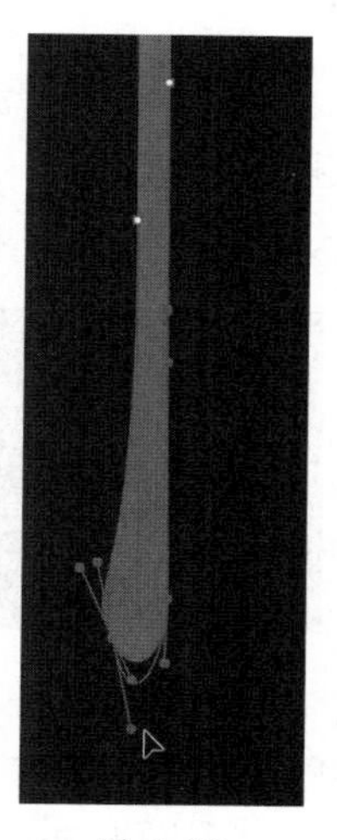

图 7-22

7.5.2 删除形状提示

当添加的形状提示过多时，可以使用【删除提示】命令轻松删除多余的形状提示。删除一个关键帧中的形状提示后，其他关键帧中与其对应的形状提示也会一起删除。

- 要删除一个形状提示，首先选择包含该形状提示的第 1 个关键帧，然后使用鼠标右键单击（或者按住 Ctrl 键单击）要删除的形状提示，从弹出的快捷菜单中选择【删除提示】，如图 7-23 所示。

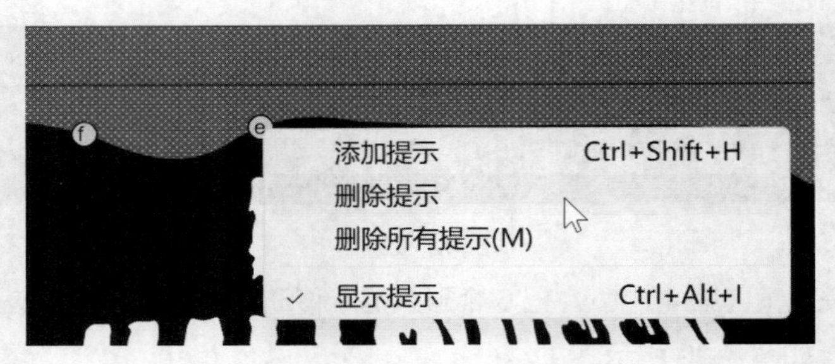

图 7-23

- 要删除所有形状提示，首先选择包含形状提示的第 1 个关键帧，然后使用鼠标右键单击（或者按住 Ctrl 键单击）要删除的形状提示，从弹出的快捷菜单中选择【删除所有提示】。

注意 如果补间形状中包含多个关键帧，并且希望给这些关键帧添加形状提示，那么必须搞清楚哪些形状提示与结束关键帧对应、哪些形状提示与初始关键帧对应。

7.6 改变动画节奏

在 Animate 中，可以很方便地沿着时间轴移动补间形状的关键帧，从而灵活地调整动画的时间安排和节奏。

移动关键帧

血液自上而下滴落，缓慢流淌，整个过程大约会持续 40 帧。如果希望加快这个变化过程，可以把两个关键帧拉近一些。

❶ 在 blood 图层中选择补间形状的最后一个关键帧（第 40 帧），如图 7-24 所示。

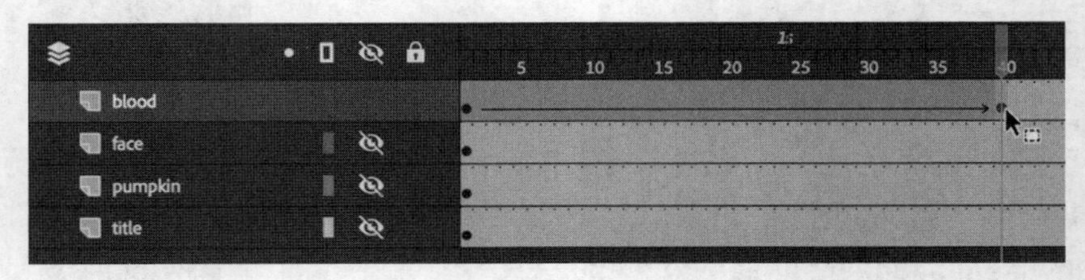

图 7-24

❷ 把鼠标指针放在最后一个关键帧上，当鼠标指针右下角出现虚线框时，把最后一个关键帧拖动至第 6 帧，如图 7-25 所示。

此时，补间范围变小了，仅有 6 帧。

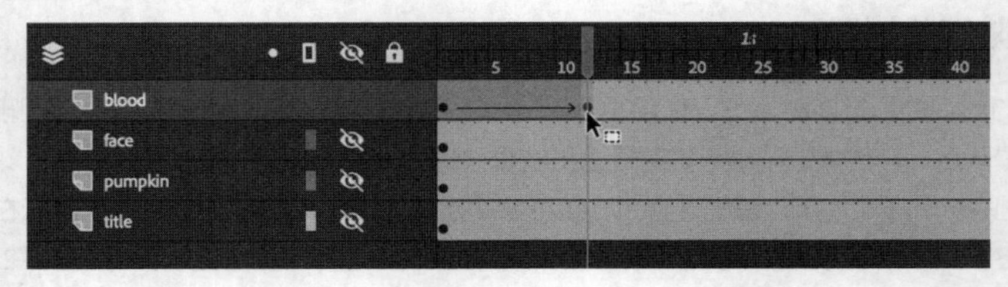

图 7-25

❸ 按 Return 键（macOS）/Enter 键（Windows），播放动画。

动画中，血滴先是急速滴落，随后便停留在原地，保持不动。

如果希望血滴下落得慢一些，可以加大两个关键帧的间隔。当前，请把最后一个关键帧拖动至第 40 帧处。

补间不全

应用补间形状前，必须有一个初始关键帧和一个结束关键帧，而且每个关键帧中都要有一个形状。若缺失结束关键帧，应用补间形状时，Animate 会显示一条黑色虚线（非黑色实线），代表补间不全。

图 7-26 中有一条黑色虚线，表示有补间不全的问题，只要在第 40 帧处插入一个关键帧即可解决这个问题。

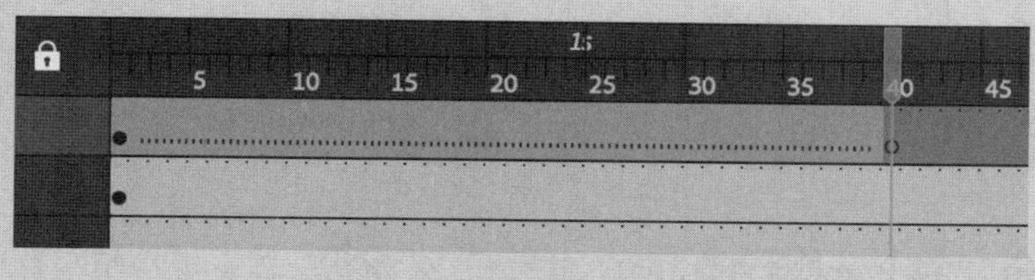

图 7-26

7.7 向补间形状添加缓动

添加缓动效果后，对象的运动便有了加速或减速的变化，这种变化会让人感到更加真实。

在【属性】面板中，可以轻松向补间形状添加缓动。Animate 支持给补间形状和传统补间添加缓动效果。

注意 运动编辑器是一个集成在时间轴中的高级面板，它提供了多种缓动类型，但都无法应用于补间形状。

添加缓出效果

下面给血滴添加缓出效果，使其往下流淌时速度逐渐减缓，直至完全停下。

❶ 在 blood 图层的补间形状区间内单击任意一帧。

❷ 在【属性】面板的【帧】选项卡下单击【效果】按钮（位于【补间】区域中），选择【Ease Out】（缓出）>【Cubic】（三次方），双击【Cubic】，如图 7-27 所示。

此时，Animate 就把选择的缓出效果应用到了补间形状上。可以继续尝试应用其他类型和强度的缓动效果，直到找到最合适的。

后面制作万圣节贺卡的过程中还会进一步调整和完善补间形状，这里到此为止。接下来学习如何使用遮罩图层。

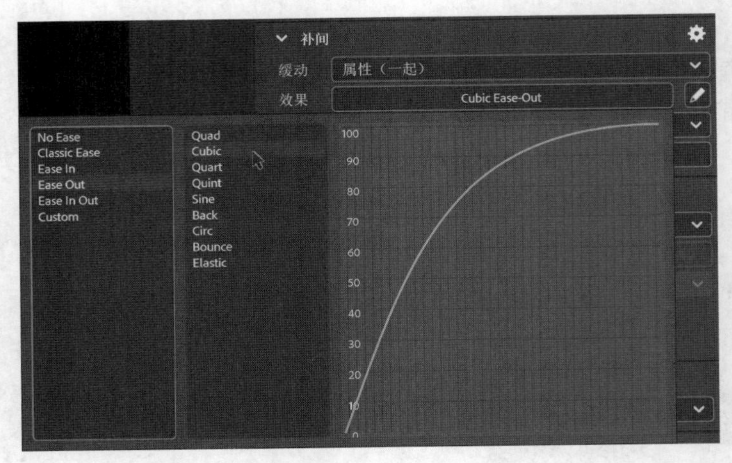

图 7-27

> **提示** 与传统补间一样，可以为补间形状应用更多高级缓动效果或自定义缓动效果。可以单击【编辑缓动】按钮，打开【自定义缓动】对话框，在其中自由地调整缓动曲线。

7.8 创建与使用遮罩

使用遮罩可以自由控制显示或隐藏图层的哪些内容。换言之，借助遮罩，我们可以灵活地指定给观众看哪些内容。例如，创建一个圆形遮罩，使观众只能看到圆形区域中的内容，这样就形成了锁眼窥视或聚光灯效果。在 Animate 中使用遮罩时，一般把遮罩单独放在一个图层上，而把被遮罩的内容放在遮罩图层下方的图层上。

制作万圣节贺卡的过程中，需要创建两个遮罩图层：一个用于让南瓜里面闪烁的灯光从镂空处透出来，另一个用于逐渐显示祝福文字。

7.8.1 定义遮罩图层

下面把 face 图层转换成遮罩图层，以显示出其下方被遮罩图层中的内容。

❶ 双击 face 图层左侧图标，或者选择 face 图层，从菜单栏中选择【修改】>【时间轴】>【图层属性】，打开【图层属性】对话框，如图 7-28 所示。

> **注意** 遮罩无法识别描边（笔触），遮罩图层中只能使用填充。使用【文本工具】创建的文本也可以充当遮罩。

> **提示** Animate 对遮罩图层中的不同 Alpha 值不做区分，所以遮罩图层中的半透明填充和不透明填充的效果是一样的，遮罩图层的边缘总是不透明的。不过，在 ActionScript 3.0 文档中，可以使用 ActionScript 代码动态创建具有不同透明度的遮罩。

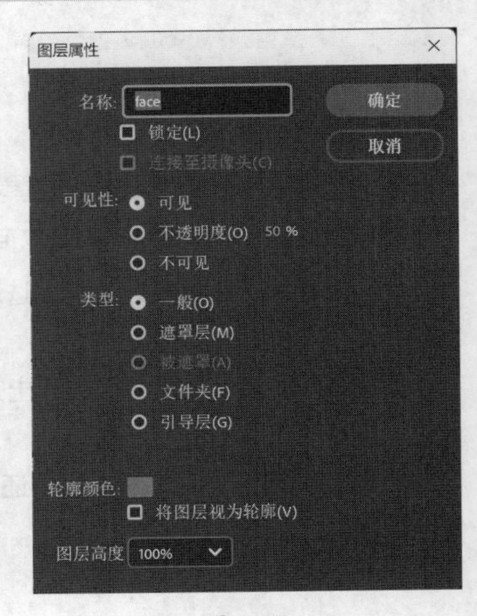

图 7-28

❷ 在【类型】中选择【遮罩层】，如图 7-29 所示，单击【确定】按钮。

此时，face 图层就变成了一个遮罩图层，图层名称左侧的图标也变成了遮罩图标，如图 7-30 所示。当前 face 图层中的所有内容充当了其下被遮罩图层的遮罩。但是，当前不会看到任何变化，因为尚未创建被遮罩图层。

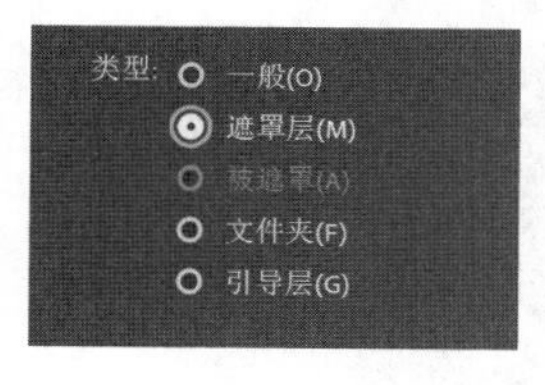

图 7-29

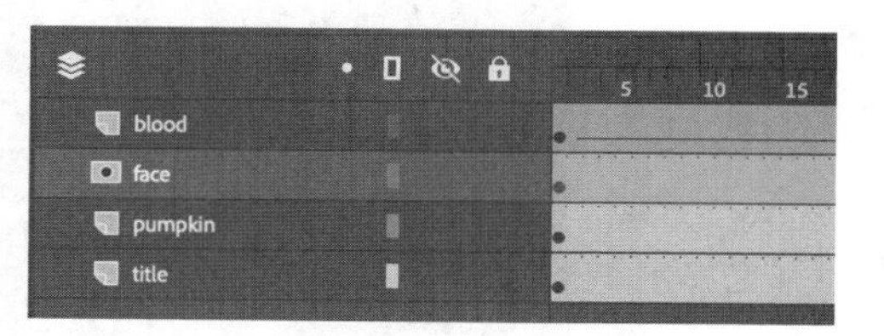

图 7-30

请注意，虽然这里使用了代表眼睛、鼻子、嘴巴的白色图形作为遮罩，但实际上，所有带填充的形状均可作为遮罩。而且，Animate 并不关心填充颜色是什么，它关注的是形状的尺寸、位置和外形（轮廓）。遮罩图层中的形状相当于一个窥视孔，透过这个窥视孔，可以看到下方被遮罩图层中的内容。在 Animate 中，可以使用任意一个绘制工具或文本工具为遮罩创建填充。

7.8.2 创建被遮罩图层

在 Animate 中，被遮罩图层总是位于遮罩图层之下，而且有缩进。

❶ 在【时间轴】面板中单击【新建图层】图标，或者从菜单栏中选择【插入】>【时间轴】>【图层】，新建一个图层。

❷ 把新图层的名称修改为 inside，如图 7-31 所示。

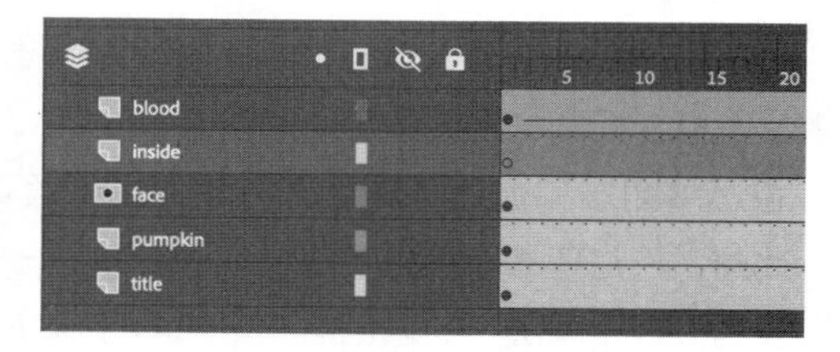

图 7-31

❸ 把 inside 图层拖动到遮罩图层（face 图层）下稍靠右的地方，如图 7-32 所示，Animate 会自动将其识别为被遮罩图层并进行缩进。

此时，inside 图层就变成了被遮罩图层，与其上方的遮罩图层配成一对，如图 7-33 所示。被遮罩图层中的所有内容都会被其上方的遮罩图层遮住。

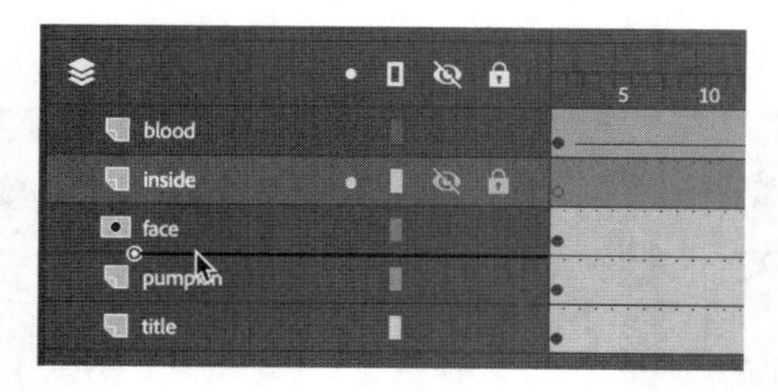

图 7-32

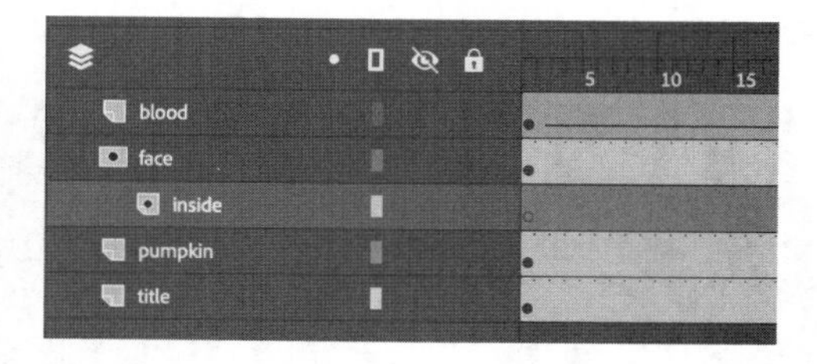

图 7-33

> 提示 在遮罩图层之下，双击某个普通图层左侧的图标，或者从菜单栏中选择【修改】>【时间轴】>【图层属性】，打开【图层属性】对话框，在【类型】中选择【被遮罩】，可把一个普通图层转换成被遮罩图层。

❹ 在【工具】面板中选择【椭圆工具】。

❺ 设置【填充】为径向渐变，从浅紫色渐变为深紫色。若不知道如何设置径向渐变，请阅读第 2

课中的相关内容。

❻ 在 inside 图层上绘制一个椭圆，盖住遮罩图层中的形状，如图 7-34 所示。

图 7-34

当前遮罩功能并未生效，需要先将遮罩图层和被遮罩图层锁定，遮罩才能正常发挥作用。

7.8.3 启用遮罩效果

要启用遮罩效果，必须把遮罩图层和被遮罩图层两个图层锁定。

注意 一个遮罩图层下可以有多个被遮罩图层。

❶ 单击 face 图层（遮罩图层）和 inside 图层（被遮罩图层）的锁头图标，把两个图层锁定，如图 7-35 所示。

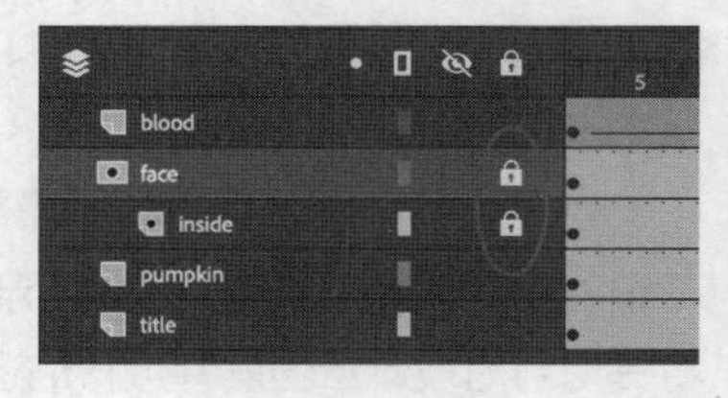

图 7-35

将遮罩图层和被遮罩图层同时锁定后，遮罩效果就显现了出来。此时，透过遮罩图层中的图形（眼睛、鼻子、嘴巴），可以清晰地看到被遮罩图层中的紫色渐变，如图 7-36 所示。

❷ 从菜单栏中选择【控制】>【测试】。

动画中，鲜血缓缓滴落至南瓜灯的上方，透过南瓜灯独特的眼睛、鼻子和嘴巴，可以看见南瓜灯内部神秘的紫色光芒，如图 7-37 所示。

图 7-36

图 7-37

传统遮罩

遮罩图层中的形状用来显示而非隐藏被遮罩图层中的内容，这与其名称所传达的含义恰恰相反。

但在摄影或绘画中遮罩的作用可不一样。绘画中使用遮罩时，遮罩可以保护画作不被颜料浸染，从而保证底层画作清晰可见。遮蔽胶带可以保护物体表面，使其不受其他因素影响。摄影师在暗房中处理照片时也会使用遮罩，遮罩可以保护感光相纸免受光照，以防止这些区域变得太暗。

因此，最好把遮罩想象成某种保护被遮罩图层的东西，这有助于我们记住哪些区域是隐藏的、哪些区域是显示的。

7.9 为遮罩图层和被遮罩图层制作动画

当前南瓜灯内部是神秘的紫色光芒，视觉效果已经挺不错了。但是，客户提出了更高的要求，她希望画面具有更强的视觉冲击力，以及更加鲜明的戏剧效果。客户对南瓜灯内部的紫色光芒非常满意，但她希望能加入火焰燃烧的动画效果，使南瓜灯看起来更加生动。

在 Animate 中，给遮罩图层或被遮罩图层添加动画是很容易的。通过给遮罩图层制作动画，我们可以轻松使遮罩动起来，从而展现被遮罩图层的不同部分。当然，也可以给被遮罩图层制作动画，使被遮罩图层中的内容在遮罩下动起来，就像掠过车窗的风景。

7.9.1 在被遮罩图层中添加变形资源

为了进一步增强南瓜灯的吸引力，接下来在遮罩图层下方添加另一个被遮罩图层，并制作一个闪烁的火焰动画。

❶ 选择 inside 图层（被遮罩图层），单击【新建图层】图标，添加一个新图层。

此时，Animate 会在 inside 图层之上添加一个新图层。

❷ 修改图层名称为 flame，如图 7-38 所示。

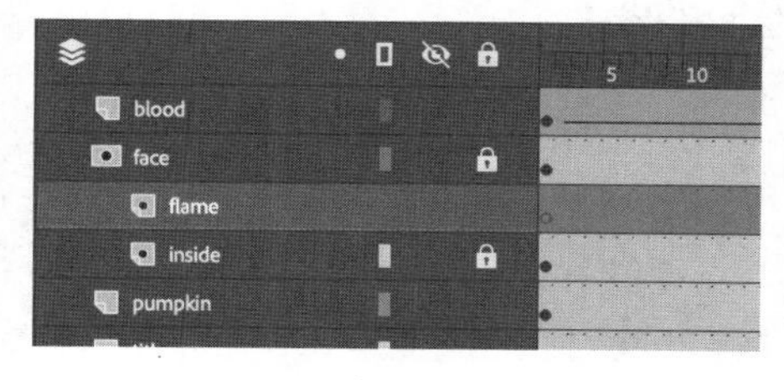

图 7-38

当前，face 图层（遮罩图层）下方有两个被遮罩图层，这两个被遮罩图层都会受 face 图层的影响。

❸ 隐藏 flame 图层上方的所有图层，以便接下来绘制形状。

❹ 在 flame 图层上绘制火焰形状，如图 7-39 所示。绘制前，把【填充】设置为径向渐变，从淡黄色（中心）渐变到红色（边缘）。

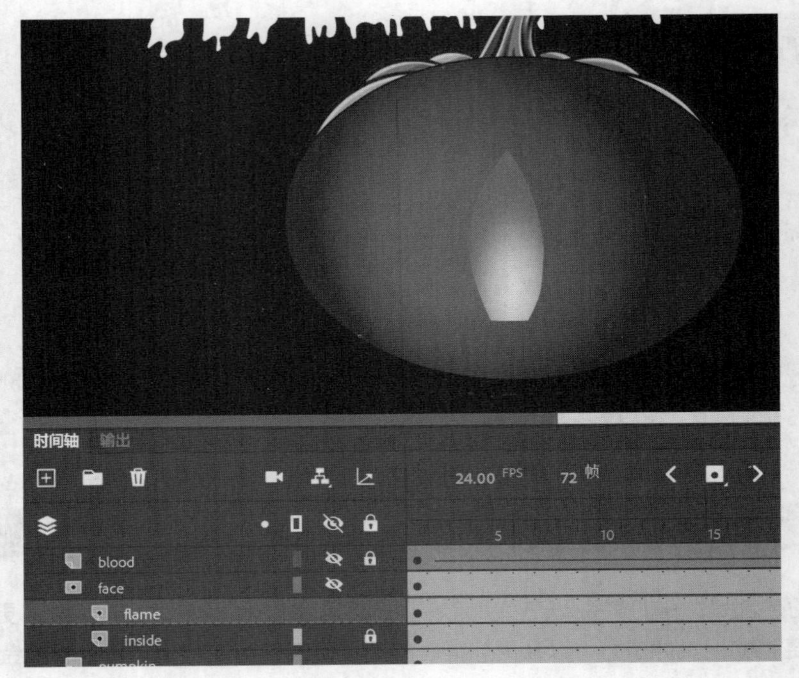

图 7-39

❺ 在【工具】面板中选择【资源变形工具】。

❻ 在菜单栏中选择【Animate】>【首选参数】>【编辑首选参数】(macOS)，或者选择【编辑】>【首选参数】>【编辑首选参数】(Windows)，然后在【首选参数】对话框的【绘制】选项卡中，取消勾选【资源变形工具】右侧的【将矢量自动转换为位图，以便更好地进行变形和补间】，如图 7-40 所示。

使用【资源变形工具】编辑火焰这类简单图形时，最好保留其矢量图形格式。

❼ 单击火焰形状，将其选中，然后在火焰形状内部靠近根部的地方单击，如图 7-41 所示。

Animate 将火焰形状转换成变形资源，并存储到【库】面板中。

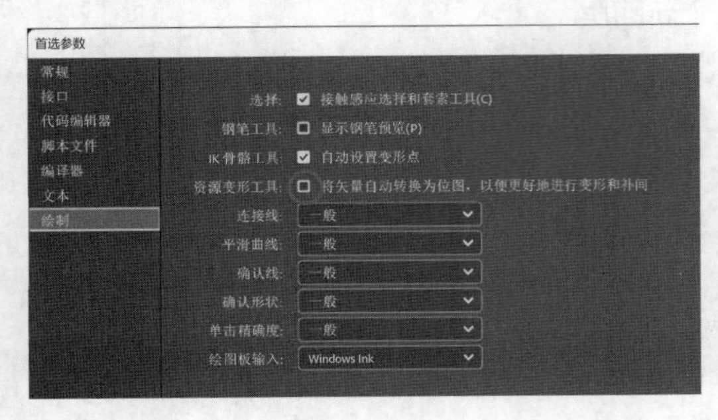

图 7-40

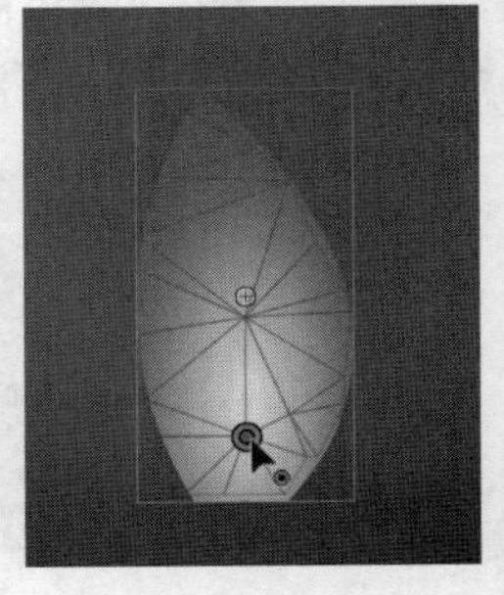

图 7-41

❽ 在【属性】面板的【工具】选项卡下打开【创建骨骼】，在【骨骼类型】中选择【弹性】，如图 7-42 所示。

选择【弹性】后，Animate 允许用户使用贝塞尔曲线对火焰形状进行变形。

❾ 在靠近火焰顶端的地方单击，并拖动鼠标。

Animate 在两个单击点之间创建一个骨骼，并显示出贝塞尔曲线手柄，如图 7-43 所示，拖动贝塞尔曲线手柄即可调整骨骼形态。

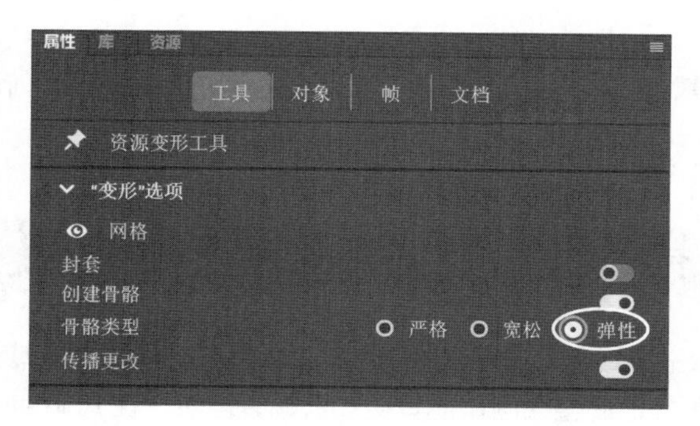

图 7-42

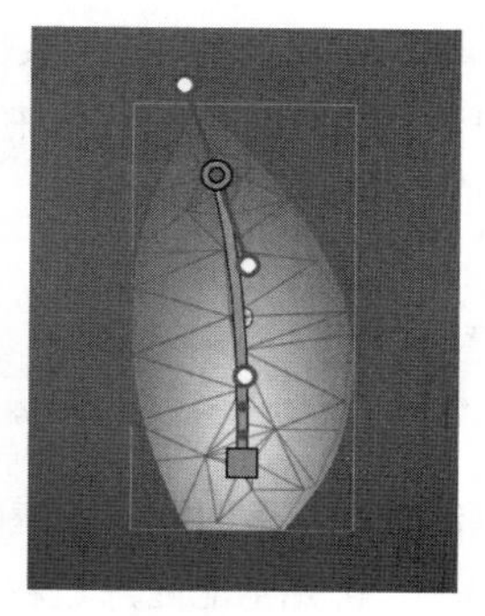

图 7-43

7.9.2　制作火焰动画

下面创建火焰的各种变形效果，并应用传统补间制作火焰动画。

❶ 在 flame 图层的第 1 帧与第 72 帧之间，多次按 F6 键插入多个关键帧，如图 7-44 所示。

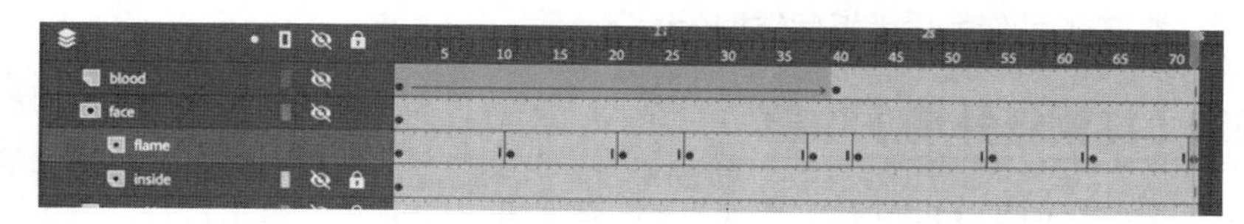

图 7-44

添加关键帧时，可以根据自己的创作意图决定关键帧的数量和位置，不必完全与图 7-44 中的一致。接下来调整火焰形状，确保每个关键帧中的火焰形状都不一样。

❷ 分别选择各个关键帧，然后拖动贝塞尔控制手柄，调整各个关键帧中火焰的形态，使它们形态不同，如图 7-45 所示。调整过程中，向上或向下拖动顶部锚点，可拉长或缩短火焰；拖动贝塞尔手柄，可改变骨骼弯曲方向。

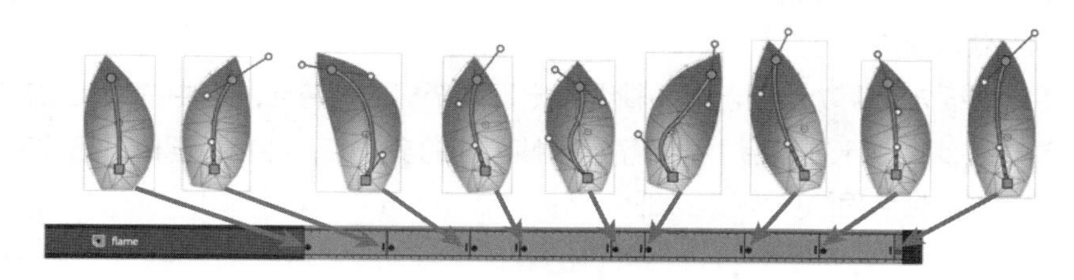

图 7-45

❸ 选择各组关键帧之间的帧，应用传统补间，如图 7-46 所示。

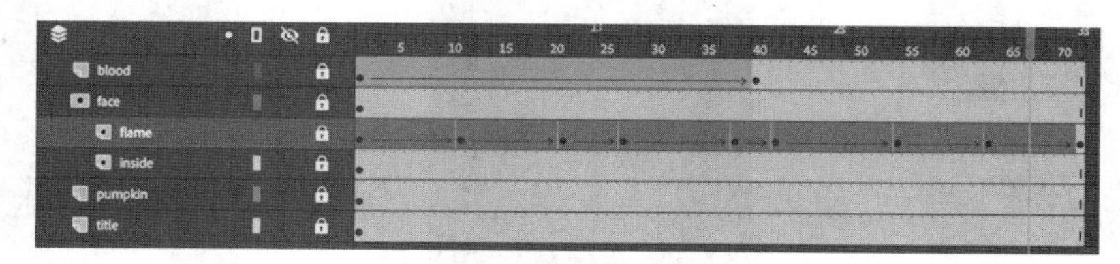

图 7-46

Animate 自动在两个关键帧之间插入过渡形状，实现两个形状的平滑过渡。

❹ 锁定 face 图层、flame 图层、inside 图层，把所有图层显示出来。

❺ 播放动画。

此时，可以透过 face 图层中的图形（眼睛、鼻子、嘴巴）看到下面两个图层（flame 图层、inside 图层）中的内容。

7.10 使用【绘图纸外观】功能预览动画

动画制作中，有时我们希望能直接在舞台中看到两个关键帧中的形状是如何从一个形状变成另一个形状的。了解完整的变形过程有助于我们更好地调整动画，使其更加流畅、自然。在 Animate 中，使用【时间轴】面板顶部的【绘图纸外观】功能就能轻松达成此目的。

开启【绘图纸外观】功能后，当前帧前后帧中的内容会同时显示出来。

“绘图纸”（又译作“洋葱皮”）这个术语来自传统手绘动画。制作传统手绘动画时，动画师是在薄薄的半透明绘图纸上绘画的，这种绘图纸又叫“葱皮纸”。绘图纸背后有一个灯箱，借助灯箱发出的光，动画师可以同时看到多张绘图纸中的内容。创建动作序列时，动画师会快速地来回翻动绘制好的图画，检查各个图画中的动作是否能够自然地衔接在一起。

7.10.1 开启【绘图纸外观】功能

【绘图纸外观】按钮位于【时间轴】面板顶部，类似于一个开关，单击打开，再单击则关闭。长按【绘图纸外观】按钮，可显示出更多控制选项。

❶ 解锁 flame 图层，隐藏其他所有图层。

❷ 在【时间轴】面板顶部单击【绘图纸外观】按钮，如图 7-47 所示。

此时，Animate 会同时显示火焰的多个形状，包括当前帧中的形状、前面帧中的形状，以及后面帧中的形状。舞台中会同时显示多个帧中的形状，以便我们了解各帧中的形状是如何变化的。当前帧中的形状是红色的，前面帧中的形状是蓝色的，后面帧中的形状是绿色的，如图 7-48 所示。离当前帧越远，火焰轮廓就越模糊。

❸ 打开【绘图纸外观】功能后，时间轴上会出现两个标记，将当前选中的帧包围在其中。蓝色标记位于播放滑块左侧，表示在舞台中显示了当前帧前面的多少帧；绿色标记位于播放滑块右侧，表示在舞台中显示了当前帧后面的多少帧，如图 7-49 所示。

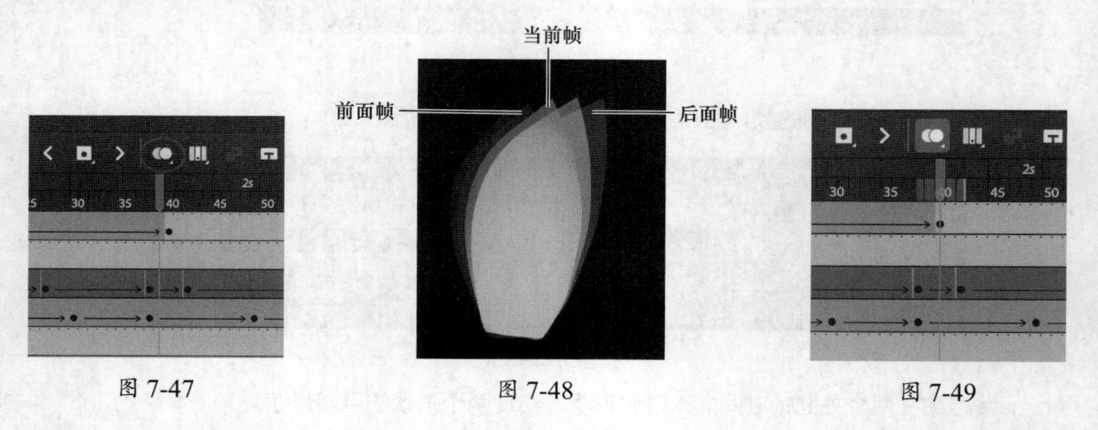

图 7-47　　图 7-48　　图 7-49

❹ 拖动播放滑块到另一帧。

不管把播放滑块拖动到哪里，蓝色标记和绿色标记总是位于播放滑块两侧。若不单独拖动蓝色标记或绿色标记，则两个标记与播放滑块之间的距离是一样的，即当前帧前后的帧数是一样的。

> 注意 沿时间轴来回拖动播放滑块时，会看到有多个形状同时显示出来（洋葱皮效果），但正常播放动画时，不会有这样的效果。

7.10.2 调整标记位置

拖动蓝色标记或绿色标记，可改变舞台中同时显示的帧数。

- 拖动蓝色标记，可改变在当前帧之前要显示多少帧。
- 拖动绿色标记，可改变在当前帧之后要显示多少帧。
- 按住 Command 键（macOS）/Ctrl 键（Windows），拖动任意一个标记，可同时改变当前帧前后显示的帧数（前后帧数相同）。
- 按住 Shift 键拖动任意一个标记，可调整两个标记之间的帧区间在时间轴上的位置，但不管怎么调整，播放滑块仍位于两个标记之间。
- 在【时间轴】面板顶部长按【绘图纸外观】按钮，从弹出的菜单中选择【锚点标记】，如图 7-50 所示。选择【锚点标记】后，沿着时间轴拖动播放滑块，两个标记不会随着移动，它们仍然保持在原位。
- 在【时间轴】面板顶部长按【绘图纸外观】按钮，从弹出的菜单中选择【所有帧】，如图 7-51 所示。选择【所有帧】后，蓝色标记移动到第一帧处，绿色标记移动到最后一帧处，即把所有帧包含在内。

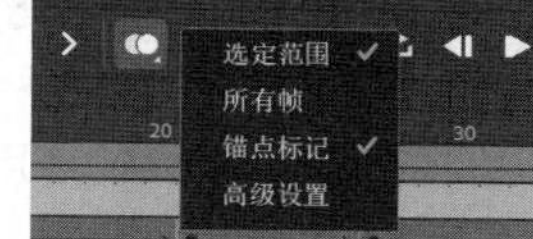

图 7-50

图 7-51

7.10.3 设置绘图纸外观

如果不喜欢用于指示前面帧（蓝色）和后面帧（绿色）的颜色，或者想更改绘图纸的不透明度，可以在【绘图纸外观设置】面板中做修改。

在【时间轴】面板顶部长按【绘图纸外观】按钮，然后从弹出的菜单中选择【高级设置】，可打开【绘图纸外观设置】面板，如图 7-52 所示。

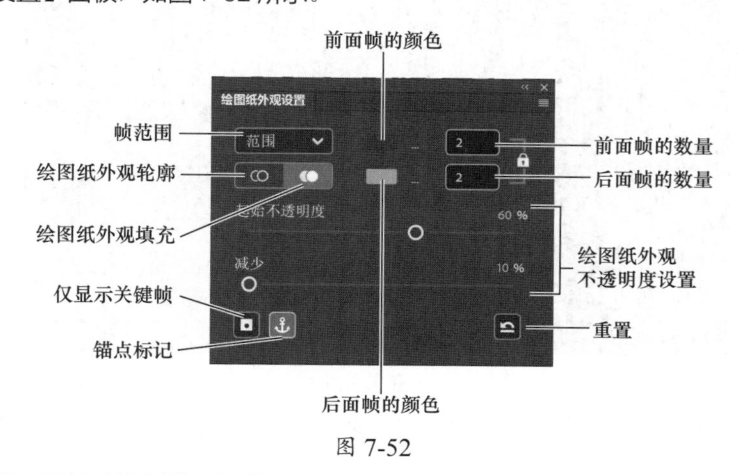

图 7-52

调整如下设置，可精确控制绘图纸外观。

- 设置前面帧或后面帧的数量。
- 单击颜色框，修改前面帧或后面帧的颜色。
- 选择以绘图纸外观轮廓或绘图纸外观填充显示各个帧，如图 7-53 所示。

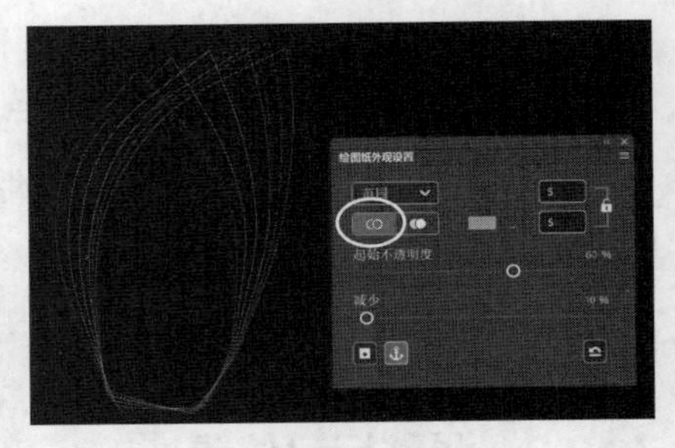

图 7-53

> 提示 Animate 能够记住【绘图纸外观设置】面板中最近设置的参数。在【时间轴】面板顶部单击【绘图纸外观】按钮，可打开或关闭带有这些参数设置的绘图纸外观。

- 拖动不透明度滑块，改变起始不透明度，以及绘图纸外观的淡出快慢。
- 选择仅显示关键帧。
- 锚定帧标记。

7.11 制作形状填充动画

前面学习了如何使用补间形状技术为形状轮廓（或描边）制作动画，如血液流淌动画。使用补间形状技术不仅能够为形状描边（轮廓）制作动画，还能为形状填充制作动画。

7.11.1 制作渐变填充动画

下面使用补间形状技术为 inside 图层上的渐变填充制作动画，模拟南瓜内壁上火焰的闪烁效果。

❶ 关闭【绘图纸外观】，解锁 inside 图层，隐藏其上方的 face 和 flame 图层，如图 7-54 所示。

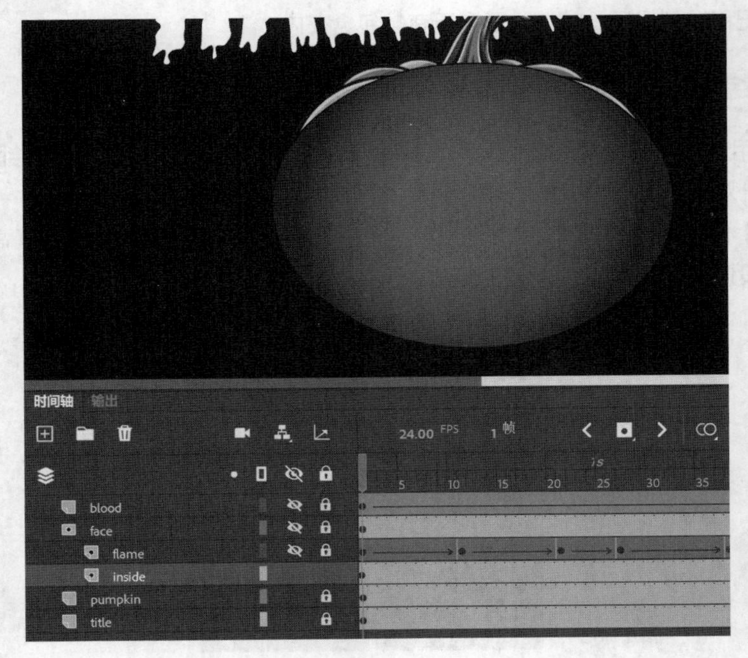

图 7-54

❷ 在【工具】面板中选择【渐变变形工具】（该工具隐藏于【任意变形工具】之下），如图 7-55 所示。

❸ 在舞台中单击椭圆（紫色径向渐变填充）。

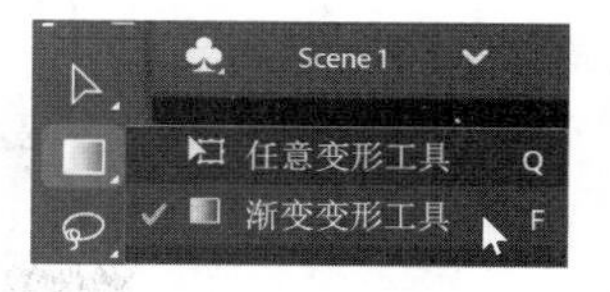

图 7-55

此时，椭圆形状上出现渐变变形控制点，如图 7-56 所示，用于调整径向渐变的应用方式。

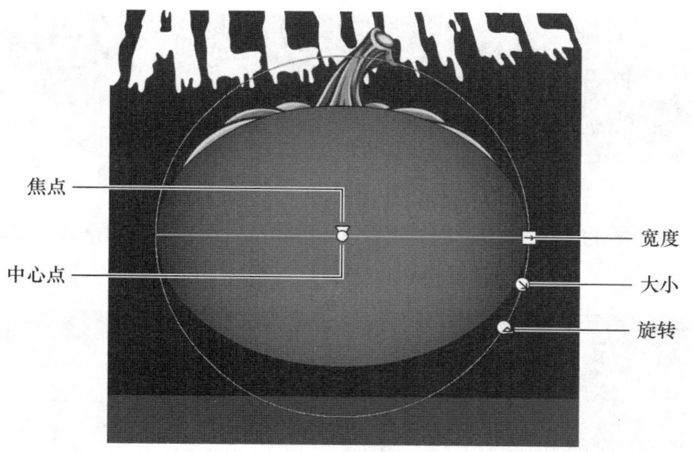

图 7-56

❹ 调整变形控制点，改变径向渐变在椭圆中的填充方式，如图 7-57 所示。

图 7-57

❺ 在 inside 图层上添加多个关键帧，在第 72 帧处也添加一个关键帧，如图 7-58 所示。

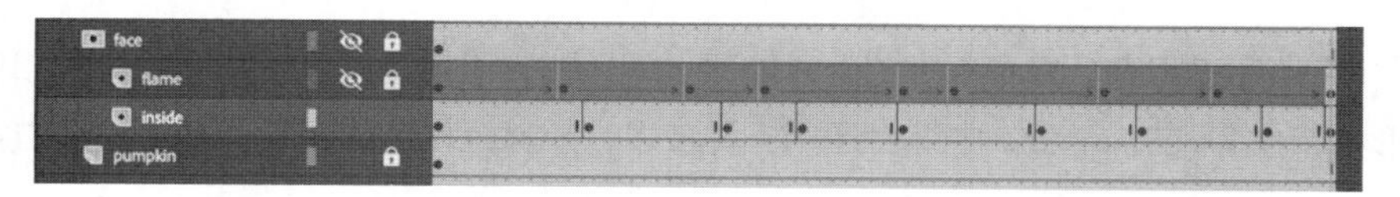

图 7-58

添加多少个关键帧、添加在哪里，可以自行决定，不必非得与图 7-58 一样。

❻ 分别选择 inside 图层的各个关键帧，使用【渐变变形工具】调整渐变，确保每个关键帧中的

渐变填充都不一样。

对紫色径向渐变做各种变形，以生动模拟火焰闪烁时在南瓜内壁上产生的阴影和反光。

❼ 选择第一个关键帧（第 1 帧）和最后一个关键帧（第 72 帧）之间的帧，应用补间形状，如图 7-59 所示。

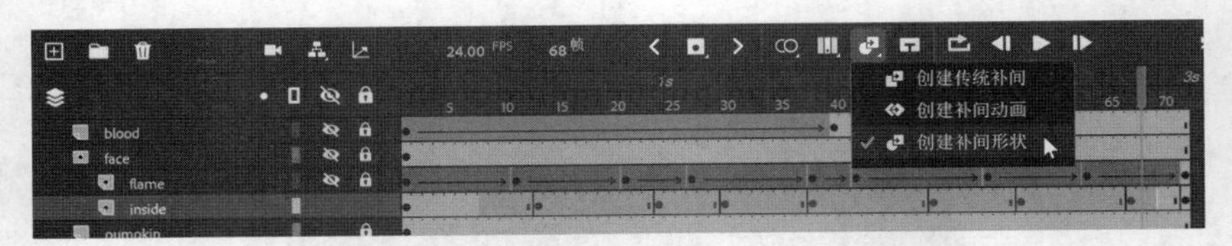

图 7-59

Animate 在 inside 图层的所有关键帧之间应用补间形状，如图 7-60 所示，实现从一种形状到另外一种形状的平滑过渡。

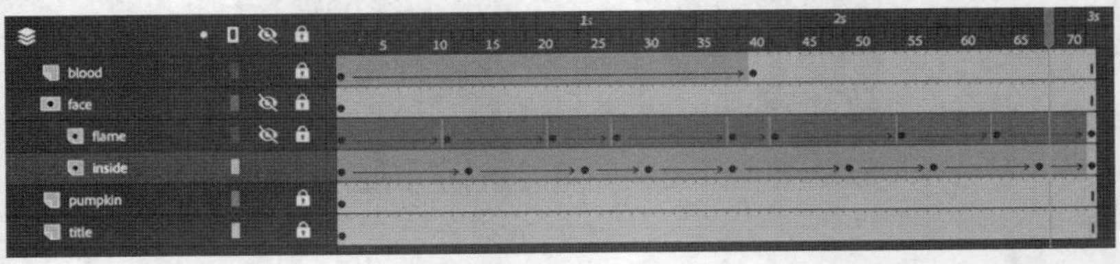

图 7-60

❽ 锁定 inside 图层，重新显示其上方图层，然后按 Return 键（macOS）/Enter 键（Windows），播放动画，如图 7-61 所示。

图 7-61

动画中，只有透过眼睛、鼻子、嘴巴，才能看到闪烁的火焰（使用传统补间制作）和变化的光影（使用补间形状制作）。在 Animate 中综合运用多种技术，能够轻松创建出极具视觉冲击力和吸引力的动画效果。

注意 在 Animate 中使用补间形状可为纯色或渐变色制作过渡动画，但是不能在不同类型的渐变之间制作动画。例如，无法使用补间形状把一个线性渐变转变成径向渐变。

7.11.2 制作文本显示动画

下面制作文本显示动画，使祝福语“HAPPY HALLOWEEN”在画面中缓缓出现，为观众送上万圣节的祝福。

❶ 新建一个图层，命名为 glow，把 glow 图层移动到其他所有图层之下，如图 7-62 所示。

图 7-62

❷ 隐藏其他所有图层，只显示 glow 图层和 title 图层。锁定除 glow 图层之外的其他所有图层，如图 7-63 所示。

图 7-63

❸ 在 glow 图层中，在祝福语上方绘制一个大大的白色矩形。在矩形底边做一些变形，使其呈波浪状，如图 7-64 所示。

图 7-64

❹ 在 glow 图层的第 72 帧处，按 F6 键插入一个关键帧，如图 7-65 所示。

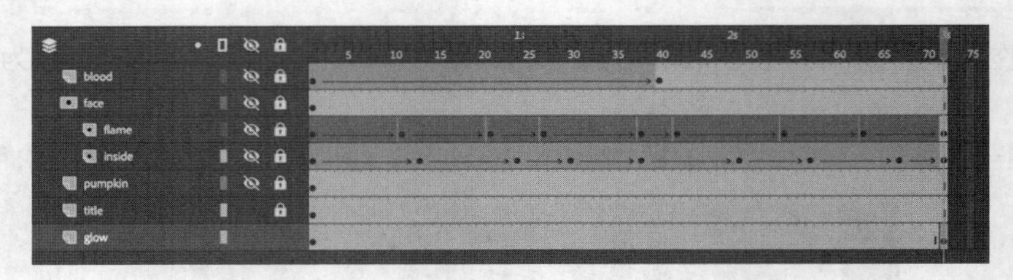

图 7-65

❺ 在第 72 帧处，将矩形底边往下拉，使其盖住舞台中的所有文本，如图 7-66 所示。

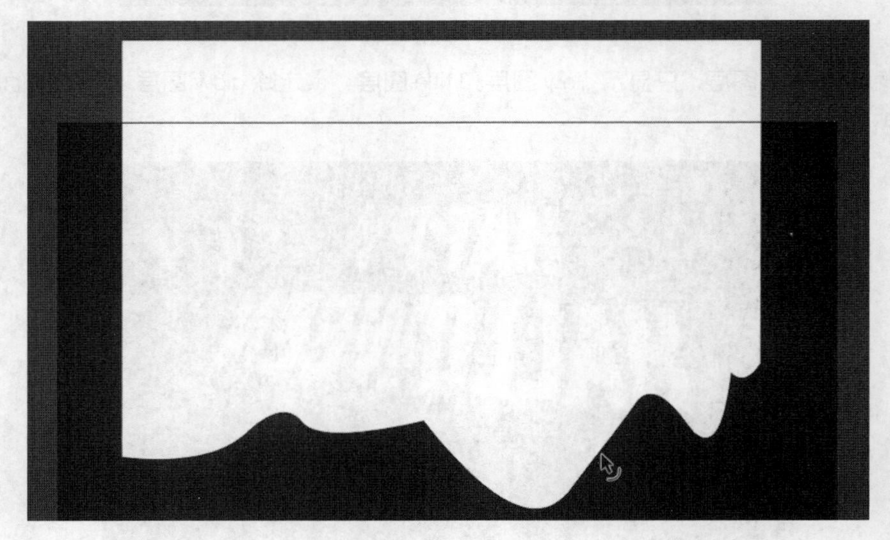

图 7-66

❻ 在 glow 图层的第一个关键帧和最后一个关键帧之间应用补间形状，如图 7-67 所示。

图 7-67

❼ 双击 title 图层左侧图标，在【图层属性】对话框的【类型】中选择【遮罩层】，单击【确定】按钮。

❽ 双击 glow 图层左侧图标，在【图层属性】对话框的【类型】中选择【被遮罩】，单击【确定】按钮（或者直接把 glow 图层拖动至 title 图层下方偏右的地方，Animate 会自动将其设置为被遮罩图层）。

❾ 锁定 title 和 glow 两个图层，如图 7-68 所示。

图 7-68

❿ 按 Enter 键（Windows）/Return 键（macOS），播放动画，如图 7-69 所示。

图 7-69

万圣节祝福语位于遮罩图层中，充当遮罩，只有透过这些字母，才能看见 glow 图层中的内容。动画中，随着矩形逐渐向下拉伸，白色填充透过字母逐渐显现，最终完整地显示出祝福语。

7.12 添加线性渐变

下面为 glow 图层的白色矩形中添加线性渐变，以替换白色填充。在矩形中添加线性渐变，从白色逐渐过渡到透明，这样能够很好地柔化矩形边缘，使其看起来更加自然。

❶ 在【颜色】面板中，做如下设置创建线性渐变：在渐变条左端，设置填充颜色为白色，Alpha 值为 100%（表示完全不透明）；在渐变条右端，设置填充颜色的 Alpha 值为 0%（表示完全透明），如图 7-70 所示。

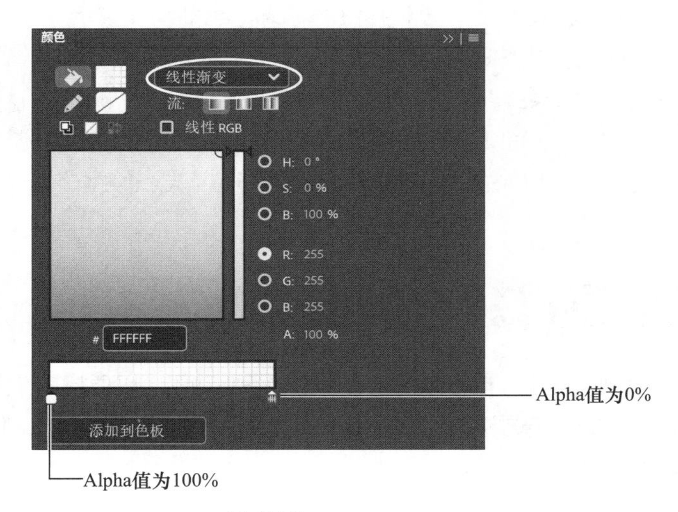

图 7-70

❷ 使用【颜料桶工具】为 glow 图层的白色矩形应用刚刚创建的线性渐变。

❸ 使用【渐变变形工具】旋转与缩小渐变范围，确保不透明的白色位于矩形顶部，透明的白色位于矩形底部，如图 7-71 所示。

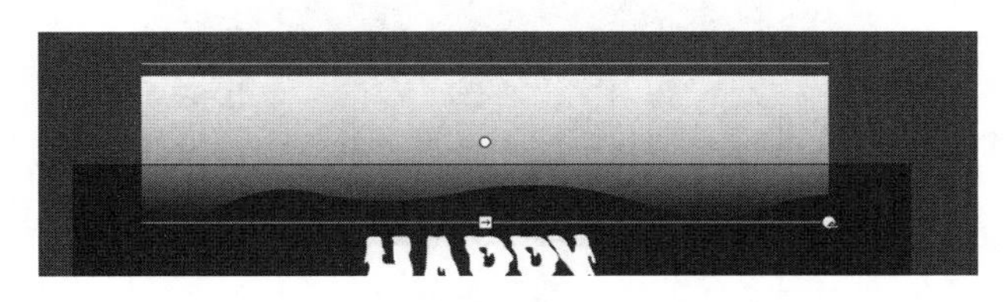

图 7-71

❹ 选择 glow 图层的最后一个关键帧，在矩形中应用线性渐变，调整渐变，使其底部边缘略微透明，如图 7-72 所示。

❺ 锁定所有图层，播放动画，如图 7-73 所示。

图 7-72

图 7-73

渐变柔化了补间形状的弯曲边缘，为万圣节祝福语增添了更加奇妙的氛围，使整体效果更加吸引人。

向可变宽度描边应用补间形状

在 Animate 中，形状的各个属性都可以应用补间形状，其中就包括具有可变宽度的描边。在第 2 课中，我们学习了如何使用【宽度工具】创建不同粗细的线条，以增强图形的表现力。除此之外，还可以在不同关键帧中改变描边宽度，并在这些关键帧之间应用补间形状，Animate 会在这些描边宽度之间添加平滑的过渡效果。

在 Animate 中，可以轻松为形状的描边宽度、描边轮廓及内部填充（纯色填充、渐变填充、透明度）制作动画，这让我们能够充分发挥想象力，创作出极具创意的作品。

7.13 导出为 GIF 动画

到这里，整个动画就制作好了。接下来把动画导出为 GIF 动画，以便将其作为节日问候发送给其他人。导出 GIF 动画时，既有快捷方法，也有麻烦一点的方法。选择哪种方法，则取决于你是否希望对 GIF 动画的导出过程做精确控制。

快捷方法如下。

❶ 单击用户界面右上方的【快速共享和发布】按钮，从弹出的菜单中选择【发布】>【GIF 动画(.gif)】，如图 7-74 所示。

图 7-74

❷ 单击【发布】按钮。

Animate 会把动画导出为 GIF 动画，并将其保存至项目文件所在的目录中。

复杂一点的方法如下。

❶ 从菜单栏中选择【文件】>【导出】>【导出动画 GIF】。

此时，Animate 打开【导出图像】对话框，里面有图像预览和各种优化选项。在【预设】区域中设置【遮幕层】为【黑色】，如图 7-75 所示。

图 7-75

❷ 在【预设】区域中，从【优化的文件格式】下拉列表中选择【GIF】，将【有损】设为 0，从【颜色】下拉列表中选择【256】。使用这些设置会最大限度地保证图像质量。在【降低颜色深度算法】下拉列表中选择【可选择】，在【指定抖动算法】下拉列表中选择【扩散】。这两个选项共同决定了 Animate 如何选择与混合 256 种颜色来生成最终图像。

❸【图像大小】区域中的所有选项均保持默认设置。此时，图像的宽度和高度与舞台大小一样。

❹ 在【动画】区域中，可以为 GIF 动画选择循环类型。选择【总是】，打开 GIF 动画后，它会循环播放。单击【播放】按钮，可预览动画。此外，还可以单击【往前移动一帧】或【往后移动一帧】按钮来逐帧检查动画。

❺ 单击【保存】按钮，在【另存为】对话框中输入文件名，转到 07End 文件夹下，单击【保存】按钮，即可把 GIF 动画保存到指定的文件夹下。

7.14 复习题

❶ 补间形状有什么用，如何应用？

❷ 形状提示有什么用，如何使用？

❸ 绘图纸标记的颜色代表什么？

❹ 补间形状和封套变形器有什么区别？

❺ 遮罩有什么作用？

❻ 如何查看遮罩效果？

7.15 复习题答案

❶ 补间形状用来在两个关键帧（包含不同的形状）之间创建自然的形状过渡。要应用补间形状，需要先在初始关键帧和结束关键帧中分别创建不同的形状，然后在两个关键帧之间任选一帧，在【时间轴】面板顶部选择【创建补间形状】。

❷ 形状提示是一些带数字的标记，用来告诉 Animate 将初始形状中的一个点与结束形状中的点对应起来。形状提示有助于改善形状的变形方式。要使用形状提示，先选择补间形状的初始关键帧，然后从菜单栏中选择【修改】>【形状】>【添加形状提示】。把第一个形状提示移动到形状的边缘处，把播放滑块移动到最后一个关键帧，最后将相应的形状提示移动到形状对应的边缘处。

❸ 默认设置下，Animate 以蓝色显示前面帧中的形状，以绿色显示后面帧中的形状。当前帧中的形状是红色的。选择【高级设置】，在打开的【绘图纸外观设置】面板中可重新指定各帧中形状的颜色。

❹ 补间形状只应用于形状，而【资源变形工具】的封套变形器既可以应用于形状，也可以应用于位图。补间形状用来在两个关键帧之间对形状的描边或填充做平滑过渡。封套变形器更改的是形状周围的网格，而不是形状描边或填充。

❺ 通过遮罩，我们可以自己决定显示或隐藏图层的哪些内容。在 Animate 中，遮罩图层位于上方，被遮罩图层（其中包含被遮罩的内容）位于下方。遮罩图层和被遮罩图层都支持制作动画。

❻ 查看遮罩效果的方法有两种：一种是同时锁定遮罩图层和被遮罩图层，另一种是从菜单栏中选择【控制】>【测试】。

第 8 课

制作 IK 骨骼动画

课程概览

本课主要讲解以下内容。

- 使用【骨骼工具】为相连的影片剪辑元件的实例创建骨架
- 使用【骨骼工具】为形状创建骨架
- 使用逆向运动学制作骨骼动画
- 约束与固定关节
- 调整骨骼与关节的位置
- 使用绑定工具改善形状变形
- 使用【弹簧】功能进行物理模拟
- 使用【装配映射】功能把骨架应用到新图形上

学习本课大约需要 2 小时

在 Animate 中，可以使用【骨骼工具】借助相连对象之间或形状内部的关节轻松制作出复杂而自然的运动动画。

8.1 课前准备

本课将使用逆向运动学（Inverse Kinematics，IK）来制作一个女孩骑车动画，然后使用装配映射技术把【资源】面板中的一个动态骨架应用到不同对象上。

首先观看一个女孩的骑车动画，本课我们将使用【骨骼工具】和骨架制作这个动画。

❶ 进入 Lessons\08\08End 文件夹，双击 08End.fla 文件，将其打开。从菜单栏中选择【控制】>【测试】，或者单击【测试影片】按钮，预览动画，如图 8-1 所示。

图 8-1

这是一个女孩骑车动画，女孩一边蹬车，一边招手，同时头发随风飘动。制作这个动画时，我们会先创建一个骨架（类似于用【资源变形工具】创建的骨骼），然后把蹬自行车的肢体动作制作成动画。当然，还会把车轮和踏板转动的动作制成动画。

❷ 进入 Lessons\08\08Start 文件夹中，双击 08Start.fla 文件，在 Animate 中打开初始项目文件。

❸ 在菜单栏中选择【文件】>【另保存】。在【另存为】对话框中，转到 08Start 文件夹下，输入文件名 08_workingcopy.fla，单击【保存】按钮。

8.2 使用逆向运动学制作角色动画

前面的课程中，我们学习了如何利用图层之间的父子关系制作角色动画，还学习了如何使用【资源变形工具】创建索具。本课将学习如何使用【骨骼工具】制作角色动画。

使用【骨骼工具】创建骨架，类似于使用【资源变形工具】创建索具。骨架与索具都由关节、骨骼组成，且都有一定的层次关系。这也是它们唯一相似的地方。

【骨骼工具】使用逆向运动学的方法来移动骨架。逆向运动学是一种数学方法，用来计算多关节对象运动时各组成部分的角度变化，以实现对象的某个动作。使用逆向运动学移动子骨骼时，父骨骼会跟着一起移动。例如，当拖动角色的手时，上臂会跟着移动，如图 8-2 所示。在这个关系中，手是“子”，而上臂是“父”。

相比之下，父子图层和现代绑定均基于正向运动学（Forward Kinematics，FK），父骨骼运动会带动子骨骼运动。例如，当拖动角色的上臂时，手会跟着移动，如图 8-3 所示。反之则不然，即拖动角色的手，不会影响到角色的上臂。

本课将运用逆向运动学制作一个女孩骑车动画。在逆向运动学的作用下，调整人物脚部（子骨骼）的位置，大腿和小腿（父骨骼）会自动跟着调整。

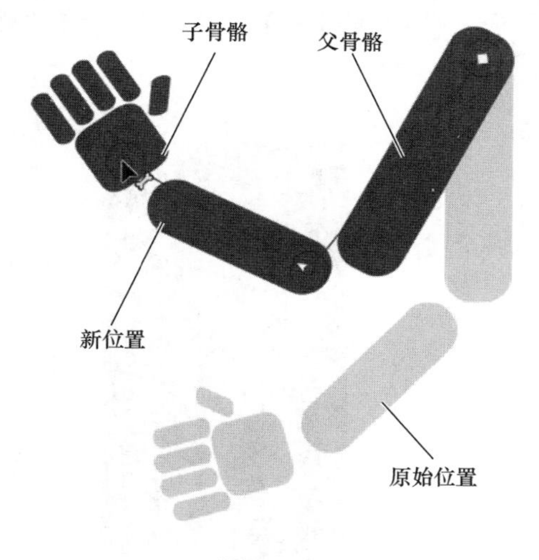

逆向运动学

图 8-2

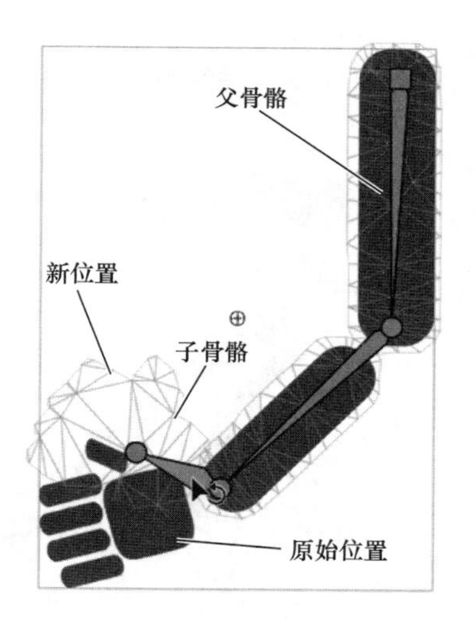

正向运动学

图 8-3

8.2.1 【骨骼工具】和【资源变形工具】的主要区别

【骨骼工具】和【资源变形工具】的区别主要体现在功能、原理、用法上，具体如下。

- 【资源变形工具】运用的是正向运动学方法，【骨骼工具】运用的是逆向运动学方法。
- 【骨骼工具】应用于相连接的影片剪辑元件或矢量图形，【资源变形工具】应用于矢量图形或位图。
- 使用【骨骼工具】时，在图层上只能创建一个连续的骨架；而使用【资源变形工具】可创建包含多个独立骨骼或关节的索具。
- 使用【骨骼工具】制作动画时要在独立的骨架图层上进行，使用【资源变形工具】制作动画时要用到传统补间。

8.2.2 创建角色动画的骨架

在为一个有四肢和关节的角色制作动画时，不但要确定这个角色有哪些部分需要移动，还要搞清这些部分是如何连接和移动的。这些连接在一起的各个部分会形成一个层次结构，就像一棵树一样，从根部开始逐渐扩出各个分叉。对【骨骼工具】来说，我们把这种层次结构叫“骨架”，组成骨架的每个刚性部件叫“骨骼”。骨架决定了一个对象的哪些地方可以弯曲，以及骨骼之间如何连接。

在 Animate 中，可以使用【骨骼工具】创建骨架。【骨骼工具】会告诉 Animate 如何把一系列影片剪辑元件的实例连接在一起，或者为一个形状提供带关节的结构。其中，连接两个或多个骨骼的部件叫“关节”。

❶ 在 08working_copy.fla 文件中，自行车和女孩都已经制作好了，并且放到了舞台中，如图 8-4 所示。

女孩身体的各个组成部分都已经放置好了，各个部分之间的关系一目了然。各个部分之间留出了一些空隙，这样有助于连接骨架的各个骨骼。当前女孩身体各个部分之间的衔接看起来有些问题。接下来移动女孩身体的各个部分，把它们准确地衔接在一起。

❷ 单击【编辑工具栏】图标，把【拖放工具】面板中的【骨骼工具】拖动到【工具】面板中，如图 8-5 所示，然后选择【骨骼工具】。

图 8-4

图 8-5

❸ 单击女孩胸部中心偏上的位置，拖动鼠标指针到右上臂顶部，如图 8-6 所示。

这样，骨架中的第一个骨骼就定义好了。Animate 使用一条直线表示骨骼，根关节处有一个正方形，末端关节处有一个圆形，如图 8-7 所示。在 Animate 中，每个骨骼都定义在一个关节与另一个关节之间。

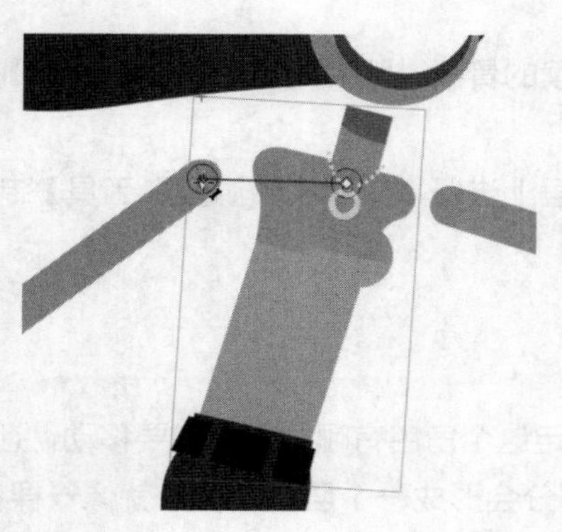

图 8-6

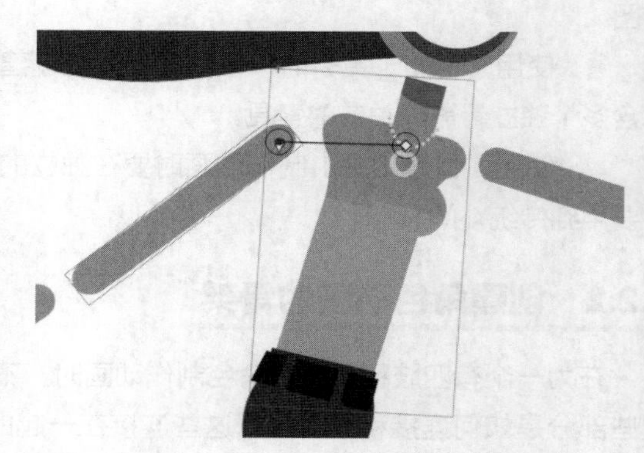

图 8-7

注意 女孩和自行车图形来自 Adobe 资源面板。Adobe 资源面板中有很多动态资源和静态资源，可以把它们灵活应用到自己的动画项目中。

在【时间轴】面板中，Animate 会自动把新创建的骨架放入一个新图层（默认名称是“骨架 _#”，# 为编号）中。新图层的图标与普通图层不一样，其中存放的骨架与其他对象（如图形、补间动画）是分离的，如图 8-8 所示。

❹ 单击第一个骨骼的末端（女孩肩膀），拖动鼠标指针到右前臂的顶部（肘部），如图 8-9 所示。

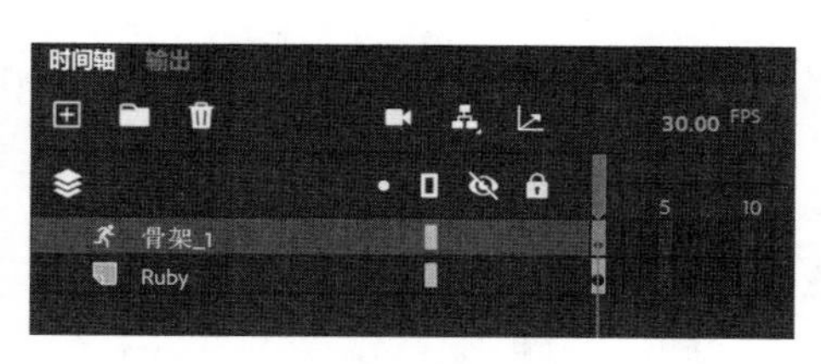

图 8-8

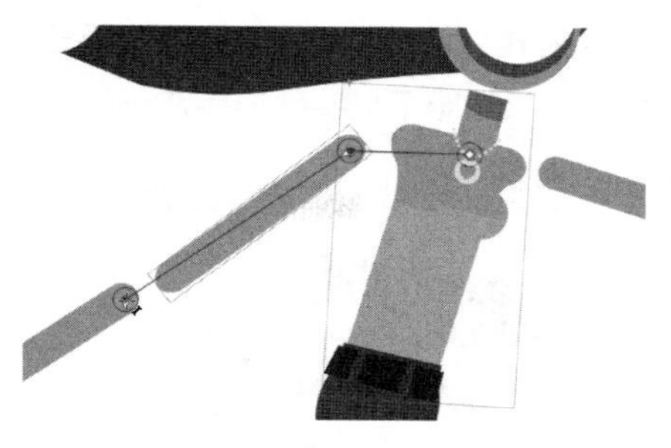

图 8-9

这样，第二个骨骼就定义好了。

> **注意** 在原始项目文件中，创建的第一个骨架图层叫“骨架 _1”，每次新建一个骨架图层，其名称中的数字编号就会加 1。因此，实际操作中看到的骨架图层名称可能与书中截图显示的不一样。

> **提示** 开启【贴紧至对象】功能后，移动鼠标指针时，鼠标指针会自动吸附到对象边缘，这可能会导致无法准确放置骨骼。在【属性】面板的【文档】选项卡中单击【贴紧至对象】按钮，可关闭该功能。

❺ 在【工具】面板中选择【选择工具】，尝试移动女孩的右前臂，使其在舞台中上下移动。

由于骨骼把女孩的整只手臂与躯干连接在一起，因此移动右前臂时，右上臂和躯干会跟着一起移动，但移动方式有点不自然。别急，稍后会学习如何更好地约束、控制关节。

8.2.3 添加其他骨骼

接下来继续添加其他骨骼，把女孩的另一只手臂、双腿和自行车连接在一起。

❶ 选择【骨骼工具】，单击第一个骨骼的基部（位于女孩胸部中心偏上的位置），拖动鼠标指针到女孩的左上臂顶部，如图 8-10 所示。Animate 把第一个骨骼视作“根骨骼”（Root Bone）。

❷ 在女孩的左手臂上创建骨骼，把左上臂与左前臂连接在一起。

此时，骨架朝着两个方向扩展：一个是女孩的左手臂方向，另一个是女孩的右手臂方向，如图 8-11 所示。

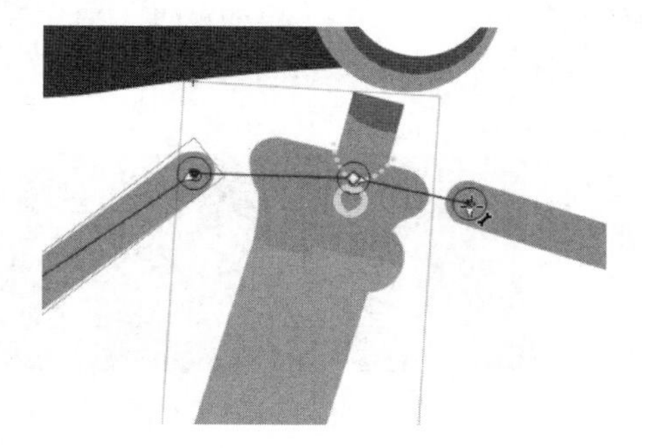

图 8-10

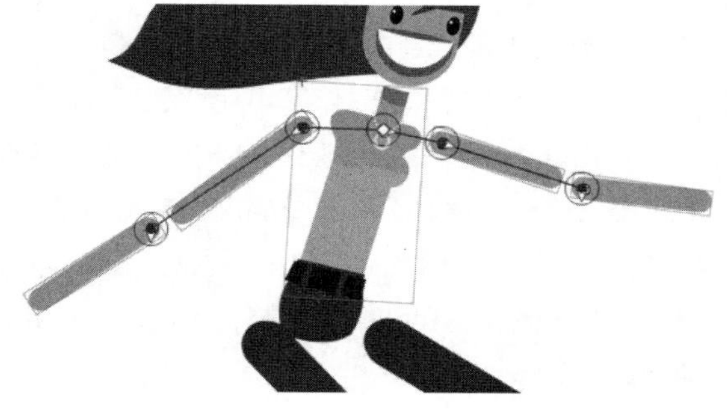

图 8-11

❸ 使用【骨骼工具】单击第一个骨骼的基部（位于女孩胸部中心偏上的位置），拖动鼠标指针到女孩骨盆中间。

❹ 从骨盆开始，往下扩展骨架，至女孩的两条小腿，如图 8-12 所示。从骨盆开始，向左右分叉，

从大腿到小腿再到黑色踏板。连接各个部分时，可以移动一下各部分，确保连接顺利进行。

❺ 把女孩的躯干与头部连接在一起，然后再把女孩的骨盆与自行车座位连接在一起，如图 8-13 所示。

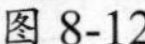

图 8-12

图 8-13

到这里，整个骨架就创建好了。骨架把女孩身体的各个部分，以及自行车连接在一起，并且定义了骨架的各个部分如何旋转和移动。

注意 你可能会疑惑：这里为何要把自行车当作女孩骨架的一部分？自行车不移动，但是它必须出现在女孩的双腿之间，即女孩的一条腿在自行车左侧，另一条腿在自行车右侧。Animate 中骨架的所有部分都在一个图层上，因此管理重叠对象时，我们可以把它们放入一个骨架中。

骨架层次结构

骨架的第一个骨骼叫根骨骼，它是与之相连的子骨骼的父骨骼。一个骨骼允许连接多个子骨骼，以此形成复杂的关系，如女孩的骨架。就女孩骨架来说，胸部的骨骼是父骨骼，连接上臂的骨骼是子骨骼，手臂骨骼之间是兄弟关系。当骨架变得越来越复杂时，可以在【属性】面板使用这些关系在复杂的骨架层次结构中进行上下导航。

选择骨架中的一个骨骼，【属性】面板中就会显示一些箭头，如图 8-14 所示。

单击这些箭头，可在层次结构中快速选中骨骼和查看每个骨骼的属性。选中父骨骼后，单击向下箭头，可选择子骨骼；选中子骨骼后，单击向上箭头，可选择父骨骼，再单击向下箭头，可选择子骨骼；单击左右箭头，可在兄弟骨骼之间移动。

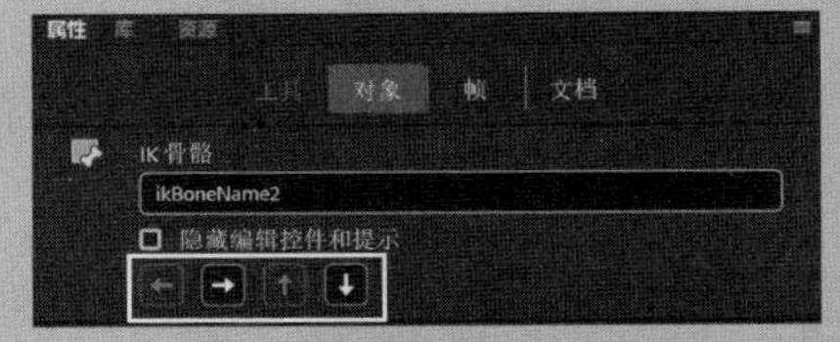

图 8-14

8.2.4 移动骨架中的骨骼

前面使用骨骼把各个部分（影片剪辑元件）连接在一起，形成了一个完整的骨架，每个骨骼的相对位置都是可以调整的。当前各个部分之间是有空隙的，以便连接它们。按住 Option 键（macOS）/

Alt 键（Windows），可移动骨架中任意一个骨骼的位置。

❶ 在【工具】面板中选择【选择工具】，单击舞台中的空白区域，取消选择骨架。

❷ 按住 Option 键（macOS）/Alt 键（Windows），移动女孩的右上臂，将其与躯干连接，如图 8-15 所示。当然，使用【任意变形工具】也可以执行该操作。

此时，女孩右上臂的位置变了，但是骨架保持不变。

❸ 按住 Option 键（macOS）/Alt 键（Windows），移动女孩身体的各个部分，让它们彼此靠得更近一些，消除关节之间的空隙。

参考图 8-16，调整好女孩身体各个部分的位置。

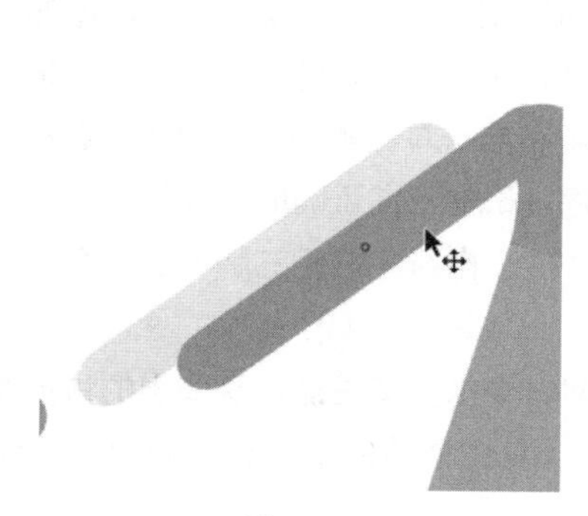

图 8-15

图 8-16

删除 / 添加骨骼与影片剪辑元件实例

选择【选择工具】，单击某个骨骼，将其选中，然后按 Delete 键（macOS）或 Backspace 键（Windows），Animate 会把所选骨骼及其子骨骼全部删除，但会保留影片剪辑元件实例。

在舞台中，选择某个影片剪辑元件实例，然后按 Delete 键（macOS）或 Backspace 键（Windows），Animate 会把所选影片剪辑元件实例及与其关联的骨骼全部删除。

若希望在骨架中添加更多影片剪辑元件实例，则需要把影片剪辑元件从【库】面板拖入舞台中，并且放置在不同图层上，不能在一个骨架图层中添加新对象。一旦影片剪辑元件实例出现在舞台中，我们就可以使用【骨骼工具】把它连接到现有骨架上，Animate 会把新实例移动到同一个骨架图层上。

8.2.5 调整关节位置

在 Animate 中，骨骼之间的关节位置是可以更改的，使用【任意变形工具】移动变换点即可。当然，还可以移动骨骼的旋转点。

有时我们会犯一些错误，如把骨骼末端连接到了下一个影片剪辑元件的中心，而非基部上，从而导致角色身体某个部位的旋转不自然。

❶ 选择【任意变形工具】，单击影片剪辑元件，将其选中，移动变换点到新位置，即可改变关节的位置，如图 8-17 所示。

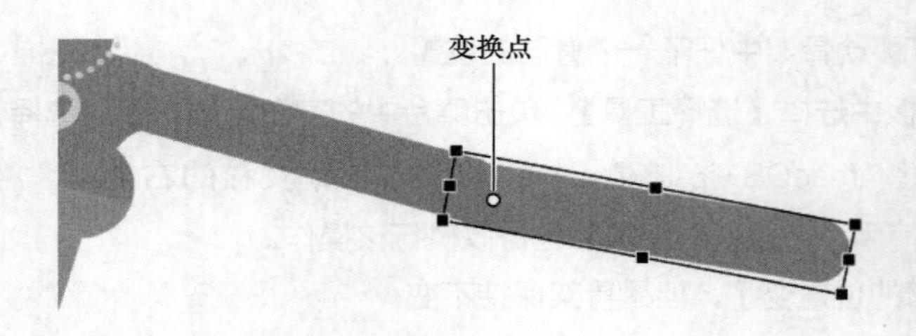

图 8-17

❷ 此时，Animate 会把骨骼连接到影片剪辑元件的新变换点上。

8.2.6 更改堆叠顺序

创建骨架时，新添加的骨骼总是会使其对应的部分移动到图形的顶层。也就是说，骨骼的连接顺序有可能导致各个影片剪辑元件的堆叠顺序不对。例如，前面例子中，女孩的腿与自行车的堆叠顺序不对，正确的堆叠顺序应该是一条腿在自行车左侧，另一条腿在自行车右侧。从菜单栏中选择【修改】>【排列】，可以灵活地改变骨架中影片剪辑元件的堆叠顺序，确保它们正确地堆叠在一起。

❶ 选择【选择工具】，按住 Shift 键，选择组成女孩左腿（位于自行车左侧的腿）的 3 个影片剪辑元件，包括自行车踏板。

❷ 从菜单栏中选择【修改】>【排列】>【移至底层】，或者单击鼠标右键，从弹出的快捷菜单中选择【排列】>【移至底层】，或者按 Shift+Command+ ↓（macOS）/Shift+Ctrl+ ↓（Windows）组合键。

此时，骨架中被选中的骨骼会移动到底层，也就是说，女孩的左腿会移动到自行车左侧，自行车车座位于两腿之间，如图 8-18 所示。

❸ 同时选中组成女孩左手臂的两个影片剪辑元件，从菜单栏中选择【修改】>【排列】>【移至底层】，把它们移动到底层。

❹ 选择女孩头部，从菜单栏中选择【修改】>【排列】>【移至顶层】，或者单击鼠标右键，从弹出的快捷菜单中选择【排列】>【移至顶层】，或者按 Shift+Command+ ↑（macOS）/Shift+Ctrl+ ↑（Windows）组合键。

此时，女孩头部移动到顶层，女孩头部也就盖住了脖子，如图 8-19 所示。

图 8-18

图 8-19

❺ 选择【选择工具】，移动骨架，检查女孩的左右手臂、左右腿分别是在身体的左侧还是右侧。若有问题，请修改一下。

提示 从菜单栏中选择【修改】>【排列】>【移至底层】，可把所选对象移动到底层；选择【修改】>【排列】>【下移一层】，可把所选对象往下移动一层。类似地，选择【修改】>【排列】>【移至顶层】，可把对象移动到顶层；选择【修改】>【排列】>【上移一层】，可把所选对象往上移动一层。

8.3 制作蹬车动画

女孩蹬车动作是一个简单的循环动画，这个过程中，女孩的脚随自行车踏板一直在做圆周运动。

有了骨架，蹬车动画制作起来就容易多了，只需要使用关键帧把女孩的脚正确地放到踏板上。由于女孩的脚与身体的其他部分连接在一起，所以上肢会自动跟着运动。

8.3.1 摆姿势

第 1 个姿势中，先要确定好女孩的两只脚和两个踏板的起始位置，其中一对位于链盘的顶端，另一对位于链盘底部。

❶ 使用【选择工具】向上拖动女孩的右腿，使右脚位于粉色圆圈（代表链盘）的顶部，粉色圆圈是蹬车动作的路径。移动黑色踏板（紧贴着脚部），使它们与地面平行。

拖动女孩的腿和踏板时，与之相连的骨骼也会跟着一起移动。刚开始控制不好骨架很正常，多练习就好。接下来进一步学习约束或分离特定关节的技巧和方法，以实现精确定位。

❷ 移动女孩的左脚和踏板到粉色圆圈的底部，尽量保证黑色踏板在粉色圆圈上，如图 8-20 所示。

❸ 移动女孩的手臂，把它们放到自行车车把上，如图 8-21 所示。

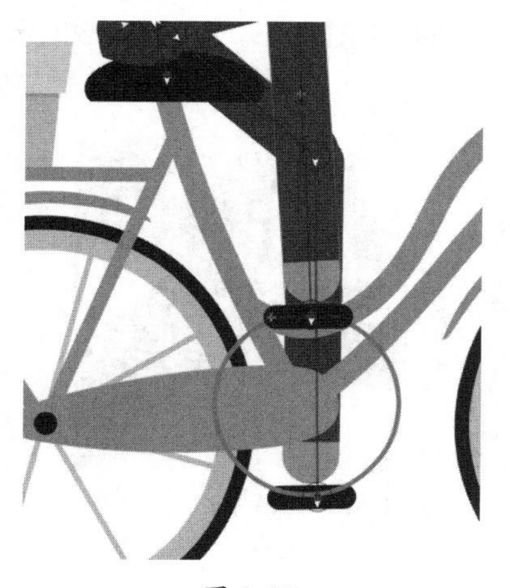

图 8-20

图 8-21

至此，骨架图层第 1 帧中的姿势就摆好了。

8.3.2 隔离骨骼

推拉骨架摆姿势时，会发现很难控制单个骨骼的旋转，因为骨骼之间是有连接的。移动某个骨骼时按住 Shift 键，可以把骨骼隔离出来，以便单独旋转它。

❶ 选择女孩左腿下方的踏板。

❷ 使用【选择工具】拖动踏板。

女孩的腿会跟着踏板一起移动。

❸ 按住 Shift 键拖动踏板，如图 8-22 所示。

图 8-22

即使踏板绕着女孩的脚旋转，骨架的其他部分依然保持不动。也就是说，按住 Shift 键后，Animate 会隔离所选骨骼，允许单独旋转它。

按住 Shift 键把特定骨骼隔离出来，然后单独旋转它，这有助于摆出我们想要的姿势。请根据需要，配合 Shift 键，调整好女孩的腿和踏板。

8.3.3 固定骨骼

调整骨架的过程中，为了精确旋转和移动骨架，有时需要把特定骨骼固定住。例如，当前自行车是可以自由移动和旋转的，如图 8-23 所示，我们需要把它固定住，就地锁定。

图 8-23

❶ 在【工具】面板中选择【选择工具】。

❷ 选择连接车座和人体的骨骼。

此时，所选骨骼高亮显示，表示其处于选中状态。

❸ 在【属性】面板中勾选【固定】，如图 8-24 所示。

此时，自行车会固定在当前位置。同时，关节上出现白圈黑点，表示关节已被固定住。

另外一种方法是：选择一个关节，当鼠标指针变成图钉图标时，单击关节，如图 8-25 所示。此时，所选关节会被固定住，再次单击，可以解除固定。

图 8-24

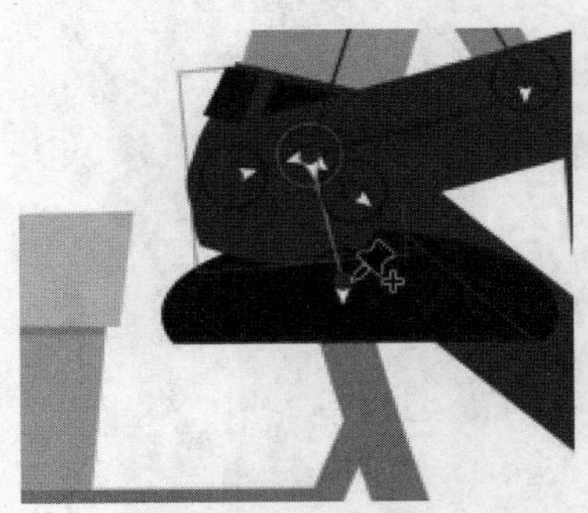

图 8-25

使用【固定】选项和 Shift 键时，骨架表现出的行为是不一样的。按住 Shift 键，可以把单个骨骼与其他所有与之相连的骨骼隔离开来。当固定一个骨骼时，被固定的骨骼会保持不动，但是我们可以自由移动其所有子骨骼。

8.4 禁用与约束关节

接下来，先调整一下骨架，以便给女孩摆其他姿势。当前骨架的各个关节都可以自由旋转，这一点是不符合实际的。在真实的人体骨架中，关节的旋转会受到一些约束，只能旋转特定角度，而不能无限旋转。例如，前臂可以向肱二头肌方向旋转，但不能向肱二头肌方向之外的其他方向旋转；臀部可以围绕躯干摆动，但幅度不能很大。可以把这些约束施加到自己创建的骨架上。在 Animate 中使用骨架时，既可以约束关节的旋转运动，也可以约束关节的平移运动。

8.4.1 禁止旋转关节

拖动女孩头部，会发现女孩的头部可以同时绕着骨骼（指连接头部和躯干的骨骼）的两个关节旋转，如图 8-26 所示，这容易产生一些不符合实际的姿势。

❶ 选择连接头部与躯干的骨骼。

此时，被选中的骨骼（绿色）高亮显示。

❷ 在【属性】面板的【关节：旋转】区域中，单击右侧开关按钮，关闭关节旋转，如图 8-27 所示。

此时，所选骨骼底端关节上的圆圈消失了，这代表该关节不能再旋转了，如图 8-28 所示。

❸ 拖动女孩头部。

此时，女孩头部不能再绕着骨骼底端关节旋转了，但仍然可以绕着骨骼顶端的关节旋转，如图 8-29 所示。

图 8-26

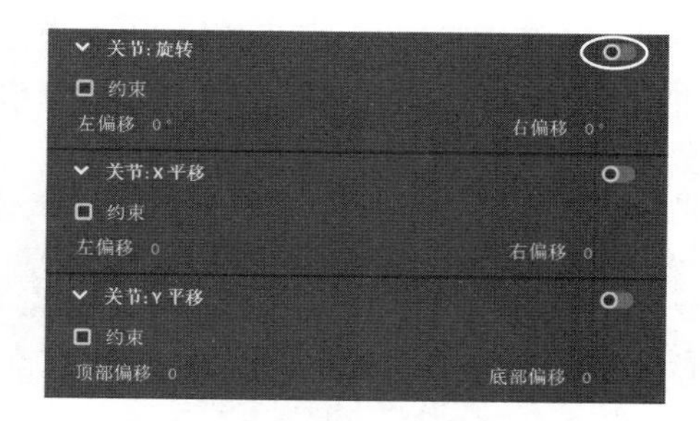

图 8-27

图 8-28

图 8-29

8.4.2 约束旋转角度

对于骨架，我们还要做一些处理。例如，允许有些关节旋转，但是要对其旋转角度做一定限制。

❶ 选择连接女孩胸部与左上臂的骨骼。

此时，被选中的骨骼（绿色）高亮显示，如图 8-30 所示。

❷ 在【属性】面板的【关节：旋转】区域中，单击右侧开关按钮，关闭关节旋转。

此时，围绕躯干关节旋转被禁用，左上臂不能再绕着躯干自由旋转了。

❸ 选择连接左上臂与左前臂的骨骼，如图 8-31 所示。

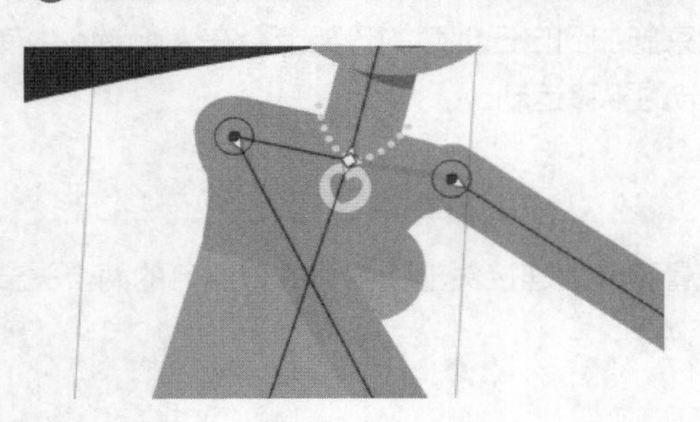

图 8-30

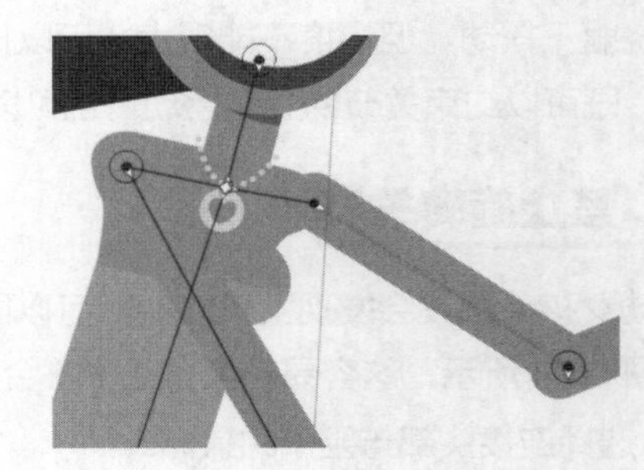

图 8-31

❹ 在【属性】面板的【关节：旋转】区域中勾选【约束】，如图 8-32 所示。

关节上有一个角度指示器（绿色扇形），用于指示允许骨骼旋转的最小角度、最大角度和骨骼的当前位置，如图 8-33 所示。

❺ 在【属性】面板的【关节：旋转】区域中，把【左偏移】设置为 -90°，【右偏移】设置为 90°。

❻ 拖动左上臂。

此时，左手臂可旋转，但是旋转角度受到限制，只允许在 -90° 到 90° 这个范围内旋转，这可以避免把手臂放到不正确的位置，使姿势的控制和摆放更加轻松和准确，如图 8-34 所示。

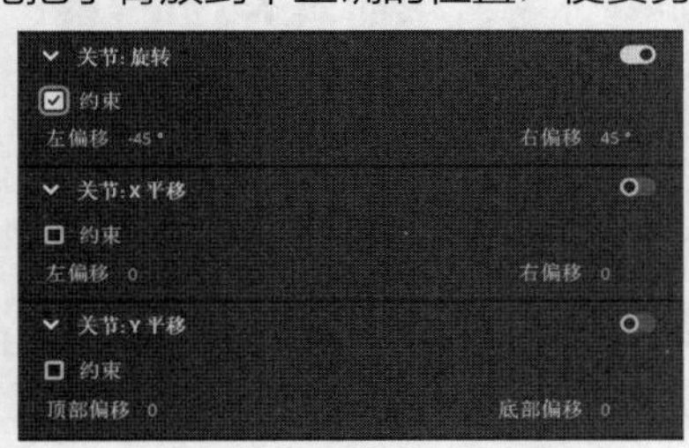

图 8-32

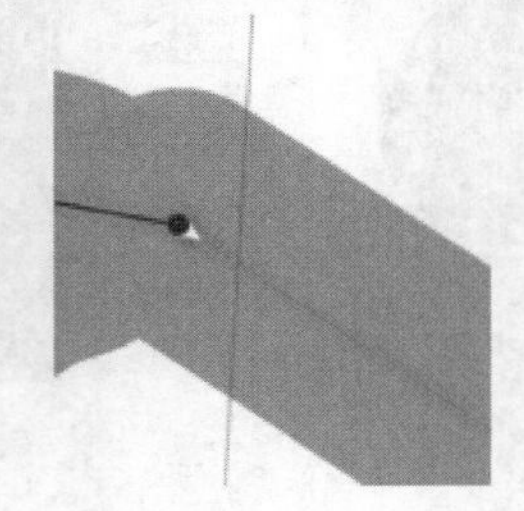

图 8-33

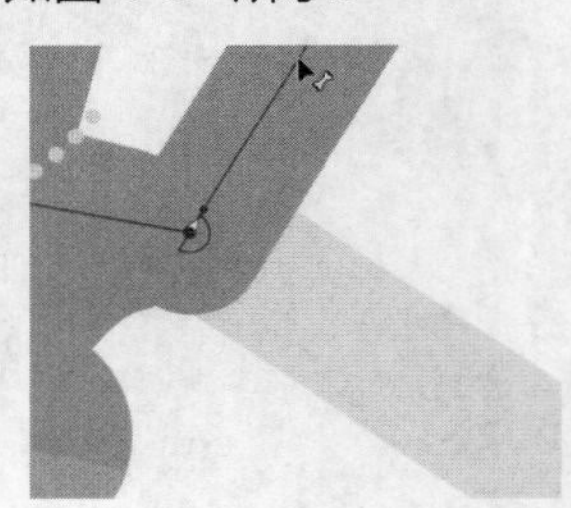

图 8-34

💡 **提示** 现实情况下，只允许骨骼绕着关节旋转。不过，在 Animate 中，还允许关节沿着 x 轴（水平）和 y 轴（垂直）方向移动，而且可以限制关节移动的距离。在【属性】面板的【关节：X 平移】与【关节：Y 平移】区域中打开平移约束，类似于打开旋转约束。

8.5 添加姿势

到这里，骨架就准备好了。在骨架中已经连接好了各个骨骼，而且对各个关节做了适当约束，这些都使摆放姿势变得更容易了。下面在时间轴中插入姿势，就像在补间动画中插入关键帧一样。

8.5.1 插入姿势

注意 就骨架图层来说，姿势和关键帧两个术语的含义是一样的。

下面插入一些独特的姿势来形成自然的蹬车动作。具体来说，再为女孩的脚创建 8 个姿势，这些姿势差不多覆盖了一个蹬车动作的整个过程。就蹬车动作来说，蹬一圈持续 48 帧，每个姿势占 6 帧。首先，请在时间轴上方打开【自动关键帧】功能。启用【自动关键帧】功能后，当在舞台中做修改时，Animate 会自动创建关键帧以记录用户的修改。

使用舞台中的控件约束关节

控制关节的旋转与平移时，除了可以使用【属性】面板中的控件，还可以使用舞台中的控件。使用舞台中的控件不仅操作便捷，而且周围还有其他骨骼和图形作为参考，非常直观。

选择一个骨骼，把鼠标指针移动到骨骼的关节上，会出现一个蓝色圆圈，里面有 4 个蓝色箭头，如图 8–35 所示。单击它，即可在舞台中打开控件。

把鼠标指针移动到外侧圆圈上，当圆圈变成红色时，单击它，可更改旋转约束。

在圆圈内单击，可定义关节旋转的最小角度和最大角度。阴影区域是所允许的旋转范围，如图 8–36 所示。在圆圈内拖动可改变所允许的旋转角度。在圆圈之外单击，确认修改。

把鼠标指针移动到圆心上，出现一个锁形图标，单击它，可禁止关节旋转。

若想改变平移（上下移动或左右移动）约束，可以把鼠标指针移动到圆圈内的箭头上，箭头会变成红色，如图 8–37 所示。

图 8-35

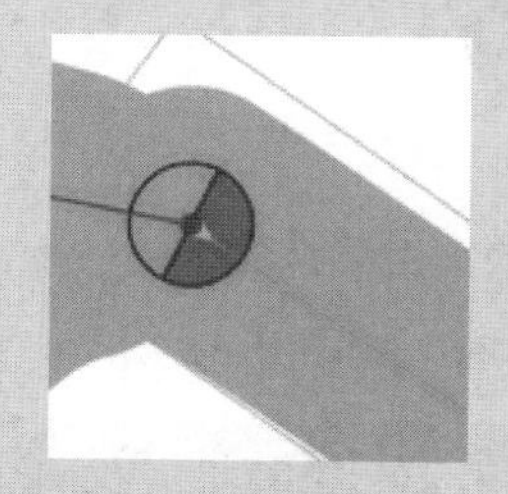

图 8-36

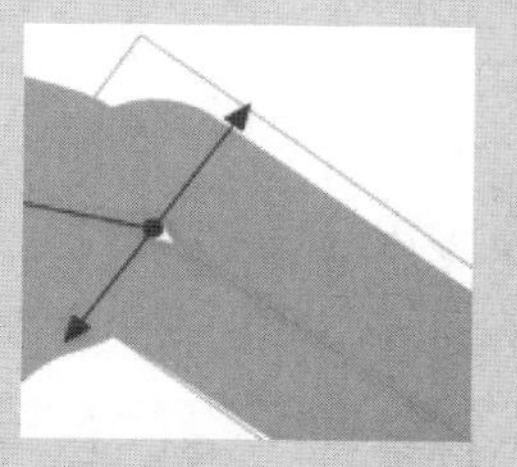

图 8-37

单击水平箭头或者垂直箭头，然后拖动鼠标，可在相应方向上对关节的平移进行约束。

❶ 在时间轴中选择第 6 帧，如图 8-38 所示。

❷ 确保时间轴上方的【自动关键帧】功能处于开启状态。移动女孩右脚和右踏板，使其位于大约 1 点钟方向的位置，并把左脚和左踏板移动到对面相应位置（7 点钟方向的位置），如图 8-39 所示。

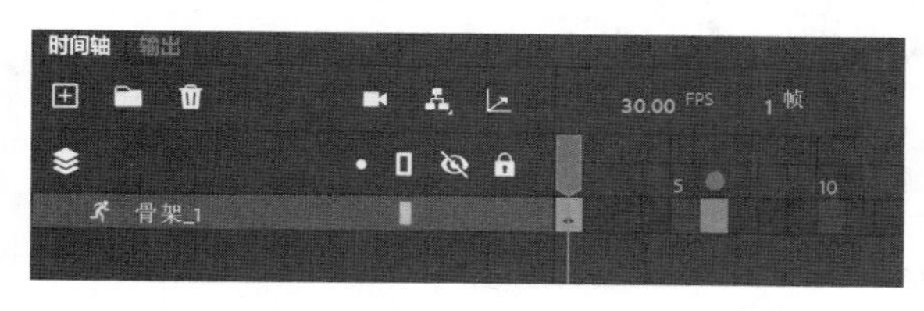

图 8-38

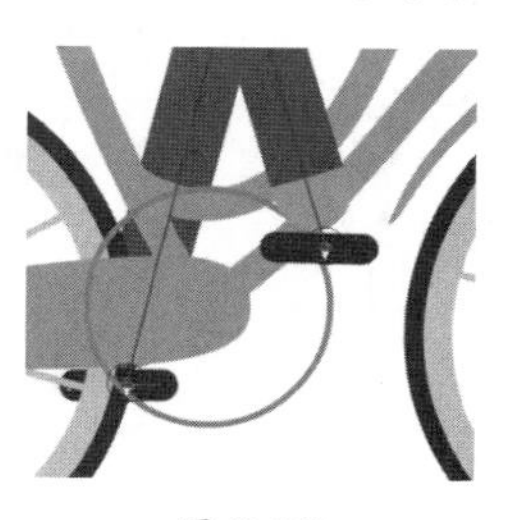

图 8-39

此时，Animate 在第 6 帧处插入一个新姿势（关键帧），如图 8-40 所示。

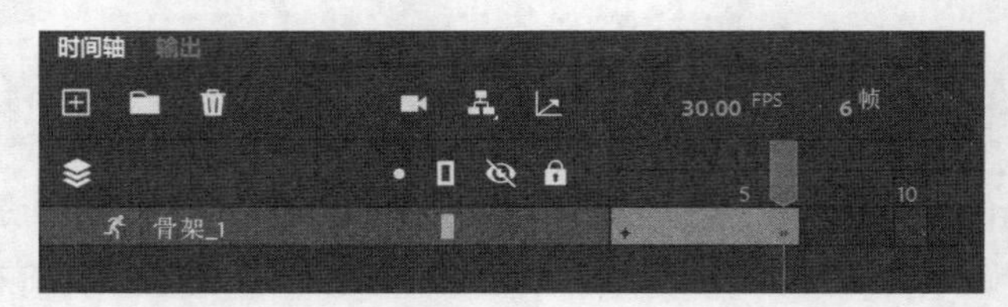

图 8-40

❸ 在时间轴中选择第 12 帧，如图 8-41 所示。

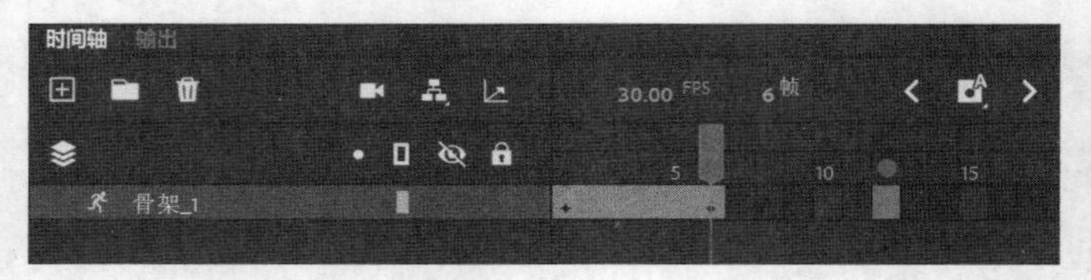

图 8-41

❹ 移动女孩的左右脚和左右踏板，使其分别位于大约 9 点钟和 3 点钟方向的位置，如图 8-42 所示。

图 8-42

❺ 使用相同的方法继续添加新姿势，每隔几帧添加一个，同时确保女孩的脚和踏板始终放在粉色圆圈上，总共添加 9 个姿势，共占 48 帧，如图 8-43 所示。

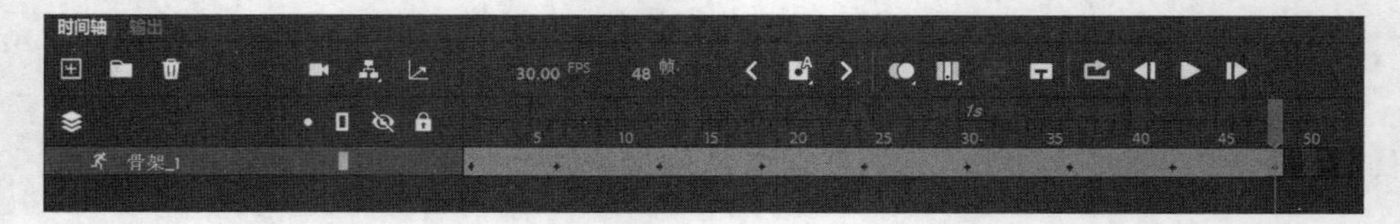

图 8-43

其中，第一个姿势和最后一个姿势是一样的，如图 8-44 所示。

图 8-44

提示 在【时间轴】面板中选择动画，在【属性】面板的【帧】选项卡下选择缓动类型和强度，可向逆向运动学动画应用缓动。通过应用缓入和缓出效果，能够明显地改善动画，进一步增强动画的真实性。有关应用缓动的更多内容，请阅读第 3 课。

提示 在时间轴上可以轻松地编辑姿势，就像编辑补间动画的关键帧一样简单。使用鼠标右键单击时间轴，然后从弹出的快捷菜单中选择【插入姿势】，插入一个新姿势。使用鼠标右键单击某个姿势，从弹出的快捷菜单中选择【清除姿势】，可从图层中清除该姿势。按住 Command 键（macOS）/Ctrl 键（Windows），单击某个姿势，可将其选中。沿着时间轴拖动姿势，可将其移动到其他位置。

❻ 在时间轴顶部单击【循环】按钮，或按 Shift+Option+L（macOS）/Shift+Alt+L（Windows）组合键，调整一下播放区间标记，使其覆盖整个动画（第 1 帧～第 48 帧），如图 8-45 所示。

提示 请确保第一个姿势和最后一个姿势完全一样，具体做法是：复制第一个关键帧，然后将其粘贴到最后一帧处；或者按住 Option 键（macOS）/Alt 键（Windows），把第一个关键帧拖曳至第 48 帧。

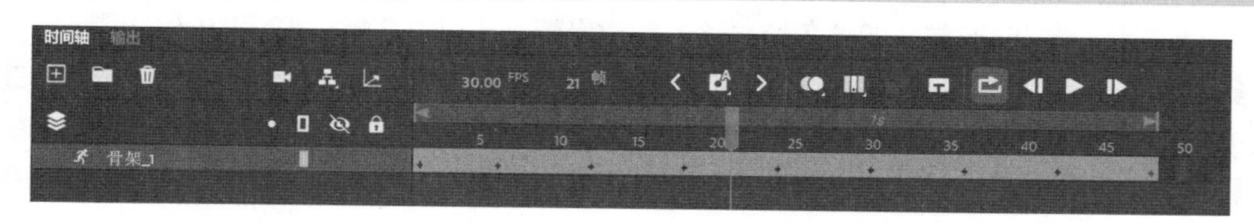

图 8-45

❼ 在时间轴顶部单击【播放】按钮，或按 Return 键（macOS）/Enter 键（Windows），循环播放动画。

改变关节速度

关节速度指的是关节的粘滞性或刚度。关节速度慢，关节反应迟钝；关节速度快，关节反应迅速。在【属性】面板中，可以为任意一个选中的关节设置关节速度。

拖动骨架末端时，关节速度会明显加快。骨架中慢关节的反应速度比其他关节的反应速度慢，旋转幅度也更小。

修改关节速度时，先选择某个关节，然后在【属性】面板的【对象】选项卡下，在【位置】区域中设置关节速度即可，取值范围是 0% ～ 100%。

关节速度不会影响实际动画，它只影响在舞台中摆放姿势时骨架的响应速度，使骨骼更容易移动。

8.5.2 添加挥手和摆头动作

前面已经制作好了蹬车动画，接下来给女孩添加挥手和摆头动作。

❶ 选择第 18 帧，向上移动女孩的左手臂，将其摆成图 8-46 所示的形态。

❷ 选择第 24 帧，移动女孩的前臂，使其稍微向前伸直一些，如图 8-47 所示。

❸ 选择第 30 帧，向上移动女孩的左手臂，旋转左前臂，使其靠近女孩头部，完成挥手动作，如图 8-48 所示。

图 8-46　　图 8-47　　图 8-48

❹ 选择女孩挥手动作的某一帧，稍微旋转女孩的头部，让女孩在挥手时有摆头动作。

8.6　IK 形状动画

前面的制作中，女孩及自行车骨架由多种影片剪辑元件组成。在 Animate 中，不仅可以给由多种影片剪辑元件组合而成的对象（如骑车的女孩）创建骨架，还可以在单个形状内部创建骨架。有些对象（大多由单个形状构成）没有明显的关节和分段，但仍然有关节运动，在为这样的对象制作动画时，也可以使用逆向运动学。例如，章鱼腕足本来是没有关节的，但为了表现腕足蜿蜒起伏的动作，可以特意在腕足中添加骨骼。借助这项技术，还可以轻松地为蛇、飘动的旗帜、随风摆动的叶子等制作动画。下面使用该技术给女孩随风飘动的头发制作动画。

8.6.1　在形状内部添加骨骼

女孩的头发是一个形状，里面填充着红色，无描边。下面在头发中添加骨骼，制作头发随风飘动的动画。

❶ 在【库】面板中展开 Girl Bicycle__assets__ 文件夹，找到 Ruby_Head 影片剪辑元件，如图 8-49 所示，然后双击它。

❷ 在元件编辑模式下，女孩头发位于最下方的图层上，如图 8-50 所示。

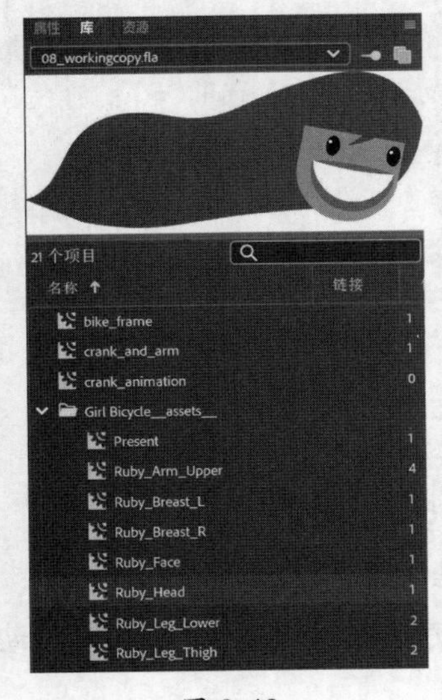

图 8-49

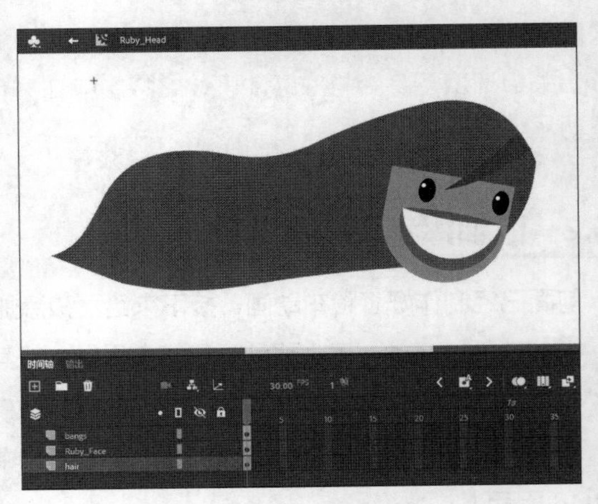

图 8-50

❸ 在【工具】面板中选择【骨骼工具】。

❹ 在头发内部，把鼠标指针移动到右上角的某个位置，向左下方拖动鼠标，如图 8-51 所示。

Animate 在女孩头发内部创建一个骨骼，并把它移动到单独的骨架图层上。

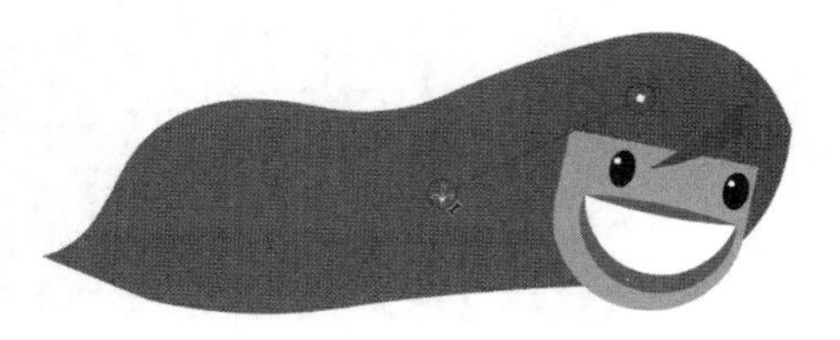

图 8-51

❺ 单击第 1 个骨骼的末端，朝着发梢方向拖动一小段距离，创建出第 2 个骨骼。

❻ 使用同样的方法再创建两个骨骼，使头发骨架中共有 4 个骨骼，如图 8-52 所示。

❼ 骨架制作完成后，使用【选择工具】拖动最后一个骨骼，观察头发是如何随着骨骼变化的，如图 8-53 所示。

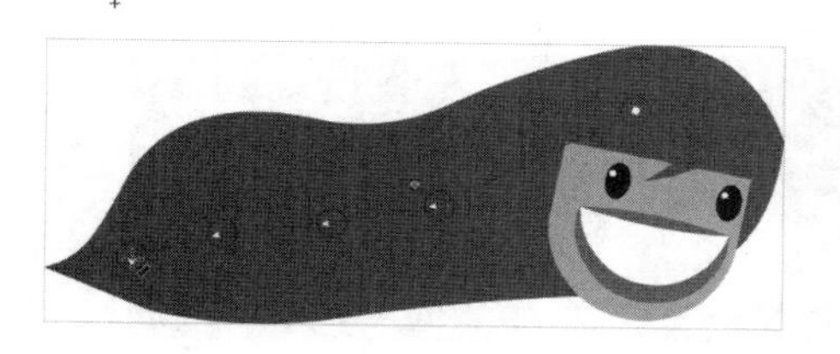

图 8-52

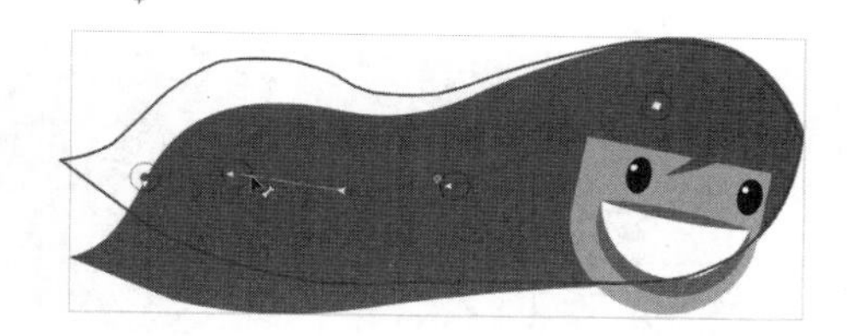

图 8-53

8.6.2 让头发飘动起来

在形状内部添加骨架制作动画的过程与给影片剪辑元件添加骨架制作动画的过程是一样的。同样需要沿着时间轴添加关键帧，并给骨架添加不同姿势。

❶ 同时选中 3 个图层的第 40 帧，从菜单栏中选择【插入】>【时间轴】>【帧】（或按 F5 键）。

此时，Animate 在时间轴上添加 40 个帧，如图 8-54 所示。女孩头发飘动动画的帧数与主时间轴中蹬车动画的帧数不一致，这种不一致会使动画很灵动，显得更真实、自然。

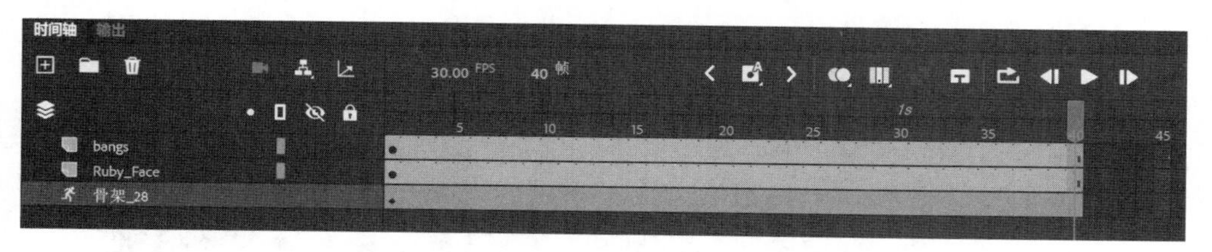

图 8-54

❷ 在时间轴上，把播放滑块拖动到第 15 帧。

❸ 移动女孩头发中的骨架，使头发变形。移动某个骨骼时按住 Shift 键，可只旋转该骨骼，如图 8-55 所示。

此时，Animate 在第 15 帧处添加一个关键帧，记录下头发变形后的样子，如图 8-56 所示。

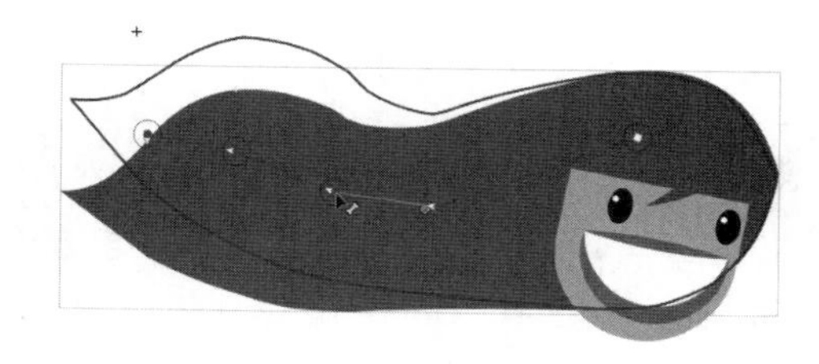

图 8-55

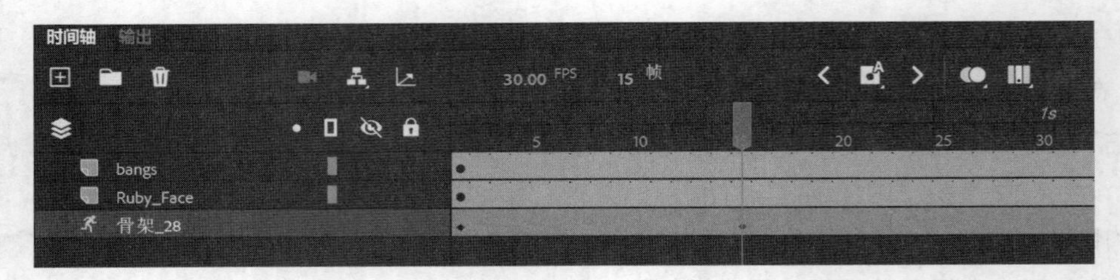

图 8-56

❹ 把播放滑块拖动到第 25 帧。

❺ 再次移动女孩头发中的骨架，调整头发形态。

此时，Animate 在第 25 帧处添加一个关键帧，记录下头发变形后的样子。

❻ 按住 Option 键（macOS）/Alt 键（Windows），把第 1 帧拖动至第 40 帧（最后一帧），如图 8-57 所示。

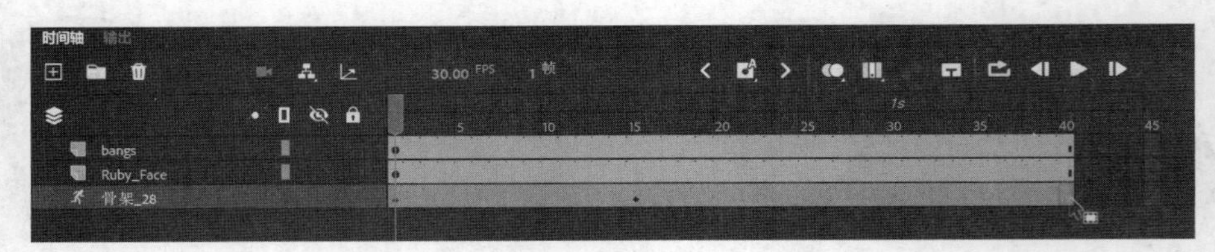

图 8-57

此时，Animate 会把第 1 帧中的头发形态复制到第 40 帧中，也就是说，动画开始与结束时头发形态是一样的。

❼ 退出元件编辑模式，测试影片。动画中，女孩一边蹬车，一边挥手，同时头发还在随风飘动，如图 8-58 所示。

请注意，头发飘动动画内嵌在一个影片剪辑元件中，测试影片时，若单击【时间轴】面板中的【播放】按钮或者按 Enter 键，女孩头发将不会有飘动动作。

❽ 在 bangs 图层中的刘海添加一个骨架，然后制作动画，让刘海也飘动起来，如图 8-59 所示。

图 8-58

图 8-59

提示 女孩头发飘动动画也可以使用补间形状技术（相关内容见第 7 课）或传统补间技术（相关内容见第 5 课）配合【资源变形工具】制作。大多数情况下，这些动画制作方法是通用的，每种方法提供了不同的控制选项，使得它们在不同的场景下具有特别的优势。例如，使用【骨骼工具】可以更好地控制弹性，使用补间形状可以使用形状提示更好地控制形状，使用【资源变形工具】可以通过贝塞尔曲线灵活地控制弹性骨骼。

提示 若想通过骨架自然地控制形状，需要将形状中的锚点（控制点）和骨骼一一对应起来。使用【绑定工具】调整骨骼和控制点之间的连接关系，有助于更好地控制形状的行为。使用【绑定工具】前，需要从【拖放工具】面板把它添加到【工具】面板中。关于如何使用【绑定工具】，请参考 Animate 的帮助文档。

8.7 弹力模拟

前面学习了如何使用骨架在不同关键帧中为角色、对象摆姿势，以创建平滑、自然的运动动画。除此之外，Animate 还允许给骨架添加一些物理模拟效果，使骨架在从一种姿势变换成另外一种姿势时表现出一定的力反馈，从而更好地模拟真实情况。在 Animate 中借助【弹簧】功能可以轻松地实现这一点。

不论是为影片剪辑元件还是为形状制作骨骼动画，都可以使用【弹簧】功能来模拟弹力效果。柔性物体一般都具有一定"弹性"，遇到障碍物发生反弹之后，其本身会发生一定的形变（或称"抖动"），甚至在运动停止后，形变还会继续存在一段时间。弹力大小取决于物体本身的性质，例如，一根悬空的绳子的抖动幅度会非常大，而一个跳水板的抖动幅度会比较小。在 Animate 中，不仅可以为不同物体设置不同大小的弹力，还可以为同一个骨架中的不同骨骼设置不同大小的弹力，以精确控制不同部位的刚度或弹力。例如，制作大树随风飘动的动画时，较大树杈的弹力肯定要比较小树杈的弹力小。

8.7.1 给女孩头发添加弹力

接下来给女孩头发中的骨架添加弹力，使其在关键帧中的动作结束后微微颤动一下。弹力值的取值范围是 0（无弹力）到 100（最大弹力）。

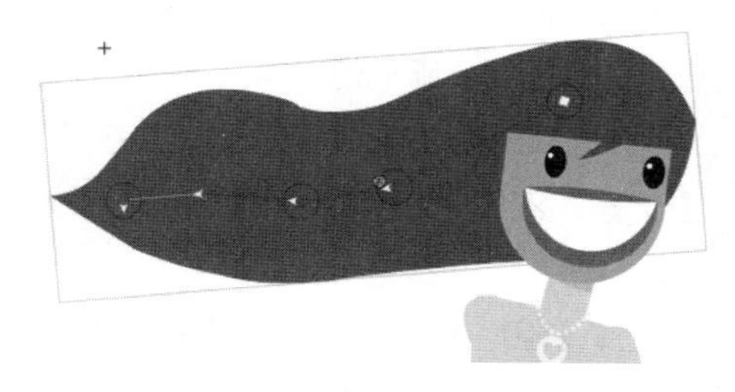

图 8-60

❶ 在【库】面板中双击 Ruby_Head 影片剪辑元件，进入元件编辑模式。

❷ 在元件编辑模式下，在女孩头发中选择最后一个骨骼，如图 8-60 所示。

❸ 在【属性】面板的【弹簧】区域中，把【强度】设置为 100，如图 8-61 所示。

最后一个骨骼位于头发末端，它是整个骨架中弹力最大的部分，而且会有独立运动。

❹ 在骨架中选择倒数第 2 个骨骼。选择时，既可以直接在舞台中单击进行选择，也可以在【属性】面板中单击向上箭头进行选择。

❺ 在【属性】面板的【弹簧】区域中，把【强度】设置为 70，如图 8-62 所示。

相比于第 1 个骨骼，第 2 个骨骼的弹力会小一点，所以要把【强度】设置得小一些。

图 8-61

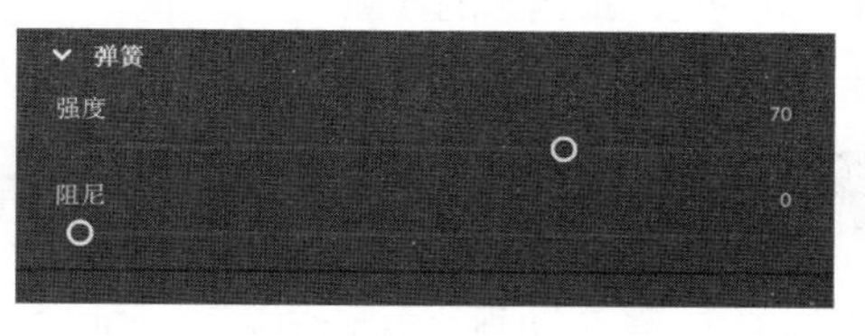

图 8-62

❻ 单击倒数第 3 个骨骼，在【属性】面板的【弹簧】区域中，把【强度】设置为 30。

相比于第 2 个骨骼，第 3 个骨骼的弹力要更小一点，所以把【强度】设置得更小。

当最后一个动作结束后，若时间轴上还有帧，弹力效果会更明显。接下来，在时间轴上再添加一些帧，把头发的震颤效果充分展现出来。

❼ 向所有图层添加帧至 100 帧，如图 8-63 所示。

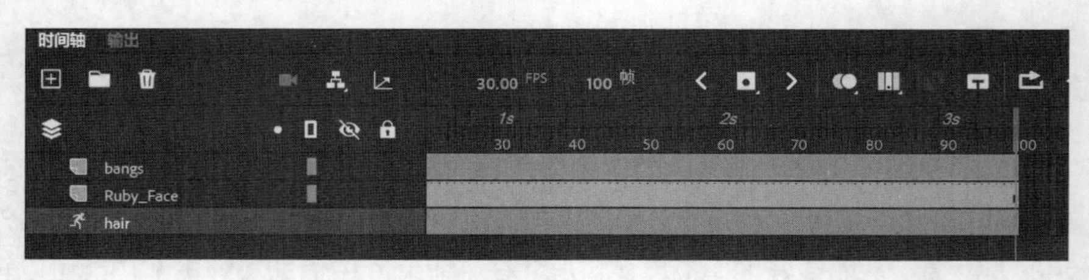

图 8-63

❽ 测试影片。

动画中，女孩的头发从第一个形态依次变到下一个形态，甚至在最后一个形态结束后，头发仍在轻微摇摆。头发骨架来回旋转，与骨骼弹性相结合，能够模拟物体对物理作用力的自然反应，从而使动画更加真实。

可以多尝试一些不同的弹力数值，并根据呈现效果从中选择一个最适合的值。

8.7.2 添加阻尼效果

阻尼是指弹簧强度的衰减速率。在前面的动画中，头发不应该无限期地摆动下去，否则就不真实。随着时间的流逝，头发摆动的幅度应该越来越小，到最后完全停止。在 Animate 中，可以分别给各个骨骼设置一个阻尼值（0 ～ 100），用来控制头发摆动幅度的衰减快慢。

❶ 选择头发的最后一个骨骼，在【属性】面板的【弹簧】区域中，把【阻尼】设置为 50，如图 8-64 所示。

图 8-64

设置【阻尼】后，头发摆动的幅度会随着时间的推移而逐渐减小。

❷ 在头发骨架中选择倒数第 2 个骨骼，在【属性】面板的【弹簧】区域中，把【阻尼】设置成最大值（100）。

❸ 选择其他设置了【强度】的骨骼，分别设置【阻尼】。

❹ 从菜单栏中选择【控制】>【测试】菜单，观察阻尼对女孩头发运动的影响。

动画中，女孩的头发仍然会摇摆，但很快会停下来。给头发设置【阻尼】，有助于表现头发的分量感。制作骨骼动画的过程中，在【弹簧】区域中设置【强度】和【阻尼】时，可以多尝试几组值，直到找到使动画最自然的数值。

8.8 让车轮和轮盘臂转动起来

到这里，整个动画就要制作好了。动画中女孩有蹬车和挥手动作，女孩的头发也会随风飘动，但是自行车的车轮和轮盘臂还是静止的。接下来需要给它们制作旋转动画，使它们转动起来。

8.8.1 让车轮转起来

在 bike_frame 影片剪辑元件内为车轮制作旋转动画。

❶ 在舞台中双击自行车车架。

进入 bike_frame 影片剪辑元件编辑模式。这里进入的是就地编辑模式，周围其他所有图形都可见（以灰色显示），方便参考。

❷ 双击自行车后轮，进入 Wheel_Turning 影片剪辑元件编辑模式，如图 8-65 所示。

❸ 在舞台中，单击车轮将其选中。在【时间轴】面板顶部选择【创建补间动画】。

此时，Animate 会创建一个补间图层，并添加 30 帧，如图 8-66 所示。

图 8-65

图 8-66

❹ 单击补间，在【属性】面板的【旋转】下拉列表中选择【顺时针】，将【计数】设置为【1】，如图 8-67 所示。

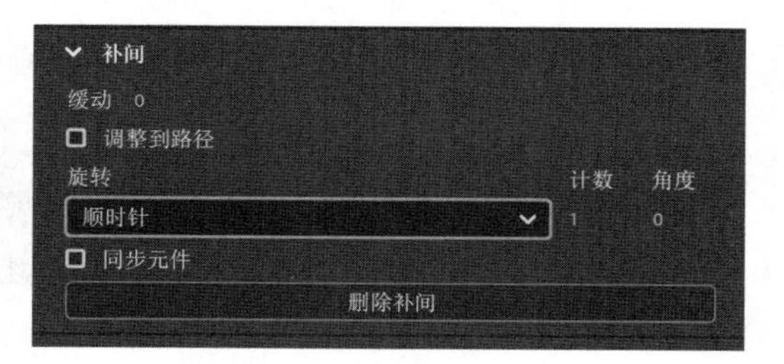

图 8-67

此时，车轮自动围绕着变换点（位于车轮中心）沿顺时针方向旋转一圈。

自行车前轮也是 Wheel_Turning 影片剪辑元件的实例，因此就不需要再给它单独创建补间动画了。到这里，自行车车轮的旋转动画就制作好了。

8.8.2 添加轮盘臂

下面添加轮盘臂，把脚蹬连接至自行车上，然后使轮盘转动起来。

❶ 在【库】面板中找到 crank_animation 影片剪辑元件，如图 8-68 所示，然后双击它。

此时，进入元件编辑模式，如图 8-69 所示。

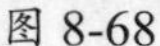
图 8-68

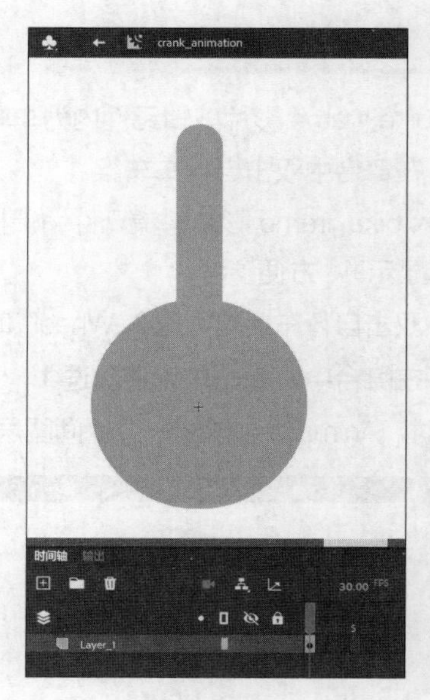

图 8-69

❷ 在舞台中选择影片剪辑元件，或者单击时间轴上的第 1 个关键帧，然后在【时间轴】面板顶部选择【创建补间动画】。

此时，Animate 会在补间动画图层上添加 30 帧，如图 8-70 所示。

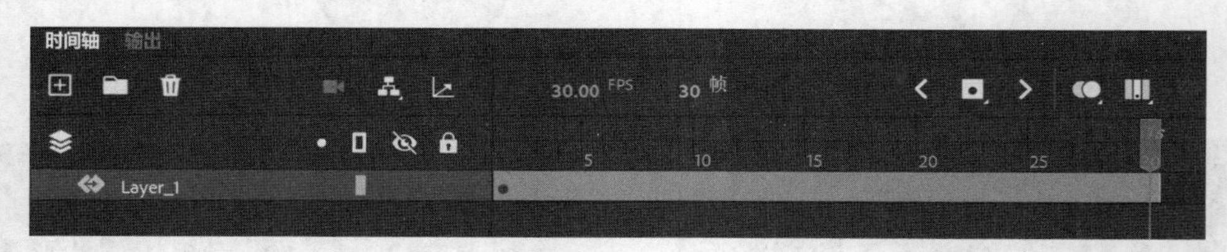

图 8-70

❸ 在时间轴上再添加几帧，使补间图层上有 48 帧，如图 8-71 所示。

轮盘臂旋转动画必须与女孩蹬踏板的动作保持一致，因此两者的帧数必须一样（48 帧）。

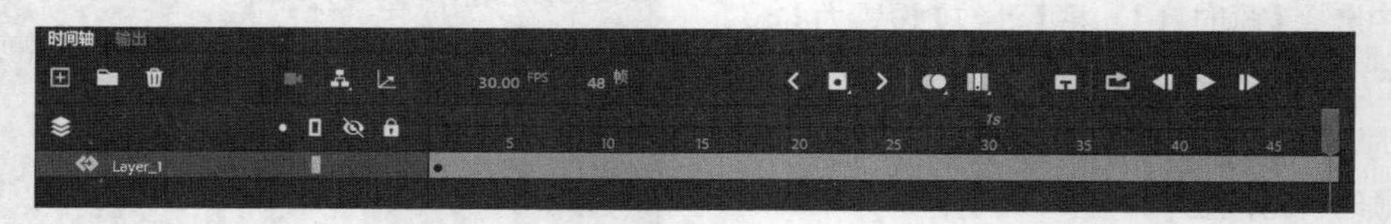

图 8-71

❹ 选择补间，在【属性】面板的【旋转】下拉列表中选择【顺时针】，将【计数】设置为【1】，如图 8-72 所示。

图 8-72

此时，Animate 沿顺时针方向自动添加一整圈的旋转补间。

❺ 第 1 帧和第 48 帧完全一样，为了得到一个无缝圆圈，我们必须做一点调整。向右拖动补间右边缘，把补间延长至第 49 帧，如图 8-73 所示。

❻ 在第 48 帧处，按 F6 键插入一个关键帧，如图 8-74 所示。

❼ 删除第 49 帧，如图 8-75 所示。

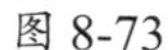
图 8-73

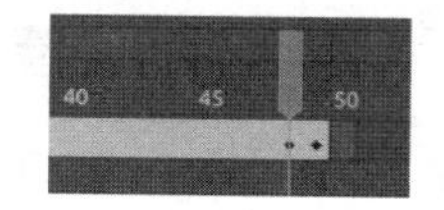

图 8-74

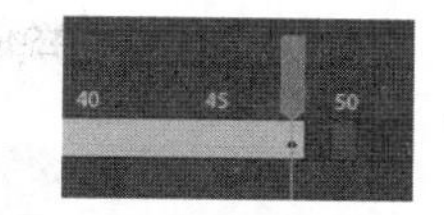

图 8-75

此时，旋转动画仍有 48 帧，但结束关键帧和初始关键帧中的内容变得不一样了，最终得到了一个无缝循环。

❽ 进入 bike_frame 影片剪辑元件编辑模式，把 crank_animation 影片剪辑元件的一个实例添加到 front_pedal 图层，并使实例正好在粉色圆圈内，如图 8-76 所示。

❾ 复制 crank_animation 实例。

❿ 选择 back_pedal 图层，从菜单栏中选择【编辑】>【粘贴到当前位置】[或按 Command+Shift+V（macOS）/Ctrl+Shift+V（Windows）组合键]。

从菜单栏中选择【编辑】>【粘贴到当前位置】，Animate 会把副本粘贴到原位。

⓫ 确保变换点位于轮盘臂中心，然后从菜单栏中选择【修改】>【变形】>【垂直翻转】。

实例垂直翻转后，轮盘臂指向下方。若变换点不在轮盘臂中心，请使用【任意变形工具】将其移动到中心。

隐藏 back_pedal 图层上方的图层，可以看到踏板、变换点，以及实例翻转后的样子。不过，当前轮盘臂是沿逆时针方向旋转的，如图 8-77 所示。

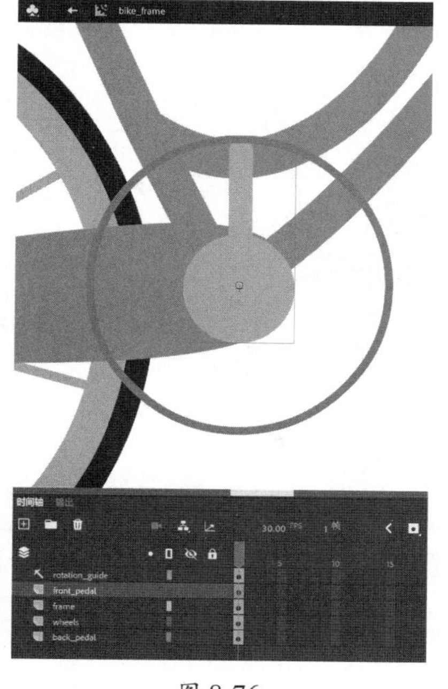

图 8-76

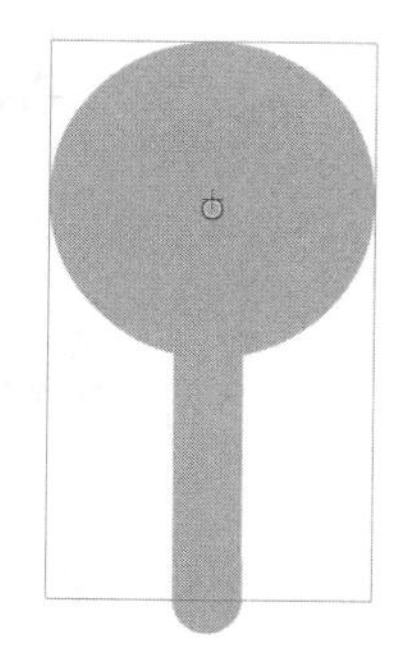

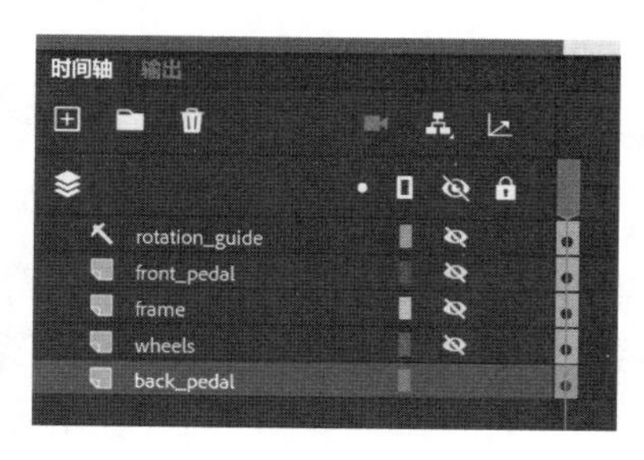

图 8-77

⓬ 从菜单栏中选择【修改】>【变形】>【水平翻转】。

水平翻转 crank_animation 实例后，它就变成沿顺时针方向旋转了。

⑬ 使用鼠标右键单击 rotation_guide 图层，从弹出的快捷菜单中选择【属性】。

⑭ 在【图层属性】对话框中，在【类型】中选择【引导层】，如图 8-78 所示。单击【确定】按钮，这样在【时间轴】面板中就创建好了一个引导图层，如图 8-79 所示。

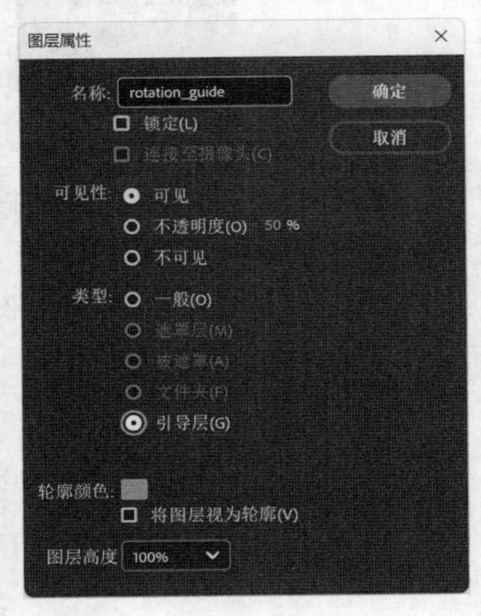

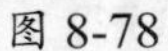
图 8-78

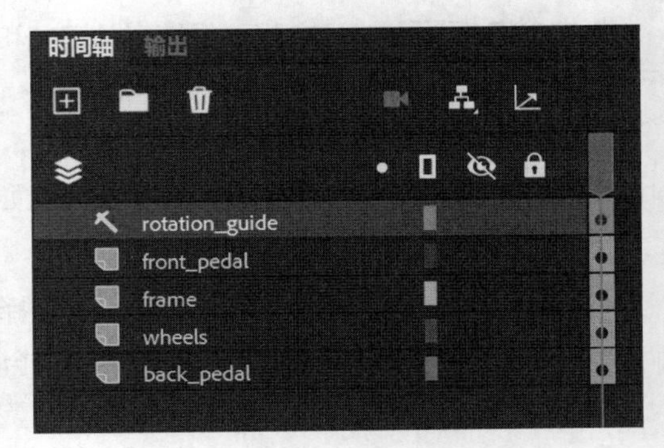

图 8-79

💡 注意 发布项目时，引导层不会显示出来。在时间轴中，引导层左侧有一个与众不同的图标。

⑮ 退出元件编辑模式，测试影片，如图 8-80 所示。

图 8-80

动画中，女孩骑着自行车，轮盘臂随着脚的蹬动动作旋转。放置女孩的脚和踏板时，粉色圆圈起参考作用，但当前并没有显示出来，因为它位于引导层中。

8.9 装配映射

在 Animate 中，使用【装配映射】功能可以把已有骨架轻松应用到不同图形上，例如向不同角色应用同一个行走动画。

可以把骨架与骨架姿势保存到【资源】面板中，以便重复使用，也可以直接使用 Adobe 提供的大量相关资源。

8.9.1 把骨架动画保存到【资源】面板中

在把骨架动画保存到【资源】面板之前，必须将其以影片剪辑元件的形式保存到【库】面板中。

❶ 在女孩骑车动画中选择骨架图层。使用鼠标右键单击骨架图层，从弹出的快捷菜单中选择【将图层转换为元件】，如图 8-81 所示。

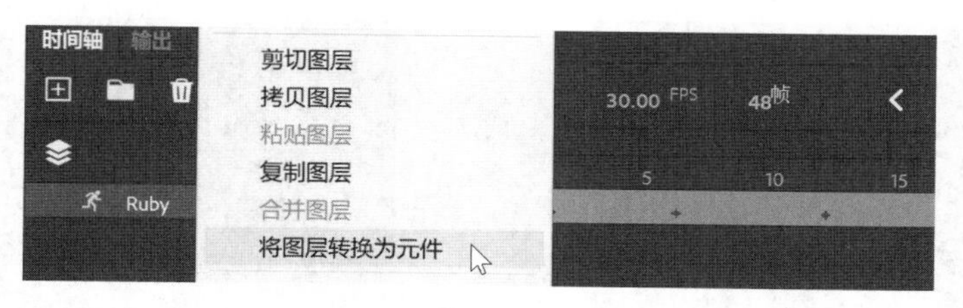

图 8-81

❷ 在【将图层转换为元件】对话框中，在【名称】输入框中输入 Ruby_bike_animation，在【类型】下拉列表中选择【影片剪辑】，如图 8-82 所示，单击【确定】按钮。

图 8-82

此时，Animate 会把骨架图层保存到一个影片剪辑元件中，可以在【库】面板中找到它，如图 8-83 所示。

❸ 使用鼠标右键单击转换好的影片剪辑元件，从弹出的快捷菜单中选择【另存为资源】，如图 8-84 所示。

图 8-83

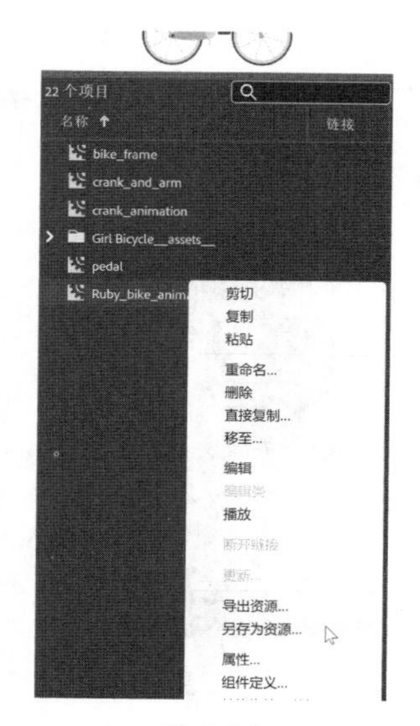

图 8-84

❹ 在【另存为】对话框中，在【标记】输入框中输入一些关键字，不同关键字之间用逗号隔开，

它们用来帮助搜索该资源。这里希望保存图形、骨架、动画，因此要在【资源】中勾选【对象】【骨骼】【运动】，单击【保存】按钮，如图 8-85 所示。

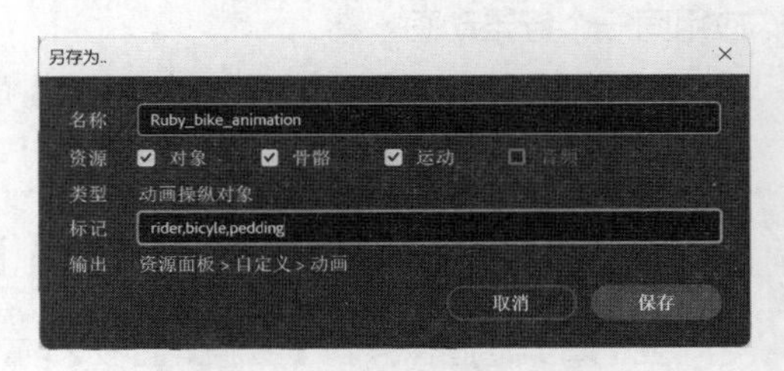

图 8-85

此时，Animate 会把动画保存到【资源】面板的【自定义】选项卡下，如图 8-86 所示。

在【另存为】对话框中，若只勾选了【骨骼】和【运动】，未勾选【对象】，则 Animate 会把动态骨架一同保存到【资源】面板中，如图 8-87 所示。

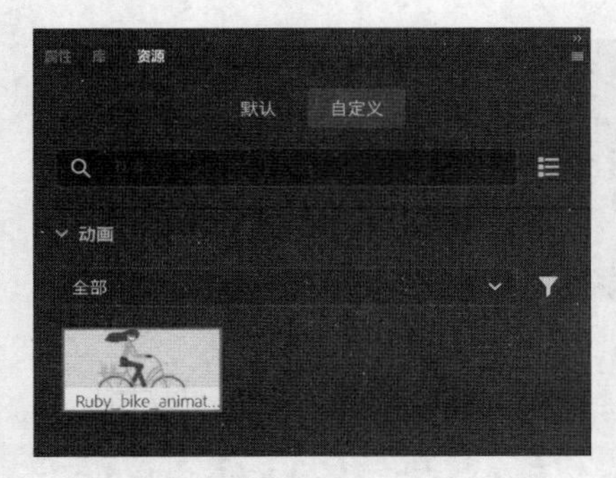

图 8-86

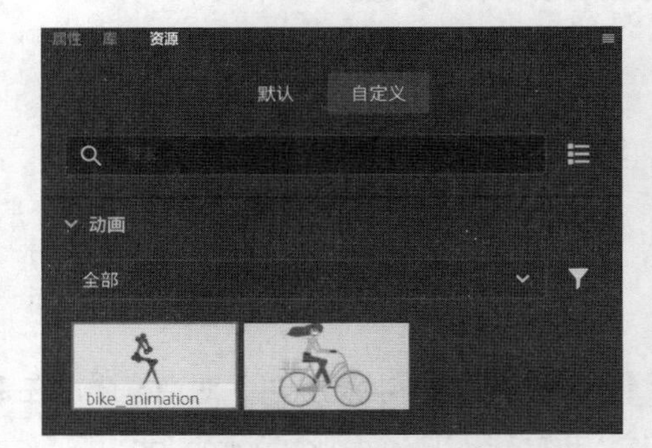

图 8-87

8.9.2 使用【装配映射】功能把骨架动画应用至新图形

接下来，学习如何使用【装配映射】功能把前面保存的骨架动画应用到新图形上。

❶ 进入 Lessons\08\08Start 文件夹中，打开其中的 08Start_rigmapping.fla 文件。

该示例文件中包含一个人物角色，该角色由几个影片剪辑元件实例组成。

❷ 选择舞台中的所有实例，如图 8-88 所示。

❸ 在【资源】面板中的【默认】选项卡下展开【动画】。

❹ 在筛选依据中，分别选择【字符】和【操纵】，然后选择 Character Walk_Side 资源，如图 8-89 所示。

图 8-88

图 8-89

❺ 拖动 Character Walk_Side 资源，将其放至选择的角色实例上。

此时，弹出【装配映射】面板，如图 8-90 所示。

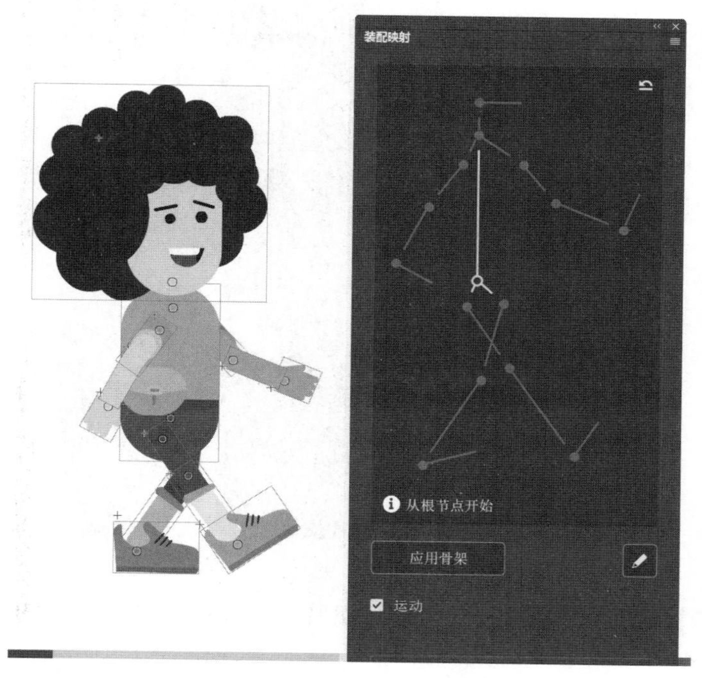

图 8-90

Animate 会尝试把骨架映射到影片剪辑元件实例上。若 Animate 无法自动完成映射，则需要我们手动指定各个影片剪辑元件实例和各个骨骼的对应关系。

❻ 选择根节点（即臀部），其在【装配映射】面板中会突出显示，如图 8-91 所示。

❼ 在舞台中，单击角色臀部所对应的影片剪辑元件实例，如图 8-92 所示。

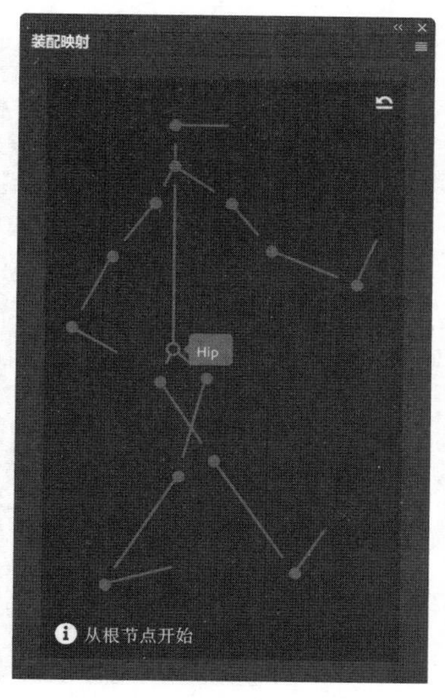

图 8-91

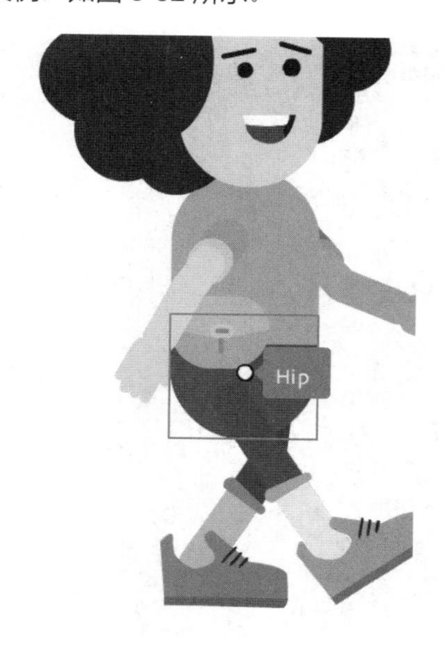

图 8-92

当影片剪辑元件实例与相应的骨架部分相匹配时，两者都以绿色显示，如图 8-93 所示。

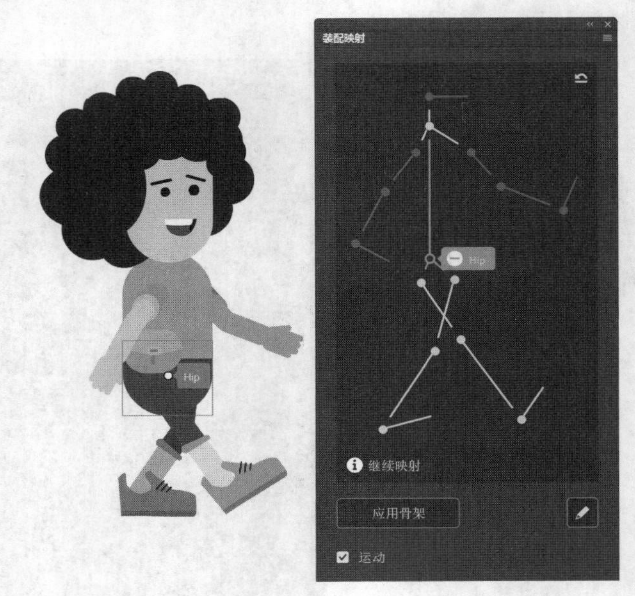

图 8-93

❽ 在【装配映射】面板中单击下一个骨骼，然后在舞台中单击对应的影片剪辑元件实例，如图 8-94 所示。

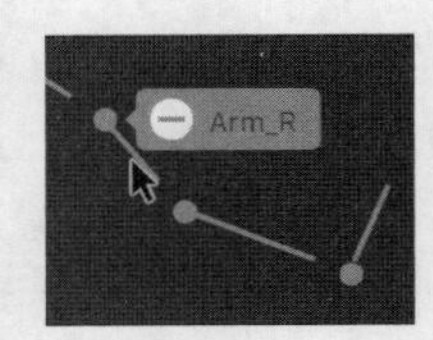

图 8-94

如果匹配错误，则单击骨骼上的减号，移除连接，然后再选正确的。

❾ 手动把其他骨骼与舞台中对应的实例匹配起来，直到整个装配映射过程完成。单击【应用骨架】按钮，如图 8-95 所示。

整个装配映射过程完成后，骨架就应用到了影片剪辑元件的实例上，装配映射图变成粉色，如图 8-96 所示。

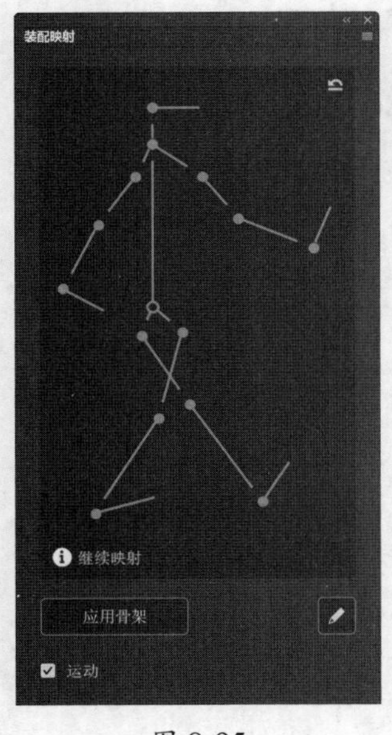

图 8-95

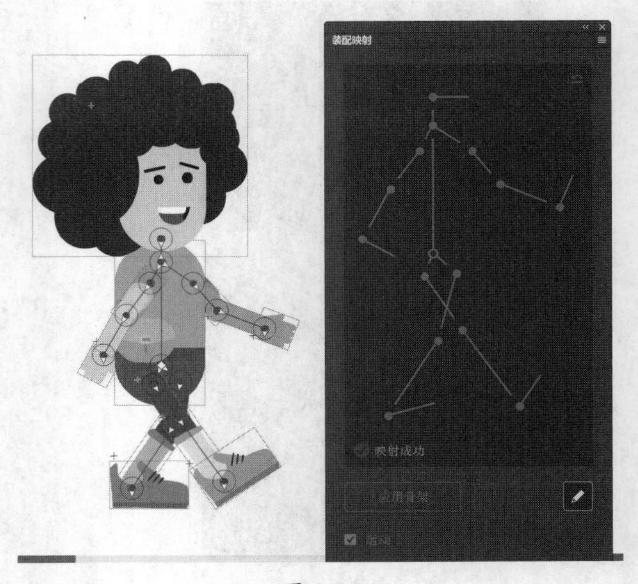

图 8-96

此时，骨架姿势出现在时间轴上，如图 8-97 所示。

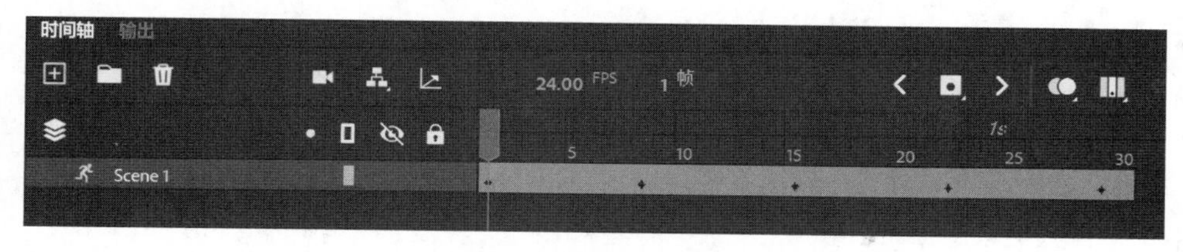

图 8-97

⑩ 测试影片。

人物角色按照骨骼动画不断行走，如图 8-98 所示。

图 8-98

8.10 复习题

❶【骨骼工具】有哪两种用法？

❷ 骨骼、关节、骨架有什么不同？

❸ 骨架的层级关系是怎么回事？

❹ 如何禁止关节旋转？

❺ 在【弹簧】功能中，强度与阻尼指什么？

❻ 如何把骨架保存到【资源】面板中？

8.11 复习题答案

❶ 在 Animate 中，使用【骨骼工具】可以把多个影片剪辑元件实例连接起来，形成一个完整的含关节的对象，然后通过摆放姿势（逆向运动学）来制作动画。此外，使用【骨骼工具】还能给形状创建骨架，然后通过调整骨架姿势（逆向运动学）为形状制作动画。

❷ 骨骼用于连接各个影片剪辑元件的实例，或者给形状搭建内部结构，以便使用逆向运动学给它们制作动画。关节是骨骼之间的连接部位，可旋转、平移（沿 x 轴、y 轴平移）。骨架由关节和骨骼组合而成，在时间轴上有自己特有的骨架图层，可在骨架图层中为动画添加特定动作。

❸ 骨架由骨骼组成，这些骨骼在层次结构中是有一定顺序的。把一个骨骼连接至另外一个骨骼，其中一个是父骨骼，另外一个是子骨骼。一个父骨骼可以有多个子骨骼，子骨骼之间是兄弟关系。

❹ 按住 Shift 键可暂时禁止骨架移动，隔离出单个骨骼做旋转操作。在【属性】面板中勾选【固定】，可禁止关节旋转；单击【关节：旋转】右侧开关，将其关闭，也可禁止关节旋转。

❺ 强度是指骨架中某个骨骼的弹力大小。通过【弹簧】功能添加弹力，可模拟弹性物体运动时不同部分的抖动方式，当物体停下来时，抖动仍会继续。阻尼是指弹簧强度的衰减速率。

❻ 把骨架转换成影片剪辑元件，然后在【库】面板中使用鼠标右键单击该影片剪辑元件，从弹出的快捷菜单中选择【另存为资源】。在【另存为】对话框中勾选【骨骼】，Animate 会把骨架保存到【资源】面板的【自定义】选项卡下。

第 9 课

制作交互式广告

课程概览

本课主要讲解以下内容。

- 创建按钮元件
- 复制元件
- 更换元件与位图
- 命名按钮元件的实例
- 使用 ActionScript 3.0 与 JavaScript 创建交互文档
- 在【动作】面板中使用向导快速添加 JavaScript 代码
- 创建与使用帧标签
- 创建动态按钮

学习本课大约需要 2 小时

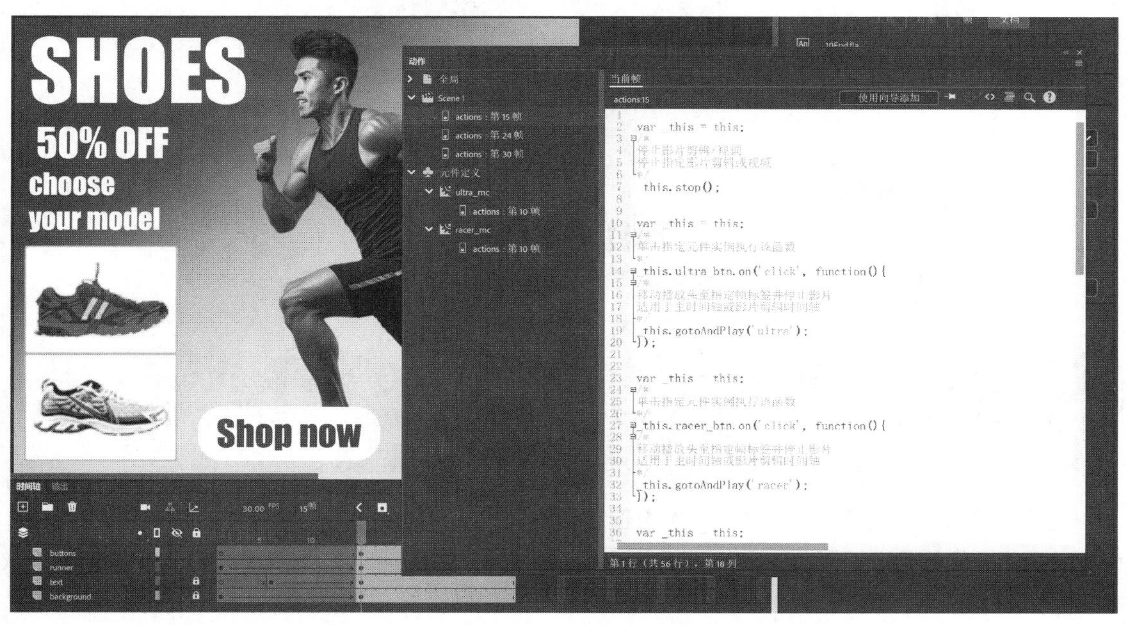

交互式广告能够激发观众探索的欲望，吸引他们积极参与活动。在 Animate 中，结合使用按钮元件和代码，可以轻松制作出吸引人的交互式广告。

9.1 课前准备

本课以制作一个交互式广告为例讲解如何在 Animate 中创建交互项目。图文广告是网站中一种很常见的广告，往往能给网站带来可观的收益。这类广告一般是动态的，而且很抓人眼球，能够有效地引导用户单击相关链接，转到广告主网站购买相关商品。接下来，一起学习如何在 Animate 中给动画添加交互功能，最终制作出一则吸引人的交互式广告。

❶ 进入 Lessons\09\09End 文件夹，双击 09End.fla 文件，将其打开。然后，从菜单栏中选择【控制】>【测试】。

稍等片刻，Animate 在默认浏览器中打开最终制作好的交互式广告，如图 9-1 所示。【输出】面板中会显示一些警告信息，不必理会。

图 9-1

> 💡 注意　当尝试在本地浏览器中打开 HTML 文件时，其中包含的按钮与图片可能会引发一些安全问题，导致浏览器中一片空白或者只显示一张静态图片。为了避免出现这些问题，请把所有文件上传到服务器中，然后在线测试。当然，也可以直接在 Animate 中进行测试。

运行项目后，在浏览器中会看到一个方形的动态图文广告，它是为一家虚构的跑鞋商店设计的。首先，组成广告的各个元素快速滑入画面中，单击某款鞋子的图片（本质是一个按钮），可查看该款鞋子的详细信息。单击 Shop now 按钮，可直接跳转至商家网站。这里是跳转到一个示例网站，仅作演示。

本课将使用 HTML5 Canvas 文档来制作这个交互式广告，并在其中添加交互式按钮，组织时间轴等。这个过程中，还会学习如何添加 JavaScript 代码来控制每个按钮的行为。

❷ 关闭 09End.fla 文件。

❸ 进入 Lessons\09\09Start 文件夹，双击 09Start.fla 文件，在 Animate 中打开初始项目文件，

如图 9-2 所示。该文件是一个 HTML5 Canvas 文档，可以在浏览器中运行。文件中已经做好了一部分动画，其中用到的资源已经放到了【库】面板中。

图 9-2

> 注意　在 Animate 中，为横幅广告新建文档很简单。打开【新建文档】对话框，【广告】类别下的【预设】中包含多种广告的标准尺寸（HTML5 Canvas 类型），如告示牌、摩天大楼、智能手机广告等。

> 提示　打开一个 FLA 文件时，如果计算机中未安装该 FLA 文件中使用的字体，Animate 会弹出警告信息。此时，可以指定替换字体，或者单击【使用默认】按钮，让 Animate 自行替换。

④ 在菜单栏中选择【文件】>【另保存】。在【另存为】对话框中，输入文件名 09_workingcopy.fla，将其保存在 09Start 文件夹中。

学习过程中，最好不要直接使用初始项目文件，而是使用它的副本，以避免意外情况。

9.2　关于互动媒体

互动媒体会根据用户行为呈现相应内容。例如，当用户单击其中一个按钮时，屏幕上会显示一个详情页面。有些交互方式很简单，例如单击一个按钮；有些交互方式则很复杂，例如从多个源（如移动鼠标、敲击键盘按键、倾斜移动设备等）接收输入信息。

9.3　ActionScript 与 JavaScript

在 Animate 中，可以使用 ActionScript 3.0 或 JavaScript 在项目中添加交互功能，具体取决于使用的文档类型。

在 ActionScript 3.0、AIR for Desktop、AIR for iOS 或 Android 文档中，可以使用 ActionScript 来实现交互功能。在 ActionScript 3.0 文档中使用 ActionScript 实现交互功能，项目发布后，所得到的是一个独立的放映文件，用户能够在自己的计算机中播放它。由 AIR for Desktop 文档生成的发布文件可以在支持 AIR 的计算机或其他平台上运行。而由 AIR for iOS 或 Android 文档生成的发布文件则只能在移动设备中运行。

ActionScript 提供了一系列命令，使得动画能够响应用户动作。这些命令包括播放声音、跳转到指定关键帧（其中包含新图形）或者做计算。

在 HTML5 Canvas 文档（本课制作交互式广告使用的就是这种文档）中，可以使用 JavaScript 代码使文档对用户的动作做出响应。WebGL glTF、VR 360 或 VR Panorama 文档中使用的也是 JavaScript 代码。

ActionScript 3.0 与 JavaScript 很相似（两者都基于 ECMA 编程语言标准），但是在某些语法与用法上略有不同。

本课将介绍如何在 HTML5 Canvas 文档中使用 JavaScript 代码制作交互式广告，也就是说，影片不需要从开头一直播放到末尾。我们将添加 JavaScript 代码来获取用户单击的按钮，然后让播放滑块跳至指定的帧。时间轴上不同帧中包含不同的内容。运行过程中，用户感觉不到播放滑块沿着时间轴跳来跳去，他们只知道单击不同的按钮会出现不同的内容。

不懂编程也没关系，Animate 在【动作】面板中提供了一个简单易用的向导（由菜单驱动），使得我们能够轻松、快速地在项目中添加 JavaScript 代码。

9.4 创建按钮

按钮是用户与动画（影片）进行交互最常用的控件。常见的交互方式是，用户使用鼠标单击动画中的某个按钮，或者在触摸设备上用手指轻点某个按钮。当然，除此之外，还有许多交互方式。例如，当用户把鼠标指针移动到某个按钮上时，会触发某个动作。

在 Animate 中，按钮是一种基本元件，它有 4 种状态（关键帧），这些特殊状态控制着按钮的显示方式。按钮形态也是多种多样的，除了网站中常见的灰色矩形，还可以是一张图片、一个图形或一些文本。

9.4.1 创建按钮元件

接下来创建一个长方形按钮，并在其中添加一张小图片，使其看起来就像是一张图片。按钮是一种特殊元件，同样存放在【库】面板中。

❶ 在所有图层之上新建一个图层，命名为 buttons，如图 9-3 所示。

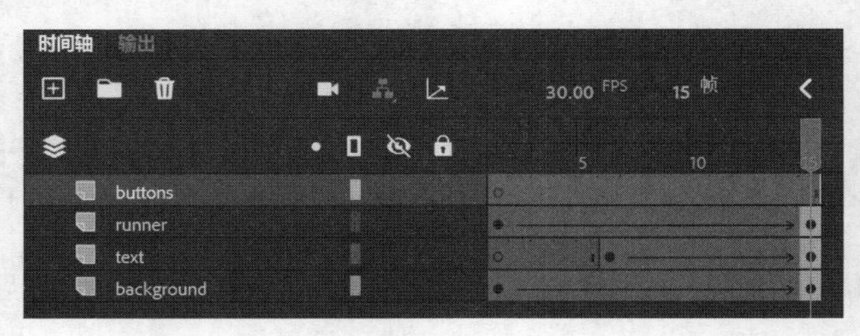

图 9-3

❷ 锁定除 buttons 图层外的其他所有图层，防止意外移动这些图层中的元素。

❸ 选择【矩形工具】，把【填充】设置为白色，把【笔触】设置为橙色。然后，在舞台中绘制一个尺寸为 90 像素（宽）×65 像素（高）的矩形，如图 9-4 所示。

❹ 从【库】面板把 vapormax ultra thumbnail 图片（鞋子图片）拖到刚刚绘制的矩形中心，如图 9-5 所示。

图 9-4

图 9-5

❺ 同时选中矩形（包括描边）和跑鞋图片，从菜单栏中选择【修改】>【转换为元件】。

❻ 在【转换为元件】对话框中，从【类型】下拉列表中选择【按钮】，输入名称 ultra，如图 9-6 所示，单击【确定】按钮。

此时，Animate 会基于所选图形创建一个按钮元件，并将其放入【库】面板中，如图 9-7 所示。

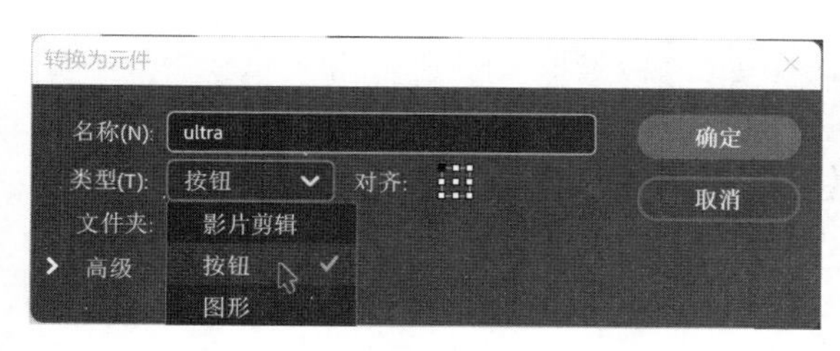

图 9-6

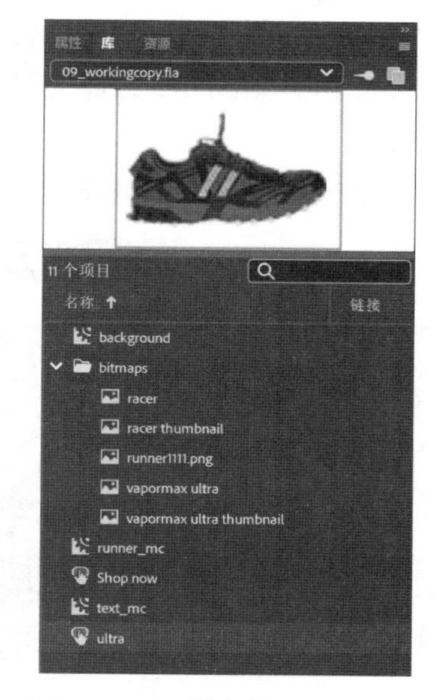

图 9-7

9.4.2 编辑按钮元件

按钮元件有 4 种状态，在按钮时间轴上，每种状态分别对应 1 帧。4 种状态的介绍如下。

- 弹起（Up）：当鼠标指针未碰到按钮时，按钮处于该状态。
- 指针经过（Over）：当把鼠标指针移动到按钮上时，按钮处于该状态。

- 按下（Down）：当把鼠标指针移动到按钮上，并按下鼠标按键或触控板时，按钮处于该状态。
- 点击（Hit）：指示按钮的可点击区域。

接下来，一起了解一下这些状态与按钮外观的关系。

❶ 在【库】面板中双击 ultra 按钮元件。

进入按钮元件编辑模式，其中有一个时间轴，包含【弹起】【指针经过】【按下】【点击】4 个帧，而且只有【弹起】帧中有一个关键帧，如图 9-8 所示。

图 9-8

❷ 在时间轴中选择【点击】帧，然后在菜单栏中选择【插入】>【时间轴】>【帧】，延长时间。

此时，矩形和鞋子图片同时出现在弹起、指针经过、按下、点击 4 个状态中，如图 9-9 所示。

❸ 在【指针经过】帧中插入一个关键帧，如图 9-10 所示。

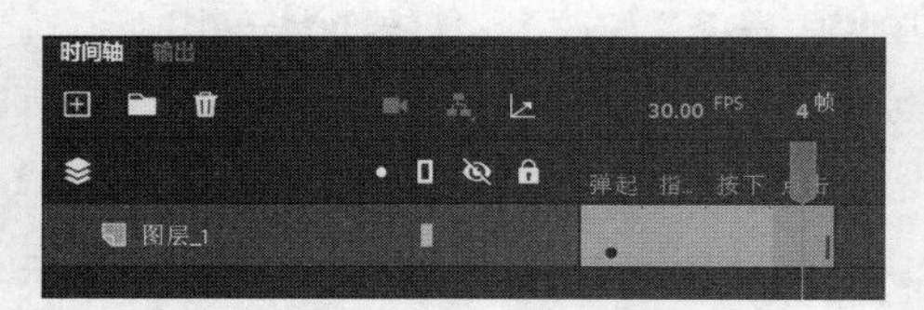

图 9-9

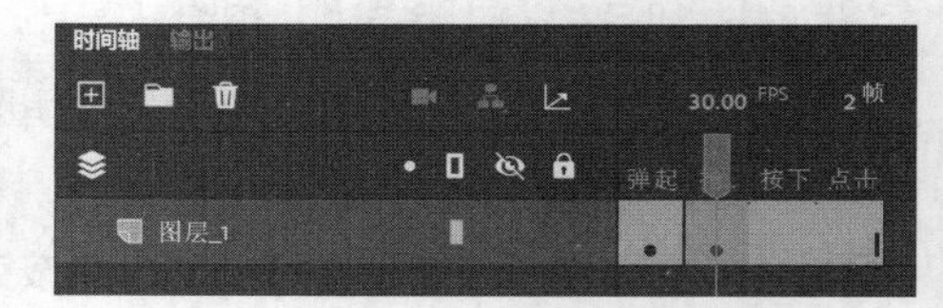

图 9-10

新关键帧表示：当鼠标指针经过按钮时，按钮图形会发生变化。

❹ 双击矩形边框，将其选中，然后把颜色从橙色改成红色。

❺ 单击矩形内部（不要单击跑鞋），选择填充，把颜色从白色改成黄色，如图 9-11 所示。

图 9-11

此时，【弹起】关键帧和【指针经过】关键帧中的内容就不一样了。正常情况下，按钮呈现为白色填充带橙色边框，当鼠标指针经过按钮时，Animate 就会播放【指针经过】关键帧，按钮呈现为黄色填充带红色边框。

❻ 在舞台上方的编辑栏中单击回退箭头，退出按钮元件编辑模式，返回主场景。这样，第 1 个按钮元件就制作好了，但是它目前还不能响应鼠标动作。测试一下影片，了解一下按钮在弹起、指针经过、按下、点击 4 种状态下的外观是如何变化的。

【点击】关键帧和不可见按钮

按钮元件的【点击】关键帧指示的是一个热点区域，即用户可点击区域。通常，【点击】关键帧中的形状与【弹起】关键帧中的形状在尺寸与位置上是相同的。大多数情况下，我们希望用户看到的图形就在可点击区域中。但是，在某些高级应用程序中，可能希望【点击】关键帧和【弹起】关键帧不一样。如果【弹起】关键帧是空的，按钮就变得隐形，成为一个不可见按钮。

不可见按钮是隐藏的，但由于其【点击】关键帧中指定了一个可点击区域，所以不可见按钮仍然起作用。我们可以在舞台任意位置放置不可见按钮，然后使用代码控制其对用户动作做出响应。

不可见按钮可用来创建普通热点。例如，在不同图片上方放置不可见按钮，使每张图片都能响应用户的单击（或点击）动作，并不需要把每张图片做成不同的按钮元件。

9.4.3 复制按钮

前面已经创建好了第 1 个按钮。接下来，只需要复制第 1 个按钮，就可以轻松创建出第 2 个按钮。

❶ 在【库】面板中，使用鼠标右键单击按钮元件（ultra），从弹出的快捷菜单中选择【直接复制】，如图 9-12 所示。当然，还可以从【库】面板菜单中选择【直接复制】。

❷ 在【直接复制元件】对话框中，从【类型】下拉列表中选择【按钮】，输入名称 racer，然后单击【确定】按钮，如图 9-13 所示。

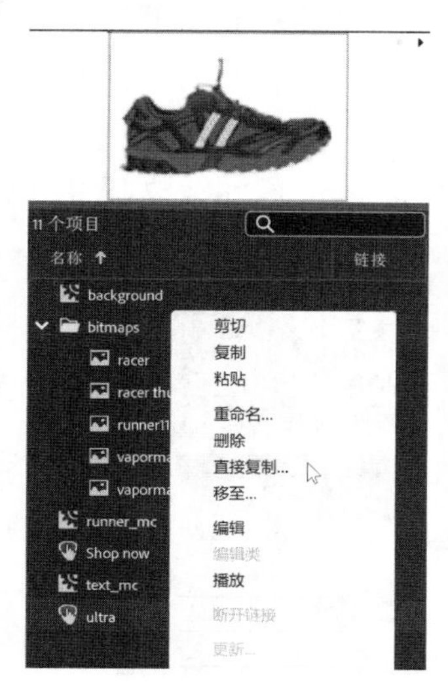

图 9-12

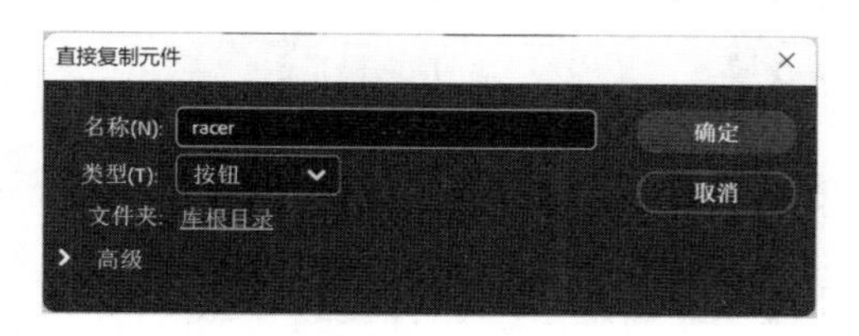

图 9-13

9.4.4 替换图片

在Animate中，替换舞台中的图片和元件是很容易的，而且替换操作能够大大提高按钮的制作效率。

❶ 在【库】面板中双击复制得到的按钮（racer），进入按钮元件编辑模式。

❷ 在舞台中选择鞋子图片。

❸ 在【属性】面板中单击【交换】图标，如图 9-14 所示。

❹ 在【交换位图】对话框中，选择另一张鞋子图片（racer thumbnail），如图 9-15 所示，单击【确定】按钮。

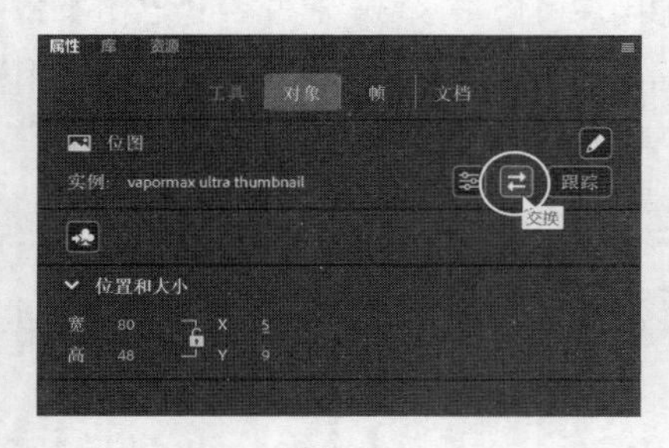

图 9-14

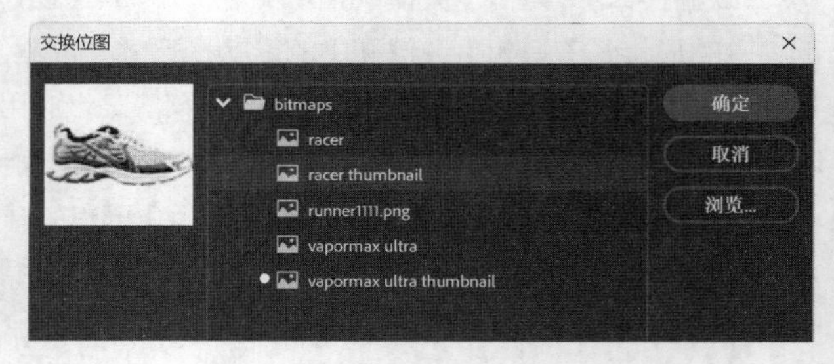

图 9-15

此时，Animate 会用刚选择的图片替换掉按钮元件中的原有图片（在【交换位图】对话框中，图片名称左侧有实心圆点）。两张图片的尺寸相同，所以替换是无缝的。若当前新图片不在按钮中心，请将其移动至按钮中心。

❺ 选择【指针经过】关键帧，用 racer thumbnail 图片替换掉原来的鞋子图片（vapormax ultra thumbnail）。

❻ 在【库】面板中，新建一个名为 buttons 的文件夹，然后把两个按钮元件放入其中，如图 9-16 所示。

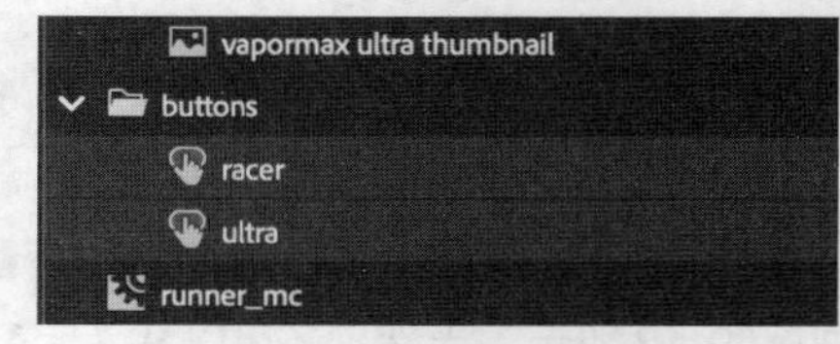

图 9-16

9.4.5 放置按钮元件的实例

接下来，把按钮元件的实例放入舞台中，然后在【属性】面板中给它们指定名称，以便在代码中引用。

❶ 选择 buttons 图层，从【库】面板把 racer 按钮拖到舞台上，将其放在 ultra 按钮元件的实例之下，如图 9-17 所示。

❷ 同时选中两个按钮，把它们移动到文本之下，位置坐标大约是 x=7、y=140，如图 9-18 所示。

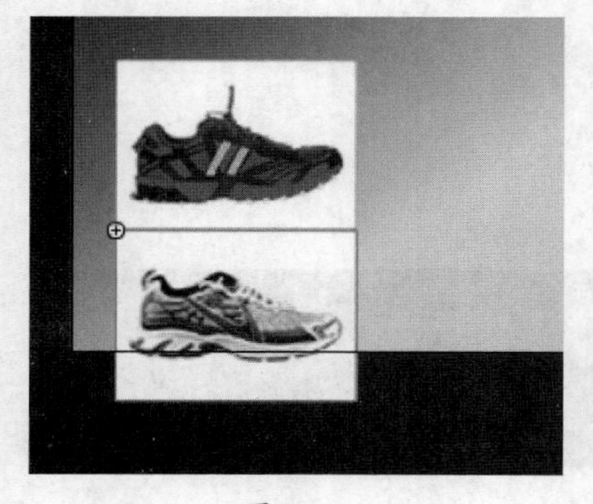

图 9-17

图 9-18

❸ 选择 buttons 图层的第 1 帧（关键帧），将其拖动至最后一帧（第 15 帧），如图 9-19 所示。这样，当动画播放完之后，按钮才会显现出来。

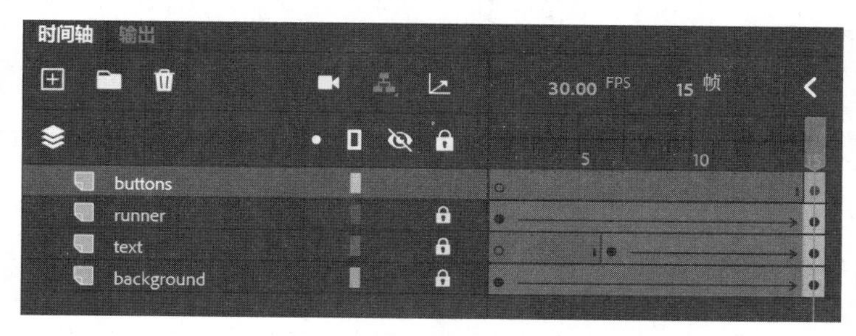

图 9-19

❹ 做一下测试，了解一下按钮的行为。从菜单栏中选择【文件】>【发布设置】，打开【发布设置】对话框。

❺ 在【JavaScript/HTML】的【基本】选项卡中，取消勾选【循环时间轴】，如图 9-20 所示，单击【确定】按钮。

图 9-20

> 注意　此外，还可以使用 JavaScript 代码让动画停下来，相关内容稍后讲解。

通常情况下，Animate 项目会循环播放，但这里，我们希望动画播放一次就停下来。

❻ 从菜单栏中选择【控制】>【测试】。

【输出】面板中可能会显示警告信息，不必理会。

在打开的浏览器中，动画只播放一次，两个按钮最后才出现。使用鼠标与两个按钮进行交互，观察它们的外观如何变化，如图 9-21 所示。

图 9-21

💡 提示 测试影片时，若浏览器中一片空白，请检查计算机是否能够正常连接网络。若不能，请打开【发布设置】对话框（从菜单栏中选择【文件】>【发布设置】），单击【HTML/JS】选项卡，取消勾选【托管的库】。托管库可链接外部 JavaScript 代码，发布的文件无须包含 JavaScript 代码，但是必须连接到网络，这样才能保证项目正常运行。

但是，到这里，我们还没有给按钮指令，告知它做什么。要实现这个功能，需要先给按钮元件的实例命名，然后还要学习一点代码知识。

9.4.6 给按钮元件的实例命名

接下来，给每个按钮元件的实例命名，以便在代码中引用它们。这一步非常关键，但初学者往往会漏掉。

❶ 在舞台中单击空白区域，取消选择所有按钮，然后选择第 1 个按钮。

❷ 在【属性】面板的【实例名称】（位于【对象】选项卡下）中输入 ultra_btn，如图 9-22 所示。

图 9-22

❸ 使用同样的方法把另外一个按钮命名为 racer_btn。

在代码中引用实例名称时，Animate 要求很严格，只要有一个字母拼错，整个项目就无法正常运行。有关实例命名的内容，请阅读“命名规则”。

命名规则

在 Animate 中制作交互项目时，为实例命名是一个很关键的步骤。初学者们常犯的错误不是没有为实例命名，而是命名不规范，甚至命名错误。

实例名称非常重要，ActionScript 和 JavaScript 会使用实例名称引用实例对象。实例名称不同于【库】面板中的元件名称，元件名称只是用来方便组织和管理元件。

关于实例命名，有如下一些简单规则和实践经验。

- 不要在名称中使用空格或特殊标点符号，但下划线可以用。
- 名称不要以数字开头。
- 注意大小写，ActionScript 和 JavaScript 区分大小写。
- 为按钮命名时，建议以 _btn 结尾。尽管不必非得这么做，但这样做有助于识别按钮对象。
- 不要使用 ActionScript 和 JavaScript 中的保留关键字。

9.5 添加帧

为了添加更多内容，需要在时间轴中多添加一些帧。

❶ 选择所有图层的第 30 帧，如图 9-23 所示。

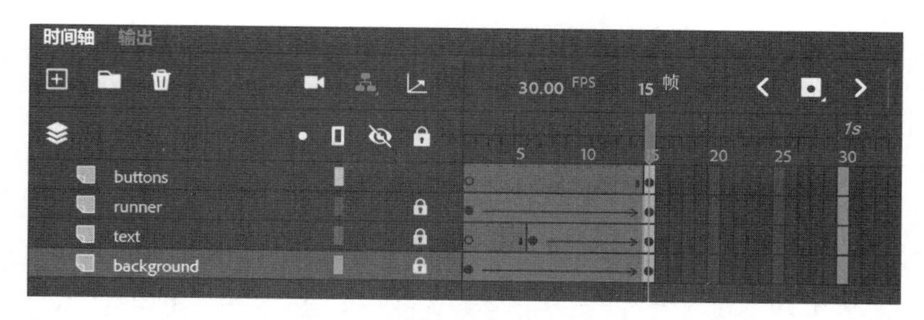

图 9-23

❷ 从菜单栏中选择【插入】>【时间轴】>【帧】（或按 F5 键）。当然，还可以使用鼠标右键单击所选帧，然后从弹出的快捷菜单中选择【插入帧】。

此时，Animate 会向所选图层添加帧直至所选位置（第 30 帧），如图 9-24 所示。

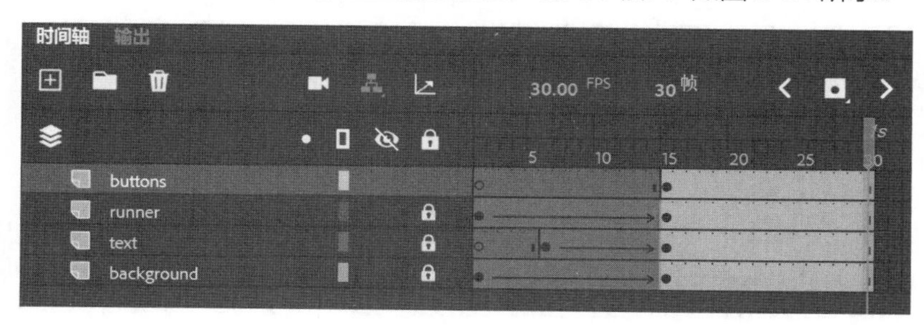

图 9-24

9.6 创建目标关键帧

当用户单击其中任意一个按钮时，Animate 会执行相应代码把播放滑块移动到一个新位置。添加代码前，需要先在时间轴上创建好目标关键帧，供用户在与按钮交互时做选择。

9.6.1 插入包含不同内容的关键帧

接下来，在一个新图层中创建 4 个关键帧，然后把每种跑鞋的信息放入新关键帧中。

❶ 在所有图层之上新建一个图层，命名为 content，如图 9-25 所示。

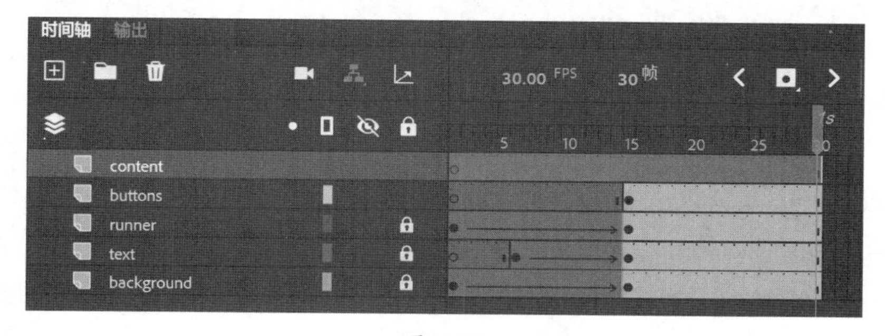

图 9-25

❷ 选择 content 图层的第 20 帧。

❸ 在第 20 帧处插入一个关键帧（在菜单栏中选择【插入】>【时间轴】>【关键帧】，或者按 F6

键，或者单击【时间轴】面板上方的【插入关键帧】图标），如图 9-26 所示。

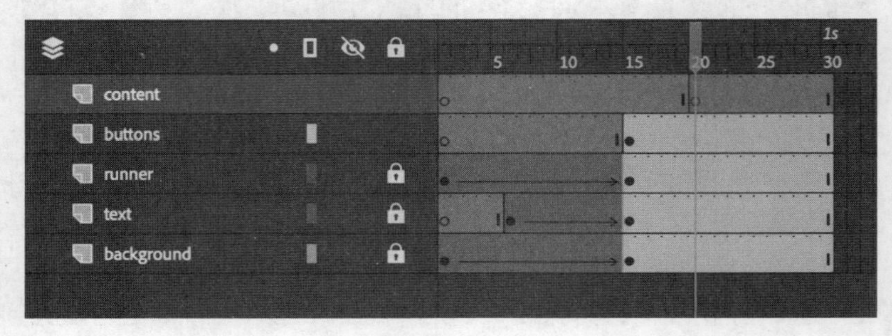

图 9-26

❹ 在第 25 帧处，按 F6 键插入一个关键帧，如图 9-27 所示。

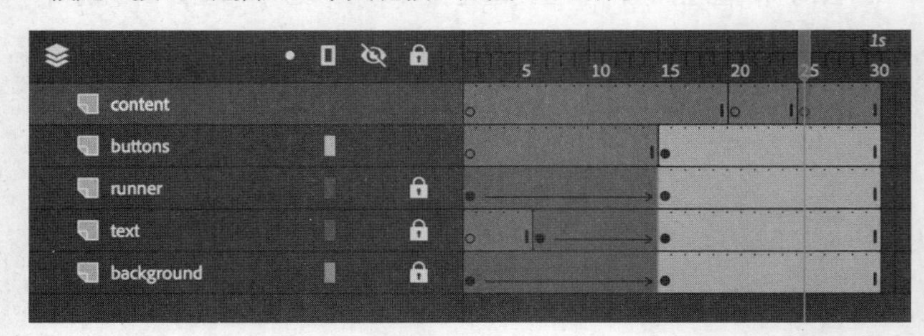

图 9-27

此时，content 图层上有两个空白关键帧。

❺ 解锁 runner 图层，选择第 20 帧。

❻ 从菜单栏中选择【修改】>【时间轴】>【转换为空白关键帧】（或按 F7 键）。

此时，runner 图层的第 20 帧处出现一个空白关键帧，如图 9-28 所示，舞台中留出的空间用来显示所选鞋子的更多信息。

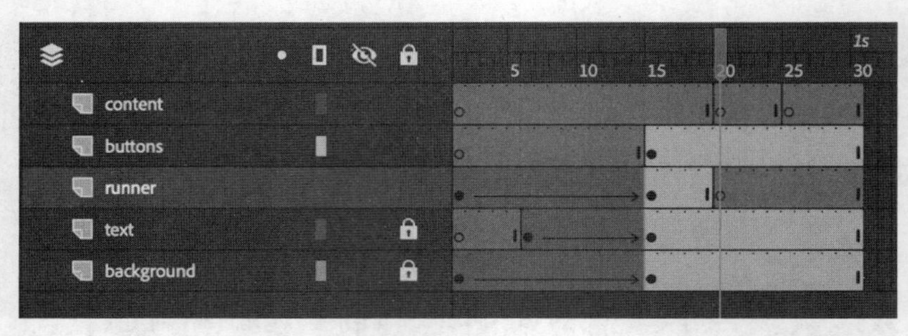

图 9-28

❼ 选择 content 图层第 20 帧处的空白关键帧。

❽ 从【库】面板把 vapormax ultra 图片拖到舞台上。

❾ 把 vapormax ultra 图片放在跑步者原来所在的位置，然后旋转它，使其更具动感。在【变形】面板中，把旋转角度设置为大约 -24°；在【属性】面板的【位置和大小】区域中，把【X】设置为 65，把【Y】设置为 -52，如图 9-29 所示。

❿ 选择【文本工具】，在鞋子图片旁边添加说明信息。这里，添加文本 Vapormax Ultra，字体和字号根据需要决定，如图 9-30 所示。

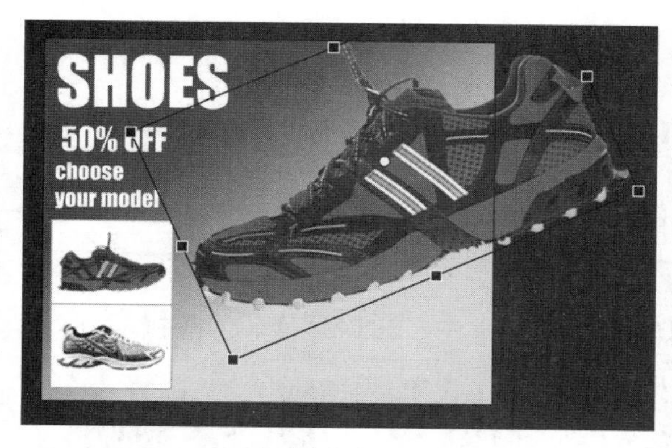

图 9-29

图 9-30

⑪ 选择 content 图层第 25 帧处的空白关键帧，如图 9-31 所示。

图 9-31

⑫ 把 racer 图片从【库】面板拖到舞台上。

⑬ 参考上一张鞋子图片的设置方法，调整 racer 图片的位置和旋转角度，如图 9-32 所示。

⑭ 在鞋子图片旁边添加文本 Racer，如图 9-33 所示。

图 9-32

图 9-33

此时，content 图层含有 3 个关键帧：第 1 个关键帧（第 1 帧）是空白的，第 2 个关键帧（第 20 帧）中含有 vapormax ultra 图片，第 3 个关键帧（第 25 帧）中含有 racer 图片。

9.6.2 使用帧标签

帧标签是给关键帧指定的名称。引用关键帧时，除了用帧编号，还可以使用帧标签，而且使用帧标签可以让代码更容易阅读、编写和修改。

❶ 选择 content 图层的第 20 帧。

❷ 在【属性】面板的【标签】区域（位于【帧】选项卡下）中，在【名称】输入框中输入 ultra，如图 9-34 所示。

此时，第 20 帧处出现一个标签，如图 9-35 所示。

❸ 选择 content 图层的第 25 帧。

❹ 在【属性】面板的【标签】区域（位于【帧】选项卡下）中，在【名称】输入框中输入 racer。此时，第 25 帧处出现一个标签，如图 9-36 所示。

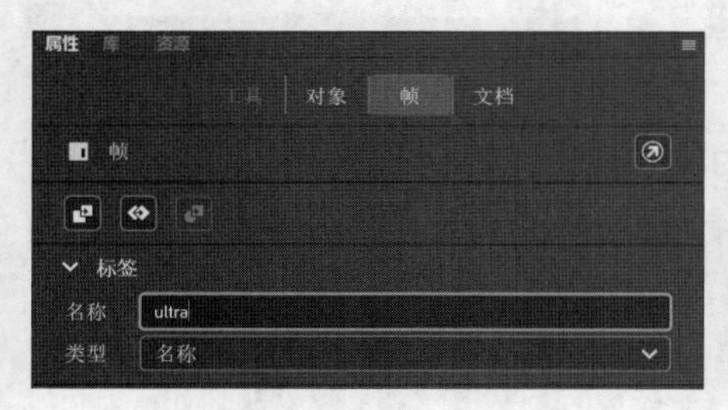

图 9-34

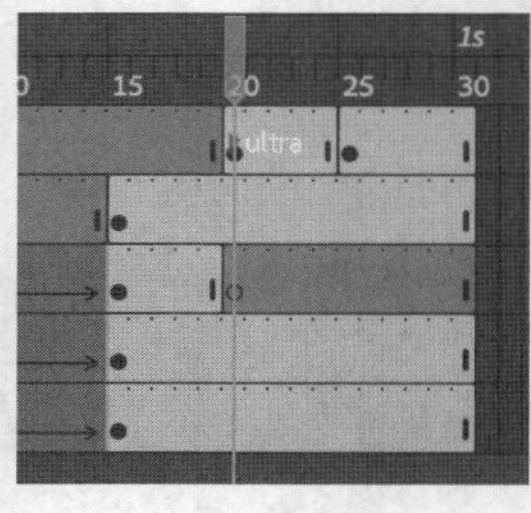

图 9-35

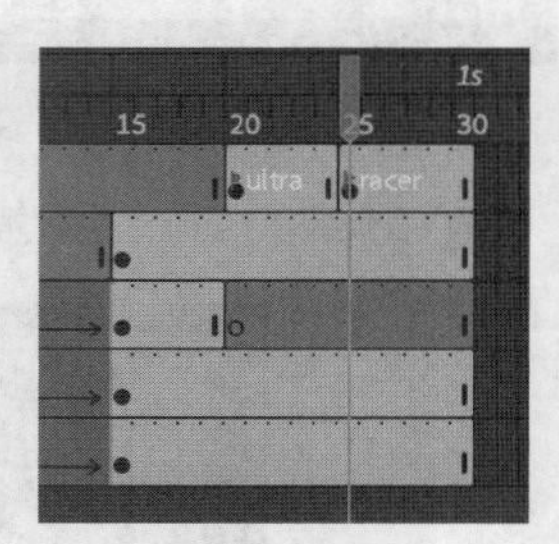

图 9-36

9.7 使用【动作】面板

【动作】面板是输入代码的地方，支持 JavaScript（HTML5 Canvas 文档）和 ActionScript（ActionScript 3.0 文档）两种语言。从菜单栏中选择【窗口】>【动作】，或者在时间轴上选择一个关键帧，单击【属性】面板右上方的【动作】按钮，如图 9-37 所示，可打开【动作】面板。

图 9-37

此外，还可以使用鼠标右键单击关键帧，然后从弹出的快捷菜单中选择【动作】，打开【动作】面板。

【动作】面板为输入代码提供了一个非常友好的环境，而且还提供了不同选项来帮助我们编写、修改、浏览代码，如图 9-38 所示。

【动作】面板大致分为左右两部分。右侧部分是脚本窗口，用来编写代码。在脚本窗口中可以自由地输入 ActionScript 或 JavaScript 代码，就像使用文本编辑器一样。左侧部分是脚本导航器，显示代码的位置。Animate 把代码放在时间轴的关键帧中，当有大量代码散布在不同的关键帧和时间轴上时，使用脚本导航器查找代码会非常方便。

【动作】面板底部显示着文本插入点当前位置的行号与列号（或者行中字符）。

【动作】面板的右上方有查找、替换、插入代码的按钮，还有一个【使用向导添加】按钮。

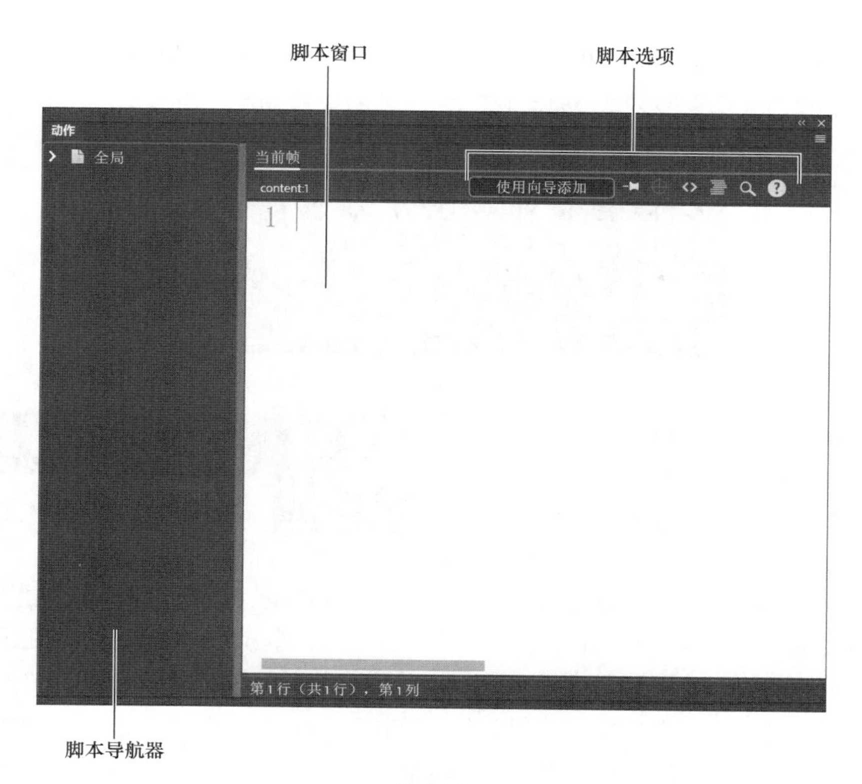

图 9-38

9.8 使用向导添加 JavaScript 交互代码

当前时间轴上有多个关键帧，单击【播放】按钮，Animate 会从第 1 帧一直播放到第 30 帧，依次显示与鞋子相关的所有内容。但这并不是我们想要的，我们希望动画播放到第 15 帧就停下来，然后等待用户单击某张鞋子图片。

9.8.1 暂停播放

在 Animate 中，使用 stop( ) 命令可暂停播放影片。stop( ) 命令会让播放滑块停住，从而达到暂停播放影片的目的。

❶ 在所有图层之上添加一个新图层，命名为 actions，如图 9-39 所示。

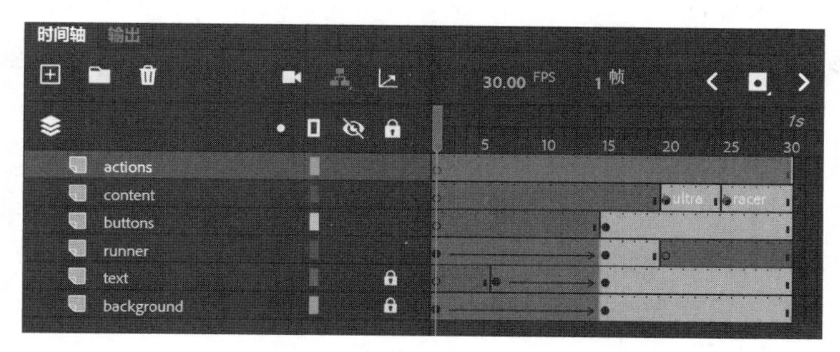

图 9-39

通常，Animate 会把 JavaScript 和 ActionScript 代码放在时间轴的关键帧中。

❷ 在 actions 图层的第 15 帧处添加一个关键帧，如图 9-40 所示。

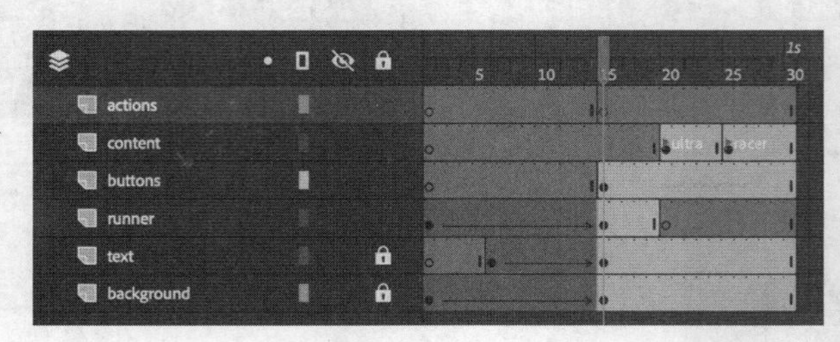

图 9-40

❸ 选择第 15 帧，打开【动作】面板（从菜单栏中选择【窗口】>【动作】）。

❹ 单击【使用向导添加】按钮，如图 9-41 所示。

图 9-41

此时，Animate 会在【动作】面板中打开向导，指引用户一步步地完成代码的编写。使用向导生成的代码显示在脚本窗口中。使用向导可向 HTML5 Canvas、WebGL glTF、VR Panorama、VR 360 文档中添加 JavaScript 代码。若要插入 ActionScript 代码，请使用另外一个面板——【代码片段】。

❺ 在【第 1 步】中，从列表中选择一项操作，或者希望 Animate 执行的操作。在【选择一项操作】下，向下拖动滚动条，找到【Stop】并选择它，如图 9-42 所示。

此时，右侧会出现【要应用操作的对象】列表。

❻ 在列表中选择【This timeline】，如图 9-43 所示。

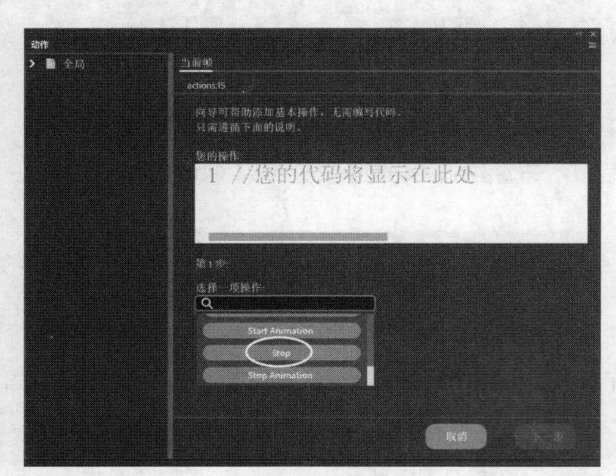

图 9-42

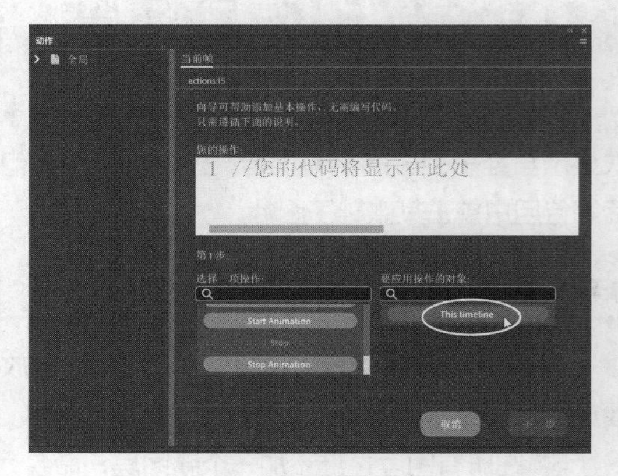

图 9-43

此时，脚本窗口中会出现代码，如图 9-44 所示，Animate 会把 stop( ) 命令应用到当前时间轴上。

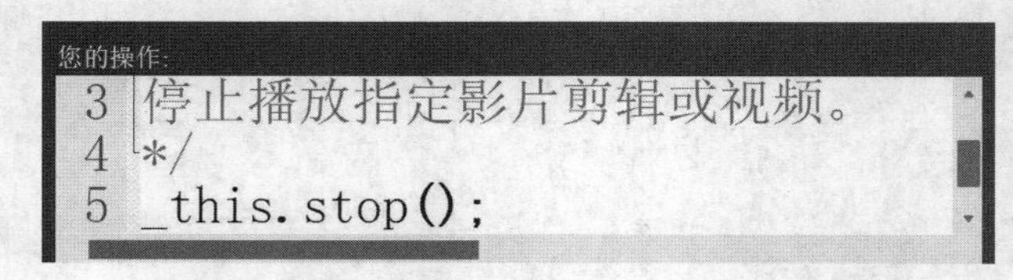

图 9-44

❼ 单击【下一步】按钮。

向导中显示出【第 2 步】。

❽ 在【第 2 步】中，为所选操作选择一个触发事件。这里选择【With this frame】，如图 9-45 所示。

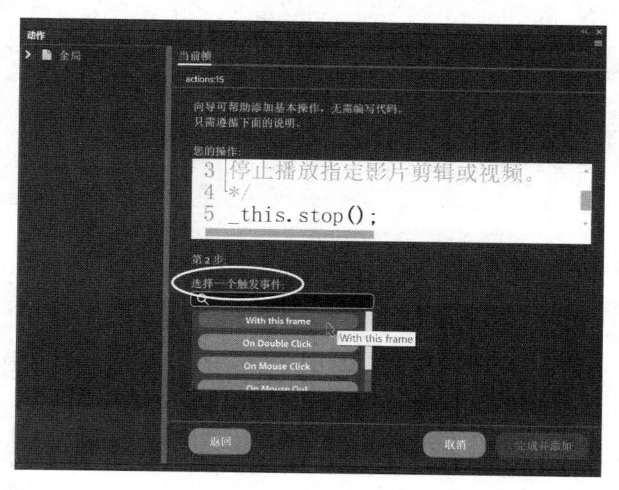

图 9-45

此时，脚本窗口中又多了一行引用当前时间轴的代码。

我们希望时间轴一开始就执行 stop( ) 命令，这样当播放滑块遇到当前帧时就会触发相应动作。

❾ 单击【完成并添加】按钮。

【动作】面板的脚本窗口中显示出完整的代码，如图 9-46 所示。

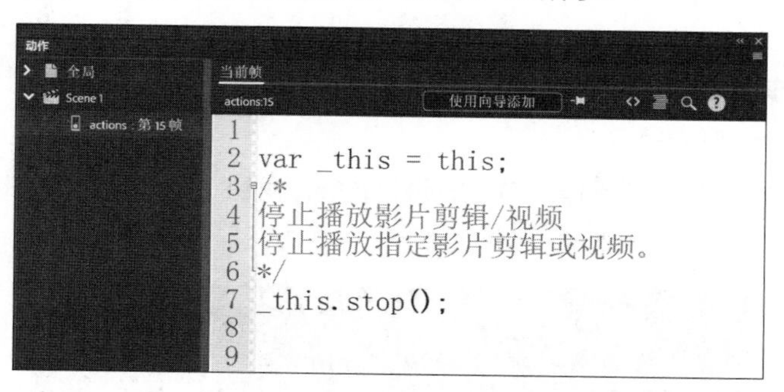

图 9-46

代码如下。

```
var _this = this;
_this.stop( );
```

第 1 句代码用来创建一个变量（又叫引用）_this，它用来引用当前时间轴。

第 2 句代码用来向当前时间轴应用 stop( ) 操作。每句代码最后都有一个分号，用来表示一句代码的结束。

/* 与 */ 之间的灰色文字叫作多行注释，用来描述代码的功能。为代码添加良好的注释是非常重要的，良好的代码注释有助于阅读者快速理解代码，从而省去很多麻烦。作为一个合格的编程者，一定要养成添加代码注释的好习惯。

在时间轴中，actions 图层的第 15 帧上出现了一个小写字母 a，表示其中包含代码，如图 9-47 所示。

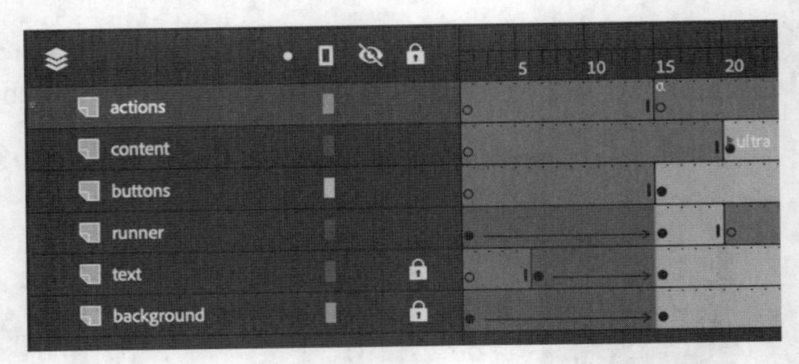

图 9-47

9.8.2 添加按钮点击动作

前面添加的代码让播放滑块在第 15 帧处停下来。接下来为按钮点击添加一个动作。在向导中，按钮点击是一个触发器，但是在 JavaScript 和 ActionScript 中，它是一个事件。

当影片中发生事件时，Animate 能检测到，并且能够做出相应的响应。例如，单击鼠标、移动鼠标、按下按键都是事件。移动设备中的轻触屏幕、捏合、滑动等手势也是事件。有些事件需要由用户触发，有些事件则不需要，例如成功载入一段数据或一个音频。

❶ 选择 actions 图层的第 15 帧。

❷ 按 F9 键，打开【动作】面板。

❸ 在脚本窗口中，把光标放到最后一个空白行中。脚本窗口中已经添加好了一些代码，接下来继续添加。

❹ 单击【使用向导添加】按钮。

在【动作】面板中打开向导。

❺ 在【第 1 步】中选择一项操作。向下拖动滑动条，找到【Go to frame label and Stop】并选择它，如图 9-48 所示。

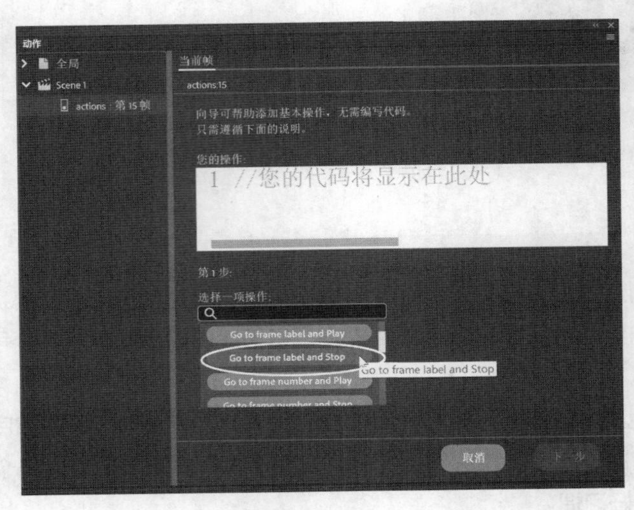

图 9-48

此时，右侧出现【要应用操作的对象】列表。

❻ 在列表中选择【This timeline】，如图 9-49 所示。

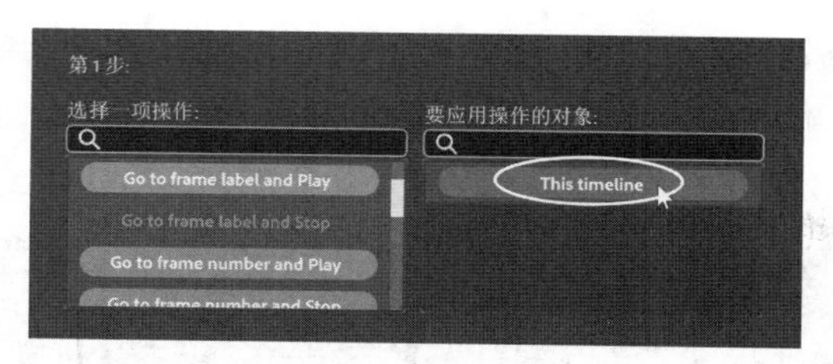

图 9-49

此时，脚本窗口中新出现一句代码，应用操作的对象是当前时间轴，如图 9-50 所示。

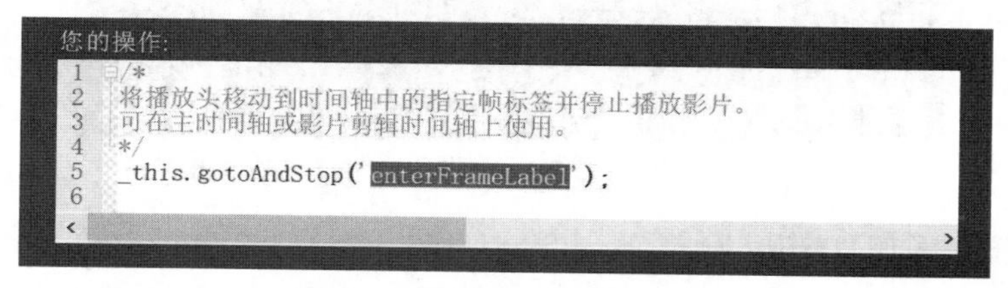

图 9-50

❼ 在新添加的代码中，把单引号内的内容（enterFrameLabel）更改成希望播放滑块跳转到的那个帧的帧标签名称（ultra），如图 9-51 所示。

图 9-51

此时，帧标签名称是绿色的，并且位于一对单引号内。

❽ 单击【下一步】按钮。

向导中显示出【第 2 步】。

❾ 在【第 2 步】中，为所选操作选择一个触发事件。这里选择【On Mouse Click】，如图 9-52 所示。此时，右侧出现【选择一个要触发事件的对象】列表。

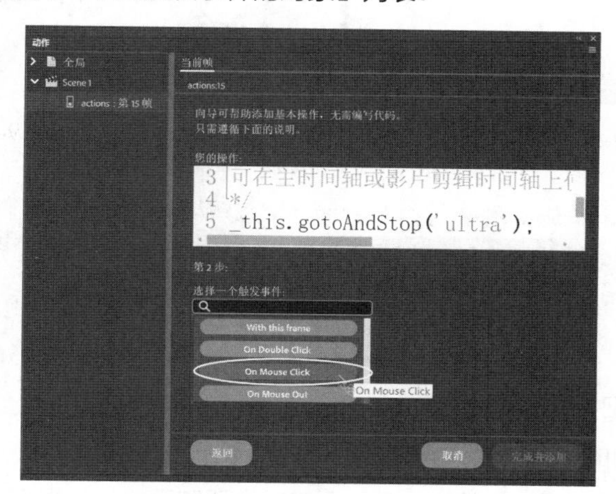

图 9-52

当在按钮上按下鼠标按键然后松开时，就会触发【On Mouse Click】事件。

⑩ 向导要求选择一个触发该事件的对象。在【选择一个要触发事件的对象】列表中选择【ultra_btn】，如图 9-53 所示。这个按钮对应第 1 张鞋子图片，其信息显示在 ultra 关键帧中。

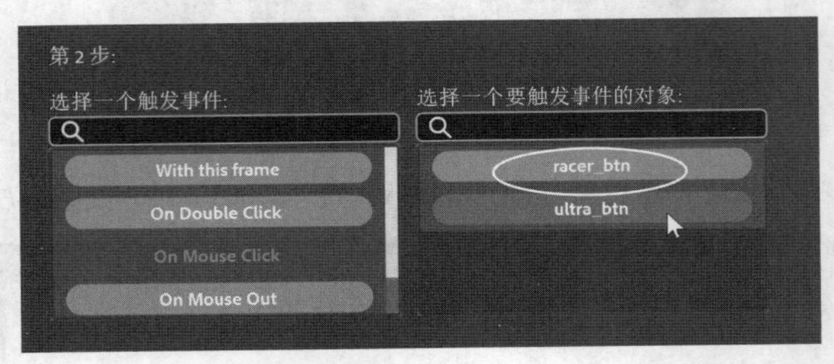

图 9-53

⑪ 单击【完成并添加】按钮。

【动作】面板的脚本窗口中显示出完整的代码，如图 9-54 所示。该代码由一个触发器（click）和一个函数组成，当触发器触发时，就会执行函数中的代码，函数代码包裹在一对花括号中。这个函数里面只有一行代码，用于移动播放滑块，但其实函数中可以包含很多行代码。

⑫ 从菜单栏中选择【控制】>【测试】。

此时，Animate 打开浏览器，并在其中显示项目。单击第 1 个按钮，如图 9-55 所示，Animate 检测到按钮上发生的单击事件，把播放滑块移动到 ultra 关键帧处，显示 Vapormax Ultra 鞋子的详细信息。

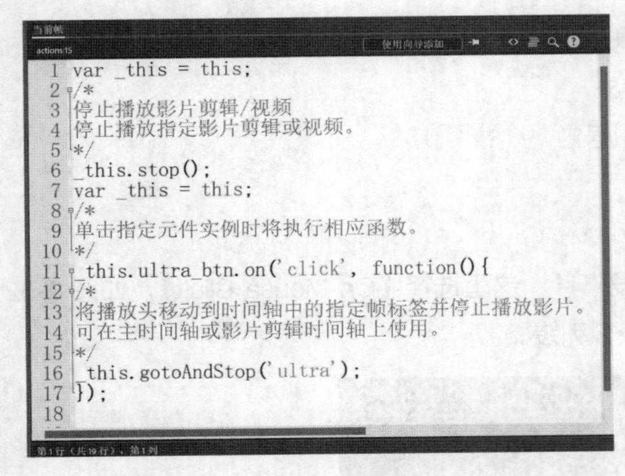

图 9-54

图 9-55

> **提示** 如果你具备一定的编程基础，那么在为另一个按钮编写代码时，可以直接在脚本窗口中复制第一个按钮的代码，然后根据实际情况修改按钮名称和帧标签名称。这比使用向导快多了，而且还有助于你了解和学习 JavaScript 代码的结构。当掌握了 JavaScript 代码结构之后，就可以试着自己编写代码了。

⑬ 关闭浏览器，返回 Animate。

⑭ 选择 actions 图层的第 15 帧，再次打开【动作】面板。

⑮ 使用相同的方法选择另一个按钮，为其添加触发器和要执行的操作。单击另一个按钮，触发

gotoAndStop( ) 操作，Animate 把播放滑块移动到 racer 关键帧处。

提示 使用帧编号而非帧标签时，请注意 Animate 使用的 JavaScript 库是从 0 开始计算帧数的，因此时间轴上第 1 帧的编号是 0 而不是 1。另一方面，用于 WebGL glTF 和 VR 文档的 ActionScript 和 JavaScript 库是从 1 开始计算帧数的。基于这个原因，建议大家尽量使用帧标签，而不要使用帧编号。

检查错误

编写代码时，即使你经验丰富，也时常需要对代码进行调试。即使小心翼翼，你的代码也可能会出现一些问题。使用向导添加代码时，向导本身就能帮助我们减少一些拼写错误和常见错误。手动输入代码时，遵循下面的建议有助于减少或查找代码中的错误。

- 在 ActionScript 3.0 文档中，Animate 会自动在【编译器错误】面板（从菜单栏中选择【窗口】>【编译器错误】）中显示代码错误，并给出错误描述及其发生的位置。只要代码中存在编译器错误，哪怕很微小，代码都将无法正常运行。
- 充分利用代码中的颜色提示功能。Animate 会用不同的颜色显示关键字、变量、注释等。不需要知道为什么，只需要明白不同颜色有助于我们快速定位代码中出现问题的位置就够了。
- 在【动作】面板右上方单击【设置代码格式】按钮，Animate 会自动调整代码格式，使代码更易读。从菜单栏中选择【Animate】>【首选参数】>【编辑首选参数】>【代码编辑器】（macOS），或者选择【编辑】>【首选参数】>【编辑首选参数】>【代码编辑器】（Windows），可以设置代码格式。

9.9 添加 Shop now 按钮

网络广告最重要的功能是把对产品感兴趣的用户引导至广告主的网站。为此，需要在广告画面中添加一个按钮——Shop now。

用户单击 Shop now 按钮后，会在一个新浏览器窗口中打开目标网站。

9.9.1 在舞台中添加按钮实例

【库】面板中已经准备好了一个 Shop now 按钮元件。接下来，把它添加到舞台中，并添加相应代码。

❶ 若当前 buttons 图层处于锁定状态，请先解锁，然后选择第 15 帧。

❷ 从【库】面板把 Shop now 按钮元件拖到舞台上，然后将其移动到人物下方，并居中靠近舞台底部，如图 9-56 所示。

❸ 在【属性】面板中，把【X】设置为 114，把【Y】设置为 238。

❹ 在【属性】面板中，把实例名称（位于【对象】选项卡下）设置为 shopnow_btn，如图 9-57 所示。

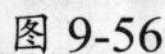

图 9-56

图 9-57

9.9.2 为 Shop now 按钮添加代码

单击 Shop now 按钮将触发 Go To Web Page（跳到指定网页）动作。

❶ 选择 actions 图层的第 15 帧。

❷ 按 F9 键，打开【动作】面板。

❸ 在脚本窗口中，把光标放到所有代码之后的空白行中。接下来，在原有代码的基础上添加新代码。

❹ 单击【使用向导添加】按钮。

在【动作】面板中打开向导。

❺ 进入【第 1 步】，从【选择一项操作】列表中选择【Go To Web Page】，如图 9-58 所示。

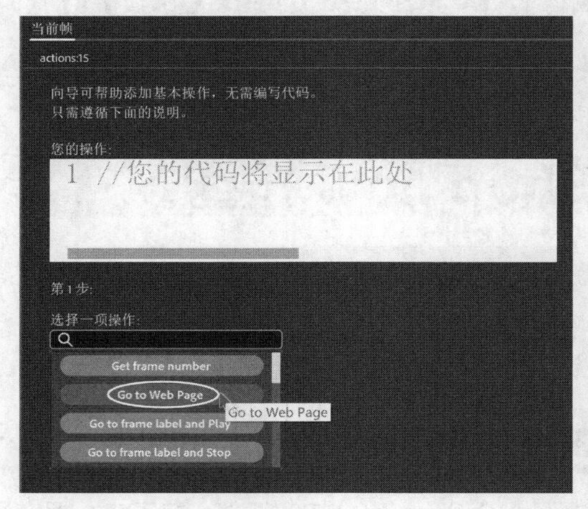

图 9-58

在脚本窗口中，把绿色高亮部分替换成目标网站的 URL，如图 9-59 所示。

```
1 /*
2 在一个新浏览器窗口中加载 URL。
3 */
4 window.open('http://www.adobe.com', '_blank');
5
```

图 9-59

❻ 单击【下一步】按钮。

向导中显示出【第 2 步】。

❼ 在【第 2 步】中，为所选操作选择一个触发事件。这里选择【On Mouse Click】，如图 9-60 所示。此时，右侧出现【选择一个要触发事件的对象】列表。

当用户在按钮上按下鼠标按键然后松开（或者用户用手指点击按钮）时，就会触发【On Mouse Click】事件。

❽ 向导要求选择触发事件的对象，从【选择一个要触发事件的对象】列表中选择【shopnow_btn】，如图 9-61 所示。

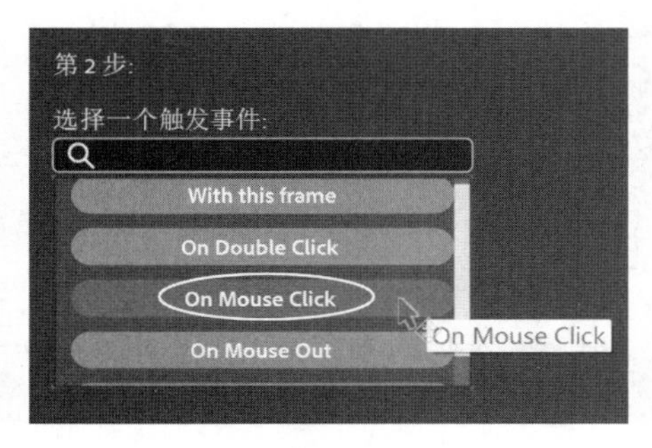

图 9-60

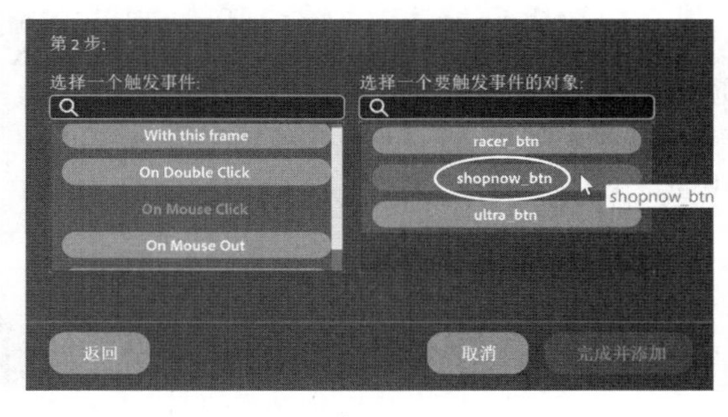

图 9-61

❾ 单击【完成并添加】按钮。

此时，添加好的代码出现在脚本窗口中，如图 9-62 所示。

```
31 var _this = this;
32 /*
33 单击指定元件实例时将执行相应函数。
34 */
35 _this.shopnow_btn.on('click', function(){
36 /*
37 在一个新浏览器窗口中加载 URL。
38 */
39 window.open('http://...', '_blank');
40 });
41
```

图 9-62

❿ 测试影片。

当用户单击 Shop now 按钮时，会打开默认浏览器，并自动加载目标网页，如图 9-63 所示。

图 9-63

【代码片段】面板

在 Animate 中，还可以在【代码片段】面板（从菜单栏中选择【窗口】>【代码片段】）中添加 ActionScript 和 JavaScript 代码。【代码片段】面板把不同类型的交互动作组织在不同的文件夹中。展开某个文件夹，如图 9-64 所示，选择一个动作，Animate 会引导你一步步完成添加代码的工作。

在【代码片段】面板中，我们可以保存自己编写的代码，将其分享给其他开发人员。

不过，对初学者来说，最好还是在【动作】面板中使用向导来编写 JavaScript 代码。

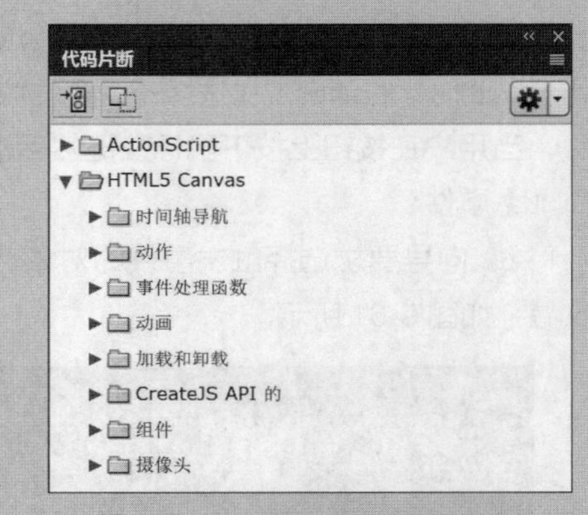

图 9-64

9.10 从指定帧播放动画

前面我们在交互式广告中使用 gotoAndStop( ) 操作在时间轴的不同关键帧中显示鞋子图片。但这些鞋子图片是突然出现的，我们希望它们出现的时候有一段过渡动画。为此，我们可以使用 gotoAndPlay() 这个动作，该动作先把播放滑块移动到指定帧处，然后从该帧开始播放动画。

9.10.1 制作过渡动画

下面给每张鞋子图片制作一个简短的过渡动画。在过渡动画中，鞋子图片会从舞台右侧进入舞台。接着，修改代码让 Animate 把播放滑块移动到初始关键帧处，开始播放动画。

❶ 把播放滑块移动到帧标签 ultra 处，选择 content 图层的关键帧。

❷ 在舞台中，同时选中鞋子图片与文本，然后单击鼠标右键，从弹出的快捷菜单中选择【创建补间动画】，如图 9-65 所示，或者在【时间轴】面板顶部选择【创建补间动画】。

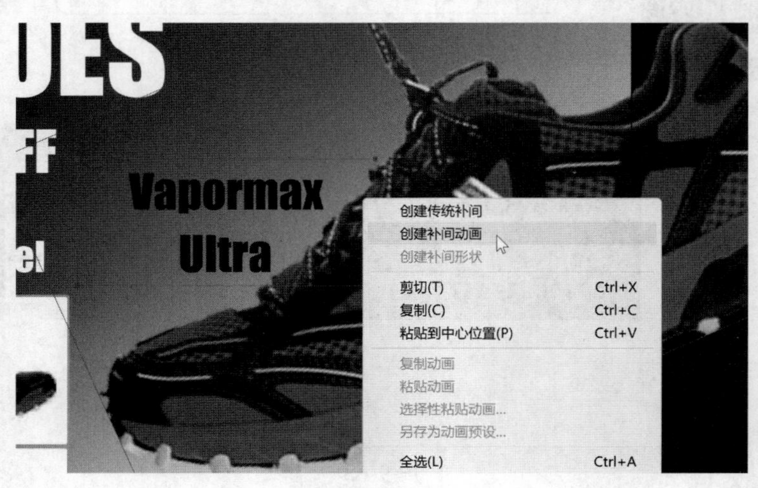

图 9-65

③ Animate 弹出【将所选的多项内容转换为元件以进行补间】对话框，询问是否要把所选内容转换为元件并创建补间，单击【确定】按钮，如图 9-66 所示。

此时，Animate 会为元件实例单独创建一个补间图层，如图 9-67 所示，用来创建补间动画。

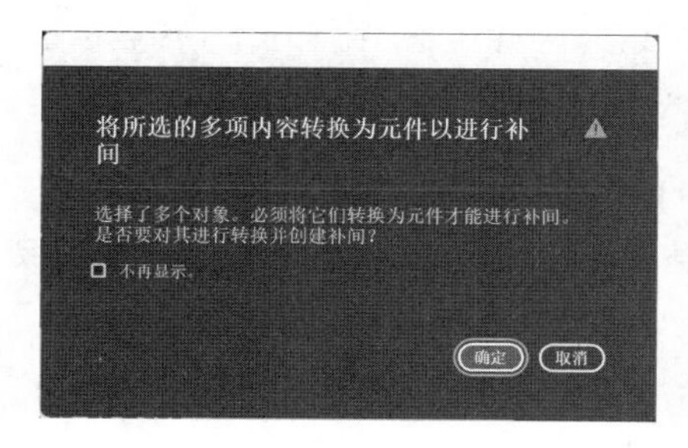

图 9-66

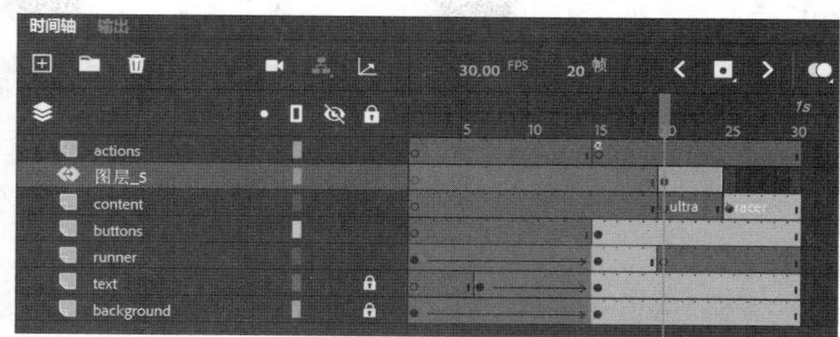

图 9-67

④ 向右移动两个元件实例（文本与鞋子），使其超出舞台右边缘，处于不可见状态，如图 9-68 所示。

⑤ 把播放滑块拖动至补间区间的最后一帧，即第 24 帧。

⑥ 把两个元件实例（文本与鞋子）移动到原来的位置，如图 9-69 所示。

图 9-68

图 9-69

这样，第 20 帧与第 24 帧之间就有了一段进入动画。

⑦ 使用同样的方法在 racer 关键帧中为第 2 张鞋子图片创建类似的补间动画，如图 9-70 所示。制作好之后先不要急着测试影片，还需要调整一下 JavaScript 代码，才能让动画正常播放。

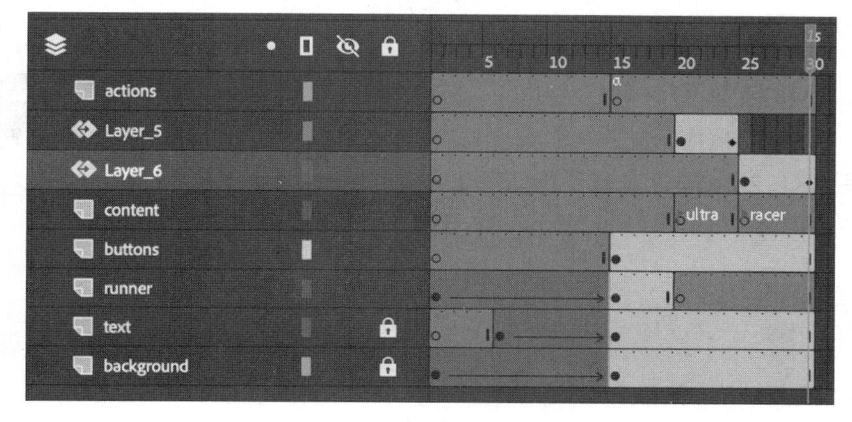

图 9-70

9.10.2 使用 gotoAndPlay( ) 操作

使用 gotoAndPlay( ) 操作可以把播放滑块移动到指定帧，然后从该帧开始播放动画。

> 提示 执行多次替换的快捷方法是使用【动作】面板中的【查找和替换】命令。在【动作】面板右上角单击【查找】图标，然后从右侧的下拉列表中选择【查找和替换】。

❶ 选择 actions 图层的第 15 帧，再次打开【动作】面板。

❷ 在 JavaScript 代码中，把前两个 gotoAndStop( ) 操作更改成 gotoAndPlay( ) 操作，其他参数保持不变，如下。

- gotoAndStop ('ultra'); → gotoAndPlay ('ultra');
- gotoAndStop ('racer'); → gotoAndPlay ('racer');

对于每个按钮，JavaScript 代码都会直接把播放滑块移动到特定帧处，然后从那里开始播放动画。为保证 Shop now 按钮的功能不发生变化，我们还需要添加 stop( ) 操作，使动画停下来。

9.10.3 让动画停下来

当前测试影片时，不论单击哪个按钮，都会跳转到相应帧，然后往下播放，显示出时间轴中的所有动画。这显然是不对的。为了解决这个问题，我们需要告诉 Animate 什么时候让动画停下来。

❶ 选择 actions 图层的第 24 帧，这一帧恰好位于 content 图层的 racer 关键帧之前。

❷ 使用鼠标右键单击第 24 帧，从弹出的快捷菜单中选择【插入关键帧】。

此时，Animate 会在 actions 图层中插入一个关键帧，如图 9-71 所示。接下来，在这个关键帧中添加 stop( ) 操作，让播放滑块在第 2 段动画开始播放前停下来。

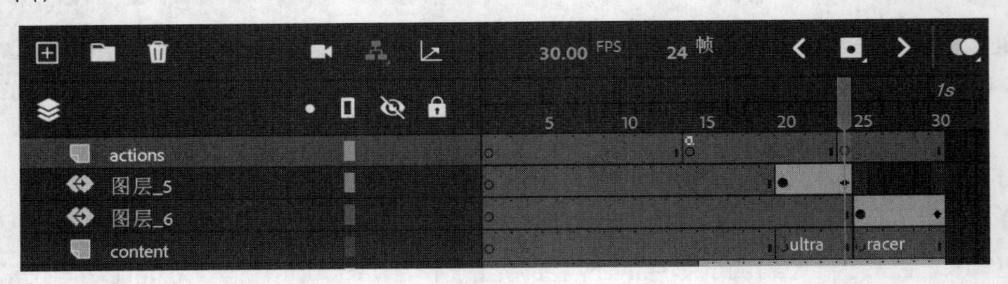

图 9-71

❸ 按 F9 键，打开【动作】面板。

此时，脚本窗口是空的。不要慌！其实，前面添加的代码都还在，事件监听器代码位于 actions 图层的第 1 个关键帧中。接下来，为新插入的关键帧添加 stop( ) 操作。

❹ 在脚本窗口中输入代码“this.stop( );”，如图 9-72 所示。

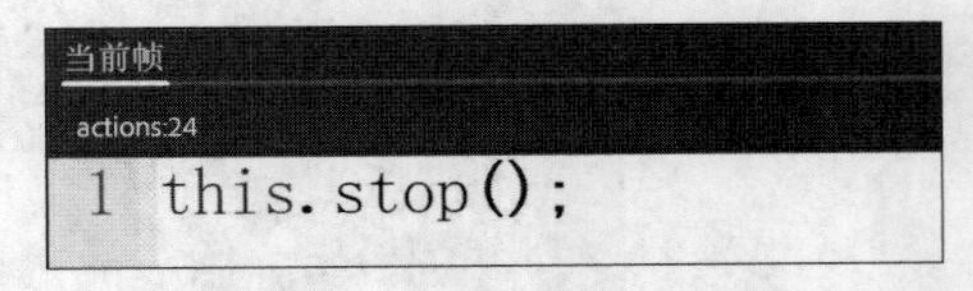

图 9-72

> 提示 除了直接输入代码，还可以使用【使用向导添加】功能在关键帧中添加 stop() 操作。

这样，当播放滑块移动到第 24 帧时就会停下来。

❺ 在第 30 帧处插入一个关键帧，如图 9-73 所示。

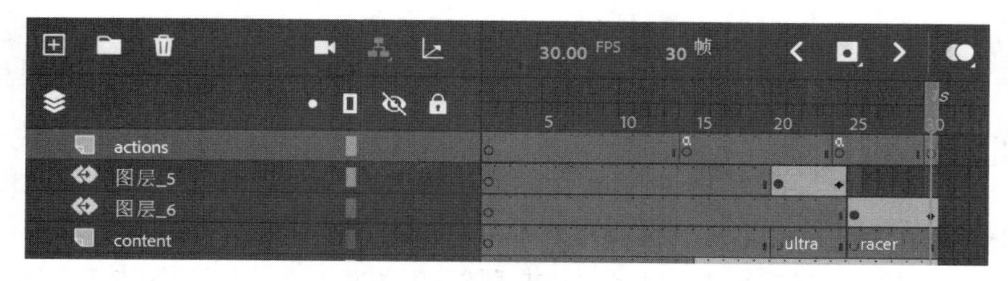

图 9-73

> 💡 **提示** 按住 Option 键（macOS）/Alt 键（Windows），拖动包含 stop() 操作的关键帧，可将其快速复制到新位置。

❻ 打开【动作】面板，在刚刚插入的关键帧中添加 stop( ) 操作。

❼ 从菜单栏中选择【控制】>【测试】，测试影片。

单击某个按钮时，播放滑块会跳转到不同关键帧处，播放鞋子图片进入舞台的动画。播放到末尾时，动画会停下来，等待用户单击另一个按钮，如图 9-74 所示。

图 9-74

【动作】面板中的【固定脚本】功能

当代码分散在多个关键帧中时，编辑与查看代码的难度会增加。为此，【动作】面板提供了【固定脚本】功能，使用该功能可以把指定关键帧中的代码固定在【动作】面板中。打开某个关键帧中的代码，然后单击【动作】面板顶部的【固定脚本】按钮，如图 9-75 所示，Animate 会为当前显示在脚本窗口中的代码单独创建一个选项卡。

图 9-75

选项卡名称由两部分组成，一部分是关键帧所在图层的名称，另一部分是关键帧的帧编号。可以将多个关键帧中的代码同时固定在【动作】面板顶部，以便在它们之间来回切换。

继续学习下面的内容之前，请先取消固定所有脚本，只保留【当前帧】一个选项卡。

9.11 调整按钮动画

当前，把鼠标指针移动到某个跑鞋按钮上时，按钮上会突然出现红色边框和黄色填充。我们希望鼠标指针在按钮上悬停时有一定的动态效果。接下来，给鼠标指针悬停添加一个动态效果，让用户与按钮之间的交互更加生动、高级。

按钮动画应该放在【弹起】、【指针经过】或【按下】关键帧中。为了创建按钮动画，需要把影片剪辑元件嵌入按钮元件中。先在影片剪辑元件内部创建动画，然后把影片剪辑元件放入按钮元件的【弹起】、【指针经过】或【按下】关键帧中。当某个按钮关键帧显示出来时，影片剪辑元件中的动画就开始播放。

在影片剪辑元件内部制作动画

按钮元件（指针经过状态）中含有一张鞋子图片（位图）。接下来，先把鞋子图片转换成影片剪辑元件，然后在影片剪辑元件内部制作动画。

❶ 在【库】面板中展开 buttons 文件夹，双击 ultra 按钮元件左侧的图标。

进入 ultra 按钮元件编辑模式，如图 9-76 所示。

❷ 在【指针经过】关键帧中选择鞋子图片。

❸ 使用鼠标右键单击鞋子图片，从弹出的快捷菜单中选择【转换为元件】。

此时，弹出【转换为元件】对话框。

❹ 从【类型】下拉列表中选择【影片剪辑】，在【名称】输入框中输入 ultra_mc，单击【确定】按钮，如图 9-77 所示。

图 9-76

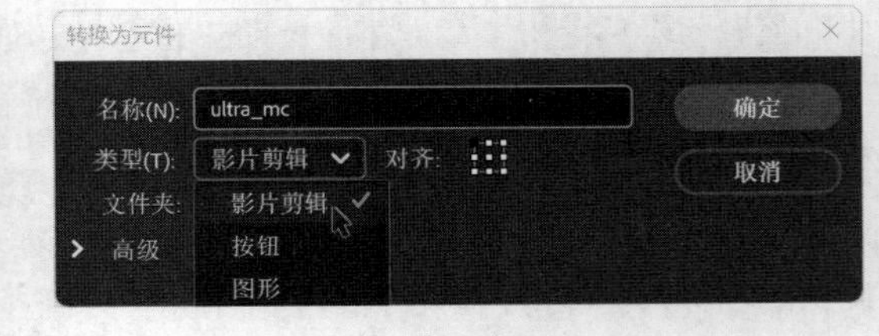

图 9-77

此时，按钮元件的【指针经过】关键帧中就有了一个影片剪辑元件的实例。

❺ 双击影片剪辑元件的实例，就地编辑它。舞台上方的编辑栏中显示着元件的嵌套关系，如图 9-78 所示。

图 9-78

❻ 使用鼠标右键单击鞋子图片，从弹出的快捷菜单中选择【创建补间动画】，如图 9-79 所示。

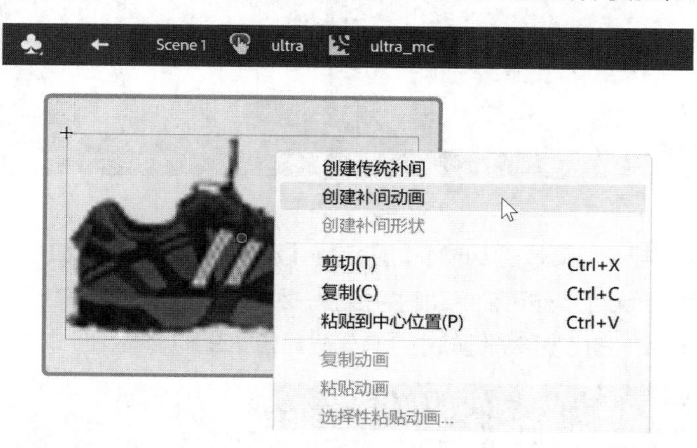

图 9-79

❼ 弹出【将所选的内容转换为元件以进行补间】对话框，询问是否要把所选内容转换为元件并创建补间，单击【确定】按钮。

Animate 把鞋子图片转换成一个元件，放置在一个补间图层上，并在时间轴上添加 30 帧（总时长 1 秒），如图 9-80 所示。

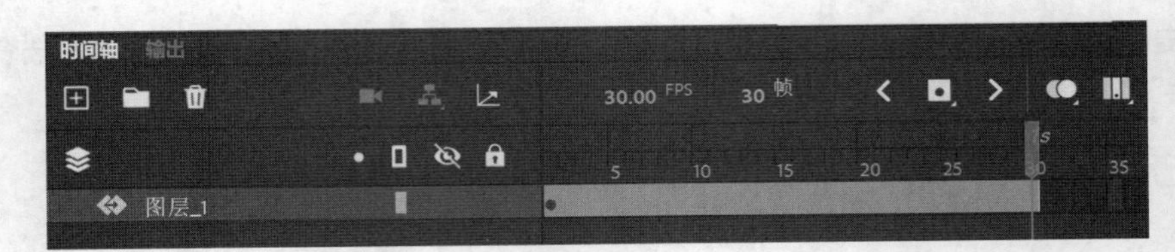

图 9-80

❽ 向左拖动补间区间末尾，确保时间轴上只有 10 帧，如图 9-81 所示。

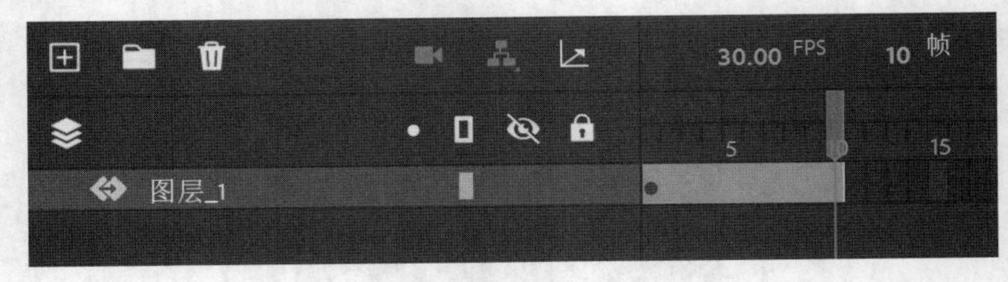

图 9-81

❾ 把播放滑块拖动到第 10 帧。

❿ 使用【任意变形工具】放大鞋子图片，使其充满所在的按钮区域或者稍微超出按钮区域，如图 9-82 所示。

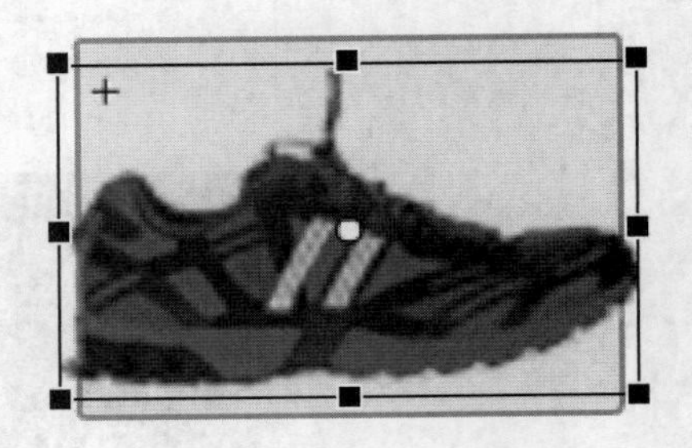

图 9-82

此时，Animate 创建一段鞋子图片逐渐变大的过渡动画，整个过渡动画只有 10 帧。

⓫ 新添加一个图层，命名为 actions。

⓬ 在 actions 图层的最后一帧（第 10 帧）添加一个关键帧，如图 9-83 所示。

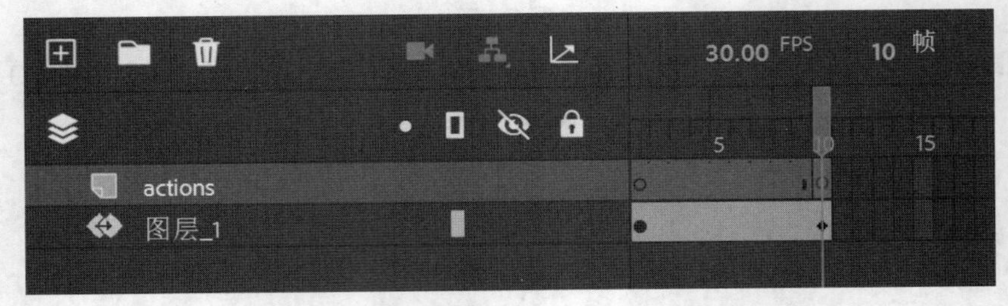

图 9-83

⓭ 打开【动作】面板（从菜单栏中选择【窗口】>【动作】），在脚本窗口中，输入“this.stop( );”。

在最后一帧中添加 stop( ) 操作可确保动画只播放一次。actions 图层的最后一个关键帧（第 10 帧）上显示着一个小写字母 a，它代表该关键帧中含有代码，如图 9-84 所示。

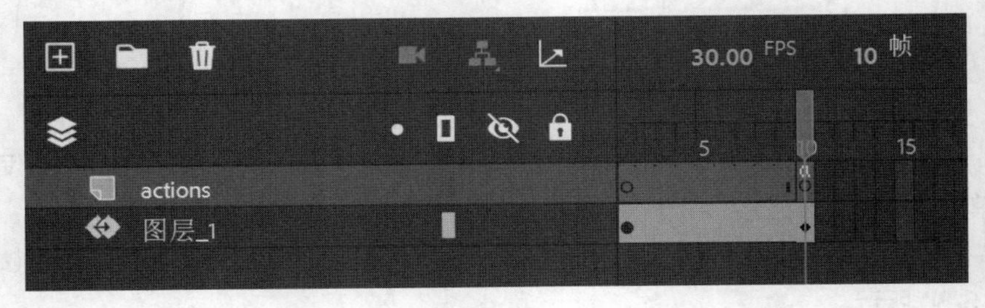

图 9-84

提示 如果您希望循环播放按钮动画，请在影片剪辑元件的最后一帧中删除 stop( ) 操作。

⑭ 在舞台上方的编辑栏中单击【Scene 1】，退出元件编辑模式。

⑮ 从菜单栏中选择【控制】>【测试】。

当把鼠标指针移动到第 1 张鞋子图片上时，鞋子图片会变大，凸显出来，如图 9-85 所示。

图 9-85

注意 主时间轴和影片剪辑元件的时间轴都支持添加 JavaScript 代码。在各种类型的元件中，只有影片剪辑元件支持交互功能。

⑯ 使用相同的方法为 racer 按钮添加补间动画，使其在鼠标指针经过时播放动画；并在补间动画的最后一帧中添加 stop( ) 操作，确保动画只播放一次。

9.12 复习题

1. 在何处及如何添加 ActionScript 或 JavaScript 代码？
2. 如何给实例命名？命名实例有什么用？
3. 如何给帧添加标签？添加帧标签有什么用？
4. stop( ) 操作有什么用？
5. 在【动作】面板的向导中，触发器是什么？
6. 如何制作按钮动画？

9.13 复习题答案

1. 在时间轴的关键帧中添加 ActionScript 或 JavaScript 代码。含有代码的关键帧上会出现一个小写字母 a。从菜单栏中选择【窗口】>【动作】；或者选择一个关键帧，在【属性】面板中单击【动作】按钮；或者使用鼠标右键单击关键帧，从弹出的快捷菜单中选择【动作】。此时会打开【动作】面板，然后在其中添加代码。添加代码时，既可以使用【使用向导添加】功能，也可以直接在脚本窗口中输入代码。此外，还可以在【代码片段】面板中添加代码。
2. 首先在舞台中选择一个实例，然后在【属性】面板的实例名称中输入名称，即可为实例命名。给实例命名后，ActionScript 或 JavaScript 代码才能引用它。
3. 首先在时间轴上选择帧，然后在【属性】面板的标签名称中输入名称，即可为帧添加标签。添加帧标签之后，可以在代码中轻松引用帧，从而更灵活地控制帧。
4. 在 ActionScript 或 JavaScript 中，stop() 操作会让播放滑块停下来。
5. 触发器是一个事件，当事件发生时，Animate 会用一个操作来响应。单击按钮或者播放至某个帧都是常见的触发器。
6. 按钮动画要在【弹起】、【指针经过】或【按下】关键帧中制作。制作按钮动画时，先在一个影片剪辑元件内部制作动画，然后把影片剪辑元件放入按钮元件的【弹起】、【指针经过】或【按下】关键帧中。当某个按钮关键帧显示出来时，影片剪辑元件中的动画就开始播放。